U0267658

SHUKONG CHECHUANG
(HUAZHONG SHUKONG)
KAOGONG SHIXUN JIAOCHENG

数控车床（华中数控）考工实训教程

吴明友 编

第二版

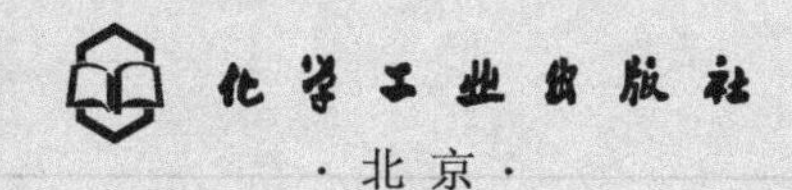

化学工业出版社

·北京·

本书讲述了华中数控世纪星系统的数控车床（CK6136i）的编程与操作的知识与技能，共9章，包括数控车床及其维护与保养、数控车削工艺设计、数控车床的操作、数控车床编程方法训练、中高级工及技师实训课题以及中高级工和技师应知考试样题，提供了30个例题、36个中高级工和技师应会考工样题、4个数控大赛样题及其参考程序。

本书可作为各类职业技能培训机构的数控车考工培训教程，也可作为大学、高职高专、中专、技校、职高等相关专业师生的实训教材或者参考书，也可作为使用配有其他系统的企业数控车床编程与操作人员的参考书。

图书在版编目（CIP）数据

数控车床（华中数控）考工实训教程/吴明友编. —2版. —北京：化学工业出版社，2015.8（2023.8重印）

ISBN 978-7-122-24282-2

Ⅰ.①数… Ⅱ.①吴… Ⅲ.①数控机床-车床-高等职业教育-教材 Ⅳ.①TG519.1

中国版本图书馆CIP数据核字（2015）第128680号

责任编辑：高 钰　　文字编辑：吴开亮

责任校对：王素芹　　装帧设计：王晓宇

出版发行：化学工业出版社（北京市东城区青年湖南街13号 邮政编码100011）

印　　装：北京建宏印刷有限公司

787mm×1092mm 1/16 印张 $23\frac{1}{2}$ 字数626千字 2023年8月北京第2版第9次印刷

购书咨询：010-64518888　　售后服务：010-64518899

网　　址：http://www.cip.com.cn

凡购买本书，如有缺损质量问题，本社销售中心负责调换。

定　　价：59.00元

版权所有 违者必究

前 言

《数控车床（华中数控）考工实训教程》第一版经过9年的使用，深受各类培训机构、企业技术人员以及全国各院校广大师生的欢迎。本次修订根据最新版的数控车工国家职业标准中数控车床操作工的基本要求，对内容进行了重新安排，纠正了一些错误，增加了数控车工职业技能鉴定的理论样题和实操样题以及数控大赛的样题。

本书讲述了华中数控世纪星系统的数控车床（CK6136i）的编程与操作的知识与技能，共分为9章，前3章为数控车床编程与操作的基本知识，包括日常维护、系统概述、工艺设计、操作面板、基本操作、对刀及参数设置等内容。第4章为编程方法训练，包括基本编程方法训练、固定循环编程训练和用宏指令编程训练等内容，该部分提供了30个例题，含有相应的数控加工程序。第5、6、7章提供了30个实训课题，分别是数控车中级工实训课题10个、数控车高级工实训课题13个、数控车技师实训课题7个。第8章为职业技能鉴定数控车考工试题，包括中、高级工及技师理论试题6套，高级工和技师实操试题共6套。第9章为数控车床大赛实操试题，共4套。

本书提供了中、高级工和技师共30个样题的数控加工程序，6套高级工和技师实操试题的数控加工程序，4套数控车床大赛实操试题的数控加工程序，便于培训和实训教学以及自学使用。

本书可作为各类职业技能培训机构的数控车考工培训教程，也可作为大学、高职高专、中专、技校、职高等相关专业师生的实训教材或者参考书，也可作为使用配有其他系统的企业数控车床编程与操作人员的参考书。

本书由吴明友编写。编者从事与数控加工教学、生产、实训和培训有关工作近20年，在本书的编写过程中，参考了参考文献中的资料，在此对这些作者和公司表示诚挚的感谢！

本书虽经反复推敲和校对，但因时间仓促，加上编者水平所限，书中不足之处敬请广大读者和同行批评指正。

编者联系方式：wumy20050101@163.com。

编者

2015年8月

目录

Chapter 1

第1章 数控车床及其维护与保养

1.1 数控车床的功能特点

1.1.1 数控车床的分类

数控车床种类繁多、规格不一，有如下4种分类方法。

(1) 按数控车床的档次分类

① 简易数控车床。属于低档次数控车床，一般用单板机或单片机进行控制。机械部分由普通卧式车床略作改进而成；主轴电动机多用普通三相异步电动机；进给多采用步进电动机、开环控制、四刀位回转刀架。简易数控车床没有刀尖圆弧半径自动补偿功能，所以编程尺寸计算比较烦琐，加工精度较低，现在很少使用。

② 经济型数控车床。属于中档次数控车床，一般有单色显示CRT、程序储存和编辑功能，多采用开环或半闭环控制。它的主轴电动机仍采用普通三相异步电动机，所以它的显著缺点是没有恒线速切削功能。

③ 多功能数控车床。属于较高档次的数控车床，主轴一般采用能调速的直流或交流主轴控制单元来驱动，进给采用伺服电动机、半闭环或闭环控制。多功能数控车床具有的功能很多，特别是具备恒线速度切削和刀尖圆弧半径自动补偿功能。

④ 高精度数控车床。主要用于加工类似磁鼓、磁盘的合金铝基板等需要镜面加工，并且形状、尺寸精度都要求很高的零部件，可以代替后续的磨削加工。这种车床的主轴采用超精密空气轴承，进给采用超精密空气静压导向面，主轴与驱动电动机之间采用磁性联轴器连接等。床身采用高刚性厚壁铸铁，中间填砂处理，支撑也采用空气弹簧二点支撑。总之，为了进行高精度加工，在机床各方面均采取了多项措施。

⑤ 高效率数控车床。主要有一个主轴两个回转刀架及两个主轴两个回转刀架等形式。两个主轴和两个回转架能同时工作，提高了机床的加工效率。

⑥ 车削中心。在数控车床上增加刀库和C轴控制后，除了能车削、镗削外，还能对端面和圆周面任意进行钻、铣、攻螺纹等加工；而且在具有插补的情况下，还能铣削曲面，这样就构成了车削中心，如图1-1所示。它是在转盘式刀架的刀座上安装上驱动电动机，可进行回转驱动，主轴可以进行回转位置的控制（C轴控制）。车削中心可进行四轴（X、Y、Z、C）控制，而一般的数控车床只能两轴（X、Z）控制。

车削中心的主体是数控车床，再配上刀库和换刀机械手，与数控车床单机相比，显然自

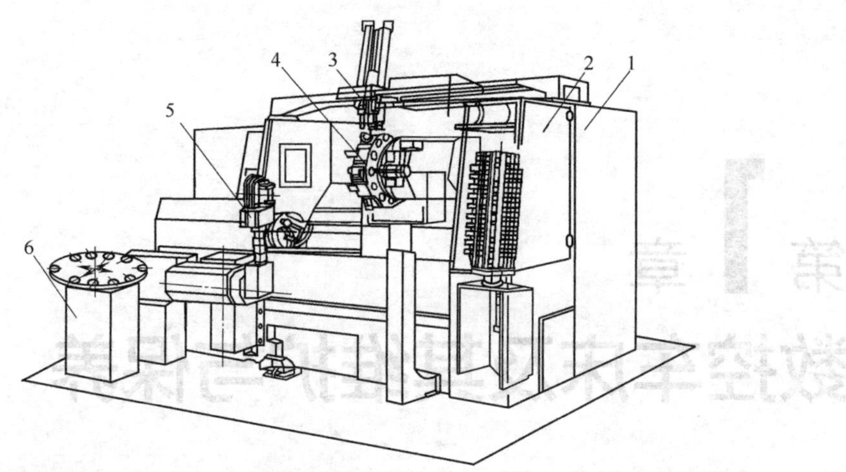

图 1-1　车削中心

1—车床主机；2—刀库；3—自动换刀装置；4—刀架；5—工件装卸机械手；6—载料机

动选择和使用刀具数量大大增加。但是，卧式车削中心与数控车床的实质区别并不在刀库上，它还应具备如下两种先进功能：一种是动力刀具功能，即刀架上某一刀位或所有刀位可使用回转刀具，如铣刀和钻头。通过刀架内部结构，可使铣刀、钻头回转。

另一种是 C 轴位置控制功能。C 轴是指以 Z 轴（对于车床是卡盘与工件的回转中心轴）为中心的旋转坐标轴。位置控制原有 X、Z 坐标，再加上 C 坐标，就使车床变成三坐标两联动轮廓控制。例如，圆柱铣刀轴向安装、X-C 坐标联动就可以在工件端面铣削；圆柱铣刀径向安装、Z-C 坐标联动，就可以在工件外径上铣削。这样，车削中心就能铣削出凸轮槽和螺旋槽，如图 1-2 所示。

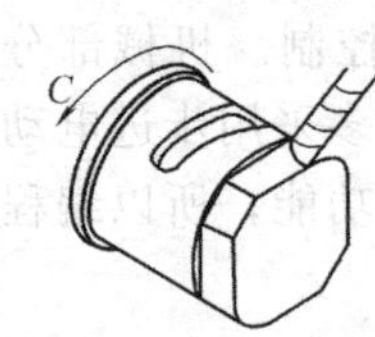

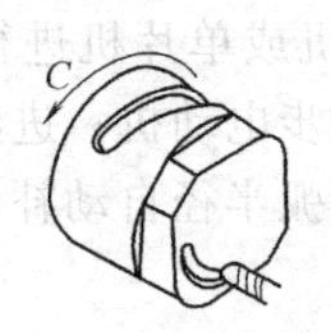

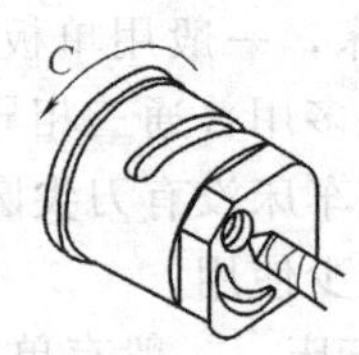

图 1-2　车削中心 C 轴加工能力

⑦ FMC 车床。实际上是一个由数控车床、机器人等构成的一个柔性加工单元。它除了具备车削中心的功能外，还能实现工件的搬运、装卸的自动化和加工调整准备的自动化，如图 1-3 所示。

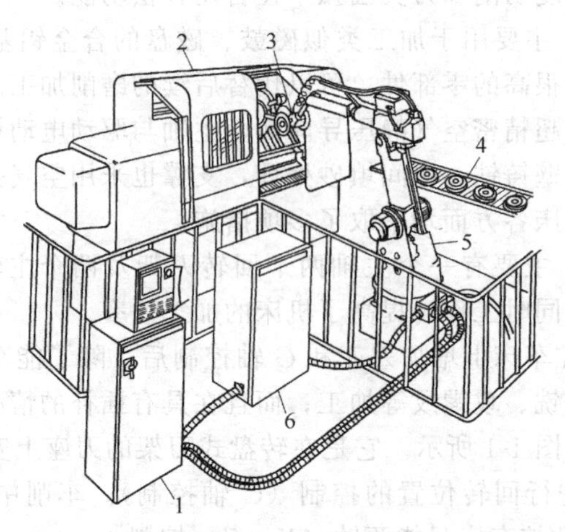

图 1-3　FMC 车床

1—机器人控制柜；2—NC 车床；3—卡爪；4—工件；5—机器人；6—NC 控制柜

(2) 按加工零件的基本类型分类

① 卡盘式数控车床。未设置尾座，主要适用于车削盘类（含短轴类）零件，其夹紧方式多为电动液压控制。

② 顶尖式数控车床。设置有普通尾座或数控尾座，主要适合车削较长的轴类零件及直径不太大的盘、套类零件。

(3) 按数控车床主轴位置分类

① 立式数控车床。主轴垂直于水平面，并有一个直径很大的圆形工作台，供装夹工件用。这类数控车床主要用于加工径向尺寸较大、轴向尺寸较小的大型复杂零件。

② 卧式数控车床。主轴轴线处于水平位置，它的床身和导轨有多种布局形式，是应用最广泛的数控车床。

(4) 按刀架数量分类

① 单刀架数控车床。普通数控车床一般都配置有各种形式的单刀架，如四刀位卧式回转刀架［见图 1-4(a)］、多刀位回转刀架［见图 1-4(b)］。

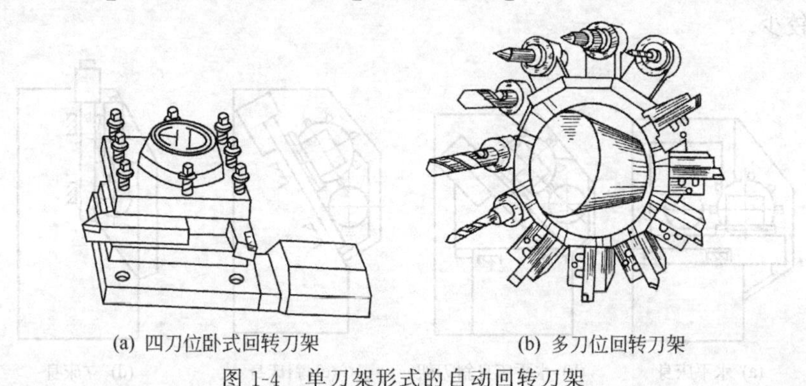

(a) 四刀位卧式回转刀架　　(b) 多刀位回转刀架

图 1-4　单刀架形式的自动回转刀架

② 双刀架数控车床。双刀架的配置可以是平行交错结构，如图 1-5(a) 所示；也可以是同轨垂直交错结构，如图 1-5(b) 所示。各种刀架转换刀具的过程都是：接受转位指令→松开夹紧机构→分度转位→粗定位→精定位→锁紧→发出动作完成应答信号。驱动刀架工作的动力有电动和液压两类。

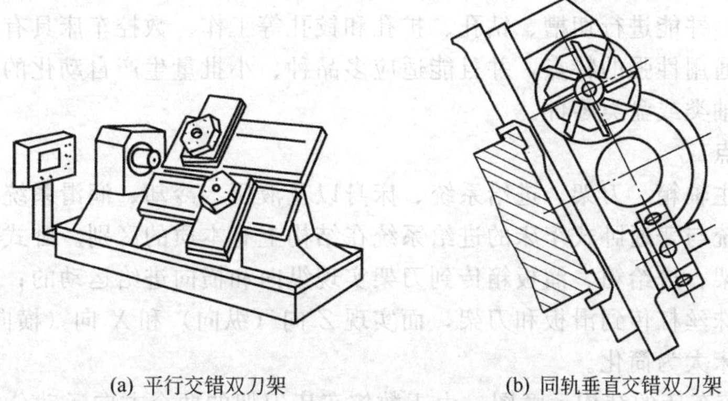

(a) 平行交错双刀架　　(b) 同轨垂直交错双刀架

图 1-5　双刀架形式的自动回转刀架

1.1.2　数控车床的布局

数控车床的主轴、尾座等部件相对床身的布局形式与普通卧式车床基本一致，但刀架和床身导轨的布局形式发生了根本的变化。这是因为它不仅影响机床的结构和外观，还直接影响数控车床的使用性能，如刀具和工件的装夹、切削的清理以及机床的防护和维修等。床身导轨与水平面的相对位置有以下四种布局形式。

① 水平床身［见图 1-6(a)］。工艺性好，便于导轨面的加工。配上水平放置的刀架可提高刀架的运动精度。但水平刀架增加了机床宽度方向的结构尺寸，且床身下部排屑空间小，排屑困难。

② 水平床身斜刀架［见图 1-6(b)］。配上倾斜放置的刀架滑板，这种布局形式的床身工艺性好，机床宽度方向的尺寸也较水平配置滑板的要小且排屑方便。

③ 斜床身［见图 1-6(c)］。导轨倾斜角度分别为 30°、45°、75°。它和水平床身斜刀架滑板都因有排屑容易、操作方便、机床占地面积小、外形美观等优点，而被中小型数控车床普遍采用。

④ 立床身［见图 1-6(d)］。从排屑的角度来看，该床身布局最好，切屑可以自由落下，不易损伤导轨面，导轨的维护与防护也较简单，但机床的精度不如其他三种布局形式的精度高，故运用较少。

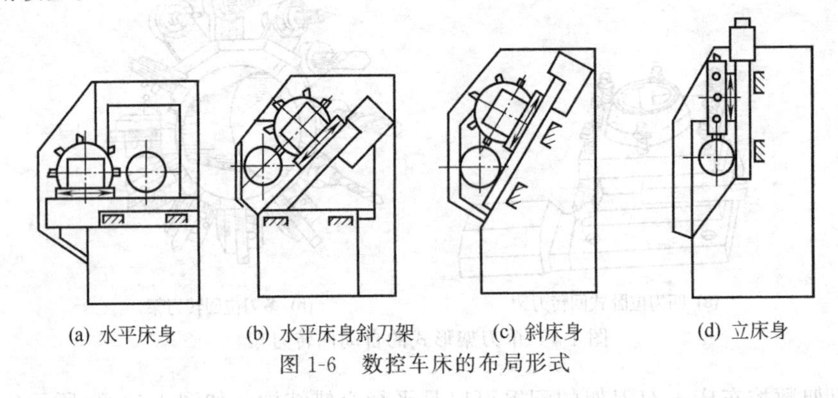

(a) 水平床身　(b) 水平床身斜刀架　(c) 斜床身　(d) 立床身

图 1-6　数控车床的布局形式

1.1.3 数控车床的功能与结构特点

(1) 功能

数控车床（CNC 车床）能自动地完成对轴类与盘类零件内外圆柱面、圆锥面、圆弧面、螺纹等切削加工，并能进行切槽、钻孔、扩孔和铰孔等工作。数控车床具有加工精度稳定性好、加工灵活、通用性强的特点，并且能适应多品种、小批量生产自动化的要求，特别适合加工形状复杂的轴类或盘类零件。

(2) 结构特点

数控车床由主轴箱、刀架、进给系统、床身以及液压、冷却、润滑系统等部分组成，数控车床的进给系统与普通卧式车床的进给系统在结构上有本质的区别。卧式车床的进给运动是经过交换齿轮架、进给箱、溜板箱传到刀架实现纵向和横向进给运动的；数控车床是采用伺服电动机经滚珠丝杠传到滑板和刀架，而实现 Z 向（纵向）和 X 向（横向）进给运动的，其结构较卧式车床大为简化。

图 1-7 为数控车床的结构示意图。由于数控车床刀架的两个方向运动分别由两台伺服电动机驱动，所以它的传动链短，不必使用交换齿轮、光杠等传动部件。伺服电动机可以直接与丝杠连接带动刀架运动，也可以用同步齿形带连接。多功能数控车床一般采用直流或交流主轴控制单元来驱动主轴，按控制指令作无级变速，所以数控车床变轴箱内的结构比卧式车床简单得多。

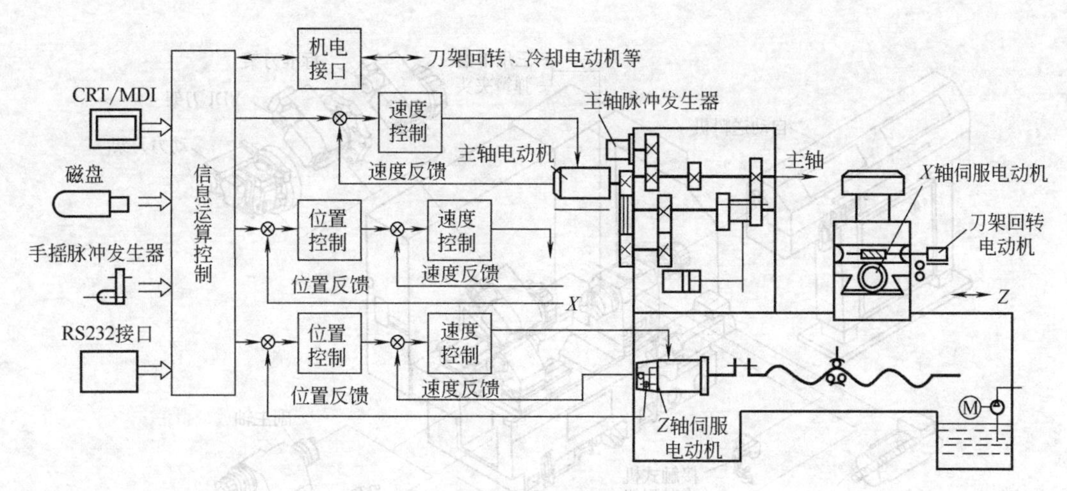

图 1-7　数控车床的结构示意图

在数控车床上增加刀库和 C 轴控制，可使它除了能车削、镗削外，还能进行端面和圆周面上任意部位的钻、铣、攻螺纹，而且在具有插补功能的情况下，还能铣削曲面，这样就构成了车削中心，如图 1-8 所示。

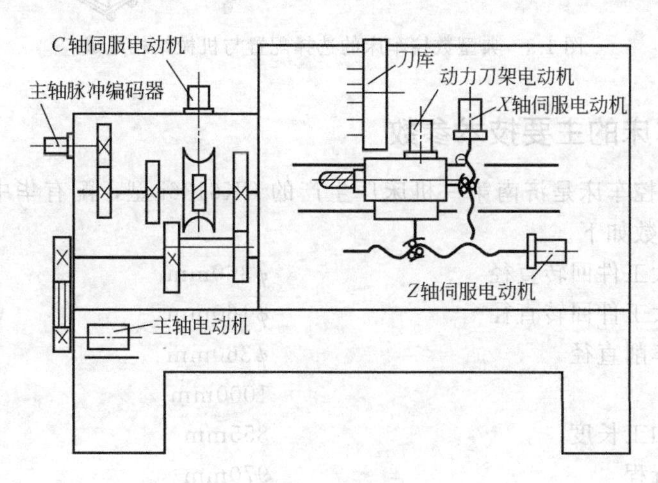

图 1-8　车削中心结构示意图

综上所述，数控车床的机械结构特点如下。

① 采用高性能的主轴部件，具有传递功率大、刚度高、抗振性好及热变形小等优点。

② 进给伺服传动一般采用滚珠丝杠副、直线滚动导轨副等高性能传动件，具有传动链短、结构简单、传动精度高等特点。

③ 高档数控车床具有较完善的刀具自动交换和管理系统。工件在数控车床上一次安装后，能自动地完成工件多道加工工序。

1.1.4　数控车床的选择配置与机械结构组成

图 1-9 为典型数控车床的选择配置与机械结构组成。包括主轴传动机构、进给传动机构、刀架、床身、辅助装置（刀具自动交换机构、润滑与切削液装置、排屑、过载限位）等部分。

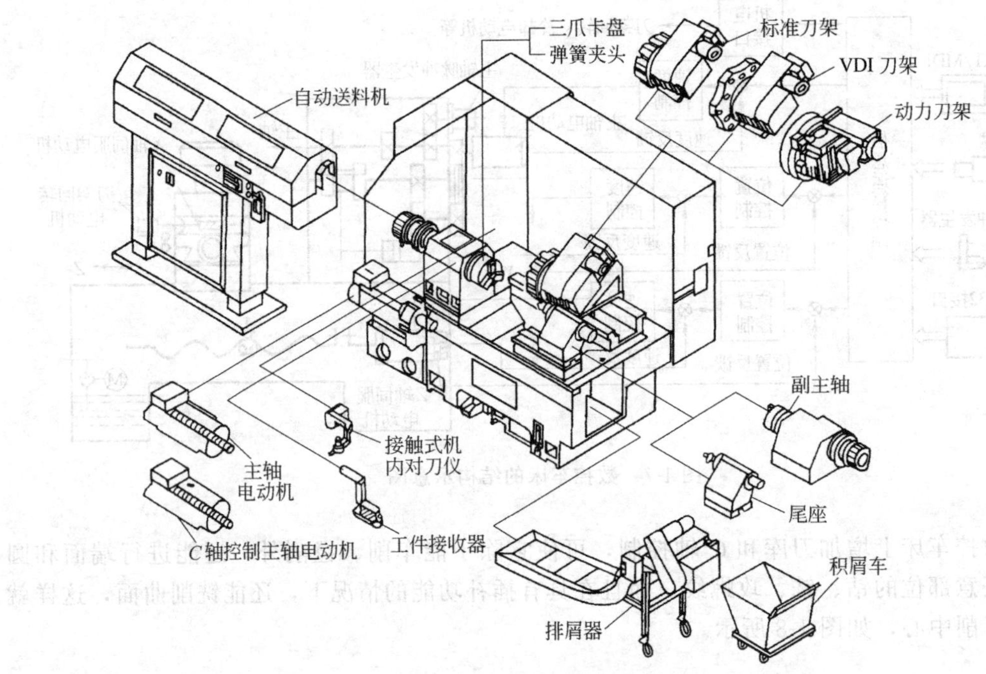

图 1-9　典型数控车床的选择配置与机械结构组成

1.1.5　数控车床的主要技术参数

本书采用的数控车床是济南第一机床厂生产的 CK6136i 型，配有华中数控系统。数控车床的主要技术参数如下。

① 床身上最大工件回转直径	ϕ360mm
② 滑板上最大工件回转直径	ϕ160mm
③ 最大工件车削直径	ϕ360mm
④ 定尖距	1000mm
⑤ 最大工件加工长度	855mm
⑥ Z 轴最大行程	970mm
⑦ X 轴最大行程	240mm
⑧ Z 轴快速移动速度	8m/min
⑨ X 轴快速移动速度	6m/min
⑩ Z 轴滚珠丝杠（直径×螺距）	ϕ32mm×6mm
⑪ X 轴滚珠丝杠（直径×螺距）	ϕ20mm×4mm
⑫ Z 轴进给电动机（AC）	0.9kW
⑬ X 轴进给电动机（AC）	0.5kW
⑭ 主轴电动机（变频电动机）	5.5kW
⑮ 主轴转速（无级变频调速）	200～1050～300r/min
⑯ 主轴头	A2-5
⑰ 主轴通孔直径	ϕ40mm
⑱ 主轴孔锥度	MT　5#
⑲ 液压卡盘直径/棒料通过直径	6in/ϕ28mm

⑳ 刀架		六工位电动刀架
㉑ 刀架分度时间		单步 2s（电动回转刀架）
		全步刀位 4s（电动回转刀架）
㉒ 刀具规格尺寸		车刀：20mm×20mm
		镗刀：ϕ25mm
㉓ 尾架		手动尾架
㉔ 尾架套筒直径/行程		ϕ60mm/120mm
㉕ 尾架套筒内孔锥度		MT 4＃
㉖ 润滑装置	a. 间歇时间	15min
	b. 排量	5.5mL/次
	c. 油箱容积	1.8L
	d. 排油压力	0.3MPa
㉗ 冷却装置	a. 泵电动机	电压 380V、50/60Hz
	b. 流量	25L/min
	c. 扬程	6m
	d. 水箱容积	45L
㉘ 液压装置	a. 电动机	2HP-4-220/380
	b. 系统压力	3.5MPa
	c. 最大流量	16L/min
	d. 油箱容量度	60L
㉙ 机床工作灯（型号：FAC21080GM）		交流 110V/20W
㉚ 机床外形尺寸		2600mm×1205mm×1725mm

1.2 数控车削编程基础

1.2.1 数控车床的坐标系

（1）机床坐标轴

数控机床坐标系是为了确定工件在机床中的位置、机床运动部件的特殊位置（如换刀点、参考点等）以及运动范围（如行程范围）等而建立的几何坐标系。目前我国执行的行业数控标准 JB/T 3051—1999（与国际上标准 ISO 841 等效）《数控机床—坐标和运动方向的命名》。

标准的坐标系采用右手直角笛卡儿坐标系，如图 1-10 所示。图中拇指的指向为 X 轴的正方向，食指指向为 Y 轴的正方向，中指指向为 Z 轴的正方向。围绕 X、Y、Z 轴旋转的圆周进给坐标轴分别用 A、B、C 表示，根据右手螺旋定则，以拇指指向 $+X$、$+Y$、$+Z$ 方向，则食指、中指等的指向是圆周进给运动的 $+A$、$+B$、$+C$ 方向。数控机床的进给运动，有的由主轴带动刀具运动来实现，有的由工作台带着工件运动来实现。上述坐标轴正方向，是假定工件不动，刀具相对于工件做进给运动的方向。如果是工件移动则用带“′”的大写拉丁字母表示，按相对运动的关系，工件运动的正方向恰好与刀具运动的正方向相反，即有 $+X=-X'$、$+Y=-Y'$、$+Z=-Z'$、$+A=-A'$、$+B=-B'$、$+C=-C'$，同样两者运动的负方向也彼此相反。

机床坐标轴的方向取决于机床的类型和各组成部分的布局。对数控车床而言：Z 轴与主轴轴线重合，沿着 Z 轴正方向移动将增大零件和刀具间的距离；X 轴垂直于 Z 轴，对应于转塔刀架的径向移动，沿着 X 轴正方向移动将增大零件和刀具间的距离，如图 1-11 所示。X 轴和 Z 轴一起构成遵循右手定则的数控车床坐标系统。

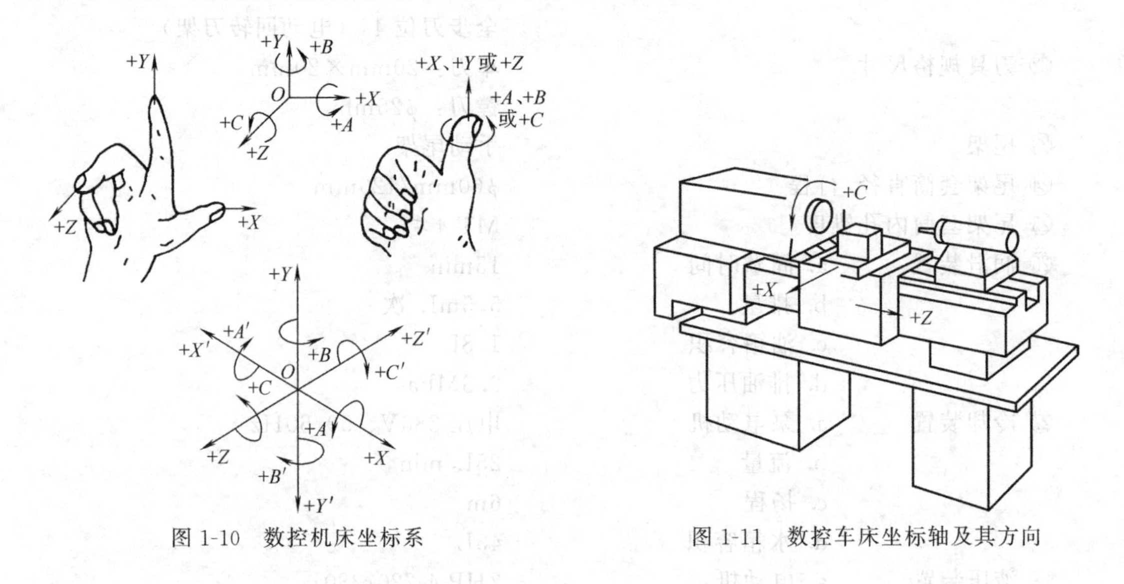

图 1-10 数控机床坐标系　　　　图 1-11 数控车床坐标轴及其方向

(2) 机床坐标系、机床原点和机床参考点

① 机床坐标系、机床原点。机床坐标系是机床固有的坐标系，机床坐标系的原点称为机床原点或机床零点。在机床经过设计、制造和调整后，这个原点便被确定下来，它是机床上固定的一个点。数控车床一般将机床原点定义在卡盘后端面与主轴旋转中心的交点上，如图 1-12 所示的 O 点。机床坐标系一般有两种建立方法。第一种坐标系建立的方法是：X 轴的正方向朝上建立［见图 1-12(a)］，适用于斜床身和平床身斜滑板（斜导轨）的卧式数控车床。这种类型的数控车床刀架处于操作者的外侧，俗称上手刀。另一种坐标系统建立的方法是：X 轴的正方向朝下建立［见图 1-12(b)］，适用于平床身（水平导轨）卧式数控车床。这种类型的数控车床刀架处于操作者的内侧，俗称下手刀（本书介绍的就是此种类型的数控车床）。机床坐标系 X 轴的正方向是朝上或朝下建立，主要根据刀架处于机床的位置而确定。这两种刀架方向的机床，其程序及相应设置相同。

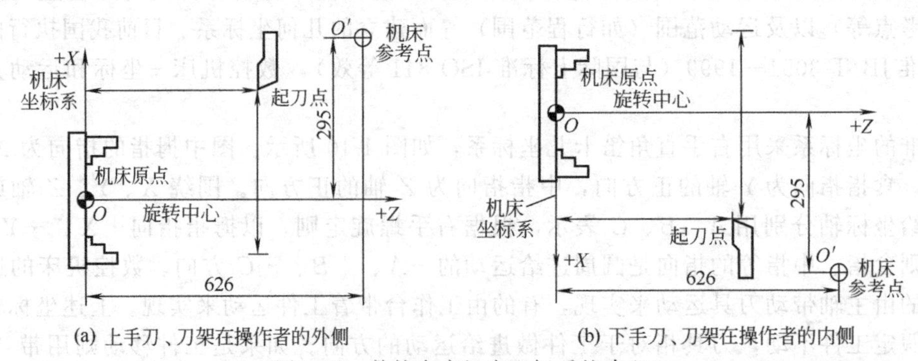

图 1-12 数控车床机床坐标系的建立

② 机床参考点。数控装置通电时并不知道机床零点位置，为了正确地在机床工作时建立机床坐标系，通常在每个坐标轴的移动范围内（一般在 X 轴和 Z 轴方向的最大行程处）设置一个机床参考点（测量起点）。机床启动时，通常要进行自动或手动回参考点，以建立

机床坐标系。

机床参考点可以与机床零点重合，也可以不重合，通过参数设定机床参考点到机床零点的距离。机床回到了参考点位置，也就知道了该坐标轴的零点位置。找到所有坐标轴的参考点，CNC 就建立起了机床坐标系。图 1-12 中 O'为数控车床参考点。

机床参考点的位置由设置在机床 X 向、Z 向滑板上的机械挡块的位置来确定。当刀架返回机床参考点时，装在 X 向、Z 向滑板上的两挡块分别压下对应的行程开关，向数控装置发出信号，停止刀架滑板运动，即完成了“回参考点”的操作。

机床参考点距机床原点在其进给轴方向上的距离在出厂时已确定，利用系统指定的自动返回参考点 G28 指令，可以使指令的轴自动返回机床参考点。在机床通电后，刀架返回参考点之前，不论刀架处于什么位置，此时 CRT 屏幕上显示的 X、Z 坐标值均为 0。当完成了返回机床参考点的操作后，CRT 屏幕上立即显示出刀架中心点（对刀参考点）在机床坐标系中的坐标值，即建立起了机床坐标系。

在以下三种情况下，数控系统会失去对机床参考点的记忆，必须进行返回机床参考点的操作。

a. 机床超程报警信号解除后。

b. 机床关机以后重新接通电源开关时。

c. 机床解除急停状态后。

(3) 工件坐标系、工件原点、对刀点和换刀点

① 工件坐标系。编制数控程序前，首先要建立一个工件坐标系，程序中的坐标值均以此坐标系为依据。工件坐标系是编程人员在编程时使用的，编程人员选择工件上的某一已知点为原点，建立一个新的坐标系，称为工件坐标系（也称编程坐标系）。工件坐标系一旦建立便一直有效，直到被新的工件坐标系所取代。

② 工件原点。工件坐标系的原点选择要尽量满足编程简单、尺寸换算少、引起的加工误差小等条件。为了编程方便，将工件坐标系设在工件上，并将坐标原点设在图样的设计基准和工艺基准处，其坐标原点称为工件原点（或加工原点）。

工件原点是人为设定的，为编程方便以及各尺寸较为直观，数控车床工件原点一般都设在主轴中心线与工件左端面或右端面的交点处，如图 1-13 所示。

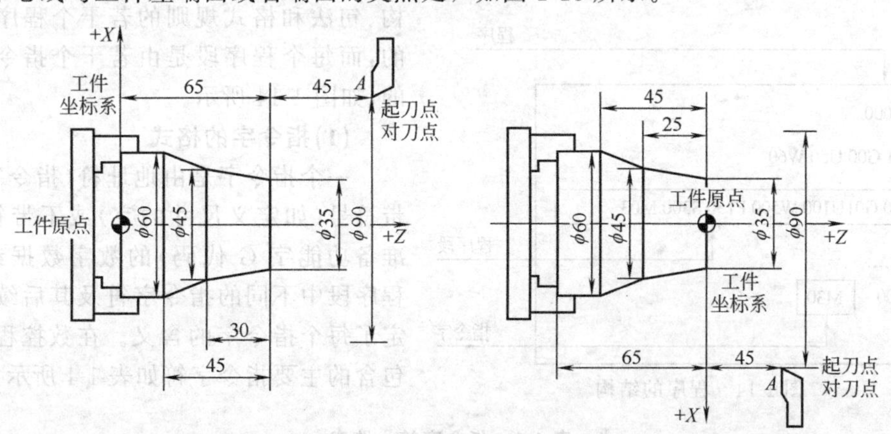

图 1-13　工件坐标系

设定工件坐标系就是以工件原点为坐标原点，确定刀具起始点的坐标值。工件坐标系设定之后，CRT 屏幕上显示的是车刀刀尖相对工件原点的坐标值。编程时，工件的各尺寸坐标都是相对工件原点而言的。因此，数控车床的工件原点也称程序原点。

③ 对刀点。对刀点是数控加工中刀具相对于工件运动的起点，是零件程序加工的起始点，所以对刀点也称“程序起点”。对刀的目的是确定工件原点在机床坐标系中的位置，即工件坐标系与机床坐标系的关系。对刀点可设在工件外任何便于对刀之处，该点与工件原点之间必须有确定的坐标联系。一般情况下，对刀点既是加工程序执行的起点，也是加工程序执行的终点。图 2-13 把对刀点 *A* 设置在工件外面和起刀点重合，该点的位置可由 G92、G54、G50 等指令设定。通常把设定该点的过程称为对刀，或建立工件坐标系。华中系统用 G92（FANUC系统用 G50）指令来建立工件坐标系（用 G54～G59 指令来选择工件坐标系）。该指令一般作为第一条指令放在整个程序的最前面，其程序段格式为：

```
G92 X____ Z____;
```

X、Z 分别为刀尖的起始点距工件原点的距离。执行 G92 指令后，系统内部即对(*X*，*Z*)进行记忆并显示在显示器上，这就相当于在系统内部建立了一个以工件原点为坐标原点的工件坐标系。

如图 1-13 所示，若选工件左端面为坐标原点，则工件坐标系建立指令为“G92　X90　Z110”；若选工件右端面为坐标原点，则工件坐标系建立指令为“G92　X90　Z45”。

由上可知，同一工件由于工件原点变了，程序段中的坐标尺寸也随之改变。工件原点是设定在工件左端面的中心还是设在右端面的中心，主要考虑零件图上的尺寸能方便地换算成坐标值，使编程方便。

因为一般车刀是从右端向左端车削，所以将工件原点设定在工件的右端面要比设定在工件的左端面换算尺寸方便，所以建议采用图 1-13(b)的方案，将工件原点设定在工件右端面的中心。

④ 换刀点。车床刀架的换刀点是指刀架转位换刀时所在的位置。换刀点的位置可以是固定的，也可以是任意一点。换刀点的设定原则是以刀架转位时不碰撞工件和机床上其他部件为准则，通常和刀具起始点重合。

1.2.2　编程规则

一个零件程序是一组被传送到数控装置中的指令和数据。一个零件程序是由遵循一定结构、句法和格式规则的若干个程序段组成的，而每个程序段是由若干个指令字组成的，如图 1-14 所示。

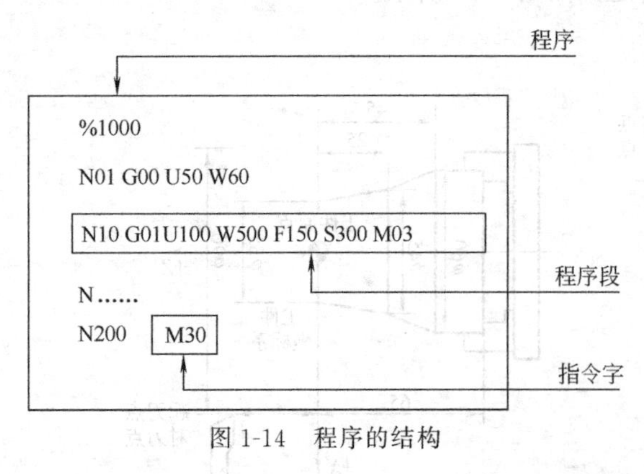

图 1-14　程序的结构

(1)指令字的格式

一个指令字是由地址符(指令字符)和带符号(如定义尺寸的字)或不带符号(如准备功能字 G 代码)的数字数据组成的。程序段中不同的指令字符及其后续数值确定了每个指令字的含义。在数控程序段中包含的主要指令字符如表 1-1 所示。

表 1-1　指令字符一览表

功能	地址	意义
零件程序号	%	程序编号：%1～%4294967295
程序段号	N	程序段编号：N0～G4294967295

续表

功能	地址	意义
准备功能	G	指令动作方式(直线、圆弧等)G00～G99
尺寸字	X,Y,Z A,B,C U,V,W	坐标轴的移动命令±99999.999
	R	圆弧的半径,固定循环的参数
	I,J,K	圆心相对于起点的坐标,固定循环的参数
进给速度	F	进给速度的指定 F0～F24000
主轴功能	S	主轴旋转速度的指定:S0～S9999
刀具功能	T	刀具编号的指定:T0～T99
辅助机能	M	机床侧开/关控制的指定　M0～M99
补偿号	D	刀具半径补偿号的指定　00～99
暂停	P,X	暂停时间的指定　s
程序号的指定	P	子程序号的指定　P1～P4294967295
重复次数	L	子程序的重复次数,固定循环的重复次数
参数	P,Q,R,U,W,I,K,C,A	车削复合循环参数
倒角控制	C,R	

(2) 程序段的格式

一个程序段定义一个将由数控装置执行的指令行。程序段的格式定义了每个程序段中功能字的句法，如图 1-15 所示。

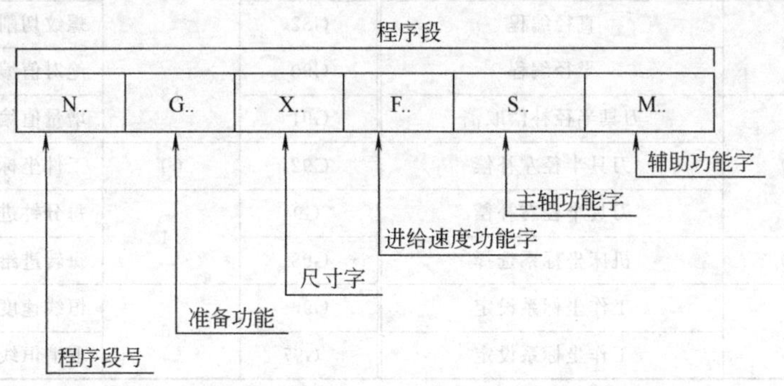

图 1-15　程序段格式

(3) 程序的一般结构

一个零件程序必须包括起始符和结束符。一个零件程序是按程序段的输入顺序执行的，而不是按程序段号的顺序执行的；但书写程序时，建议按升序书写程序段号。华中世纪星数控装置 HNC-21T 的程序结构如下。

程序起始符:%（或 O）符,%（或 O）后跟程序号。

程序结束：M02 或 M30。

注释符：括号“（　）”内或分号“;”后的内容为注释文字。

(4) 程序的文件名

CNC 装置可以装入许多程序文件，以磁盘文件的方式读写。文件名格式为（有别于

DOS 的其他文件名)：O××××（地址 O 后面必须有 4 位数字或字母)，华中数控系统通过调用文件名来调用程序，进行加工或编辑。

1.2.3 华中数控系统的编程指令

(1) 准备功能（G）

准备功能主要用来指令机床或数控系统的工作方式。华中世纪星（HNC-21/22T）系统的准备功能由地址符 G 和其后 1 位或 2 位数字组成，它用来规定刀具和工件的相对运动轨迹、机床坐标系、坐标平面、刀具补偿、坐标偏置等多种加工操作。具体 G 指令代码如表 1-2 所示。

表 1-2 华中世纪星（HNC-21/22T）准备功能 G 指令代码

G 指令	组群	功能	G 指令	组群	功能
G00	01	快速定位	G56	11	工作坐标系设定
* G01		直线插补	G57		工作坐标系设定
G02		顺时针方向圆弧插补	G58		工作坐标系设定
G03		逆时针方向圆弧插补	G59		工作坐标系设定
G04	00	暂停指令	G71	06	内外径粗车复合循环
G20	08	英制单位设定	G72		端面车削复合循环
* G21		米制单位设定	G73		闭环车削复合循环
G28	00	从中间点返回参考点	G76		螺纹切削复合循环
G29		从参考点返回	* G80	01	内外径车削固定循环
G32	01	螺纹车削	G81		端面车削固定循环
* G36	16	直径编程	G82		螺纹切削固定循环
G37		半径编程	G90	13	绝对值编程
* G40	09	刀具半径补偿取消	G91		增量值编程
G41		刀具半径左补偿	G92	00	工件坐标系设定
G42		刀具半径右补偿	* G94	14	每分钟进给
G53	00	机床坐标系选择	G95		每转进给
* G54	11	工作坐标系设定	G96	16	恒线速度控制
G55		工作坐标系设定	* G97		取消恒线速度控制

G 指令根据功能的不同分成若干组，其中 00 组的 G 功能称为非模态 G 功能，指令只在所规定的程序段中有效，程序段结束时被注销。其余组的 G 功能称为模态 G 功能，这些功能一旦被执行，则一直有效，直到被同一组的 G 功能注销为止。模态 G 功能组中包含一个默认 G 功能（表 1-2 中带有 * 记号的 G 功能），上电时将初始化该功能。

没有共同地址符的不同组 G 指令代码可以放在同一程序段中，而且与顺序无关。例如，G90、G17 可与 G01 放在同一程序段。

(2) 辅助功能

辅助功能也称 M 功能，主要用于控制零件程序的走向，以及机床各种辅助功能的开关动作，如主轴的开/停、冷却液的开/关等。华中世纪星（HNC-21/22T）系统辅助功能由地址符 M 和其后的一位或两位数字组成。具体 M 指令代码如表 1-3 所示。

表 1-3 辅助功能 M 代码

M 指令	模态	功能	M 指令	模态	功能
M00	非模态	程序暂停	M07	模态	切削液开
M02	非模态	主程序结束	* M09	模态	切削液关
M03	模态	主轴正转启动	M30	非模态	主程序结束，返回程序起点
M04	模态	主轴反转启动	M98	非模态	调用子程序
* M05	模态	主轴停转	M99	非模态	子程序结束
M06	非模态	换刀			

M 功能与 G 功能一样，也有非模态 M 功能和模态 M 功能两种形式。非模态 M 功能（当段有效代码），只在书写了该代码的程序段中有效；模态 M 功能（续效代码），一组可相互注销的 M 功能，这些功能在被同一组的另一个功能注销前一直有效。模态 M 功能组中包含一个默认功能（表 1-3 中带有 * 记号的 M 功能），系统上电时将初始化该功能。

另外，M 功能还可分为前作用 M 功能和后作用 M 功能两类。前作用 M 功能在程序段编制的轴运动之前执行，而后作用 M 功能则在程序段编制的轴运动之后执行。

其中：M00、M02、M30、M98、M99 用于控制零件程序的走向，是 CNC 内定的辅助功能，不由机床制造商设计决定（也就是说，与 PLC 程序无关）。其余 M 代码用于机床各种辅助功能的开关动作，其功能不由 CNC 内定，而是由 PLC 程序指定，所以有可能因机床制造厂不同而有差异，请使用人员参考机床说明书。

① CNC 内定的辅助功能。

a. 程序暂停指令（M00）。当 CNC 执行到 M00 指令时，暂停执行当前程序，以方便操作人员进行刀具和工件的尺寸测量、工件调头、手动变速等操作。暂停时，机床的进给停止，而全部现存的模态信息保持不变；欲继续执行后续程序，重按操作面板上的“循环启动”按键。M00 为非模态后作用 M 功能。

b. 程序结束指令（M02）。M02 一般放在主程序的最后一个程序段中。当 CNC 执行到 M02 指令时，机床的主轴、进给、冷却液全部停止，加工结束。使用 M02 的程序结束后，若要重新执行该程序，就得重新调用该程序，然后再按操作面板上的“循环启动”按键。M02 为非模态后作用 M 功能。

c. 程序结束并返回到零件程序头指令（M30）。M30 和 M02 功能基本相同，只是 M30 指令还兼有控制返回到零件程序头（%）的作用。使用 M30 的程序结束后，若要重新执行该程序，只需再次按操作面板上的“循环启动”按键。

d. 子程序调用指令（M98）及从子程序返回指令（M99）。M98 用来调用子程序。M99 表示子程序结束，执行 M99 使控制返回到主程序。子程序的格式为：

```
%****
⋮
M99
```

在子程序开头，必须规定子程序号，以作为调用入口地址。在子程序的结尾用 M99，以控制执行完该子程序后返回主程序。调用子程序的格式为：

```
M98 P____L____;
```

P 为被调用的子程序号，L 为重复调用次数。

② PLC 设定的辅助功能。

a. 主轴控制指令（M03、M04、M05）。M03 启动主轴以程序中编制的主轴速度顺时针方向（从 Z 轴正向朝 Z 轴负向看）旋转。M04 启动主轴以程序中编制的主轴速度逆时针方向旋转，M05 使主轴停止旋转。M03、M04 为模态前作用 M 功能；M05 为模态后作用 M 功能，为默认功能。M03、M04、M05 可相互注销。

b. 冷却液打开、停止指令（M07、M09）。M07 指令将打开冷却液管道，M09 指令将关闭冷却液管道。M07 为模态前作用 M 功能；M09 为模态后作用 M 功能，为默认功能。

（3）进给功能

进给功能主要用来指令切削的进给速度，表示工件被加工时刀具相对工件的合成进给速度。对于车床，进给方式可分为每分钟进给和每转进给两种，与 FANUC、SIEMENS 系统一样，华中世纪星（HNC-21/22T）系统也用 G94、G95 规定。

（4）主轴转速功能

主轴转速功能主要用来指定主轴的转速，单位为 r/min。

① 恒线速度控制指令（G96）。G96 是接通恒线速度控制的指令。系统执行 G96 指令后，S 后面的数值表示切削线速度。

② 主轴转速控制指令（G97）。G97 是取消恒线速度控制的指令。系统执行 G97 指令后，S 后面的数值表示主轴每分钟的转数。例如，“G97 S600”表示主轴转速为 600r/min，系统开机状态为 G97 状态。S 是模态指令，S 功能只有在主轴速度可调节时有效。S 所编程的主轴转速可以借助机床控制面板上的主轴倍率开关进行修调。

（5）刀具功能

刀具功能主要用来指令数控系统进行选刀或换刀，华中世纪星（HNC-21/22T）系统与 FANUC 系统相同，用 T 代码与其后的 4 位数字（刀具号＋刀补号）表示，例如 T0202 表示选用 2 号刀具和 2 号刀补（SIEMENS 系统用 T2、D2 表示）。当一个程序段中同时包含 T 代码与刀具移动指令时，先执行 T 代码指令，而后执行刀具移动指令。

1.3 编程方法及步骤

1.3.1 编程的目的

编制数控加工程序时，要把加工零件的工艺过程、运动轨迹、工艺参数和辅助操作等信息，按一定的文字和格式记录在程序载体上，通过输入装置，将控制信息输入到数控系统中，使数控车床进行自动加工。从分析零件图样开始到获得正确的程序载体为止的全过程，称为零件加工程序的编制，以后也简称为编程。简而言之，就是为了驱动数控车床把零件加工出来。

1.3.2 编程的方法

数控加工的编程方法主要有手工编程和自动编程两类。

（1）手工编程

编制程序的过程，即从分析零件图样、制订工艺路线、选用工艺参数到进行数值计算等都是由人工完成的，这种编程方法称为手工编程。对于点位加工或几何形状简单的零件，不需要经过复杂的计算，程序段不多，此时使用手工编程方法较为合适。但对于形状复杂、工序较长的零件，需要进行烦琐的计算，程序段很多，出错也难于校核，此时尽可能采用自动编程。

(2) 自动编程

自动编程时，程序员根据零件图样和工艺要求，使用有关CAD/CAM软件（包括Master CAM、Cimatron、Pro/ENGINEER、UG、CATIA、I-DEAS、Solid Works、CAXA等），首先利用CAD功能模块进行造型，然后利用CAM模块产生刀具路径，进而再用后置处理程序产生NC代码（与手工编程一样的数控程序），就可以通过DNC传输软件（现在数控系统的计算机带有硬盘，存储空间足够大，直接把数控代码复制到数控系统的硬盘下，不需要传输软件），传给数控机床，实现边传边加工。由此可见，自动编程与手工编程比较，具有编程时间短、减少编程人员劳动强度、出错机会少、编程效率高等优点。详细内容参考相关CAD/CAM软件的教程。

1.3.3 常用的数控车床自动编程软件介绍

(1) Master CAM

美国CNC Software公司的Master CAM软件是在微机档次上开发的，在使用线框造型方面较有代表性，而且它又是侧重于数控加工方面的软件，这样的软件在数控加工领域内占重要地位，有较高的推广价值。Master CAM的主要功能是：2D/3D图形设计、编辑；3维复杂曲面设计；自动尺寸标注、修改；各种外设驱动；5种字体的字符输入；可直接调用AutoCAD、CADKEY、SURFCAM、UNIMOD等；设有多种零件库、图形库、刀具库；2～5轴数控铣削加工；车削数控加工；线切割数控加工；钣金、冲压数控加工；加工时间预估和切削路径显示，过切检测及消除；可直接连接300多种数控机床。该软件主要CAM功能有：

① 2D外形铣削挖槽和钻孔，2D挖槽残料加工，实体刀具模拟。

② 2～5D单一曲面粗加工、精加工、沿面加工、投影加工。

③ 2～5D直纹曲面、扫描曲面、旋转曲面加工。

④ 3D多重曲面粗加工、精加工。

⑤ 3D固定 Z 轴插削加工。

⑥ 3D沿面夹角清角加工。

⑦ 3D多曲面沿面切削等。

(2) CAXA

CAXA制造工程师是由北京海尔软件有限公司开发的全中文CAD/CAM软件。CAXA的主要CAM功能有：

① 支持2～5轴铣削加工，提供轮廓、区域以及3轴、4轴和5轴加工功能。

② 支持车削加工，具有轮廓粗车、精车、切槽、钻中心孔、车螺纹等功能；可以用参数修改功能对轨迹的各种参数进行修改，以生成新的加工轨迹；

③ 支持线切割加工，具有快、慢走丝切割功能，可输出3B或G代码的后置格式。

1.3.4 编程的内容和步骤

以手工编程为例来说明编程内容和步骤。

(1) 分析零件图样

通过对零件的材料、形状、尺寸和精度、表面质量、毛坯情况和热处理等要求进行分析，确定该零件是否适合在数控车床上加工。

(2) 确定工艺过程

在分析零件图样的基础上，确定零件的加工工艺（如决定定位方式，选用工夹具等）和加工路线（如确定对刀点、走刀路线等），并确定加工余量、切削用量（如切削宽度、进给速度、主轴转速等）。

（3）数值计算

根据零件图样和走刀路线计算刀具中心运动轨迹。对于外形较复杂的零件，要充分利用数控系统的插补功能和刀具补偿功能来简化计算。对于列表曲线、自由曲面等程序编制，数学处理复杂，需要借助计算机使用专门软件进行计算。

（4）编写加工程序

根据工艺过程、数值计算结果以及辅助操作要求，按照数控系统规定的程序指令及格式编写出加工程序。

（5）把加工程序输入数控系统

把编写好的程序，输入到数控系统中，具体的输入方法有以下 3 种。

① 在数控车床操作面板上进行手工输入。

② 利用 DNC（数据传输）功能，首先把程序录入计算机，然后由专用的 CNC 传输软件把加工程序输入数控系统，最后调出执行。如果程序太长，就采用 DNC（边传边加工）的方法进行加工。

③ 直接复制到数控系统计算机硬盘上。

（6）首件试切

在开始切削前必须先对程序进行校验，确定没有错误后，才能进行首件试切。常用的校验方法有以下 3 种。

① 利用空运行进行校验，该法只能校验程序格式、代码是否正确，校验不出加工轨迹是否正确。

② 利用数控系统在操作面板的屏幕上显示图形，检查刀具运动轨迹的图形，以及刀具与夹头、尾座等是否相撞。

③ 用其他材料（如木材、尼龙、塑料）来代替毛坯进行试切，确定程序和工件加工轨迹无误后进入正式首件试切阶段。检查完毕后，可进行首件试切。只有首件通过检验，符合零件的质量要求后，才可认为数控加工程序无误，正式投入生产使用。

1.3.5 图形的数学处理

用适当的方法，将数控车床程序编制所需的有关数据计算出来的过程，称为数值计算。编程时的数值计算包括工件轮廓的基点坐标计算和节点坐标计算。由于数控车床一般以加工平面直线和圆弧的轮廓为主，所以数值计算的主要任务是求各基点的坐标。

（1）基点的概念

构成工件轮廓的不同几何素线的交点或切点称为基点，如直线与直线的交点、直线与圆弧的交点或切点、圆弧与圆弧的交点或切点等。基点主要直接用于编程时运动轨迹的起点或终点。图 2-16 中 A～K 各点都是该工件轮廓上的基点。基点计算的主要内容有：每条运动轨迹（线段）的起点和终点在选定坐标系中的坐标值和圆弧运动轨迹的圆心坐标值。

（2）基点计算的方法

① 手工法。根据零件图样上给定的尺寸，运用数学方面的有关知识，计算出数值。例如要车削如图 1-16 所示的工件，在编程时必须要知道各基点的坐标，根据图中给定的几何尺寸，对其中的一些基点坐标很快就能找出，如 A～E 点等，但 I 点的坐标必须通过基点计算才能确定。作出图示辅助线，从几何关系可以看出，只要确定 IM 的距离，那么 I 点的 X 坐标就可确定。

$$IM=IL-LM=IL-\sqrt{LH^2-MH^2}=(15-\sqrt{15^2-9^2})\text{mm}=3\text{mm}$$

I 点的 X 坐标（直径）为 36－2IM=(36－6)mm=30mm，即 I 点的坐标为 I（30，－50）。

注意：在计算时要将小数点后面的位数留够，以保证足够的精度。对数控车床来说，其最小脉冲当量为 0.001mm，所以计算时将小数点保留 3 位。

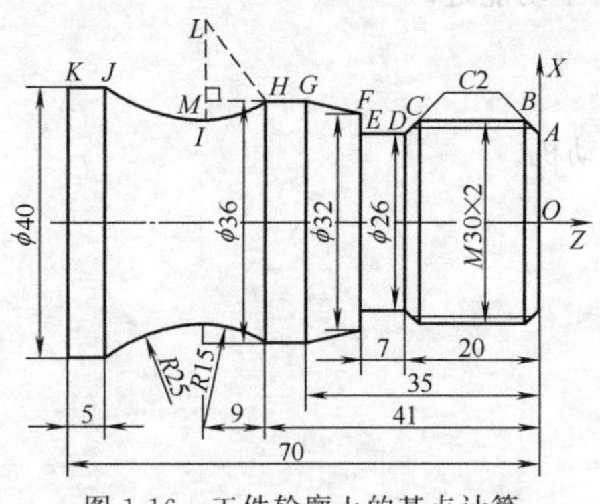

图 1-16　工件轮廓上的基点计算

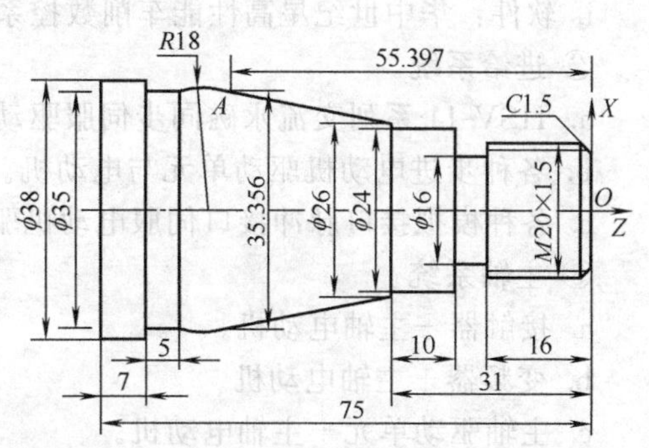

图 1-17　工件的基点坐标值 AutoCAD 标注法

② 自动法。利用 CAD 软件从图中查取。大多数的图形绘制都是在 AutoCAD 或其他绘图软件中完成；在 AutoCAD 软件中绘图时，可以利用它的一些功能，把某些点的坐标直接标出。当要通过计算或其他方法确定坐标值的基点数较少时（如图 1-17 中，只有 A 点的坐标不能直接得到），可以用 DIMLINEAR（线性标注）的命令，把 A 点的坐标值标注出来；当要确定的基点数较多时，首先用 UCS 命令把 CAD 中的用户坐标系移至所作图的工件坐标系 O 点处；然后利用 DIMORDINTE（坐标标注）命令，把所需要标注基点的坐标值标注出来。具体操作可参见有关 AutoCAD 的教程。

1.4　数控车床的操作面板与控制面板

1.4.1　华中数控系统介绍

(1) 基本配置

① 数控单元。

a. 工业控制机

(a) 中央处理器板（CPU BOARD）：原装进口嵌入式工业 PC。

• 中央处理单元（PU）：高性能 32 位微处理器。

• 存储器（DRAM RAM）：8MB RAM（可扩至 16MB）加工缓冲区。

• 程序断电存储区（Flash ROM）：4MB（可扩至 72MB）。

(b) 显示器：7.5in 彩色 LCD（分辨率为 640 像素×480 像素）。

(c) 硬盘：可选（选件）。

(d) 软驱：1.44MB/3.5in。

(e) RS232 接口：RS232 19200bit/s。

(f) 网络接口：以太网接口（选件）。

b. 控制轴数：3 轴，最大至 4 轴（选件）。

c. 伺服接口：数字量、模拟量接口和串行口，可选配各种脉冲接口、模拟接口交流伺服单元或步进电动机驱动单元及该公司生产的串行接口 HSV-11 系列交流伺服驱动单元。

d. 开关量接口：输入 40 点，输出 32 点。
e. 其他接口：手摇脉冲发生器接口、主轴接口、远程输入/输出接口选件。
f. 控制面板：防静电薄膜标准机床控制面板。
g. MPG 手持单元：4 轴 MPG 一体化手持单元（选件）。
h. NC 键盘：包括精简型 MDI 键盘和 F1～F10 十个功能键。
i. 软件：华中世纪星高性能车削数控系统软件。
② 进给系统。
a. HSV-11 系列交流永磁同步伺服驱动与伺服电动机。
b. 各种步进电动机驱动单元与电动机。
c. 各种模拟接口脉冲接口伺服电动机驱动系统。
③ 主轴系统。
a. 接触器＋主轴电动机。
b. 变频器＋主轴电动机。
c. 主轴驱动单元＋主轴电动机。

（2）主要技术规格

① 最大控制轴数：4 轴。
② 最大联动轴数：4 轴。
③ 主轴数：1。
④ 最大编程尺寸：99999.999mm。
⑤ 最小分辨率 10～0.01μm（可设置）。
⑥ 直线、圆弧、螺纹插补。
⑦ 小线段连续高速插补。
⑧ 用户宏程序、简单循环、复合循环。
⑨ 直径/半径编程。
⑩ 自动加减速控制（S 曲线）。
⑪ 加速度平滑控制。
⑫ MDI 功能。
⑬ M、S、T 功能。
⑭ 故障诊断与报警。
⑮ 汉字操作界面。
⑯ 全屏幕程序在线编辑与校验功能。
⑰ 参考点返回。
⑱ 工件坐标系 G54～G59。
⑲ 加工轨迹彩色图形仿真，加工过程实时图形显示。
⑳ 加工断点保护/恢复功能。
㉑ 双向螺距补偿（最多 5000 点）。
㉒ 反向间隙补偿。
㉓ 刀具偏置与磨损补偿、刀具几何补偿、刀尖半径补偿。
㉔ 主轴转速及进给速度倍率控制。
㉕ CNC 通信功能 RS 232。
㉖ 网络功能支持 NT Novell Internet 网络。
㉗ 支持 DIN/ISO 标准 G 代码。零件程序容量：硬盘网络；不需 DNC，最大可直接执

行 2GB 的程序。

㉘ 内部二级电子齿轮。

㉙ 内部已提供标准 PLC 程序，也可按要求自行编制 PLC 程序。

1.4.2 HNC-21T 世纪星车床数控操作台的组成

HNC-21T 世纪星车床数控装置操作台为标准固定结构，如图 1-18 所示。操作台结构美观、体积小巧，操作方便。外形尺寸为 420mm×310mm×110mm（$W \times H \times D$）。

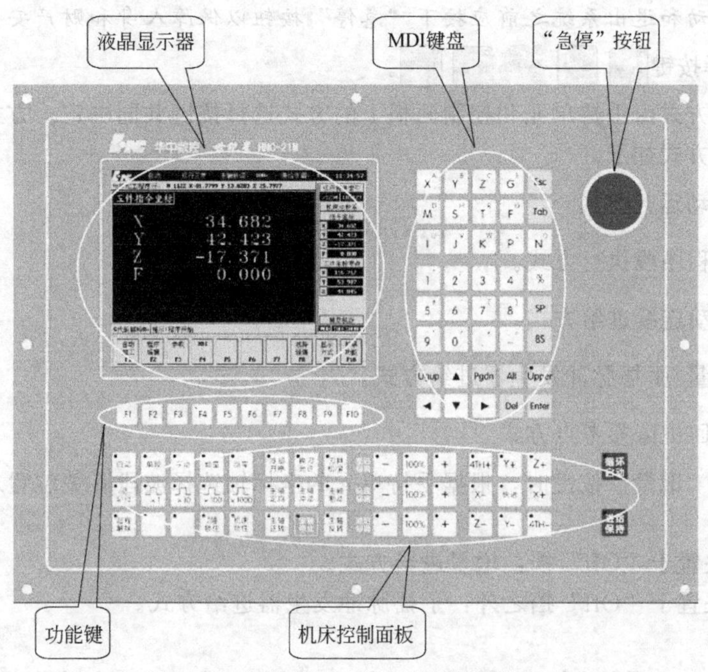

图 1-18　华中世纪星车床数控装置操作台

（1）显示器

操作台的左上部为 7.5 寸彩色液晶显示器，分辨率为 640 像素×480 像素，用于汉字菜单、系统状态、故障报警的显示和加工轨迹的图形仿真。

（2）NC 键盘

NC 键盘用于零件程序的编制、参数输入、MDI 及系统管理操作等。NC 键盘包括精简型 MDI 键盘和 F1～F10 十个功能键。

标准化的字母数字式 MDI 键盘介于显示器和和“急停”按钮之间，其中的大部分键具有上档键功能，当“Upper”键有效时（指示灯亮），输入的是上档键。F1～F10 十个功能键位于显示器的正下方。

（3）MPG 手持单元

MPG 手持单元由手摇脉冲发生器、坐标轴选择开关组成，用于手摇方式增量进给坐标轴。MPG 手持单元的结构如图 1-19 所示。

（4）机床控制面板 MCP

机床控制面板用于直接控制机床的动作或加工过程。标准机床控制面板的大部分按键（除“急停”按钮外）位于操作台的下部。“急停”按钮位于操作台的右上角，如图 1-18 所示。

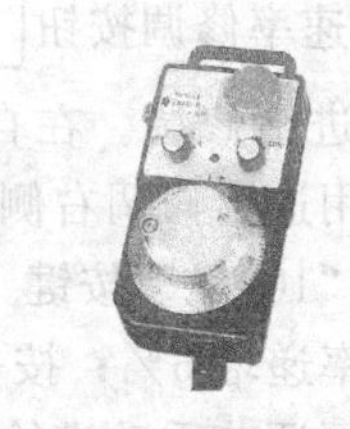

图 1-19　MPG 手持单元

下面主要介绍标准控制面板上按键按钮的作用与使用方法。

① 急停按钮。

机床运行过程中，在危险或紧急情况下，按下“急停”按钮，CNC即进入急停状态，伺服进给及主轴运转立即停止工作，控制柜内的进给驱动电源被切断；松开“急停”按钮，左旋此按钮，按钮将自动跳起，CNC进入复位状态。解除紧急停止前，先确认故障原因是否排除；紧急停止解除后，应重新执行回参考点操作，以确保坐标位置的正确性。

注意：在启动和退出系统之前应按下“急停”按钮以保障人身和财产安全。

② 方式选择按键 自动 单段 手动 增量 回零。

机床的工作方式由手持单元和控制面板上的方式选择按键共同决定。方式选择按键及其对应的机床工作方式如下。

a. 自动：自动运行方式。

b. 单段：单程序段执行方式。

c. 手动：手动连续进给方式。

d. 增量：增量/手摇脉冲发生器进给方式。

e. 回零：返回机床参考点方式。

其中，按下“增量”按键时，根据手持单元的坐标轴选择波段开关位置对应两种机床工作方式：

- 波段开关置于“Off”挡：增量进给方式。
- 波段开关置于“Off”挡之外：手摇脉冲发生器进给方式。

注意：

a. 控制面板上的方式选择按键互锁，即按一下其中一个（指示灯亮），其余几个会失效（指示灯灭）。

b. 系统启动复位后，默认工作方式为“回零”。

c. 当某一方式有效时，相应按键内指示灯亮。

③ 轴手动按键

	+Z	+C
-X	快进	+X
-C	-Z	

。

“+X”、“+Z”、“-X”、“-Z”按键用于在手动连续进给、增量进给和返回机床参考点方式下，选择进给坐标轴和进给方向。“+C”、“-C”按键只在车削中心上有效，用于手动进给 C 轴。

④ 速率修调按钮 - 100% + 。

a. 进给修调。在自动方式或MDI运行方式下，当F代码编程的进给速度偏高或偏低时，可用进给修调右侧的100%和“+”、“-”按键，修调程序中编制的进给速度。

按“100%”按键（指示灯亮），进给修调倍率被置为100%，按一下“+”按键，进给修调倍率递增5%；按一下“-”按键进给修调倍率递减5%。在手动连续进给方式下，这些按键可调节手动进给速率。

b. 快速修调。在自动方式或MDI运行方式下，可用快速修调右侧的100%和“+”、“−”按键修调G00快速移动时系统参数“最高快移速度”设置的速度。

按“100%”按键（指示灯亮）快速修调倍率被置为100%；按一下“+”按键，快速修调倍率递增5%；按一下“+”按键，快速修调倍率递减5%。在手动连续进给方式下，这些按键可调节手动快移速度。

c. 主轴修调。在自动方式或MDI运行方式下，当S代码编程的主轴速度偏高或偏低时，可用主轴修调右侧的“100%”和“+”、“−”按键修调程序中编制的主轴速度。按“100%”按键（指示灯亮），主轴修调倍率被置为100%；按一下“+”按键，主轴修调倍率递增5%；按一下“−”按键，主轴修调倍率递减5%。在手动方式时，这些按键可调节手动时的主轴速度。机械齿轮换挡时，主轴速度不能修调。

⑤ 回参考点按键。

按一下“回零”按键（指示灯亮），系统处于手动回参考点方式，可手动返回参考点（下面以X轴回参考点为例说明）。

a. 根据X轴“回参考点方向”参数的设置，按一下“+X”按键（回参考点方向为+）或“−X”按键（回参考点方向为−）。

b. X轴将以“回参考点快移速度”参数设定的速度快进。

c. X轴碰到参考点开关后，将以“回参考点定位速度”参数设定的速度进给。

d. 当反馈元件检测到基准脉冲时，X轴减速停止，回参考点结束。此时，“+X”或“−X”按键内的指示灯亮。

用同样的操作方法，使用“+Z”、“−Z”按键可以使Z轴回参考点。

同时按压X向和Z向的轴手动按键可使X轴、Z轴同时执行返回参考点操作。

注意：

a. 在每次电源接通后，必须首先用这种方法完成各轴的返回参考点操作，然后进入其他运行方式，以确保各轴坐标的正确性。

b. 在回参考点前应确保回零轴位于参考点的“回参考点方向”的相反侧，否则应手动移动该轴直到满足此条件。

⑥ 手动进给按键。

a. 手动进给。按一下“手动”按键（指示灯亮），系统处于手动运行方式，可手动移动机床坐标轴（下面以手动移动X轴为例说明）。

(a) 按压+X或−X按键（指示灯亮），X轴将产生正向或负向连续移动。

(b) 松开“+X”或“−X”按键（指示灯灭），X轴即减速停止。

用同样的操作方法使用“+Z”、“−Z”按键可以使Z轴产生正向或负向连续移动，同时按压X向和Z向的轴手动按键，可同时手动连续移动X轴、Z轴。

在手动连续进给方式下，进给速率为系统参数最高快移速度的$\frac{1}{3}$乘以进给修调选择的进给倍率。

b. 手动快速移动。在手动连续进给时，若同时按“快进”按键，则产生相应轴的正向或负向快速运动。手动快速移动的速率为系统参数“最高快移速度”乘以快速修调选择的快移倍率。

⑦ 增量进给按键。

a. 增量进给。当手持单元的坐标轴选择波段开关置于“Off”挡时，按一下控制面板上的“增量”按键（指示灯亮），系统处于增量进给方式，可增量移动机床坐标轴（下面以增量进给 X 轴为例说明）。

(a) 按一下“+X”或“−X”按键（指示灯亮），X 轴将向正向或负向移动一个增量值。

(b) 再按一下“+X”或“−X”按键，X 轴将向正向或负向继续移动一个增量值。

用同样的操作方法使用“+Z”、“−Z”按键可以使 Z 轴向正向或负向移动一个增量值。

同时按一下 X 向和 Z 向的轴手动按键，每次能同时增量进给 X 轴、Z 轴。

b. 增量值选择 X1 X10 X100 X1000。增量进给的增量值由“×1”、“×10”、“×100”、“×1000”四个增量倍率按键控制。它们的增量值分别为 0.001mm、0.01mm、0.1mm、1mm。

注意： 这几个按键互锁，即按一下其中一个（指示灯亮），其余几个会失效（指示灯灭）。

⑧ 手摇进给按键。

a. 手摇进给。当手持单元的坐标轴选择波段开关置于“X”、“Z”挡时，按一下控制面板上的“增量”按键（指示灯亮），系统处于手摇进给方式，可手摇进给机床坐标轴（下面以手摇进给 X 轴为例说明）。

(a) 手持单元的坐标轴选择波段开关置于“X”挡；

(b) 手动顺时针/逆时针旋转手摇脉冲发生器 1 格，X 轴将向正向或负向移动一个增量值。

用同样的操作方法使用手持单元，可以使 Z 轴正向或负向移动一个增量值。手摇进给方式每次只能增量进给 1 个坐标轴。

b. 增量值选择。手摇进给的增量值（手摇脉冲发生器每转一格的移动量）由手持单元的增量倍率波段开关“×1”、“×10”、“×100”控制，其对应的增量值分别为 0.001mm、0.01mm、0.1mm。

⑨ 自动运行按键。

按一下自动按键指示灯亮系统处于自动运行方式，机床坐标轴的控制由 CNC 自动完成。

a. 自动运行启动 循环启动。自动方式时，在系统主菜单下，首先按 F1 键进入自动加工子菜单，接着按 F1 键选择要运行的程序，然后按一下“循环启动”按键（指示灯亮），自动加工开始。

注意： 适用于自动运行方式的按键同样适用于 MDI 运行方式和单段运行方式。

b. 自动运行暂停 进给保持。在自动运行过程中，按一下“进给保持”按键（指示灯亮），程序执行暂停，机床运动轴减速停止。暂停期间辅助功能 M、主轴功能 S、刀具功能 T 保持不变。

c. 进给保持后的再启动。在自动运行暂停状态下，按一下“循环启动”按键，系统将重新启动，从暂停前的状态继续运行。

d. 空运行 空运行。在自动方式下，按一下“空运行”按键（指示灯亮），CNC 处于空运行状态，程序中编制的进给速率被忽略，坐标轴以最大快移速度移动，空运行不做实际切削，目的在确认切削路径及程序。在实际切削时应关闭此功能，否则可能会造成危险。此功能对螺纹切削无效。

e. 机床锁住。禁止机床坐标轴动作，在自动运行开始前，按一下“机床锁住”按键（指示灯亮），再按“循环启动”按键，系统继续执行程序，显示屏上的坐标轴位置信息变化，但不输出伺服轴的移动指令，所以机床停止不动。这个功能用于校验程序。

注意：

a. 即使是 G28、G29 功能，刀具不运动到参考点。

b. 机床辅助功能 M、S、T 仍然有效。

c. 在自动运行过程中，按“机床锁住”按键，机床锁住无效。

d. 在自动运行过程中，只在运行结束时，方可解除机床锁住。

e. 每次执行此功能后，必须再次进行回参考点操作。

⑩ 单段运行按键。

按一下“单段”按键，系统处于单段自动运行方式（指示灯亮），程序控制将逐段执行。

a. 按一下“循环启动”按键，运行一程序段，机床运动轴减速停止，刀具、主轴电动机停止运行。

b. 再按一下“循环启动”按键，又执行下一程序段，执行完了后又再次停止。在单段运行方式下，适用于自动运行的按键依然有效。

⑪ 超程解除按键。

在伺服轴行程的两端各有一个极限开关，以防止伺服机构碰撞而损坏。每当伺服机构碰到行程极限开关时，就会出现超程。当某轴出现超程（“超程解除”按键内指示灯亮）时，系统根据其状况为紧急停止，要退出超程状态时必须：

a. 松开“急停”按钮，置工作方式为“手动”或“手摇”方式。

b. 一直按压着“超程解除”按键（控制器会暂时忽略超程的紧急情况）。

c. 在手动（手摇）方式下，使该轴向相反方向退出超程状态。

d. 松开“超程解除”按键。

若显示屏上运行状态栏“运行正常”取代了“出错”，表示恢复正常，可以继续操作。

注意：在移回伺服机构时应注意移动方向及移动速率，以免发生撞机。

⑫ 手动机床动作控制按键。

a. 主轴正转。在手动方式下，按一下“主轴正转”按键（指示灯亮），主电动机以机床参数设定的转速正转。

b. 主轴反转。在手动方式下，按一下“主轴反转”按键（指示灯亮），主电动机以机床参数设定的转速反转。

c. 主轴停止。在手动方式下，按一下“主轴停止”按键（指示灯亮），主电动机停止运转。

d. 主轴点动。在手动方式下，可用“主轴正点动”、“主轴负点动”按键点动转动主轴。

(a) 按“主轴正点动”或“主轴负点动”按键（指示灯亮），主轴将产生正向或负向连续转动；

(b) 松开“主轴正点动”或“主轴负点动”按键（指示灯灭），主轴即减速停止。

e. 刀位转换。在手动方式下按一下“刀位转换”按键，转塔刀架转动一个刀位。

f. 冷却启动与停止。在手动方式下按一下“冷却开停”按键，冷却液开（默认值为冷却液关），再按一下又为冷却液关，如此循环。

g. 卡盘松紧。在手动方式下按一下“卡盘松紧”按键，松开工件（默认值为夹紧），可以进行更换工件操作；再按一下又为夹紧工件，可以进行加工工件操作，如此循环。

1.4.3 软件操作界面

(1) 软件操作界面介绍

HNC-21T 的软件操作界面如图 1-20 所示，其界面由如下几部分组成。

① 图形显示窗口。可以根据需要，用功能键 F9 设置窗口的显示内容。

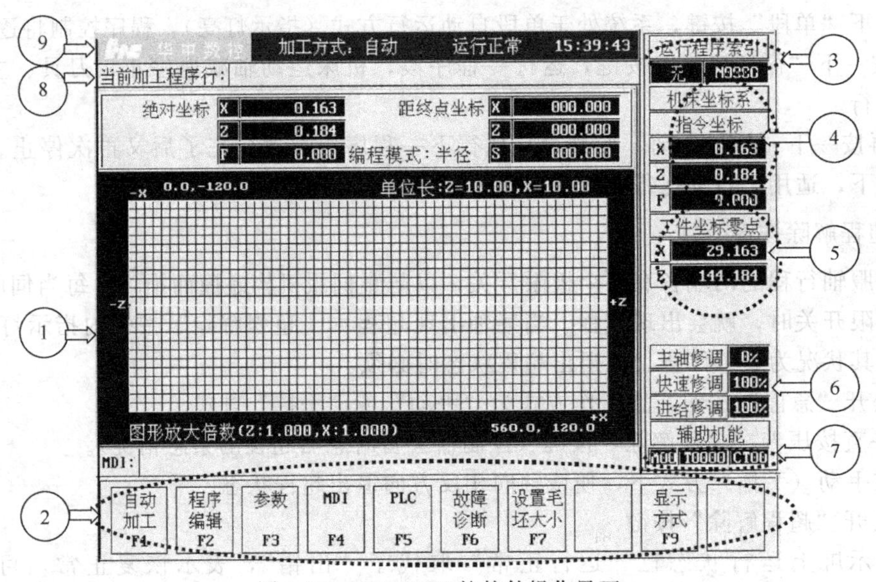

图 1-20　HNC-21T 的软件操作界面

② 菜单命令条。通过菜单命令条中的功能键 F1～F10 来完成系统功能的操作。

③ 运行程序索引。自动加工中的程序名和当前程序段行号。

④ 选定坐标系下的坐标值。

a. 坐标系可在机床坐标系/工件坐标系/相对坐标系之间切换。

b. 显示值可在指令位置/实际位置/剩余进给/跟踪误差/负载电流/补偿值之间切换（负载电流只对 11 型伺服有效）。

⑤ 工件坐标零点。工件坐标系零点在机床坐标系下的坐标。

⑥ 倍率修调。

a. 主轴修调：当前主轴修调倍率。

b. 进给修调：当前进给修调倍率。

c. 快速修调：当前快进修调倍率。

⑦ 辅助机能。自动加工中的 M、S、T 代码。

⑧ 当前加工程序行。当前正在或将要加工的程序段。

⑨ 当前加工方式、系统运行状态及当前时间。

a. 工作方式：系统工作方式根据机床控制面板上相应按键的状态可在自动（运行）、单段（运行）、手动（运行）、增量（运行）、回零、急停、复位等之间切换。

b. 运行状态：系统工作状态在“运行正常”和“出错”间切换。

c. 系统时钟：当前系统时间。

（2）菜单命令条

操作界面中最重要的一块是菜单命令条。系统功能的操作主要通过菜单命令条中的功能键 F1～F10 来完成。由于每个功能包括不同的操作，菜单采用层次结构，即在主菜单下选择一个菜单项后，数控装置会显示该功能下的子菜单，用户可根据该子菜单的内容选择所需的操作，如图 1-21 所示。

注意：本书约定用 F1→F4 格式表示在主菜单下按 F1 键，然后在子菜单下按 F4 键。

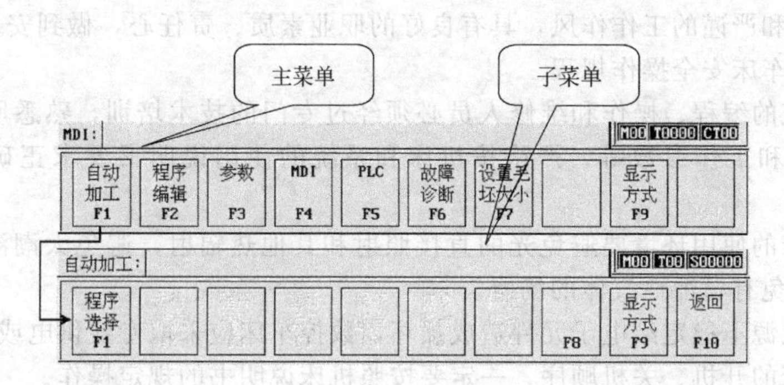

图 1-21　菜单层次

当要返回主菜单时按子菜单下的 F10 键即可。

HNC-21T 的菜单结构如图 1-22 所示。

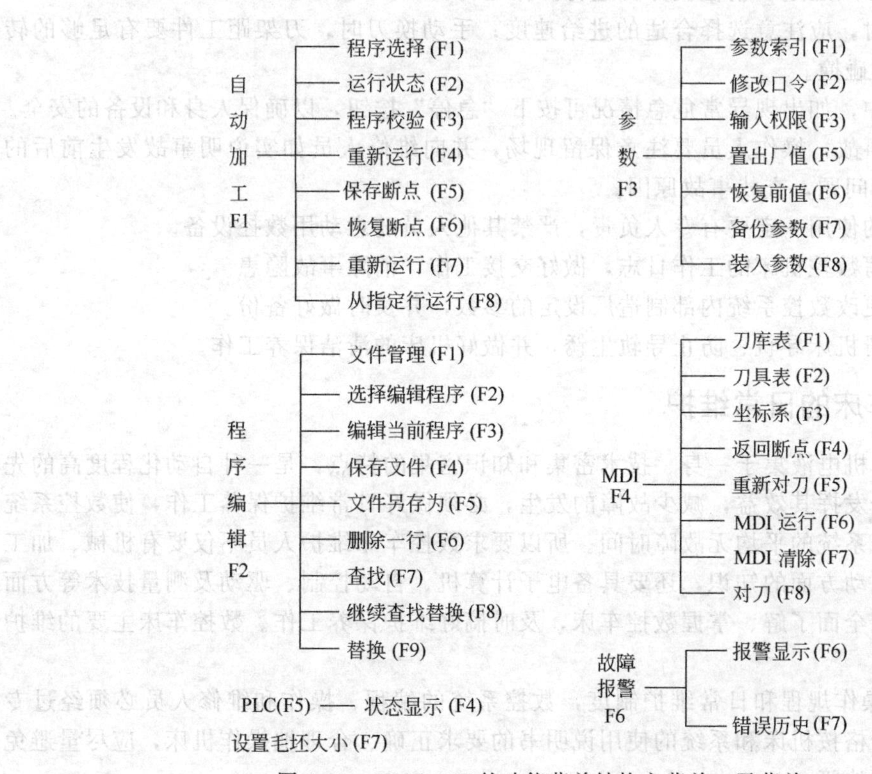

图 1-22　HNC-21T 的功能菜单结构主菜单、子菜单

1.5 数控车床的操作规程与日常维护

1.5.1 数控车床的操作规程

数控车床是一种自动化程度高、结构复杂且价格较高的先进加工设备。它与普通车床相比具有加工精度高、加工灵活、通用性强、生产效率高、质量稳定等优点，特别适合加工多品种、小批量形状复杂的零件，在企业生产中有着至关重要的地位。数控车床操作人员除了应掌握好数控车床的性能、精心操作外，还要管好、用好和维护好数控车床，养成文明生产的良好工作习惯和严谨的工作作风，具有良好的职业素质、责任心，做到安全文明生产，严格遵守以下数控车床安全操作规程。

① 数控系统的编程、操作和维修人员必须经过专门的技术培训，熟悉所用数控车床的使用环境、条件和工作参数等，严格按机床和系统的使用说明书要求正确、合理地操作机床。

② 数控车床的使用环境要避免光的直接照射和其他热辐射，避免太潮湿或粉尘过多的场所，特别要避免有腐蚀性气体的场所。

③ 为避免电源不稳定给电子元件造成损坏，数控车床应采取专线供电或增设稳压装置。

④ 数控车床的开机、关机顺序，一定要按照机床说明书的规定操作。

⑤ 主轴启动开始切削之前一定要关好防护罩门，程序正常运行中严禁开启防护罩门。

⑥ 在每次电源接通后，必须先完成各轴的返回参考点操作，然后再进入其他运行方式，以确保各轴坐标的正确性。

⑦ 机床在正常运行时不允许打开电气柜的门。

⑧ 加工程序必须经过严格检验方可进行操作运行。

⑨ 手动对刀时，应注意选择合适的进给速度；手动换刀时，刀架距工件要有足够的转位距离不至于发生碰撞。

⑩ 加工过程中，如出现异常危急情况可按下“急停”按钮，以确保人身和设备的安全。

⑪ 机床发生事故，操作人员要注意保留现场，并向维修人员如实说明事故发生前后的情况，以利于分析问题，查找事故原因。

⑫ 数控机床的使用一定要有专人负责，严禁其他人员随意动用数控设备。

⑬ 要认真填写数控机床的工作日志，做好交接工作，消除事故隐患。

⑭ 不得随意更改数控系统内部制造厂设定的参数，并及时做好备份。

⑮ 要经常润滑机床导轨、防止导轨生锈，并做好机床的清洁保养工作。

1.5.2 数控车床的日常维护

数控车床具有机电液集于一身、技术密集和知识密集的特点，是一种自动化程度高的先进设备。为了充分发挥其效益，减少故障的发生，必须做好日常维护保养工作，使数控系统少出故障，以延长系统的平均无故障时间。所以要求数控车床维护人员不仅要有机械、加工工艺以及液压、气动方面的知识，还要具备电子计算机、自动控制、驱动及测量技术等方面的知识，这样才能全面了解、掌握数控车床，及时搞好维护保养工作。数控车床主要的维护保养工作如下。

① 严格遵守操作规程和日常维护制度，数控系统的编程、操作和维修人员必须经过专门的技术培训，严格按机床和系统的使用说明书的要求正确、合理地操作机床，应尽量避免因操作不当引起的故障。

② 操作人员在操作机床前必须确认主轴润滑油与导轨润滑油是否符合要求。如果润滑油不足，应按说明书的要求加入牌号、型号等合适的润滑油，并确认气压是否正常。

③ 防止灰尘进入数控装置内，如数控柜空气过滤器灰尘积累过多，会使柜内冷却空气流通不畅，引起柜内温度过高而使数控系统工作不稳定。因此，应根据周围环境温度状况，定期检查清扫。电气柜内电路板和元器件上积累有灰尘时，也得及时清扫。

④ 应每天检查数控装置上各个冷却风扇工作是否正常。视工作环境的状况，每半年或每季度检查一次过滤通风道是否有堵塞现象。如过滤网上灰尘积聚过多，应及时清理，否则将导致数控装置内温度过高（一般温度为 55～60℃），致使 CNC 系统不能可靠工作，甚至发生过热报警。

⑤ 伺服电动机的保养。对于数控车床的伺服电动机，要在 10～12 个月进行一次维护保养，加速或者减速变化频繁的机床要在 2 个月进行一次维护保养。维护保养的主要内容有：用干燥的压缩空气吹除电刷的粉尘，检查电刷的磨损情况，如需更换，需选用规格型号相同的电刷，更换后要空载运行一定时间使其与换向器表面吻合；检查清扫电枢整流子以防止短路；如装有测速电动机和脉冲编码器，也要进行定期检查和清扫。

⑥ 及时做好清洁保养工作，如空气过滤器的清扫、电气柜的清扫、印制电路板的清扫。表 1-4 为数控车床保养一览表。

表 1-4　数控车床保养一览表

序号	检查周期	检查部位	检查要求
1	每天	导轨润滑油箱	检查油量，及时添加润滑油，润滑油泵是否定时启动打油及停止
2	每天	主轴润滑恒温油箱	工作是否正常，油量是否充足，温度范围是否合适
3	每天	机床液压系统	油箱泵有无异常噪声，工作油面高度是否合适，压力表指示是否正常，管路及各接头有无泄漏
4	每天	压缩空气气源压力	气动控制系统压力是否在正常范围之内
5	每天	X、Z 轴导轨面	清除切屑和脏物，检查导轨面有无划伤损坏，润滑油是否充足
6	每天	各防护装置	机床防护罩是否齐全有效
7	每天	电气柜各散热通风装置	各电气柜中冷却风扇是否工作正常，风道过滤网有无堵塞，及时清洗过滤器
8	每周	各电气柜过滤网	清洗黏附的尘土
9	不定期	冷却液箱	随时检查液面高度，及时添加冷却液，太脏应及时更换
10	不定期	排屑器	经常清理切屑，检查有无卡住现象
11	半年	检查主轴驱动带	按说明书要求调整传动带松紧程度
12	半年	各轴导轨上镶条，压紧滚轮	按说明书要求调整松紧状态
13	一年	检查和更换电动机电刷	检查换向器表面，去除毛刺，吹净炭粉，磨损过多的电刷及时更换
14	一年	液压油路	清洗溢流阀、减压阀、滤油器、油箱，过滤液压油或更换
15	一年	主轴润滑恒温油箱	清洗过滤器、油箱，更换润滑油
16	一年	冷却油泵过滤器	清洗冷却油池，更换过滤器
17	一年	滚珠丝杠	清洗丝杠上旧的润滑脂，涂上新油脂

⑦ 定期检查电气部件，检查各插头、插座、电缆、各继电器的触点是否出现接触不良、断线和短路等故障。检查各印制电路板是否干净。检查主电源变压器、各电动机的绝缘电阻是否在1MΩ以上。平时尽量少开电气柜门，以保持电气柜内清洁。

⑧ 经常监视数控系统的电网电压，数控系统允许的电网电压范围在额定值的85%～110%，如果超出此范围，轻则使数控系统不能稳定工作，重则会造成重要的电子元器件损坏，因此要经常注意电网电压的波动。对于电网质量比较恶劣的地区，应及时配置数控系统用的交流稳压装置，将使故障率有比较明显的降低。

⑨ 定期更换存储器用电池，数控系统中部分CMOS存储器中的存储内容在关机时靠电池供电保持。当电池电压降到一定值时就会造成参数丢失。因此，要定期检查电池电压，更换电池时一定要在数控系统通电状态下进行，这样才不会造成存储参数丢失，并做好数据备份。

⑩ 备用印制电路板长期不用容易出现故障，因此对所购数控机床中的备用电路板，应定期装到数控系统中通电运行一段时间，以防止损坏。

⑪ 定期进行机床水平和机械精度检查并校正，机械精度的校正方法有软硬两种。软方法主要通过系统参数补偿，如丝杠反向间隙补偿、各坐标定位精度定点补偿、机床回参考点位置校正等；硬方法一般要在机床进行大修时进行，如进行导轨修刮、滚珠丝杠螺母预紧调整反向间隙等，并适时对各坐标轴进行超程限位检验。

⑫ 长期不用数控车床的保养。在数控车床闲置不用时，应经常给数控系统通电，在机床锁住的情况下，使其空运行。在空气湿度较大的梅雨季节应该天天通电，利用电气元器件本身发热驱走数控柜内的潮气，以保证电子元器件的性能稳定可靠。

⑬ 液压系统的维护。液压系统是数控车床重要的动力源之一，使用维护得当是减少故障、延长系统使用寿命的保障。

a. 油箱内应注入条例要求的液压油，液压油为9～11级清洁度。

b. 机床使用后最初的第3个月应彻底换一次，以后每6～8个月更换一次。

c. 在换油时可同时对吸油口上的滤油器箱及内部和磁性分离器进行检查及清洗，并注意应使用干净的煤油进行清洗。

d. 换油时必须使用同一厂家同牌号的油。

e. 发现液压油变质时应及时换掉，不允许变质的油与新油混合使用。

f. 往油箱内所注油最好经过过滤，注油时应通过油箱上的空气滤清器进行。

g. 液压系统内进入空气是造成机械动作不正常和产生液压噪声的主要原因，因此在使用过程中必须经常检查并保证油箱、管接头、管路等处保持密封、不漏气。

h. 所有的液压管路在使用中均应避免弯折、拐急弯。

i. 机床长期不使用后再启动时，由于管路中不可避免地会进入空气，因此启动后产生一定的振动及噪声，此时应不要急于工作，让液压系统工作一段时间，使系统中混入的空气排净后再正常使用机床。

⑭ 液压系统压力的调整。

a. 系统主压力。系统最高使用压力p_{max}为3.5MPa；系统工作压力p_0一般为2.9～3.2MPa。

b. 液压卡盘使用压力范围p_1为0.49～2.2MPa。

c. 尾座使用压力范围p_2为0.49～3.0MPa，一般情况下为0.75～0.85MPa；实际按工件装夹等具体情况自行调整。

d. 低压报警压力p_3为1.5MPa。

e. 主轴箱液压换挡压力 p_4 约为 1.5MPa。

1.5.3 数控车床的常见操作故障

数控车床的故障种类繁多，有电气、机械、系统、液压、气动等部件的故障，产生的原因也比较复杂，但很大一部分故障是由于操作人员操作机床不当引起的。

(1) 数控车床常见的操作故障

a. 防护门未关，机床不能运转。

b. 机床未回零。

c. 主轴转速 S 超过最高转速限定值。

d. 程序内没有设置 F 或 S 值。

e. 进给修调 F%或主轴修调 S%开关设为空挡。

f. 回零时离零点太近或回零速度太快，引起超程。

g. 程序中 G00 位置超过限定值。

h. 刀具补偿测量设置错误。

i. 刀具换刀位置不正确（换刀点离工件太近）。

j. G40 撤销不当，引起刀具切入已加工表面。

k. 程序中使用了非法代码。

l. 刀具半径补偿方向搞错。

m. 切入、切出方式不当。

n. 切削用量太大。

o. 刀具钝化。

p. 工件材质不均匀，引起振动。

q. 机床被锁定（工作台不动）。

r. 工件未夹紧。

s. 对刀位置不正确，工件坐标系设置错误。

t. 使用了不合理的 G 功能指令。

u. 机床处于报警状态。

v. 断电后或报过警的机床，没有重新回零。

(2) 液压系统的常见故障排除

① 电磁阀故障的原因及排除。

a. 电磁阀内部滑阀方面的原因。重新安装或分解后清洗，如阀仍不能滑动自如，检查阀体孔及滑阀本身上有无毛刺，若有则去掉。

b. 固定螺钉拧得过紧，接合面加工不平。减少紧固力，规定的最大扭矩为 50kgf·cm。安装平面粗糙度应小于等于 $Ra1.6\mu m$，不平度为 0.01mm/100mm。

c. 压力、流量过大。使压力与流量调至符合要求。

d. 电气接触不良。检查电磁阀的插头及电气箱内继电器的情况。

e. 电磁阀上元件损坏。更换同型号新的电磁阀。

② 变量泵噪声及其他噪声的原因及排除。

a. 泵抽油不良。使用前提高油温，检查并清洗进油口滤油器。

b. 液压系统中进入空气。检查管路系统中有无漏油漏气环节。

c. 油泵内元件损坏。拆开油泵检查，更换损坏的元件，清理油液中的异物或换油。

d. 油泵与输油管共振。使泵工作一段时间后，看振动是否清除。检查系统中是否有漏气的环节。

e. 油泵因外部振动的影响而共振。检查管线的支撑情况。

f. 管路系统不正常。避免在管路上出现急转弯，减小管路上管线的直径差和流速差等。

③ 液压油过热的原因及排除。

a. 液压油黏度过大。换上黏度小、合适的液压油。

b. 油箱内液压油不足。检查并补充油。

c. 工作压力或流速比过大。调整压力、流量，使其符合设计要求。

d. 环境温度过高。在无法改变环境温度时，考虑加装油冷器。

e. 管路不正常。检查管路系统，排除管路中油阻过大部位的状况。

1.5.4 数控车床的安全操作

(1) 安全操作注意事项

尽管数控车床上设计有多种安全装置以防止意外事故可能对车床操作人员、车床本身造成危害，但是操作人员仍应注意下列事项，切不可过分依赖安全装置。

① 工作时，穿好工作服、安全鞋，并戴上工作帽及防护镜，不允许戴手套操作数控车床，也不允许扎领带。

② 不要移动或损坏安装在机床上的警告标牌。

③ 不要在数控车床周围放置障碍物，工作空间应足够大。

④ 更换熔丝之前应关掉机床电源，千万不要用手去接触电动机、变压器、控制板等有高压电源的场合。

⑤ 某项工作如需要两个人或多人共同完成时，应注意相互间动作协调一致。

⑥ 不允许采用压缩空气清洗数控车床、电气装置及 NC 单元。

(2) 数控车床的预热

数控车床开始预热前，应首先认真检查润滑系统工作是否正常，如数控车床长时间未使用，可先用手动方式使油泵向各润滑点供油。

① 运转时间：10～20min（冬季可适当延长）。

② 主轴转速：500～1200r/min。

③ 滑板：各轴尽可能在较大速度上运动，但不要使用100%G00 速度。

④ 刀架、尾座等所有运动部件都进行工作。

(3) 工作开始前的准备工作

① 使用的刀具应与数控车床允许使用的规格相符，要及时更换有严重破损的刀具。

② 在使用前，应给冷却水泵加水，以确保冷却系统正常工作。

③ 不要把调整刀具所用的工具遗忘在数控车床之内。

④ 对于大尺寸轴类零件的中心孔的加工是否合适，中心孔如太小工作中易发生危险。

⑤ 安装调整好刀具后应进行一两次的试切削。

⑥ 注意检查卡盘夹紧工件的力矩是否合理。

⑦ 检查一下是否穿戴好了所有的防护用具。

(4) 工作过程中的安全注意事项

① 禁止用手接触刀尖和铁屑，铁屑要用毛刷或钩子来清理。

② 禁止用手或其他任何方式接触正在旋转中的主轴、工件或其他运动部位。

③ 在自动加工过程中，不允许打开机床防护门。

④ 不允许在主轴旋转时进行刀具的安装、拆卸。

⑤ 加工镁合金工件时，应戴防护面罩。

⑥ 及时清理加工切下的铁屑。

(5) 中断数控车床工作

在加工过程中需要停机时，可以从以下开关或按键中选一个最合适的进行。

① 进给保持开关。该开关在数控车床自动运行时有效。按下该开关，机床各滑板的进给运动停止，但主轴及M功能的执行不受影响。

② 复位键。不论在何种方式下，该键均有效。按下该键，NC单元立即进入终止状态，所有功能均被切断。

(6) 工作完成后的注意事项

① 清除铁屑，打扫数控车床，使机床与环境保持清洁状态。

② 检查或更换已磨损破坏的机床导轨上的油擦板。

③ 检查润滑油、冷却液的状态，根据情况及时添加或更换。

④ 下班前，依次关掉机床操作面板上的电源开关和总电源开关。

(7) 数控车床的安全装置

① 前门。防止铁屑、冷却液及工作物的飞出，保护操作人员的安全。在自动运转状态时，不要打开此门。

②“急停”按钮。安装在机床操作面板上，用于碰到紧急情况时迅速中断机床工作。

③ 报警灯。安装在机床操作面板上，当由于滤油器堵塞、润滑系统供油压力变低时报警灯亮。

④ X、Z轴行程极限开关。安装在滑板上，防止X、Z轴滑板超程。

⑤ X、Z轴行程保护（NC软件）。用X参数设定在NC系统内，防止滑板超程。

思考题

1. 简述数控车床的分类。
2. 简述数控车床的功能和特点。
3. 简述机床坐标系、机床原点和机床参考点。
4. 简述工件坐标系、工件原点、对刀点和换刀点。
5. 简述程序段的格式。
6. 数控车床的编程目的是什么？
7. 数控车床的编程方法有哪些？
8. 简述数控车床的编程内容和步骤。
9. 熟记数控车床操作面板各功能键的作用。
10. 试述数控车床安全操作规程。
11. 数控车床日常维护保养工作有哪些内容？
12. 数控车床常见的操作故障有哪些？

Chapter 2

第2章 数控车削工艺设计

2.1 数控车削加工工艺分析

2.1.1 数控车削加工工艺概述

(1) 数控车削加工的主要对象

数控车削是数控加工中用得最多的加工方法之一。由于数控车床具有加工精度高、能作直线和圆弧插补（高档车床数控系统还有非圆曲线插补功能）以及在加工过程中能自动变速等特点，因此其工艺范围较普通车床宽得多。针对数控车床的特点，下列几种零件最适合数控车削加工。

① 轮廓形状特别复杂或难于控制尺寸的回转体零件。由于数控车床具有直线和圆弧插补功能，部分车床数控装置还有某些非圆曲线插补功能，所以可以车削由任意直线和平面曲线组成的形状复杂的回转体零件和难于控制尺寸的零件，如具有封闭内成形面的壳体零件。图 2-1 所示的壳体零件封闭内腔的成形面——口小肚大，在普通车床上是无法加工的，而在数控车床上则很容易加工出来。组成零件轮廓的曲线可以是数学方程式描述的曲线，也可以是列表曲线。对于由直线或圆弧组成的轮廓，直接利用机床的直线或圆弧插补功能。对于由非圆曲线组成的轮廓，可以用非圆曲线插补功能；若所选机床没有非圆曲线插补功能，则应先用直线或圆弧去逼近，然后再用直线或圆弧插补功能进行插补切削。

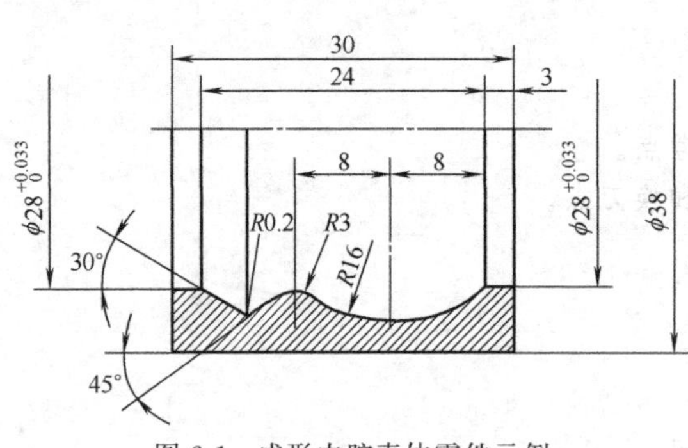

图 2-1 成形内腔壳体零件示例

② 精度要求高的回转体零件。零件的精度要求主要指尺寸、形状、位置和表面等精度要求，其中表面精度主要指表面粗糙度。例如：尺寸精度高（达 0.001mm 或更小）的零件；圆柱度要求高的圆柱体零件；素线直线度、圆度和倾斜度均要求高的圆锥体零件；线轮廓度要求高的零件（其轮廓形状精度可超过用数控线切割加工的样板精度）；在特种精密数控车床上，还可加工出几何轮廓精度极高（达 0.0001mm）、表面粗糙度数值极小（*Ra* 达 0.02mm）的超精零件（如复印机中的回转鼓及激光打印机上的多面反射体等），以及通过

恒线速度切削功能，加工表面精度要求高的各种变径表面类零件等。

③ 带特殊螺纹的回转体零件。普通车床所能车削的螺纹相当有限，它只能车等导程的直、锥面公制（米制）或英制螺纹，而且一台车床只能限定加工若干种导程的螺纹。数控车床不但能车削任何等导程的直、锥螺纹和端面螺纹，而且能车增导程、减导程及要求等导程与变导程之间平滑过渡的螺纹，还可以车高精度的模数螺旋零件（如圆柱、圆弧蜗杆）和端面（盘形）螺旋零件等。数控车床可以配备精密螺纹切削功能，再加上一般采用硬质合金成形刀具以及可以使用较高的转速，所以车削出来的螺纹精度高、表面粗糙度小。

（2）数控车削加工工艺的基本特点

工艺规程是工人在加工时的指导性文件。由于普通车床受控于操作工人，因此在普通车床上用的工艺规程实际上只是一个工艺过程卡，车床的切削用量、走刀路线、工序的工步等往往都是由操作工人自行选定。数控车床加工的程序是数控车床的指令性文件。数控车床受控于程序指令，加工的全过程都是按程序指令自动进行的。因此，数控车床加工程序与普通车床工艺规程有较大差别，涉及的内容也较广。数控车床加工程序不仅要包括零件的工艺过程，而且要包括切削用量、走刀路线、刀具尺寸以及车床的运动过程。因此，要求编程人员对数控车床的性能、特点、运动方式、刀具系统、切削规范以及工件的装夹方法都要非常熟悉。工艺方案不仅会影响车床效率的发挥，而且将直接影响到零件的加工质量。

（3）数控车削加工工艺的主要内容

① 选择适合在数控车床上加工的零件，确定工序内容。

② 分析被加工零件的图样，明确加工内容及技术要求。

③ 确定零件的加工方案，制订数控加工工艺路线，如划分工序、安排加工顺序、处理与非数控加工工序的衔接等。

④ 加工工序的设计，如选取零件的定位基准、装夹方案的确定、工步划分、刀具选择和确定切削用量等。

⑤ 数控加工程序的调整，如选取对刀点和换刀点、确定刀具补偿及确定加工路线等。

2.1.2　数控加工工艺文件

编写数控加工工艺文件是数控加工工艺设计的内容之一。这些工艺文件既是数控加工和产品验收的依据，也是操作人员必须遵守和执行的规程。不同的数控机床和加工要求，工艺文件的内容和格式有所不同。目前尚无统一的国家标准，各企业可根据自身特点制订出相应的工艺文件。下面介绍企业中常用的几种主要工艺文件。

（1）数控加工工序卡

数控加工工序卡与普通机械加工工序卡有较大区别。数控加工一般采用工序集中，每一加工工序可划分为多个工步。工序卡不仅应包含每一工步的加工内容，还应包含其所用刀具号、刀具规格、主轴转速、进给速度及切削用量等内容。它不仅是编程人员编制程序时必须遵循的基本工艺文件，也是指导操作人员进行数控机床操作和加工的主要资料。不同的数控机床，数控加工工序卡可采用不同的格式和内容。

（2）数控加工刀具卡

数控加工刀具卡主要反映使用刀具的规格名称、编号、刀长和半径补偿值以及所加工表面等内容，它是调刀人员准备和调整刀具、机床操作人员输入刀补参数的主要依据。

（3）数控加工走刀路线图

一般用数控加工走刀路线图来反映刀具进给路线，该图应准确描述刀具从起刀点开始，直到加工结束返回终点的轨迹。它不仅是程序编制的基本依据，也便于机床操作人员了解刀具运动路线（如从哪里进刀、从哪里抬刀等），计划好夹紧位置及控制夹紧元件的高度，以避免碰撞事故发生。走刀路线图一般可用统一约定的符号来表示，不同的机床可以采用不同的图例与格式。

(4) 数控加工程序单

数控加工程序单是编程人员根据工艺分析情况，经过数值计算，按照数控机床的程序格式和指令代码编制的。它是记录数控加工工艺过程、工艺参数、位移数据的清单，同时可帮助操作人员正确理解加工程序内容。表 2-1 是数控车床加工程序单的格式。

表 2-1　数控加工程序单

<table>
<tr><td colspan="2">零件号</td><td colspan="2"></td><td colspan="2">零件名称</td><td></td><td>编制</td><td></td><td>审核</td><td></td></tr>
<tr><td colspan="2">程序号</td><td colspan="2"></td><td colspan="2"></td><td></td><td>日期</td><td></td><td>日期</td><td></td></tr>
<tr><td>序号</td><td colspan="5">程序内容</td><td colspan="5">程序说明</td></tr>
<tr><td>1</td><td colspan="5"></td><td colspan="5"></td></tr>
<tr><td>2</td><td colspan="5"></td><td colspan="5"></td></tr>
<tr><td>3</td><td colspan="5"></td><td colspan="5"></td></tr>
<tr><td>4</td><td colspan="5"></td><td colspan="5"></td></tr>
<tr><td>5</td><td colspan="5"></td><td colspan="5"></td></tr>
<tr><td>6</td><td colspan="5"></td><td colspan="5"></td></tr>
<tr><td>7</td><td colspan="5"></td><td colspan="5"></td></tr>
<tr><td>8</td><td colspan="5"></td><td colspan="5"></td></tr>
<tr><td>编制</td><td>×××</td><td>审核</td><td>×××</td><td>批准</td><td>×××</td><td colspan="2">××年×月×日</td><td colspan="2">共　页</td><td>第　页</td></tr>
</table>

2.1.3 零件的工艺分析

工艺分析是数控车削加工的前期工艺准备工作。工艺制订得合理与否，对程序编制、机床的加工效率和零件的加工精度都有重要影响。因此，应遵循一般的工艺原则并结合数控车床的特点，认真而详细地制订好零件的数控车削加工工艺。其主要内容有分析零件图样、确定工件在车床上的装夹方式、各表面的加工顺序和刀具的进给路线以及刀具、夹具和切削用量的选择等。

(1) 零件图分析

零件图分析是制订数控车削工艺的首要工作，主要包括以下内容。

① 尺寸标注方法分析。零件图上尺寸标注方法应适应数控车床加工的特点（见图 2-2），应以同一基准标注尺寸或直接给出坐标尺寸。这种标注方法既便于编程，又有利于设计基准、工艺基准、测量基准和编程原点的统一。

② 轮廓几何要素分析。在手工编程时，要计算每个节点坐标；在自动编程时，要对构成零件轮廓的所有几何元素进行定义。因此在分析零件图时，要分析几何元素的给定条件是否充分。如图 2-3 所示的几何要素中，根据图示尺寸计算，圆弧与斜线相交而并非相切。又如图 2-4 所示的几何要素，图样上给定几何条件自相矛盾，总长不等于各段长度之和。

③ 精度及技术要求分析。对被加工零件的精度及技术要求进行分析，是零件工艺性分析的重要内容。只有在分析零件尺寸精度和表面粗糙度的基础上，才能正确合理地选择加工方法、装夹方式、刀具及切削用量等。精度及技术要求分析的主要内容如下。

a. 分析精度及各项技术要求是否齐全、是否合理。

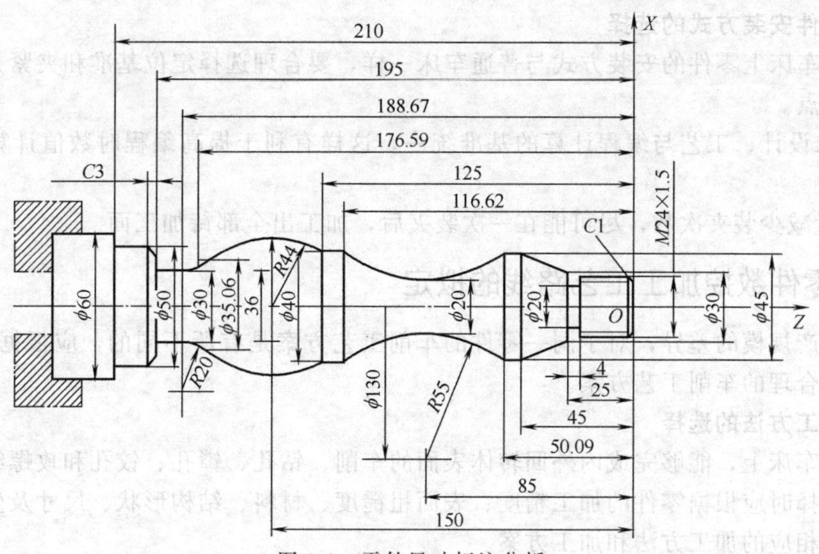

图 2-2　零件尺寸标注分析

b. 分析本工序的数控车削加工精度能否达到图样要求。若达不到而需采取其他措施（如磨削）弥补，则应给后续工序留有余量。

c. 找出图样上有位置精度要求的表面，这些表面应在一次安装下完成。

d. 对表面粗糙度要求较高的表面，应确定用恒线速切削。

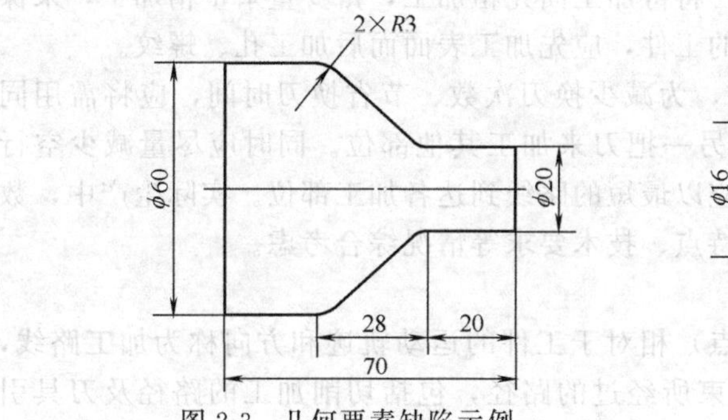

图 2-3　几何要素缺陷示例一

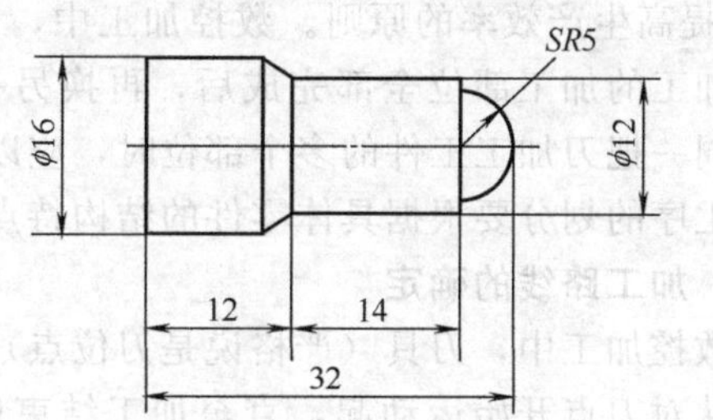

图 2-4　几何要素缺陷示例二

（2）结构工艺性分析

零件的结构工艺性是指零件对加工方法的适应性，即所设计的零件结构应便于加工成形。在数控车床上加工零件时，应根据数控车削的特点，认真审视零件结构的合理性。例如图 2-5(a) 所示零件，需用三把不同宽度的切槽刀切槽，如无特殊需要，显然是不合理的。若改成图 2-5(b) 所示结构，只需一把刀即可切出三个槽，既减少了刀具数量，少占了刀架刀位，又节省了换刀时间。在结构分析时，若发现问题应向设计人员或有关部门提出修改意见。

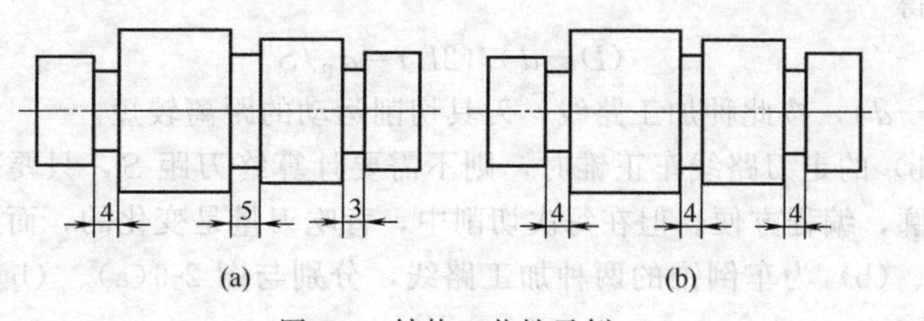

图 2-5　结构工艺性示例

(3) 零件安装方式的选择

在数控车床上零件的安装方式与普通车床一样，要合理选择定位基准和夹紧方案，主要注意以下两点。

① 力求设计、工艺与编程计算的基准统一，这样有利于提高编程时数值计算的简便性和精确性。

② 尽量减少装夹次数，尽可能在一次装夹后，加工出全部待加工面。

2.1.4 零件数控加工工艺路线的拟定

由于生产规模的差异，对于同一零件的车削工艺方案是有所不同的，应根据具体条件，选择经济、合理的车削工艺方案。

(1) 加工方法的选择

在数控车床上，能够完成内外回转体表面的车削、钻孔、镗孔、铰孔和攻螺纹等加工操作，具体选择时应根据零件的加工精度、表面粗糙度、材料、结构形状、尺寸及生产类型等因素，选用相应的加工方法和加工方案。

(2) 加工工序划分

在数控机床上加工零件，工序可以比较集中，一次装夹应尽可能完成全部工序。与普通机床加工相比，加工工序划分有其自己的特点，常用的工序划分原则有以下两种。

① 保持精度原则。数控加工要求工序尽可能集中。通常粗、精加工在一次装夹下完成，为减少热变形和切削力变形对工件的形状、位置精度、尺寸精度和表面粗糙度的影响，应将粗、精加工分开进行。对轴类或盘类零件，将待加工面先粗加工，留少量余量精加工，来保证表面质量要求。对轴上有孔、螺纹加工的工件，应先加工表面而后加工孔、螺纹。

② 提高生产效率的原则。数控加工中，为减少换刀次数、节省换刀时间，应将需用同一把刀加工的加工部位全部完成后，再换另一把刀来加工其他部位。同时应尽量减少空行程，用同一把刀加工工件的多个部位时，应以最短的路线到达各加工部位。实际生产中，数控加工工序的划分要根据具体零件的结构特点、技术要求等情况综合考虑。

(3) 加工路线的确定

在数控加工中，刀具（严格说是刀位点）相对于工件的运动轨迹和方向称为加工路线，即刀具从对刀点开始运动起，直至加工结束所经过的路径，包括切削加工的路径及刀具引入、返回等非切削空行程。加工路线的确定首先必须保持被加工零件的尺寸精度和表面质量，其次考虑数值计算简单、走刀路线尽量短、效率较高等。由于精加工的进给路线基本上都是沿其零件轮廓顺序进行的，因此确定进给路线的工作重点是确定粗加工及空行程的进给路线。下面举例分析数控车削加工零件时常用的加工路线。

① 车圆锥的加工路线分析。在车床上车外圆锥时可以分为车正锥和车倒锥两种情况，而每一种情况又有两种加工路线。图 2-6 所示为车正锥的两种加工路线。按图 2-6(a) 车正锥时，需要计算终刀距 S。假设圆锥大径为 D，小径为 d，锥长为 L，背吃刀量为 a_p，则由相似三角形可得

$$(D-d)/(2L)=a_p/S \tag{2-1}$$

则 $S=2La_p/(D-d)$，按此种加工路线，刀具切削运动的距离较短。

当按图 2-6(b) 的走刀路线车正锥时，则不需要计算终刀距 S，只要确定背吃刀量 a_p，即可车出圆锥轮廓，编程方便。但在每次切削中，背吃刀量是变化的，而且切削运动的路线较长。图 2-7(a)、(b) 为车倒锥的两种加工路线，分别与图 2-6(a)、(b) 相对应，其车锥原理与正锥相同。

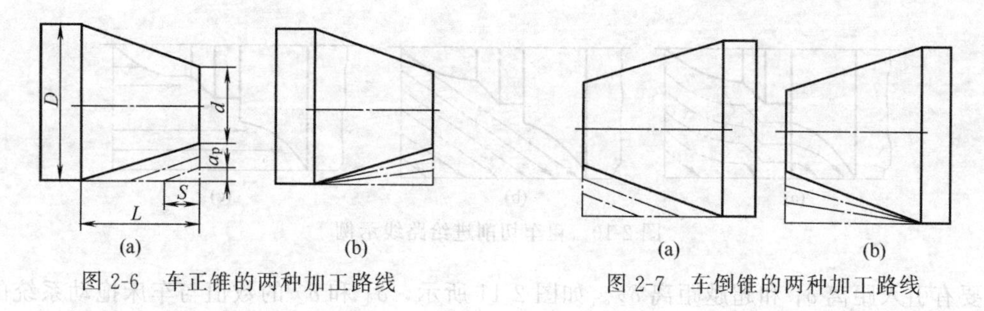

图 2-6 车正锥的两种加工路线　　图 2-7 车倒锥的两种加工路线

② 车圆弧的加工路线分析。应用 G02（或 G03）指令车圆弧，若用一刀就把圆弧加工出来，这样吃刀量太大，容易打刀。所以实际切削时，需要多刀加工，首先将大部分余量切除，最后才车得所需圆弧。图 2-8 所示为车圆弧的车圆法切削路线。即用不同半径的圆来车削，最后将所需圆弧加工出来。此方法在确定了每次背吃刀量后，对 90°圆弧的起点、终点坐标较易确定。图 2-8(a) 的走刀路线较短，但图 2-8(b) 加工的空行程时间较长。此方法数值计算简单，编程方便，常用于加工较复杂的圆弧。图 2-9 所示为车圆弧的车锥法切削路线，即先车一个圆锥，再车圆弧。但要注意车锥时的起点和终点的确定。若确定不好，则可能损坏圆弧表面，也可能将余量留得过大。确定方法是连接 OB 交圆弧于 D，过 D 点作圆弧的切线 AC。由几何关系得

$$BD=OB-OD=\sqrt{2}R-R=0.414R \tag{2-2}$$

此为车锥时的最大切削余量，即车锥时，加工路线不能超过 AC 线。由 BD 与 ΔABC 的关系，可得

$$AB=CB=\sqrt{2}BD=0.586R \tag{2-3}$$

这样可以确定出车锥时的起点和终点。当 R 不太大时，可取 $AB=CB=0.5R$。此法数值计算较繁，但其刀具切削路线较短。

③ 轮廓粗车加工路线分析。切削进给路线最短，可有效提高生产效率，降低刀具损耗。安排最短切削进给路线时，应同时兼顾工件的刚性和加工工艺性等要求，不要顾此失彼。图 2-10给出了三种不同的轮廓粗车切削进给路线，其中图 2-10(a) 表示利用数控系统具有封闭式复合循环功能控制车刀沿着工件轮廓线进行进给的路线；图 2-10(b) 为三角形循环进给路线；图 2-10(c) 为矩形循环进给路线，其路线总长最短，因此在同等切削条件下的切削时间最短，刀具损耗最少。

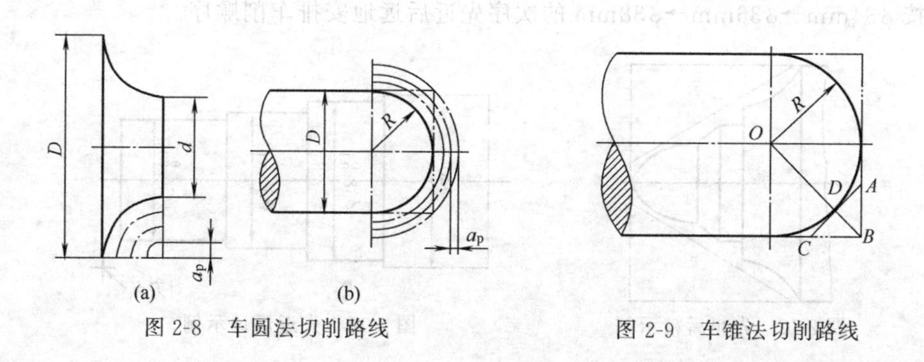

图 2-8 车圆法切削路线　　图 2-9 车锥法切削路线

④ 车螺纹时的轴向进给距离分析。在数控车床上车螺纹时，沿螺距方向的 Z 向进给应和车床主轴的旋转保持严格的速比关系，因此应避免在进给机构加速或减速的过程中切削。

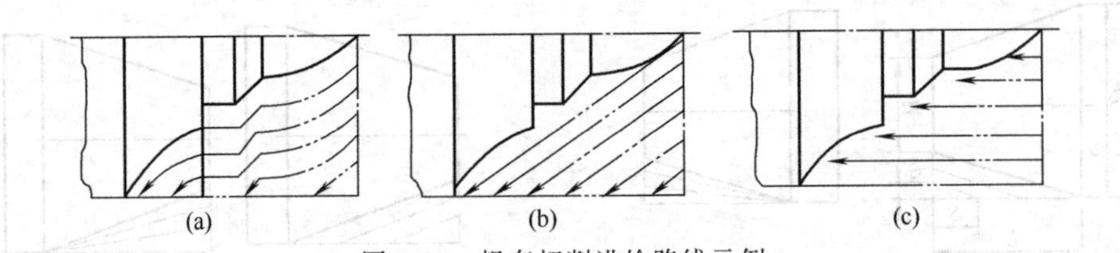

图 2-10　粗车切削进给路线示例

为此要有引入距离 δ_1 和超越距离 δ_2。如图 2-11 所示，δ_1 和 δ_2 的数值与车床拖动系统的动态特性、螺纹的螺距和精度有关。一般 δ_1 为 2～5mm，对大螺距和高精度的螺纹取大值；δ_2 一般为 1～2mm。这样在切削螺纹时，能保证在升速后使刀具接触工件，刀具离开工件后再降速。

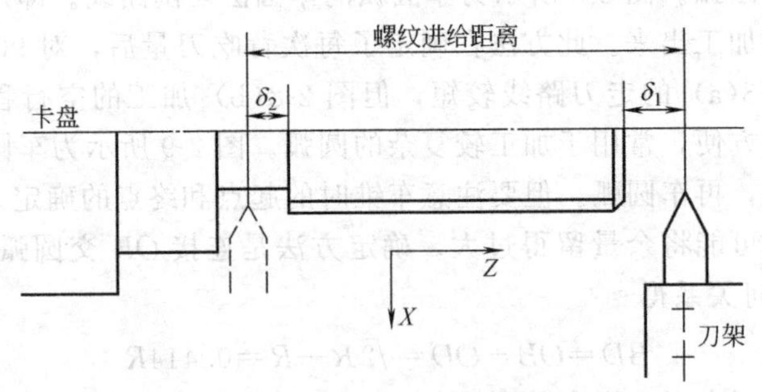

图 2-11　车螺纹时的引入距离和超越距离

(4) 车削加工顺序的安排

制订零件车削加工顺序一般遵循下列原则。

① 先粗后精。按照粗车→半精车→精车的顺序进行，逐步提高加工精度。粗车将在较短的时间内将工件表面上的大部分加工余量（如图 2-12 中的双点画线内所示部分）切掉，一方面提高金属切除率，另一方面满足精车的余量均匀性要求。若粗车后所留余量的均匀性满足不了精加工的要求，则要安排半精车，以此为精车作准备。精车要保证加工精度，按图样尺寸一刀切出零件轮廓。

② 先近后远。在一般情况下，离对刀点近的部位先加工，离对刀点远的部位后加工，以便缩短刀具移动距离，缩短空行程时间。对于车削而言，先近后远还有利于保持坯件或半成品的刚性，改善其切削条件。例如，加工图 2-13 所示零件时，若第一刀吃刀量未超限，则应该按 ϕ34mm→ϕ36mm→ϕ38mm 的次序先近后远地安排车削顺序。

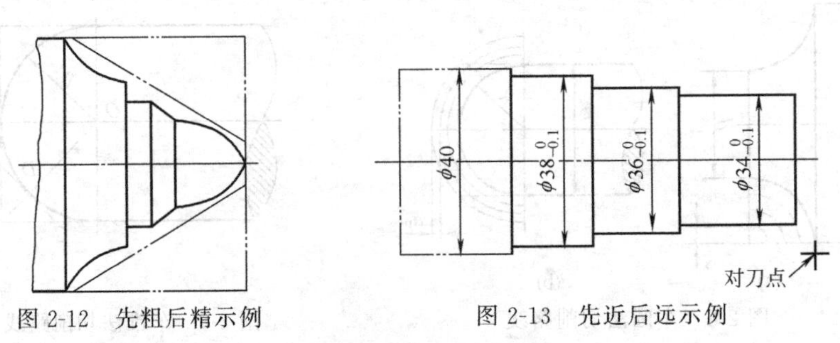

图 2-12　先粗后精示例　　图 2-13　先近后远示例

③ 内外交叉。对既有内表面（内型腔）又有外表面需加工的零件，安排加工顺序时，应先进行内外表面粗加工，后进行内外表面精加工。切不可将零件上一部分表面（外表面或

内表面）加工完毕后，再加工其他表面（内表面或外表面）。

④ 基面先行原则。用作精基准的表面应优先加工出来，因为定位基准的表面越精确，装夹误差就越小。例如，轴类零件加工时，总是先加工中心孔，再以中心孔为精基准加工外圆表面和端面。

2.2　数控车床常用的工装夹具

数控车床主要用于加工工件的内外圆柱面、圆锥面、回转成形面、螺纹及端平面等。上述各表面都是绕机床主轴的旋转轴心而形成的。根据这一加工特点和夹具在车床上安装的位置，将车床夹具分为两种基本类型：一类是安装在车床主轴上的夹具，这类夹具和车床主轴相连接并带动工件一起随主轴旋转，除了各种卡盘（如三爪卡盘、四爪卡盘）、顶尖等通用夹具或其他机床附件外，往往根据加工的需要设计出各种心轴或其他专用夹具；另一类是安装在滑板或床身上的夹具，对于某些形状不规则和尺寸较大的工件，常常把夹具安装在车床滑板上，刀具则安装在车床主轴上做旋转运动，夹具做进给运动。三爪卡盘、四爪卡盘的装夹和找正方法见 3.4 节，下面介绍除三爪卡盘、四爪卡盘以外的其他数控车床的装夹方法以及复杂畸形、精密工件的装夹。

2.2.1　数控车床常用的装夹方法

数控车床上除三爪卡盘、四爪卡盘以外，一般工件常用的装夹方法如表 2-2 所示。

表 2-2　数控车床上除三爪卡盘、四爪卡盘以外一般工件常用的装夹方法

序号	装夹方法	图示	特点	适用范围
1	外梅花顶尖装夹		顶尖顶紧即可车削，装夹方便，迅速	适用于带孔工件，孔径大小应在顶尖允许的范围内
2	内梅花顶尖装夹		顶尖顶紧即可车削，装夹方便，迅速	适用于不留中心孔的轴承工件，需要磨削时采用无心磨床磨削
3	摩擦力装夹		利用顶尖顶紧工件后产生的摩擦力克服切削力	适用于精车加工余量较小的圆柱面或圆锥面
4	中心架装夹		三爪自定心卡盘或四爪单动卡盘配合中心架紧固工件，切削时中心架受力较大	适用于加工曲轴等较长的异形轴类工件

续表

序号	装夹方法	图示	特点	适用范围
5	锥形心轴装夹	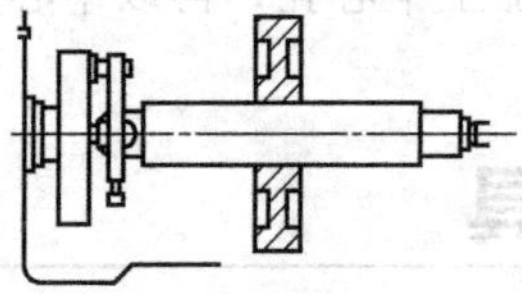	心轴制造简单，工件的孔径可在心轴锥度允许的范围内适当变动	适用于齿轮拉孔后精车外圆等
6	夹顶式整体心轴装夹	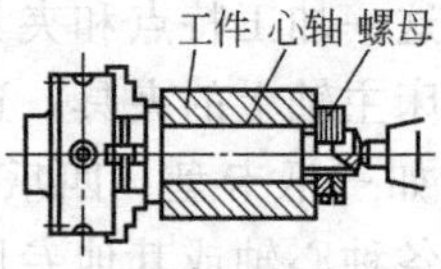 工件 心轴 螺母	工件与心轴间隙配合，靠螺母旋紧后的端面摩擦力克服切削力	适用于孔与外圆同轴度要求一般的工件外圆车削
7	胀力心轴装夹	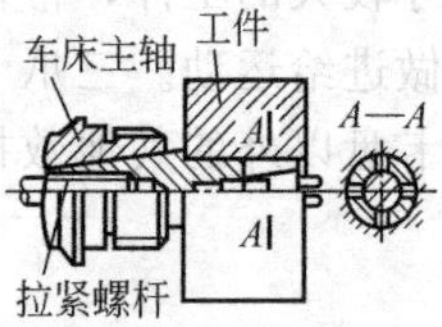 车床主轴 工件 A—A A A 拉紧螺杆	心轴通过圆锥的相对唯一产生弹性变形而胀开把工件夹紧，装卸工件方便	适用于孔与外圆同轴度要求较高的工件外圆车削
8	带花键心轴装夹	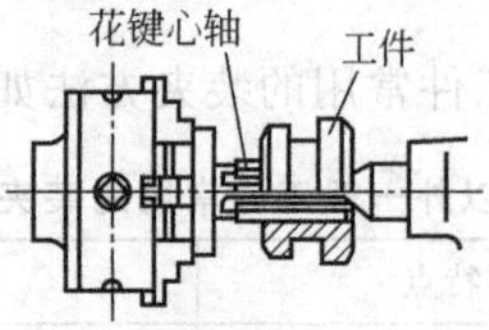 花键心轴 工件	花键心轴外径带有锥度，工件轴向推入即可夹紧	适用于具有矩形花键或渐开线花键孔的齿轮和其他工件
9	外螺纹心轴装夹	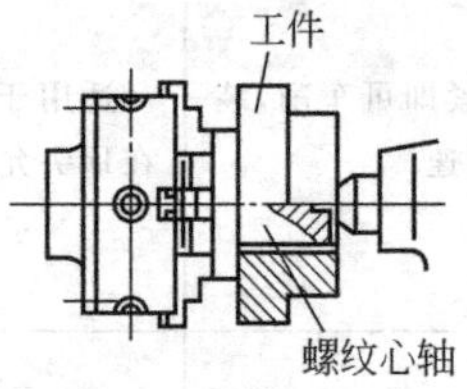 工件 螺纹心轴	利用工件本身的内螺纹旋入心轴后紧固，装卸工件不方便	适用于有内螺纹和对外圆轴度要求不高的工件
10	内螺纹心轴装夹	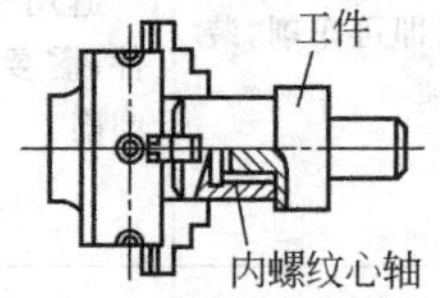 工件 内螺纹心轴	利用工件本身的外螺纹旋入心套后紧固，装卸工件不方便	适用于有多台阶而轴向尺寸较短的工件

2.2.2 复杂畸形、精密工件的装夹

车削过程中，主要是加工有回转表面的、比较规则的工件。但也经常遇到一些外形复杂、不规则的异形工件。例如，图 2-14 所示的对开轴承座、十字孔工件、双孔连杆、环首螺栓、偏心工件、齿轮油泵体等。这些工件不宜用三爪卡盘、四爪卡盘装夹。

(1) 花盘、角铁和常用附件

对于一些外形复杂、不规则的异形工件，必须使用花盘、角铁或装夹在专用夹具上加工。

① 花盘（见图 2-15）。花盘材料为铸铁，用螺纹或定位孔形式直接装在车床主轴上。它

的工作平面与主轴轴线垂直，平面度误差小，表面粗糙度 $Ra<1.6\mu m$。平面上开有长短不等的 T 形槽（或通槽），用于安装螺栓紧固工件和其他附件。为了适应大小工件的要求，花盘也有各种规格，常用的有 250mm、300mm、420mm 等。

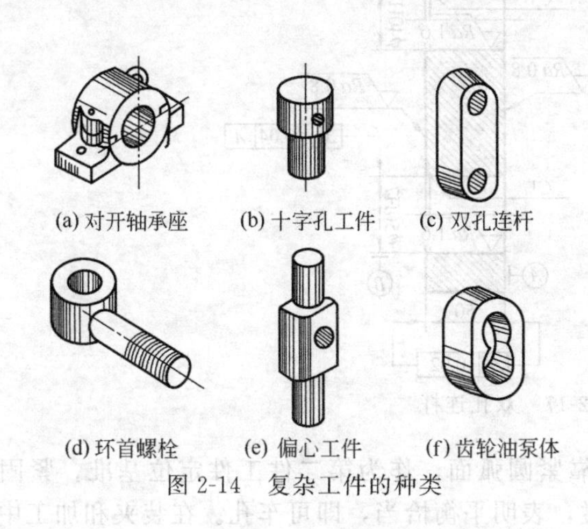

图 2-14　复杂工件的种类

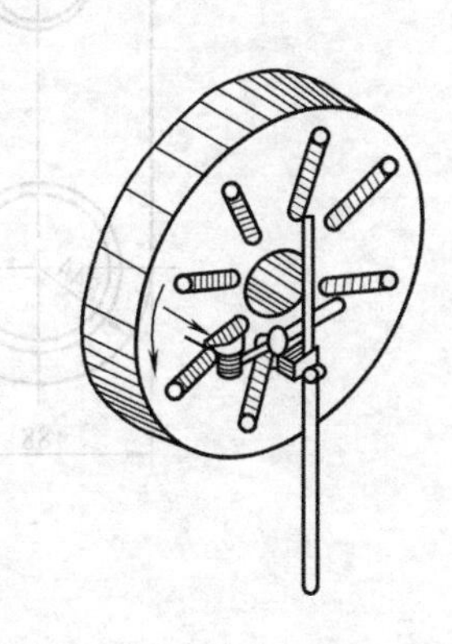
图 2-15　用百分表检查花盘平面

② 角铁［见图 2-16(a)］。角铁又称弯板，采用铸铁材料。它有两个相互垂直的平面，表面粗糙度 $Ra<1.6$，并有较高的垂直度精度。

③ V 形架［见图 2-16(b)］。V 形架的工作表面是 V 形面，一般做成 90°或 120°。它的两个面之间都有较高的形位精度，主要用作工件以圆弧面为基准的定位。

④ 平垫板［见图 2-16(c)］。它装在花盘或角铁上，作为工件定位的基准平面或导向平面。

⑤ 平衡铁［见图 2-16(d)］。平衡铁材料一般是钢或铸铁，有时为了减小体积，也可用铅制作。

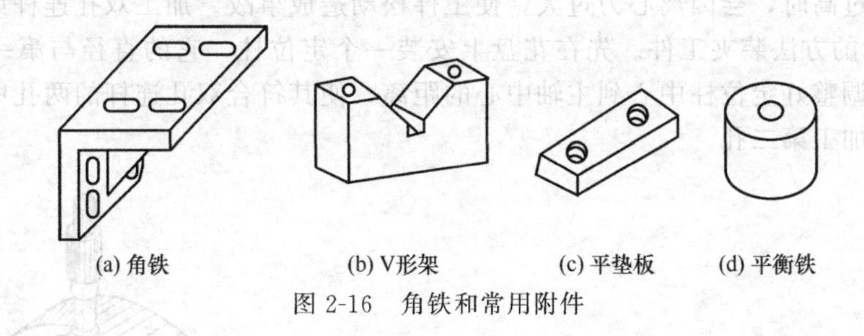

图 2-16　角铁和常用附件

(2) 在花盘上装夹工件

加工表面与主要定位基准面要求互相垂直的复杂工件（见图 2-17），可以装夹在花盘上加工。双孔连杆的加工步骤如下。

① 检查花盘精度（见图 2-15）。用百分表检查花盘端面的平面度和车床主轴的垂直度：用手转动花盘，百分表在花盘边缘的跳动量要求在 0.02mm 以内。检查平面度是将百分表装在刀架上，移动中溜板，观察花盘表面凸凹情况，在半径全长上允差 0.02mm，但只允许盘面中间凹。如果达不到要求，可先把花盘卸下，清除主轴与花盘装配接触面上的脏物和毛刺，再装上检查。若仍不符合要求，可把盘面精车一刀。精车时注意把床鞍紧固螺钉锁紧，同时最好采用低转速、大进给、宽修光刃的车刀进行加工。盘面车削后要求有较高的平面度，避免盘面出现大的凹凸不平，表面粗糙度应达到 $Ra\leqslant3.2\mu m$。

② 在花盘上装夹工件。双孔连杆及其在花盘上的装夹分别如图 2-17 和图 2-18 所示。首

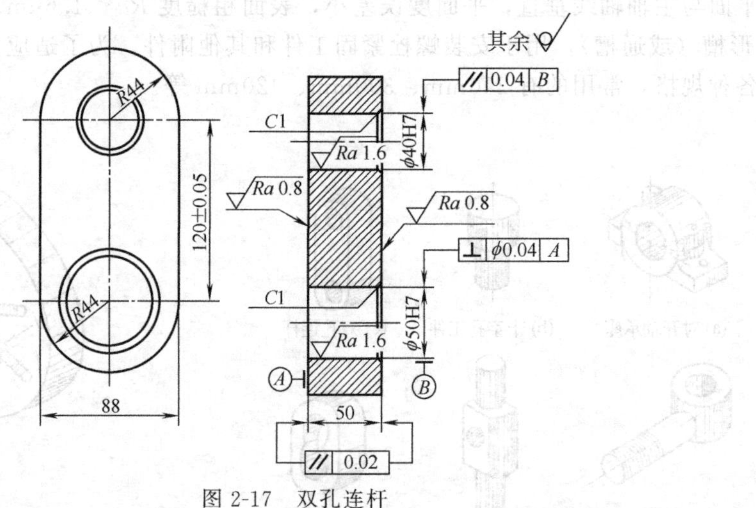

图 2-17　双孔连杆

先按划线找正连杆第一孔，并用 V 形架靠紧圆弧面，作为第二件工件定位基准，紧固压板螺钉；然后用手转动花盘，如果转动不碰，表明平衡恰当，即可车孔。在装夹和加工中要注意：花盘本身的形位精度比工件要求高 1 倍以上，才能保证工件的形位公差要求；工件的装夹基准面一定要进行精加工，保证与花盘平面贴平。垫压板的垫铁面要平行，高度要合适，最好只垫一块；压板压工件受力点要选实处压，不要压在空当处，压点牢靠、对称、压紧力一致，以防工件变形或工件松动发生事故；工件压紧后，要进行静平衡，根据具体情况增减平衡铁。车床上静平衡就是将主轴箱转速手柄放在空挡位置用手转动花盘，如果花盘能在任何位置上停下，就说明已平衡，否则就要重新调整平衡铁的位置或增减平衡铁的重量。进行静平衡很重要，是保证加工质量和安全操作的重要环节；加工时切削用量不能选择过大，特别是主轴转速过高时，会因离心力过大，使工件松动造成事故。加工双孔连杆第二孔时，可用图 2-19 所示的方法装夹工件。先在花盘上安装一个定位柱，它的直径与第一孔具有较小间隙配合。再调整好定位柱中心到主轴中心的距离，使其符合双孔连杆的两孔中心距。装夹上工件，便可加工第二孔。

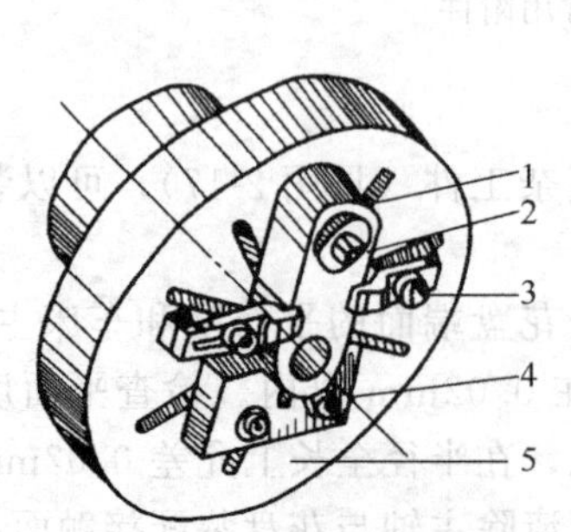

图 2-18　在花盘上装夹连杆

1—连杆；2—圆形压板；3—压板；4—V 形架；5—花盘

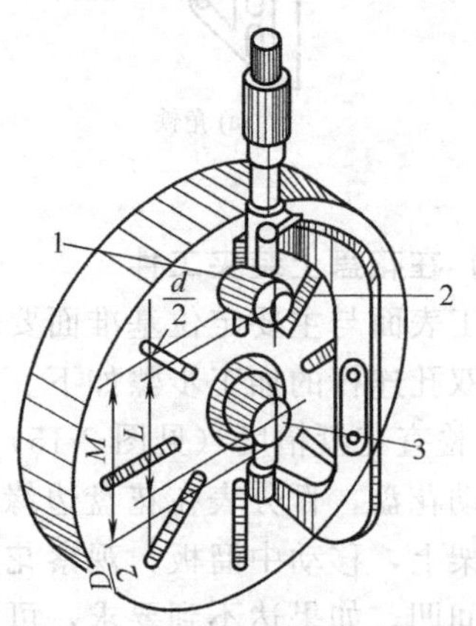

图 2-19　用定位圆柱找正中心

1—定位柱；2—螺母；3—心轴

(3) 在角铁上装夹工件

如图 2-14(a) 所示的对开轴承座，当工件的主要定位基准面与加工表面平行时，可以用花盘上加角铁来加工（见图 2-20）。这种加工方法，也是代替卧镗的方法。装夹和找正的步骤如下。

① 找正角铁精度。在复杂的装夹工作中，找正每一个基准面的精度是必不可少的。加工对开轴承座，首先找正花盘的平面，达到要求后，然后把角铁装在花盘合适的位置上，把百分表装在刀架上，摇动床鞍，检查角铁平面与主轴轴线的平行度。这个平面的平行度误差要小于工件同一加工位置平行度误差的 1/2。如果不平行，可把角铁卸下，清除角铁接合面的脏物和毛刺，再装上去测量。若仍不平行，也可在角铁和花盘的接合面中间垫薄纸来调整。

② 装夹和找正。先用压板初步压紧，再用划针盘找正轴承座中心线（见图 2-21）。找正轴承座中心时应该先根据划好的十字线找正轴承座的中心高。找正方法是水平移动划针盘，调整划针高度，使针尖通过工件水平中心线；然后把花盘旋转 180°，再用划针轻划一水平线，如果两线不重合，可把划针调整在两条线中间，把工件水平线向划针高度调整。再用以上方法直至找正为止。找正垂直中心线的方法类似。十字线调整好后，再用划针找正两侧母线。最后复查，紧固工件。装上平衡块，用手转动花盘，观察有什么地方碰撞。如果花盘平衡，旋转不碰，即可进行车削。

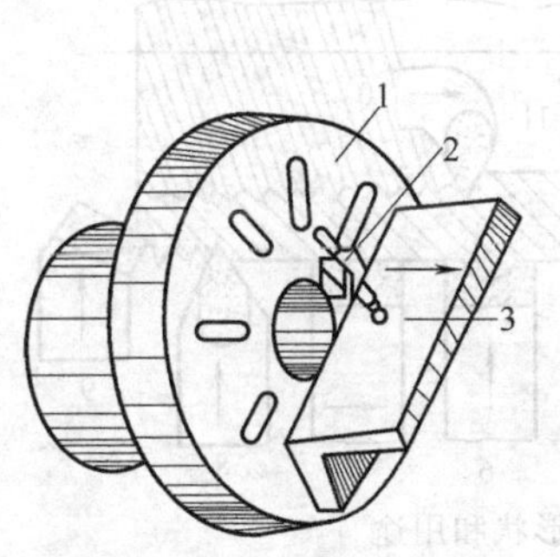

图 2-20　用百分表检查角铁平面与主轴轴线的平行度

1—花盘；2—百分表；3—角铁

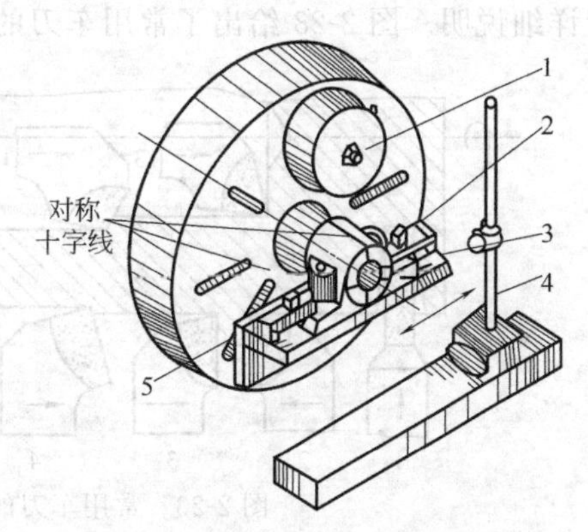

图 2-21　在角铁上装夹和找正轴承座

1—平衡铁；2—轴承座；3—角铁；4—划针盘；5—压板

2.3　数控车削用刀具的类型与选用

2.3.1　常用车刀种类及其选择

数控车削常用车刀一般分尖形车刀、圆弧形车刀和成形车刀等三类。

(1) 尖形车刀

尖形车刀是以直线形切削刃为特征的车刀。这类车刀的刀尖（同时也为其刀位点）由直线形的主、副切削刃构成，如 90°内外圆车刀、左右端面车刀、切断（车槽）车刀以及刀尖倒棱很小的各种外圆和内孔车刀。用这类车刀加工零件时，其零件的轮廓形状主要由一个独立的刀尖或一条直线形主切削刃位移后得到。尖形车刀与另两类车刀加工时所得到零件轮廓形状的原理是截然不同的。尖形车刀几何参数（主要是几何角度）的选择方法与普通车削时基本相同，但应适合数控加工的特点（如加工路线、加工干涉等）进行全面的考虑，并应兼顾刀尖本身的强度。

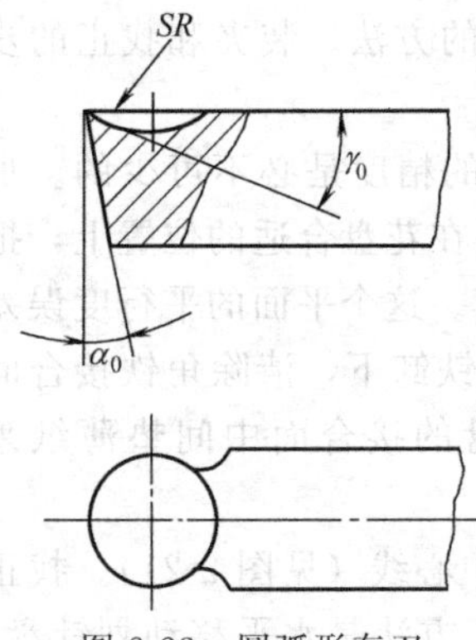

图 2-22　圆弧形车刀

(2) 圆弧形车刀

圆弧形车刀是以一圆度误差或线轮廓误差很小的圆弧形切削刃为特征的车刀（见图 2-22）。该车刀圆弧刃上每一点都是圆弧形车刀的刀尖，因此刀位点不在圆弧上，而在该圆弧的圆心上。当某些尖形车刀或成形车刀（如螺纹车刀）的刀尖具有一定的圆弧形状时，也可作为这类车刀使用。圆弧形车刀可用于车削内外表面，特别适合用于车削各种光滑连接（凹形）的成形面。选择车刀圆弧半径时应考虑两点：一是车刀切削刃的圆弧半径应小于或等于零件凹形轮廓上的最小曲率半径，以免发生加工干涉；二是该半径不宜选择太小，否则不但制造困难，还会因刀具强度太弱或刀体散热能力差而导致车刀损坏。

(3) 成形车刀

成形车刀俗称样板车刀，其加工零件的轮廓形状完全由车刀刀刃的形状和尺寸决定。在数控车削加工中，常见的成形车刀有小半径圆弧车刀、非矩形槽车刀和螺纹车刀等。在数控加工中，应尽量少用或不用成形车刀，当确有必要选用时，则应在工艺准备文件或加工程序单上进行详细说明。图 2-23 给出了常用车刀的种类、形状和用途。

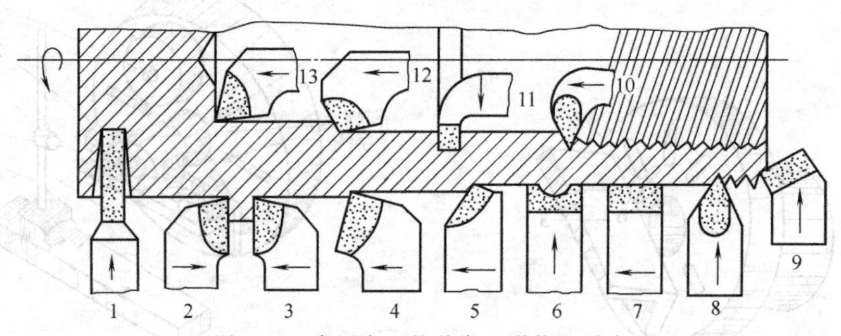

图 2-23　常用车刀的种类、形状和用途

1—切断刀；2—90°左偏刀；3—90°右偏刀；4—弯头车刀；5—直头车刀；6—成形车刀；
7—宽刃精车刀；8—外螺纹车刀；9—端面车刀；10—内螺纹车刀；
11—内槽车刀；12—通孔车刀；13—盲孔车刀

2.3.2 机夹可转位车刀的选用

目前，数控机床上大多使用系列化、标准化刀具，对可转位机夹外圆车刀、端面车刀等的刀柄和刀头都有国家标准及系列化型号。对所选择的刀具，在使用前都需对刀具尺寸进行严格的测量以获得精确资料，并由操作人员将这些数据输入数控系统，经程序调用而完成加工过程，从而加工出合格的工件。为了减少换刀时间和方便对刀，便于实现机械加工的标准化，数控车削加工时，应尽量采用机夹刀和机夹刀片。数控车床常用的机夹可转位式车刀结构形式如图 2-24 所示。

(1) 刀片材质的选择

常见刀片材料有高速钢、硬质合金、涂层硬质合金、陶瓷、立氮化硼和金刚石等，其中应用最多的是硬质合金和涂层硬质合金。选择刀片材质主要依据被加工工件的材料、被加工表面的精度、表面质量要求、切削载荷的大小以及切削过程无冲击和振动等。

(2) 刀片尺寸的选择

刀片尺寸的大小取决于必要的有效切削刃长度 L。有效切削刃长度与背吃刀量 a_p 和车

刀的主偏角 κ_r 有关（见图 2-25），使用时可查阅有关刀具手册选取。

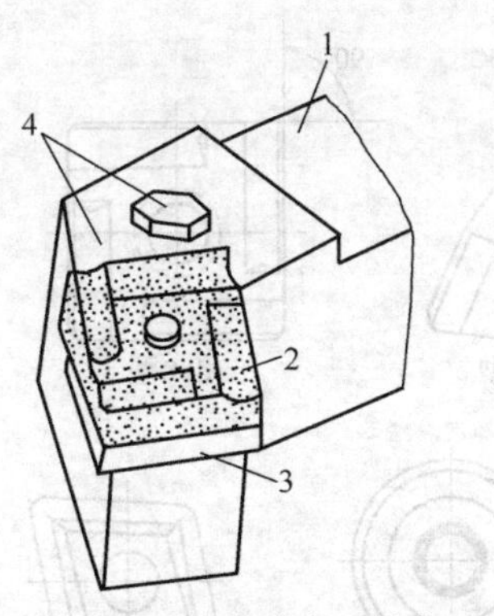

图 2-24　机夹可转位式车刀结构形式

1—刀杆；2—刀片；3—刀垫；4—夹紧元件

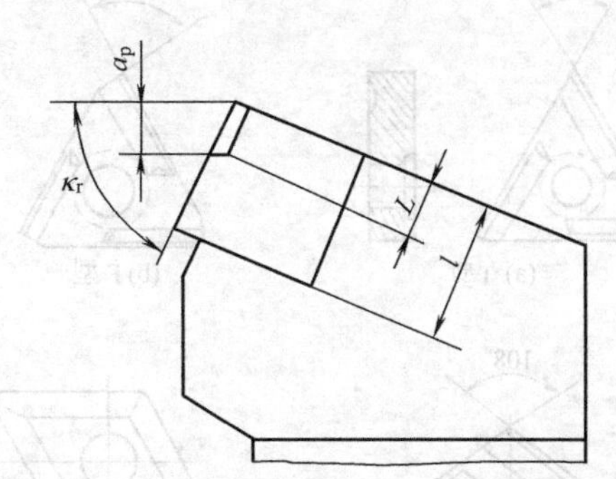

图 2-25　切削刃长度、背吃刀量与主偏角的关系

(3) 刀片形状的选择

刀片形状主要依据被加工工件的表面形状、切削方法、刀具寿命和刀片的转位次数等因素选择。被加工表面形状及其适用的刀片可参考表 2-3 选取，表中刀片的型号组成见国家标准 GB/T 2076—2007《切削刀具用可转位刀片型号表示规则》。常见可转位式车刀刀片形状及角度如图 2-26 所示。特别需要注意的是，加工凹形轮廓表面时，若主、副偏角选得太小，会导致加工时刀具主后刀面、副后刀面与工件发生干涉，因此必要时需作图检验。

表 2-3　被加工表面与适用的刀片形状

车削外圆表面	主偏角	45°	45°	60°	75°	95°
	刀片形状及加工示意图	45°	45°	60°	75°	95°
	推荐选用刀片	SCMA SPMR SCMM SNMM-8 SPUN SNMM-9	SCMA SPMR SCMM SNMG SPUN SPGR	TCMA TNMM-8 TCMM TPUN	SCMM SPUM SCMA SPMR SNMA	CCMA CCMM CNMM-7
车削端面	主偏角	75°	90°	90°	95°	
	刀片形状及加工示意图	75°	90°	90°	95°	
	推荐选用刀片	SCMA SPMR SCMM SPUR SPUN CNMG	TNUN TNMA TCMA TPUN TCMM TPMR	CCMA	TPUN TPMR	
车削成形面	主偏角	15°	45°	60°	90°	93°
	刀片形状及加工示意图	15°	45°	60°	90°	
	推荐选用刀片	RCMM	RNNG	TNMM-8	TNMG	TNMA

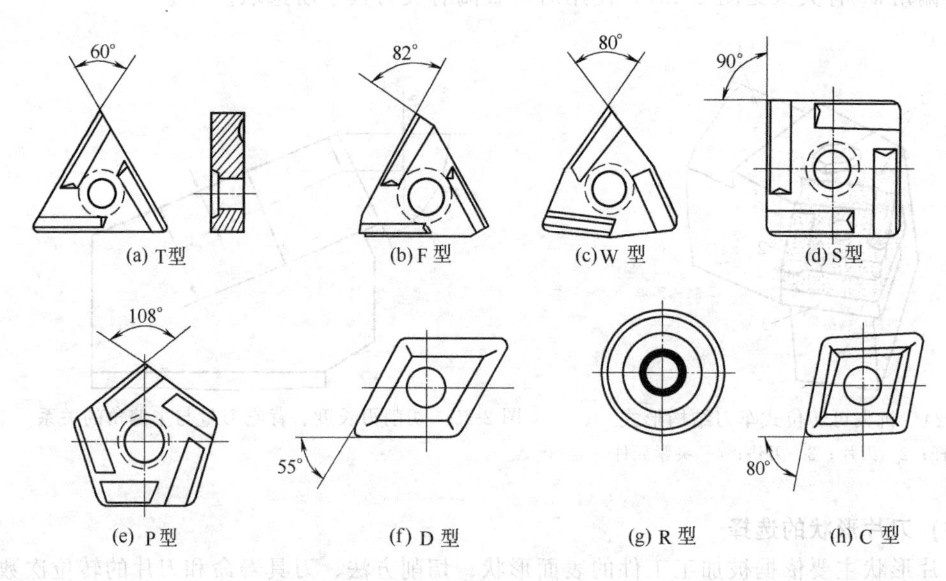

图 2-26 常见可转位式车刀刀片

2.4 选择切削用量

数控编程时，编程人员必须确定每道工序的切削用量，并以指令的形式写入程序中。切削用量包括主轴转速、背吃刀量及进给速度等。对于不同的加工方法，需要选用不同的切削用量。切削用量的选择原则是：保证零件加工精度和表面粗糙度，充分发挥刀具的切削性能，保证合理的刀具耐用度；并充分发挥机床的性能，最大限度地提高生产效率、降低成本。

(1) 主轴转速 n 的确定

车削加工主轴转速 n 应根据允许的切削速度 v 和工件直径 d 来选择，按式 $v_c=\pi dn/1000$ 计算。切削速度 v 单位为 m/min，由刀具的耐用度决定，计算时可参考表 2-4 或切削用量手册选取。数控车床加工螺纹时，因其传动链的改变，原则上其转速只要能保证主轴每转一周时，刀具沿主进给轴（多为 Z 轴）方向位移一个螺距即可，不应受到限制。但数控车螺纹时，会受到以下几方面的影响。

表 2-4 硬质合金外圆车刀切削速度的参考值

工件材料	热处理状态	$a_p=0.3\sim2$mm	$a_p=2\sim6$mm	$a_p=6\sim10$mm
		$F=0.08\sim0.3$mm/min	$f=0.3\sim0.6$mm/r	$F=0.6\sim1$mm/min
		v_c/(m/min)		
低碳钢易切钢	热轧	140～180	100～120	70～90
中碳钢	热轧	130～160	90～110	60～80
	调质	100～130	70～90	50～70
合金结构钢	热轧	100～130	70～90	50～70
	调质	80～110	50～70	40～60
工具钢	退火	90～120	60～80	50～70
灰铸铁	<190HBS	90～120	60～80	50～70
	190～225HBS	80～110	50～70	40～60

续表

工件材料	热处理状态	$a_p=0.3\sim2$mm	$a_p=2\sim6$mm	$a_p=6\sim10$mm
		$F=0.08\sim0.3$mm/min	$f=0.3\sim0.6$mm/r	$F=0.6\sim1$mm/min
		v_c/(m/min)		
高锰钢($w_{Mn}=13\%$)			10～20	
铜及铜合金		200～250	120～180	90～120
铝及铝合金		300～600	200～400	150～200
铸铝合金($w_{Si}=13\%$)		100～180	80～150	60～100

注：切削钢及灰铸铁时刀具耐用度约为60min。

① 螺纹加工程序段中指令的螺距值，相当于以进给量 f（mm/r）表示的进给速度 F，如果将机床的主轴转速选择过高，其换算后的进给速度（mm/min）则必定大大超过正常值。

② 刀具在其位移过程的始终，都将受到伺服驱动系统升/降频率和数控装置插补运算速度的约束，由于升/降频率特性满足不了加工需要等原因，则可能主进给运动产生出的“超前”和“滞后”而导致部分螺牙的螺距不符合要求。

③ 车削螺纹必须通过主轴的同步运行功能而实现，即车削螺纹需要有主轴脉冲发生器（编码器）。当机床主轴转速选择过高时，通过编码器发出的定位脉冲（即主轴每转一周时所发出的一个基准脉冲信号）将可能因“过冲”（特别是当编码器的质量不稳定时）而导致工件螺纹产生乱纹（俗称“烂牙”）。

鉴于上述原因，不同的数控系统车螺纹时推荐使用不同的主轴转速范围。大多数经济型数控车床的数控系统推荐车螺纹时主轴转速 n 为

$$n\leqslant\frac{1200}{P}-k \tag{2-4}$$

式中　P——被加工螺纹螺距，mm；

　　　k——保险系数，一般为80。

(2) 进给速度 v_f 的确定

进给速度 v_f 是数控车床切削用量中的重要参数，其大小直接影响表面粗糙度值和车削效率，主要根据零件的加工精度和表面粗糙度要求以及刀具、工件的材料性质选取，最大进给速度受机床刚度和进给系统的性能限制。确定进给速度的原则如下。

① 当工件的质量要求能够得到保证时，为提高生产效率，可选择较高的进给速度。一般在100～200mm/min范围内选取。

② 在切断、加工深孔或用高速钢刀具加工时，宜选择较低的进给速度，一般在20～50mm/min范围内选取。

③ 当加工精度、表面粗糙度要求较高时，进给速度应选小些，一般在20～50mm/min范围内选取。

④ 刀具空行程时，特别是远距离“回零”时，可以设定该机床数控系统设定的最高进给速度。计算进给速度时，可参考表2-5、表2-6或查阅切削用量手册选取每转进给量 f，然后按式 $v_f=nf$ 计算进给速度。

(3) 背吃刀量 a_p 的确定

背吃刀量根据机床、工件和刀具的刚度来确定。在刚度允许的条件下，应尽可能使背吃刀量等于工件的加工余量，这样可以减少走刀次数，提高生产效率。为了保证加工表面质量，可留少许精加工余量，一般为0.2～0.5mm。

表 2-5　硬质合金车刀粗车外圆及端面的进给量

工件材料	车刀刀杆尺寸 $B\times H$ /(mm×mm)	工件直径 d_w/mm	背吃刀量 a_p/mm				
			≤3	>3～5	>5～8	>8～12	>12
			进给量/(mm/r)				
碳素结构钢、合金结构钢及耐热钢	16×25	20	0.3～0.4	—	—	—	—
		40	0.4～0.5	0.3～0.4	—	—	—
		60	0.5～0.7	0.4～0.6	0.3～0.5	—	—
		100	0.6～0.9	0.5～0.7	0.5～0.6	0.4～0.5	—
		400	0.8～1.2	0.7～1.0	0.6～0.8	0.5～0.6	—
	20×30 25×25	20	0.3～0.4	—	—	—	—
		40	0.4～0.5	0.3～0.4	—	—	—
		60	0.5～0.7	0.5～0.7	0.4～0.6	—	—
		100	0.8～1.0	0.7～0.9	0.5～0.7	0.4～0.7	—
		400	1.2～1.4	1.0～1.2	0.8～1.0	0.6～0.9	0.4～0.6
铸铁及铜合金	16×25	40	0.4～0.5				
		60	0.5～0.8	0.5～0.8	0.4～0.6		
		100	0.8～1.2	0.7～1.0	0.6～0.8	0.5～0.7	
		400	1.0～1.4	1.0～1.2	0.8～1.0	0.6～0.8	
	20×30 25×25	40	0.4～0.5	—	—	—	—
		60	0.5～0.9	0.5～0.8	0.4～0.7	—	—
		100	0.9～1.3	0.8～1.2	0.7～1.0	0.5～0.8	—
		400	1.2～1.8	1.2～1.6	1.0～1.3	0.9～1.1	0.7～0.9

注：1. 加工断续表面及有冲击的工件时，表内进给量应乘系数 $k=0.75\sim0.85$。

2. 在无外皮加工时，表内进给量应乘系数 $k=1.1$。

3. 加工耐热钢及其合金时，进给量不大于 1mm/r。

4. 加工淬硬钢时，进给量应减小。当钢的硬度为 HRC44～56 时，乘系数 $k=0.8$；当钢的硬度为 HRC57～62 时，乘系数 $k=0.5$。

表 2-6　按表面粗糙度选择进给量的参考值

工件材料	表面粗糙度 Ra/μm	切削速度范围 v_c/(m/min)	刀尖圆弧半径 r_ε/mm		
			0.5	1.0	2.0
			进给量/(mm/r)		
铸铁、青铜、铝合金	>5～10	不限	0.25～0.40	0.40～0.50	0.50～0.60
	>2.5～5		0.15～0.25	0.25～0.40	0.40～0.60
	>1.25～2.5		0.10～0.15	0.15～0.20	0.20～0.35
碳钢及合金钢	>5～10	<50	0.30～0.50	0.45～0.60	0.55～0.70
		>50	0.40～0.55	0.55～0.65	0.65～0.70
	>2.5～5	<50	0.18～0.25	0.25～0.30	0.30～0.40
		>50	0.25～0.30	0.30～0.35	0.30～0.50
	>1.25～2.5	<50	0.10	0.11～0.15	0.15～0.22
		50～100	0.11～0.16	0.16～0.25	0.25～0.35
		>100	0.16～0.20	0.20～0.25	0.25～0.35

注：$r_\varepsilon=0.5$mm，用于 12mm×12mm 以下刀杆；$r_\varepsilon=1$mm，用于 30mm×30mm 以下刀杆；$r_\varepsilon=2$mm，用于 30mm×45mm 及以上刀杆。

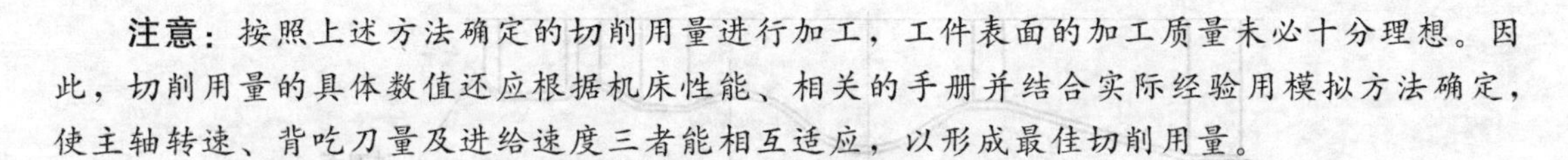

注意：按照上述方法确定的切削用量进行加工，工件表面的加工质量未必十分理想。因此，切削用量的具体数值还应根据机床性能、相关的手册并结合实际经验用模拟方法确定，使主轴转速、背吃刀量及进给速度三者能相互适应，以形成最佳切削用量。

2.5　典型零件的加工工艺分析

2.5.1　轴类零件

以图 2-27 所示零件为例，材料为 45 钢，所用机床为 CK6136i 型数控车床，对其进行数控车削加工工艺分析。

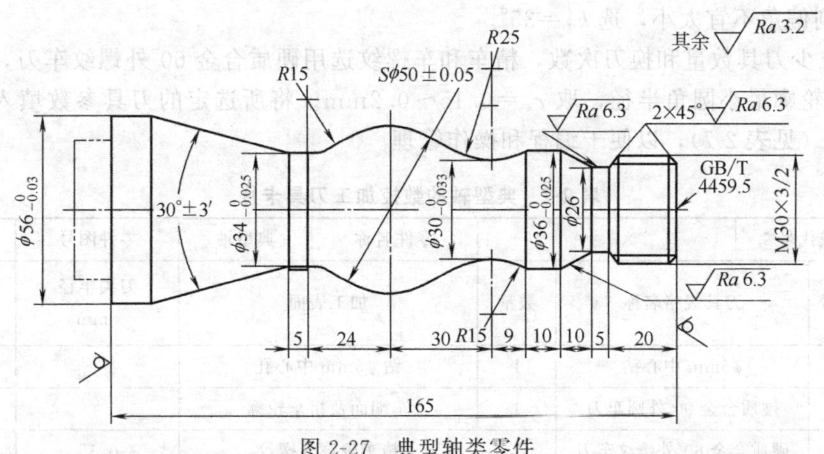

图 2-27　典型轴类零件

(1) 零件图工艺分析

该零件表面由圆柱、圆锥、顺圆弧、逆圆弧及双线螺纹等表面组成。其中多个直径尺寸有较严的尺寸精度和表面粗糙度等要求；球面 $S\phi 50$mm 的尺寸公差还兼有控制该球面形状（线轮廓）误差的作用。尺寸标注完整，轮廓描述清楚。零件材料为 45 钢，无热处理和硬度要求。通过上述分析，可采取以下几点工艺措施。

① 对图样上给定的几个精度要求较高的尺寸，因其公差数值较小，故编程时不必取平均值，而全部取其基本尺寸即可。

② 在轮廓曲线上，有三处为过象限圆弧，其中两处为既过象限又改变进给方向的轮廓曲线。因此，在加工时应进行机械间隙补偿，以保证轮廓曲线的准确性。

③ 为便于装夹，坯件左端应预先车出夹持部分（双点画线部分），右端面也应先粗车出并钻好中心孔。毛坯选 60mm 棒料。

(2) 确定装夹方案

确定坯件轴线和左端大端面（设计基准）为定位基准。左端采用三爪自定心卡盘定心夹紧，右端采用活动顶尖支撑的装夹方式。

(3) 确定加工顺序及进给路线加工顺序

按由粗到精、由近到远（由右到左）的原则确定。即首先从右到左进行粗车（留 0.25mm 精车余量），然后从右到左进行精车，最后车削螺纹。CK6136i 型数控车床具有粗车循环和车螺纹循环功能，只要正确使用编程指令，机床数控系统就会自行确定其进给路线。因此，该零件的粗车循环和车螺纹循环不需要人为确定其进给路线（但精车的进给路线需要人为确定）。该零件从右到左沿零件表面轮廓精车进给，如图 2-28 所示。

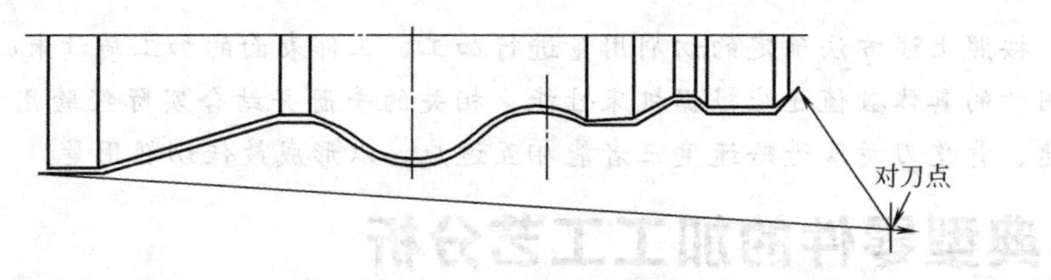

图 2-28　精车轮廓进给路线

(4) 刀具选择

① 选用 ϕ5mm 中心钻钻削中心孔。

② 粗车及平端面选用 90°硬质合金右偏刀，为防止副后刀面与工件轮廓干涉（可用作图法检验），副偏角不宜太小，选 $k_r'=35°$。

③ 为减少刀具数量和换刀次数，精车和车螺纹选用硬质合金 60°外螺纹车刀，刀尖圆弧半径应小于轮廓最小圆角半径，取 $r_\varepsilon=0.15\sim0.2$mm。将所选定的刀具参数填入数控加工刀具卡片中（见表 2-7），以便于编程和操作管理。

表 2-7　典型轴的数控加工刀具卡片

<table>
<tr><td colspan="2">产品名称或代号</td><td colspan="2">×××</td><td>零件名称</td><td>典型轴</td><td>零件图号</td><td>×××</td></tr>
<tr><td>序号</td><td>刀具号</td><td colspan="2">刀具规格名称</td><td>数量</td><td>加工表面</td><td>刀尖半径/mm</td><td>备注</td></tr>
<tr><td>1</td><td>T01</td><td colspan="2">ϕ5mm 中心钻</td><td>1</td><td>钻 ϕ5mm 中心孔</td><td></td><td></td></tr>
<tr><td>2</td><td>T02</td><td colspan="2">硬质合金 90°外圆车刀</td><td>1</td><td>车端面及粗车轮廓</td><td></td><td>右偏刀</td></tr>
<tr><td>3</td><td>T03</td><td colspan="2">硬质合金 60°外螺纹车刀</td><td>1</td><td>精车轮廓及螺纹</td><td>0.15</td><td></td></tr>
<tr><td>编制</td><td>×××</td><td>审核</td><td>×××</td><td>批准</td><td>×××</td><td>共　页</td><td>第　页</td></tr>
</table>

(5) 切削用量选择

① 背吃刀量的选择。轮廓粗车循环时选 $a_p=3$mm，精车时选 $a_p=0.25$mm；螺纹粗车循环时选 $a_p=0.4$mm，精车时选 $a_p=0.1$mm。

② 主轴转速的选择。车直线和圆弧时，查表 2-4 选粗车切削速度 $v_c=90$m/min、精车切削速度 $v_c=120$m/min，然后利用式 $v_c=\pi dn/1000$ 计算主轴转速 n（粗车工件直径 $D=60$mm，精车工件直径取平均值）：粗车 500r/min、精车 1200r/min。车螺纹时，利用式(2-4) 计算主轴转速 $n=320$r/min。

③ 进给速度的选择。先查表 2-5、表 2-6 选择粗车、精车每转进给量分别为 0.4mm/r 和 0.15mm/r，再根据式 $v_f=nf$ 计算粗车、精车进给速度分别为 200mm/min 和 180mm/min。

综合前面分析的各项内容，并将其填入表 2-8 所示的数控加工工艺卡片中。此表是编制加工程序的主要依据和操作人员配合数控程序进行数控加工的指导性文件，主要内容包括工步顺序、工步内容、各工步所用的刀具及切削用量等。

表 2-8　典型轴的数控加工工艺卡片

<table>
<tr><td rowspan="2">单位名称</td><td rowspan="2">×××</td><td>产品名称或代号</td><td>零件名称</td><td>零件图号</td></tr>
<tr><td>×××</td><td>典型轴</td><td>×××</td></tr>
<tr><td>工序号</td><td>程序编号</td><td>夹具名称</td><td>使用设备</td><td>车间</td></tr>
<tr><td>001</td><td>×××</td><td>三爪卡盘和活动顶尖</td><td>CK6136i</td><td>数控车间</td></tr>
</table>

续表

工步号	工步内容	刀具号	刀具规格 /mm	主轴转速 /(r/min)	进给速度 /(mm/min)	背吃刀量	备注
1	车端面	T02	25×25	500			手动
2	钻中心孔	T01	$\phi5$	950			手动
3	粗车轮廓	T02	25×25	500	200	3	自动

2.5.2　轴套类零件

下面以图 2-29 所示轴承套零件为例，分析其数控车削加工工艺。机床为 CK6136i。

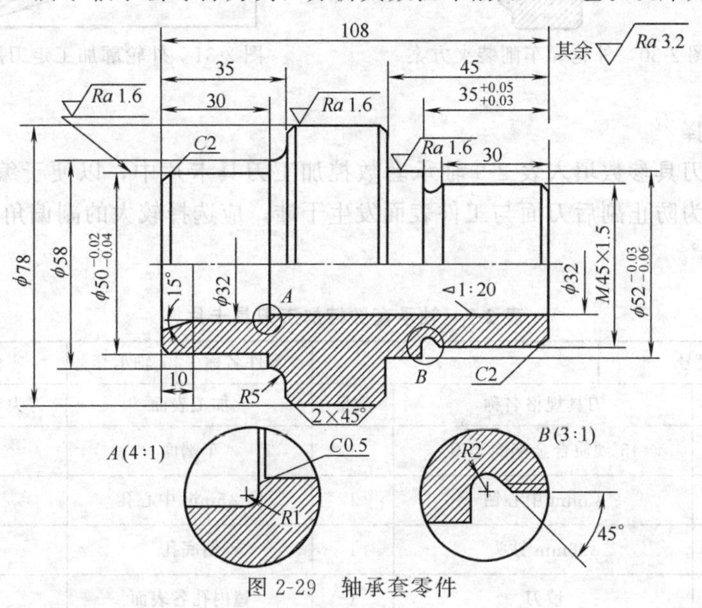

图 2-29　轴承套零件

(1) 零件图工艺分析

该零件表面由内外圆柱面、内圆锥面、顺圆弧、逆圆弧及外螺纹等表面组成，其中多个直径尺寸与轴向尺寸有较高的尺寸精度和表面粗糙度要求。零件图尺寸标注完整，符合数控加工尺寸标注要求；轮廓描述清楚完整；零件材料为 45 钢，切削加工性能较好，无热处理和硬度要求。

通过上述分析，采取以下几点工艺措施。

① 零件图样上带公差的尺寸，因公差值较小，故编程时不必取其平均值，而取基本尺寸即可。

② 左右端面均为多个尺寸的设计基准，相应工序加工前，应该先将左右端面车出来。

③ 内孔尺寸较小，镗 1∶20 锥孔与镗 $\phi32$mm 孔及 15°斜面时需掉头装夹。

(2) 确定装夹方案

内孔加工时以外圆定位，用三爪自定心卡盘夹紧。加工外轮廓时，为保证一次安装加工出全部外轮廓，需要设一圆锥心轴装置（见图 2-30 双点画线部分），用三爪自定心卡盘夹持心轴左端，心轴右端留有中心孔并用尾座顶尖顶紧以提高工艺系统的刚性。

(3) 确定加工顺序及走刀路线

加工顺序的确定按由内到外、由粗到精、由近到远的原则确定，在一次装夹中尽可能加工出较多的工件表面。结合本零件的结构特征，可首先加工内孔各表面，然后加工外轮廓表面。由于该零件为单件小批量生产，走刀路线设计不必考虑最短进给路线或最短空行程路线，外轮廓表面车削走刀路线可沿零件轮廓顺序进行（见图 2-31）。

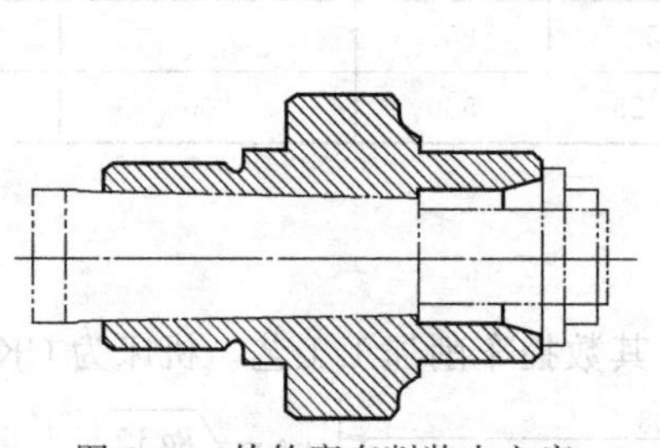

图 2-30　外轮廓车削装夹方案

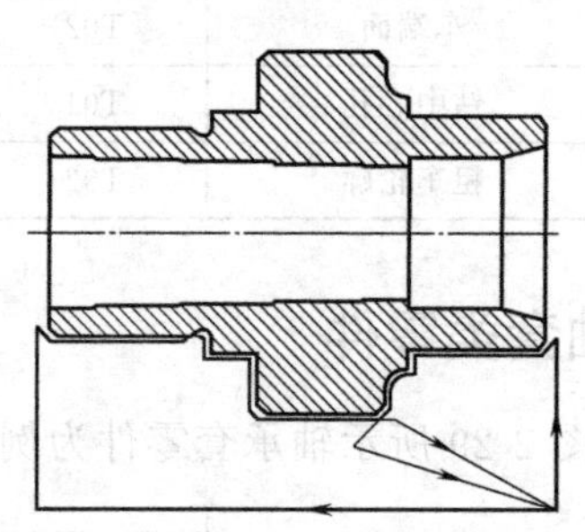

图 2-31　外轮廓加工走刀路线

(4) 刀具选择

将所选定的刀具参数填入表 2-9 轴承套数控加工刀具卡片中，以便于编程和操作管理。车削外轮廓时，为防止副后刀面与工件表面发生干涉，应选择较大的副偏角，必要时可作图检验。选 $k_r'=55°$。

表 2-9　轴承套数控加工刀具卡片

产品名称或代号		×××		零件名称	轴承套	零件图号	×××
序号	刀具号	刀具规格名称	数量	加工表面		刀尖半径/mm	备注
1	T01	45°硬质合金端面车刀	1	车端面		0.5	25×25
2	T02	ϕ5mm 中心钻	1	钻 ϕ5mm 中心孔			右偏刀
3	T03	ϕ26mm 钻头	1	钻底孔			
4	T04	镗刀	1	镗内孔各表面		0.4	20× 20
5	T05	90°右手偏刀	1	从右至左车外表面		0.2	25×25
6	T06	90°左手偏刀	1	从左至右车外表面		0.2	25×25
7	T07	60°外螺纹车刀	1	车 M45 螺纹		0.1	25×25
编制	×××	审核	×××	批准	×××	共　页	第　页

(5) 切削用量选择

根据被加工表面质量要求、刀具材料和工件材料，参考切削用量手册或有关资料选择切削速度与每转进给量，然后根据式 $v_c=\pi dn/1000$ 和式 $v_f=nf$ 计算主轴转速与进给速度（计算略），计算结果填入表 2-10 工艺卡中。

背吃刀量的选择因粗、精加工而有所不同。粗加工时，在工艺系统刚性和机床功率允许的情况下，尽可能取较大的背吃刀量，以减少进给次数；精加工时，为保证零件表面粗糙度要求，背吃刀量一般取 0.1～0.4mm 较为合适。

(6) 数控加工工艺卡片拟订

将前面分析的各项内容综合成表 2-10 所示的数控加工工艺卡片。表 2-10 是编制加工程序的主要依据和操作人员配合数控程序进行数控加工的指导性文件，主要内容包括工步顺序、工步内容、各工步所用的刀具及切削用量等。

表 2-10　轴承套数控加工工艺卡片

<table>
<tr><td rowspan="2">单位名称</td><td rowspan="2">×××</td><td colspan="3">产品名称或代号</td><td colspan="2">零件名称</td><td>零件图号</td></tr>
<tr><td colspan="3">×××</td><td colspan="2">轴承套</td><td>×××</td></tr>
<tr><td>工序号</td><td>程序编号</td><td colspan="3">夹具名称</td><td colspan="2">使用设备</td><td>车间</td></tr>
<tr><td>002</td><td>×××</td><td colspan="3">三爪卡盘和自制心轴</td><td colspan="2">CK6136i</td><td>数控车间</td></tr>
<tr><td>工步号</td><td>工步内容</td><td>刀具号</td><td>刀具规格/mm</td><td>主轴转速/(r/min)</td><td>进给速度/(mm/min)</td><td>背吃刀量/mm</td><td>备注</td></tr>
<tr><td>1</td><td>车端面</td><td>T01</td><td>25×25</td><td>320</td><td></td><td>1</td><td>手动</td></tr>
<tr><td>2</td><td>钻 ϕ5mm 中心孔</td><td>T02</td><td>ϕ5</td><td>950</td><td></td><td>2.5</td><td>手动</td></tr>
<tr><td>3</td><td>钻底孔</td><td>T03</td><td>ϕ26</td><td>200</td><td></td><td>13</td><td>手动</td></tr>
<tr><td>4</td><td>粗镗 ϕ32mm 内孔、15°斜面及 0.5×45°倒角</td><td>T04</td><td>20×20</td><td>320</td><td>40</td><td>0.8</td><td>自动</td></tr>
<tr><td>5</td><td>精镗 ϕ32mm 内孔、15°斜面及 0.5×45°倒角</td><td>T04</td><td>20×20</td><td>400</td><td>25</td><td>0.2</td><td>自动</td></tr>
<tr><td>6</td><td>掉头装夹粗镗 1：20 锥孔</td><td>T04</td><td>20×20</td><td>320</td><td>40</td><td>0.8</td><td>自动</td></tr>
<tr><td>7</td><td>精镗 1：20 锥孔</td><td>T04</td><td>20×20</td><td>400</td><td>20</td><td>0.2</td><td>自动</td></tr>
<tr><td>8</td><td>心轴装夹，从右至左粗车外轮廓</td><td>T05</td><td>25×25</td><td>320</td><td>40</td><td>1</td><td>自动</td></tr>
<tr><td>9</td><td>从左至右粗车外轮廓</td><td>T06</td><td>25×25</td><td>320</td><td>40</td><td>1</td><td>自动</td></tr>
<tr><td>10</td><td>从右至左精车外轮廓</td><td>T05</td><td>25×25</td><td>400</td><td>20</td><td>0.1</td><td>自动</td></tr>
<tr><td>11</td><td>从左至右精车外轮廓</td><td>T06</td><td>25×25</td><td>400</td><td>20</td><td>0.1</td><td>自动</td></tr>
<tr><td>12</td><td>卸心轴，改为三爪装夹，粗车 M45 螺纹</td><td>T07</td><td>25×25</td><td>320</td><td>480</td><td>0.4</td><td>自动</td></tr>
<tr><td>13</td><td>精车 M45 螺纹</td><td>T07</td><td>25×25</td><td>320</td><td>480</td><td>0.1</td><td>自动</td></tr>
<tr><td>编制</td><td>×××　审核　×××</td><td>批准</td><td>×××</td><td colspan="2">年　月　日</td><td>共　页</td><td>第　页</td></tr>
</table>

2.6　轴套类零件的测量

一般情况下，数控加工后工件尺寸的测量方法与普通机床加工后的测量方法几乎相同。测量零件上的某一个尺寸，可选择不同的测量器具。为了保证被测零件的质量，提高测量精度，应综合考虑测量器具的技术指标和经济指标，具体有如下两点。

① 按被测工件的外形、部位、尺寸的大小及被测参数特性来选择测量器具，使选择的测量器具的测量范围满足被测工件的要求。

② 按被测工件的公差来选择测量器具。考虑到测量器具的误差将会带到工件的测量结果中。因此，选择测量器具所允许的极限误差占被测工件公差的 1/10～1/3，其中对低精度的工件采用 1/10，对高精度的工件采用 1/3 甚至 1/2。

2.6.1　轴径的测量

轴径的实际尺寸通常用计量器具（如卡尺、千分尺）进行测量。下面简要介绍游标卡尺的结构原理和用法。

(1) 游标卡尺的结构与工作原理

游标卡尺是利用游标原理对两测量面相对移动分隔的距离进行读数的测量器具。游标卡尺（简称卡尺）与千分尺、百分表都是最常用的长度测量器具。游标卡尺的结构如图 2-32 所示。游标卡尺的主体是一个刻有刻度的尺身，沿着尺身滑动的尺框上装有游标。游标卡尺可以测量工件的内尺寸、外尺寸（如长度、宽度、厚度、内径和外径）、孔距、高度和深度等。游标卡尺的优点是使用方便，用途广泛，测量范围大，结构简单和价格低廉等。

(2) 游标卡尺的读数原理与读数方法

游标卡尺的读数值有 3 种：0.1mm、0.05mm、0.02mm，其中 0.02mm 的卡尺应用最普遍。下面介绍 0.02mm 游标卡尺的读数原理和读数方法。游标有 50 格刻线，与主尺 49 格刻线宽度相同，游标的每格宽度为 49/50＝0.98，则游标读数值是 1.00mm － 0.98mm ＝ 0.02mm，因此 0.02mm 为该游标卡尺的读数值，如图 2-33 所示。游标卡尺读数的三个步骤如下。

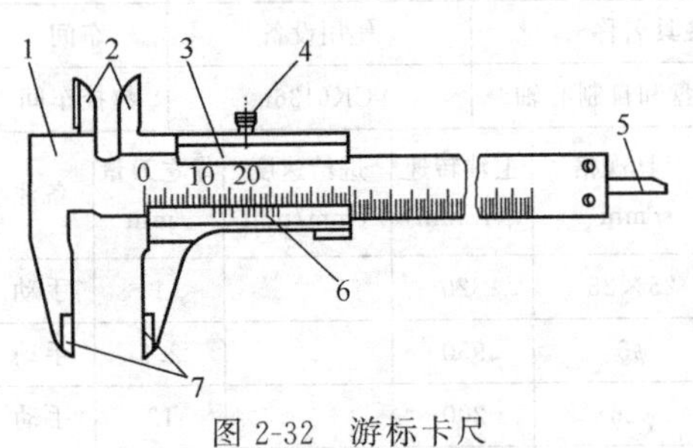

图 2-32 游标卡尺

1—尺身；2—内量爪；3—尺框；4—紧固螺钉；5—深度尺；6—游标；7—外量爪

① 先读整数。看游标零线的左边，尺身上最靠近的一条刻线的数值，读出被测尺寸的整数部分。

② 再读小数。看游标零线的右边，数出游标第几条刻线与尺身刻线对齐，读出被测尺寸的小数部分（即游标读数值乘其对齐刻线的顺序数）。

③ 得出被测尺寸。把上面两次读数的整数部分和小数部分相加，就是卡尺的所测尺寸。从图 2-33 示例中可以读出测量值，读数的整数部分是 133mm；游标的第 11 条线（不计 0 刻线）与尺身刻线对齐，所以读数的小数部分是 0.02×11mm＝0.22mm，被测工件尺寸为 133mm＋0.22mm＝133.22mm。

游标读数值/mm	尺身刻线间距/mm	游标刻线间距/mm	游标格数	游标刻线总长/mm	游标模数	游标零位	读数示例
0.02	1	0.98	50	49	1	1.0 0 1 2 3 4 5 0 1 2 3 4 5 6 7 8 9 0 0.98 49	13 14 15 16 17 0 1 2 3 4 5 6 7 133.22mm

图 2-33 读数示例

(3) 游标卡尺使用注意事项

① 测量前要进行检查。游标卡尺使用前要进行检验，若卡尺出现问题，势必影响测量结果，甚至造成整批工件的报废。首先要检查外观，要保证无锈蚀、无伤痕和无毛刺，要保证清洁。然后检查零线是否对齐，将卡尺的两个量爪合拢，看是否有漏光现象。如果贴合不严，需进行修理。若贴合严密，再检查零位，看游标零位是否与尺身零线对齐，游标的尾刻线是否与尺身的相应刻线对齐。另外，检查游标在主尺上滑动是否平稳、灵活，不要太紧或太松。

② 读数时，要看准游标的哪条刻线与尺身刻线正好对齐。如果游标上没有一条刻线与尺身刻线完全对齐时，可找出对得比较齐的那条刻线作为游标的读数。测量时，要平着拿卡尺，朝着光亮的方向，使量爪轻轻接触零件表面。量爪位置要摆正，视线要垂直于所读的刻线，防止读数误差。

2.6.2 孔径的测量

孔的实际尺寸通常用通用量仪（如内径百分表）测量，孔的实际尺寸和形状误差的综合结果可用光滑极限量规检验，适合用于大批量生产。在深孔或精密测量的场合则常用内径百分表或测长仪测量。下面简要介绍内径百分表的结构原理和用法。

(1) 内径百分表的结构

内径百分表的结构如图2-34所示，可换测头2根据被测孔选择（仪器配备有一套不同尺寸的可换测头），用螺纹旋入套筒内并借用螺母固定在需要位置。活动测头1装在套筒另一端导孔内。活动测头的移动使杠杆8绕其固定轴转动，推动传动杆5传至百分表7的测杆，使百分表指针偏转显示工件偏差值。

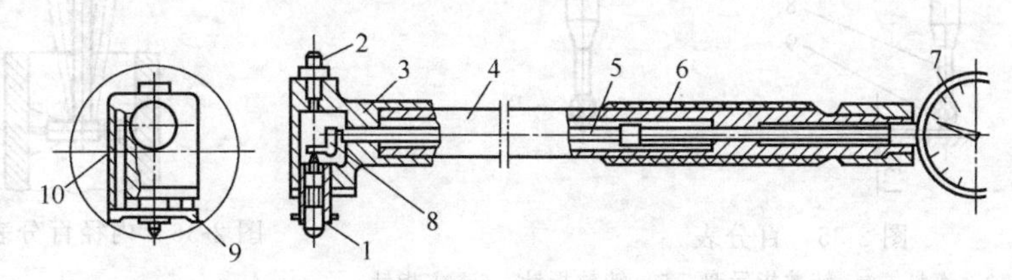

图2-34　内径百分表结构

1—活动测头；2—可换测头；3—量脚；4—手把；5—传动杆；6—隔热手柄；7—百分表；8—杠杆；9—定位护桥；10—弹簧

活动测头两侧的定位护桥9起找正直径位置的作用。装上测头后，即与定位护桥连成一个整体，测量时护桥在弹簧10的作用下，对称地压靠在被测孔壁上，以保证测头轴线处于被测孔的直径位置上。

(2) 百分表的工作原理

结构如图2-35所示。在测量过程中，测头9的微小移动，经过百分表内的一套传动机构而转变成主指针6的转动，可在表盘3上读出被测数值。测头9拧在量杆8的下端，量杆移动1mm时，主指针6在表盘上正好转一圈。由于表盘上均匀刻有100个格，因此表盘的每一小格表示1/100mm，即0.01mm，这就是百分表的分度值。主指针6转动一圈的同时，在转数指示盘4上的转数指针5转动1格（共有10个等分格），所以转数指示盘4的分度值是1mm。

旋转表圈2时，表盘3也随着一起转动，可使主指针6对准表盘上的任何一条刻线。量杆8的上端有个挡帽10，对量杆向下移动起限位作用，也可以用挡帽把量杆提起来。

(3) 仪器的使用方法

① 表的安装。在测量前先将百分表安到表架上，使百分表测量杆压下，指针转1～2圈，这时百分表的测量杆与传动杆接触，经杠杆向下顶压活动测头。

② 选测头。根据被测孔径基本尺寸的大小，选择合适的可换测头安装到表架上。

③ 调零。利用标准量具（如标准环、量块等）调整内径百分表的零点。方法是手拿着隔热手柄，将内径百分表的两测头放入等于被测孔径基本尺寸的标准量具中，观察百分表指针的左右摆动情况，可在垂直和水平两个方向上摆动内径百分表找最小值，反复摆动几次，并相应地转动表盘，将百分表刻度盘零点调至此最小值位置。

④ 测量。将调整好的内径百分表测头倾斜地插入被测孔中，沿被测孔的轴线方向测几个截面，每个截面要在相互垂直的两个部位各测一次。测量时轻轻摆动表架，找百分表示值变化的最小值，此点的示值为被测孔直径的实际偏差（注意正、负值）（见图2-36）。根据测量结果和被测孔的公差要求，判断被测孔是否合格。

⑤ 复零。测量完毕后应对内径百分表的零点进行复查，如果误差大，要重新调零和测量。

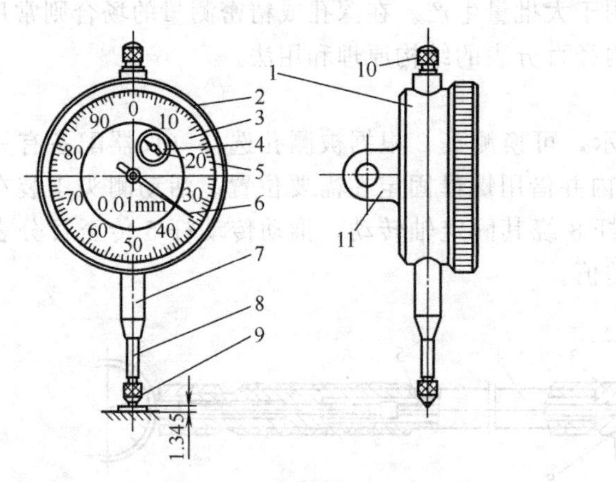

图 2-35　百分表

1—表体；2—表圈；3—表盘；4—转数指示盘；5—转数指针；6—主指针；
7—轴套；8—量杆；9—测头；10—挡帽；11—耳环

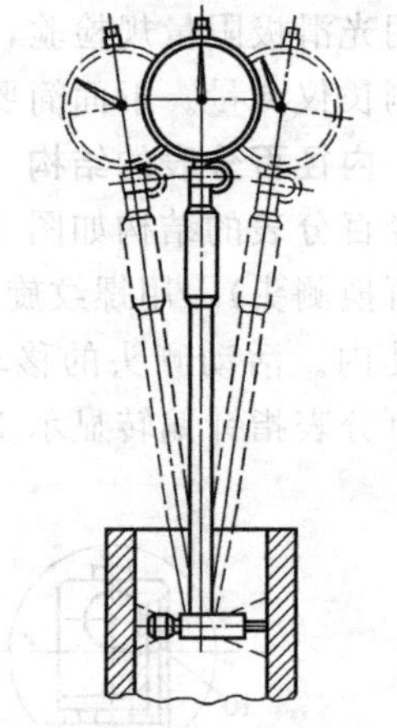

图 2-36　内径百分表测孔径

2.6.3　表面粗糙度的测量

表面粗糙度的测量方法主要有比较法、光切法、光波干涉法和针触法等。下面简要介绍接触式表面粗糙度测量仪的结构原理和用法。

接触式表面粗糙度测量仪是利用触针直接在被测件表面上轻轻划过，从而测出表面粗糙度评定参数 Ra 值，也可通过记录器自动描绘轮廓图形进行数据处理，得到微观不平度十点高度 Rz 值。

(1) 表面粗糙度测量仪的结构形式

表面粗糙度测量仪的结构如图 2-37 所示。

(2) 表面粗糙度测量仪的测量方法

① 安装。将驱动箱装在立柱 9 上的横臂燕尾导轨上，转动手轮 8，驱动箱可自如升降。将传感器 5 安装在驱动箱上并用螺钉 6 固定。接好各接插件，然后接电源。

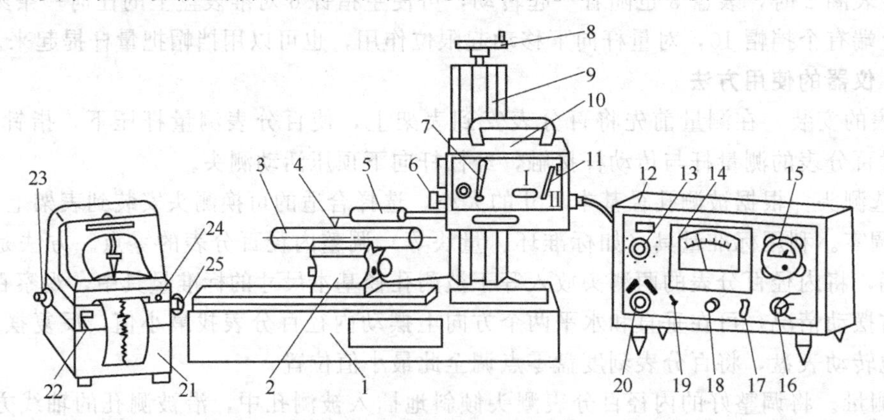

图 2-37　表面粗糙度测量仪

1—底座；2—V 形架；3—被测工件；4—触针；5—传感器；6—固定螺钉；7—启动手柄；
8—升降手轮；9—立柱；10—驱动箱；11—变速手柄；12—电气箱；13—测量范围旋钮；
14—指示表；15—指零表；16—取样长度旋钮；17—电源开关；18—指示灯；
19—测量方式开关；20—调零旋钮；21—记录器；22—记录器开关；
23—线纹调整旋钮；24—锁盖旋钮；25—记录器变速手轮

② 读表。将电气箱12上的测量方式开关19拨向“读表”的位置，然后将驱动箱上的变速手柄11转至“Ⅱ”的位置，打开电源开关17，指示灯18亮。粗略估计工件表面粗糙度数值，用旋钮16选择适当的取样长度，并将驱动箱上启动手柄7轻轻转向左端。升降驱动箱10，使传感器上触针4与工件表面接触，直至指零表15的指针处于两条红带之间。转动启动手柄7，驱动箱拖动传感器5相对被测件表面移动，指示表14的指针开始摆动，然后停在某一位置上，记下测量结果。将启动手柄7退回原处，准备下一次测量。

③ 记录。将测量方式开关19拨至“记录”位置，驱动箱变速手柄11处于“Ⅰ”位置，行程长度选40mm。粗略估计工件表面粗糙度数值，调整记录器上的变速手轮25，选择适当的水平放大比。升降驱动箱10，使触针4与工件被测表面接触，直至记录器笔尖大致地处于记录纸中间位置，然后打开记录器开关22，启动手柄7轻轻转向右端，开始测量。当需停止记录时，可立即脱开记录器开关22。若在测量的过程中需要传感器停止工作，将启动手柄7拨向左端即可。

思考题

1. 数控车削加工的主要对象有哪些？
2. 简述数控车削加工工艺的基本特点。
3. 简述数控车削加工工艺的主要内容。
4. 数控加工工艺文件有哪些？
5. 零件的工艺分析有哪些？
6. 简述零件数控加工工艺路线的拟定。
7. 简述数控车床常用的装夹方法。
8. 简述复杂畸形、精密工件的装夹方法。
9. 简述常用车刀种类及其选择方法。
10. 简述主轴转速 n 的确定。
11. 简述进给速度 v_f 的确定。
12. 熟悉轴类零件的数控加工工艺分析。
13. 熟悉轴套类零件的数控加工工艺分析。
14. 熟悉游标卡尺的工作原理和使用方法。
15. 熟悉内径百分表的工作原理和使用方法。
16. 熟悉表面粗糙度的测量方法。

Chapter 3

第3章 数控车床的操作

3.1 数控车床的手动操作

机床的手动操作主要包括如下一些内容。

① 手动移动机床坐标轴（点动、增量、手摇）。

② 手动控制主轴（启停、点动）。

③ 机床锁住、刀位转换、卡盘松紧、冷却液启停。机床手动操作主要由手持单元（见图 1-19）和机床控制面板共同完成，机床控制面板如图 3-1 所示。

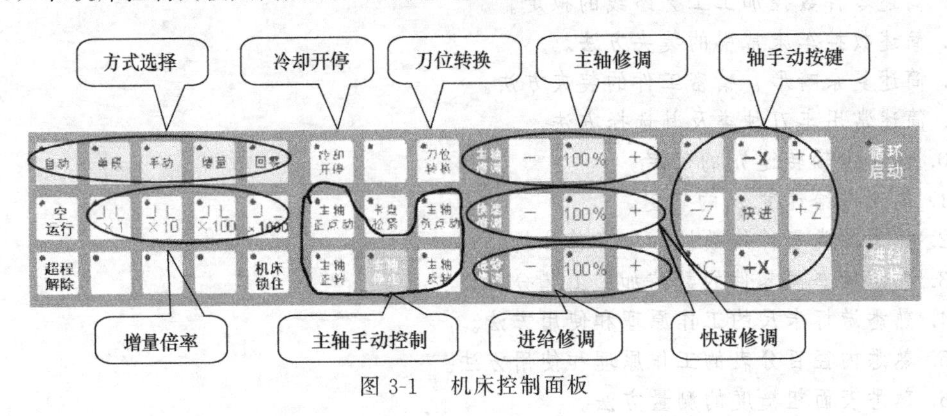

图 3-1　机床控制面板

3.1.1 数控车床的启动与停止

（1）开机

① 检查机床状态是否正常。

② 检查电源电压是否符合要求，接线是否正确。

③ 按下“急停”按钮。

④ 机床上电。

⑤ 数控上电。

⑥ 检查风扇电动机运转是否正常。

⑦ 检查面板上的指示灯是否正常。接通数控装置电源后，HNC-21T 自动运行系统软件，此时液晶显示器显示图 1-20 所示系统上电屏幕（软件操作界面），工作方式为“急停”。

(2) 复位系统上电

进入软件操作界面时，系统的工作方式为“急停”。为控制系统运行，需左旋并拔起操作台右上角的“急停”按钮使系统复位，并接通伺服电源。系统默认进入“回参考点”方式，软件操作界面的工作方式变为“回零”。

(3) 急停机床

运行过程中，在危险或紧急情况下，按下“急停”按钮，CNC 即进入急停状态，伺服进给及主轴运转立即停止工作（控制柜内的进给驱动电源被切断）；松开“急停”按钮（左旋此按钮，自动跳起），CNC 进入复位状态。解除紧急停止前，先确认故障原因是否排除；紧急停止解除后，应重新执行回参考点操作，以确保坐标位置的正确性。注意：在上电和关机之前应按下“急停”按钮以减少设备电冲击。

(4) 超程解除

在伺服轴行程的两端各有一个极限开关，作用是防止伺服机构碰撞而损坏。每当伺服机构碰到行程极限开关时，就会出现超程。当某轴出现超程（“超程解除”按键内指示灯亮）时，系统根据其状况为紧急停止，要退出超程状态时，必须：

① 松开“急停”按钮，置工作方式为手动方式或手摇方式。

② 一直按住“超程解除”按键，控制器会暂时忽略超程的紧急情况。

③ 在手动（手摇）方式下，使该轴向相反方向退出超程状态。

④ 松开“超程解除”按键，若显示屏上运行状态栏“运行正常”取代了“出错”，表示恢复正常，可以继续操作。注意：在操作机床退出超程状态时应务必注意移动方向及移动速率，以免发生撞机。

(5) 关机

① 按下控制面板上的“急停”按钮，断开伺服电源。

② 断开数控电源。

③ 断开机床电源。

3.1.2 机床回参考点

(1) 操作方法控制

机床运动的前提是建立机床坐标系，为此系统接通电源、复位后首先应进行机床各轴回参考点操作，方法如下。

① 如果系统显示的当前工作方式不是回零方式，按一下控制面板上面的“回零”按键，确保系统处于“回零”方式。

② 根据 X 轴机床参数“回参考点方向”，按一下“+X”（回参考点方向为“+”）或“−X”（回参考点方向为“−”）按键，X 轴回到参考点后，“+X”或“−X”按键内的指示灯亮。

③ 用同样的方法使用“+Z”、“−Z”按键，使 Z 轴回参考点。所有轴回参考点后，即建立了机床坐标系。

(2) 注意

① 在每次电源接通后，必须先完成各轴的返回参考点操作，然后再进入其他运行方式，以确保各轴坐标的正确性。

② 同时按下 X、Z 方向的选择按键，可使 X 轴、Z 轴同时返回参考点。

③ 在回参考点前，应确保回零轴位于参考点的“回参考点方向相反侧”（如 X 轴的回参考点方向为负，则回参考点前，应保证 X 轴当前位置在参考点的正向侧）；否则应手动移

动该轴直到满足此条件。

④ 在回参考点过程中，若出现超程，应按住控制面板上的“超程解除”按键，向相反方向手动移动该轴使其退出超程状态。

3.1.3 坐标轴移动

手动移动机床坐标轴的操作由手持单元和机床控制面板上的方式选择、轴手动、增量倍率、进给修调、快速修调等按键共同完成。

(1) 点动进给

按一下“手动”按键（指示灯亮），系统处于点动运行方式，可点动移动机床坐标轴（下面以点动移动 *X* 轴为例说明）。

① 按压“+X”或“−X”按键（指示灯亮），*X* 轴将产生正向或负向连续移动。

② 松开“+X”或“−X”按键（指示灯灭），*X* 轴即减速停止。用同样的操作方法，使用“+Z”、“−Z”按键可使 *Z* 轴产生正向或负向连续移动。在点动运行方式下，同时按压 *X*、*Z* 方向的轴手动按键，能同时手动连续移动 *X*、*Z* 坐标轴。

(2) 点动快速移动

在点动进给时，若同时按住“快进”按键，则产生相应轴的正向或负向快速运动。

(3) 点动进给速度选择

在点动进给时，进给速率为系统参数“最高快移速度”的 1/3 乘以进给修调选择的进给倍率。点动快速移动的速率为系统参数“最高快移速度”乘以快速修调选择的快移倍率。按住进给修调或快速修调右侧的“100%”按键（指示灯亮），进给或快速修调倍率被置为 100%，按一下“+”按键，修调倍率递增 5%；按一下“−”按键，修调倍率递减 5%。

(4) 增量进给

当手持单元的坐标轴选择波段开关置于“Off”挡时，按一下控制面板上的“增量”按键（指示灯亮），系统处于增量进给方式，可增量移动机床坐标轴（下面以增量进给 *X* 轴为例说明）。

① 按一下“+X”或“−X”按键（指示灯亮），*X* 轴将向正向或负向移动一个增量值。

② 再按一下“+X”或“−X”按键，*X* 轴将向正向或负向继续移动一个增量值。用同样的操作方法，使用“+Z”、“−Z”按键，可使 *Z* 轴向正向或负向移动一个增量值，同时按一下 *X*、*Z* 方向的轴手动按键，能同时增量进给 *X*、*Z* 坐标轴。

(5) 增量值选择

增量进给的增量值由“×1”、“×10”、“×100”、“×1000”四个增量倍率按键控制，对应的增量值分别为 0.001mm、0.01mm、0.1mm、1mm。注意：这几个按键互锁，即按下其中一个（指示灯亮），其余几个会失效（指示灯灭）。

(6) 手摇进给

当手持单元的坐标轴选择波段开关置于“X”、“Z”时，按一下控制面板上的“增量”按键（指示灯亮），系统处于手摇进给方式，可手摇进给机床坐标轴（下面以手摇进给 *X* 轴为例说明）。

① 手持单元的坐标轴选择波段开关置于“X”挡。

② 顺时针/逆时针旋转手摇脉冲发生器一格，可控制 *X* 轴向正向或负向移动一个增量值。用同样的操作方法使用手持单元，可以控制 *Z* 轴向正向或负向移动一个增量值。手摇进给方式每次只能增量进给 1 个坐标轴。

(7) 手摇倍率选择

手摇进给的增量值（手摇脉冲发生器每转一格的移动量）由手持单元的增量倍率波段开关“×1”、“×10”、“×100”控制，对应的增量值分别为0.001mm、0.01mm、0.1mm。

3.1.4 主轴控制

主轴手动控制由机床控制面板上的主轴手动控制按键完成。

(1) 主轴正转

在手动方式下按一下“主轴正转”按键（指示灯亮），主电动机以机床参数设定的转速正转，直到按“主轴停止”或“主轴反转”按键。

(2) 主轴反转

在手动方式下按一下“主轴反转”按键（指示灯亮），主电动机以机床参数设定的转速反转，直到按“主轴停止”或“主轴正转”按键。

(3) 主轴停止

在手动方式下按一下“主轴停止”按键（指示灯亮），主电动机停止运转。注意：“主轴正转”、“主轴反转”、“主轴停止”这几个按键互锁，即按下其中一个（指示灯亮），其余两个会失效（指示灯灭）。

(4) 主轴点动

在手动方式下可用“主轴正点动”、“主轴负点动”按键，点动转动主轴。

① 按“主轴正点动”或“主轴负点动”按键（指示灯亮），主轴将产生正向或负向连续转动。

② 松开“主轴正点动”或“主轴负点动”按键（指示灯灭），主轴即减速停止。

(5) 主轴速度修调

主轴正转及反转的速度可通过主轴修调调节：按主轴修调右侧的“100%”按键（指示灯亮），主轴修调倍率被置为100%；按一下“+”按键，主轴修调倍率递增5%；按一下“−”按键，主轴修调倍率递减5%（机械齿轮换挡时，主轴速度不能修调）。

3.1.5 机床锁住

机床锁住禁止机床所有运动。在手动运行方式下，按一下“机床锁住”按键（指示灯亮），再进行手动操作，系统继续执行，显示屏上的坐标轴位置信息变化，但不输出伺服轴的移动指令，所以机床停止不动。

3.1.6 其他手动操作

(1) 刀位转换

在手动方式下，按一下“刀位转换”按键，转塔刀架转动一个刀位。

(2) 冷却启动与停止

在手动方式下按一下“冷却开停”按键，冷却液开（默认值为冷却液关）；再按一下又为冷却液关，如此循环。

(3) 卡盘松紧

在手动方式下，按一下“卡盘松紧”按键，松开工件（默认值为夹紧），可以进行更换工件操作；再按一下“卡盘松紧”按键夹紧工件，可以进行加工工件操作，如此循环。

3.1.7 MDI操作

在图1-20所示的主操作界面下按F4键进入MDI功能子菜单，命令行与菜单条的显示如图 3-2 所示。

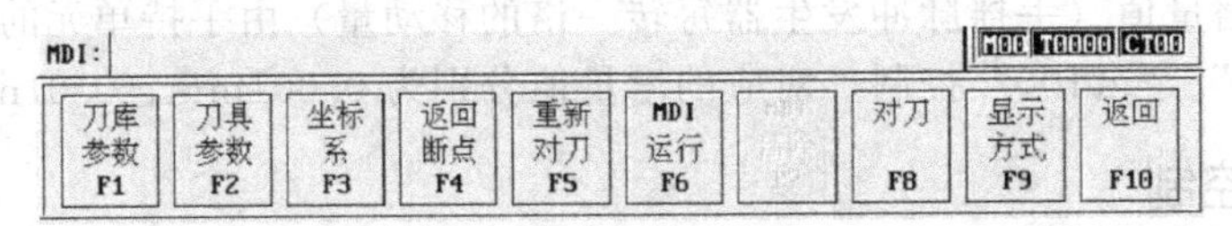

图 3-2　MDI 功能子菜单

在 MDI 功能子菜单下按 F6 键，进入 MDI 运行方式，命令行的底色变成了白色，并且有光标在闪烁，如图 3-3 所示。这时可以从 NC 键盘输入并执行一个 G 代码指令段，即 MDI 运行。

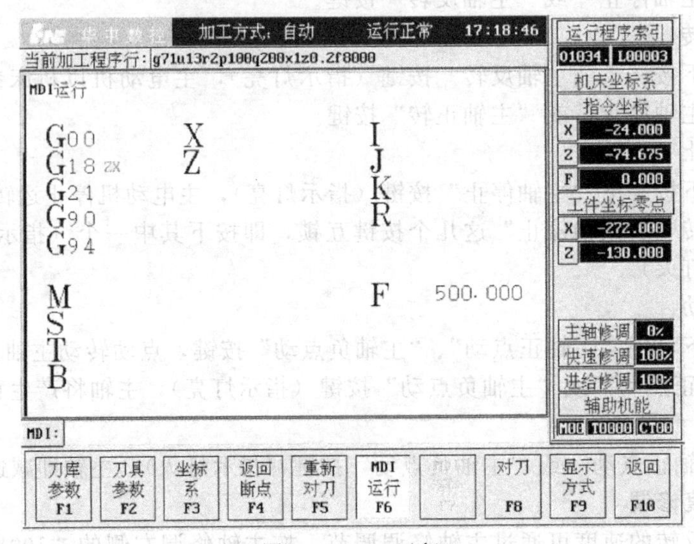

图 3-3　MDI 运行

注意： 自动运行过程中，不能进入 MDI 运行方式，可在进给保持后进入。

（1）输入 MDI 指令段

MDI 输入的最小单位是一个有效指令字。因此，输入一个 MDI 运行指令段可以有下述两种方法。

① 一次输入，即一次输入多个指令字的信息。

② 多次输入，即每次输入一个指令字信息。例如，要输入“G00　X100　Z1000”MDI 运行指令段，可以：

a. 直接输入“G00　X100　Z1000”并按 Enter 键，图 3-3 显示窗口内关键字 G、X、Z 的值将分别变为 00、100、1000。

b. 首先输入“G00”并按 Enter 键，图 3-3 显示窗口内将显示大字符“G00”；然后输入“X100”并按 Enter 键，最后输入“Z1000”并按 Enter 键，显示窗口内将依次显示大字符“X100”、“Z1000”。在输入命令时，可以在命令行看见输入的内容，在按 Enter 键之前，发现输入错误可用 BS、▶、◀键进行编辑；按 Enter 键后，系统发现输入错误，会提示相应的错误信息。

（2）运行 MDI 指令段

在输入完一个 MDI 指令段后，按一下操作面板上的“循环启动”键，系统即开始运行所输入的 MDI 指令。如果输入的 MDI 指令信息不完整或存在语法错误，系统会提示相应的错误信息，此时不能运行 MDI 指令。

(3) 修改某一字段的值

在运行 MDI 指令段之前，如果要修改输入的某一指令字，可直接在命令行上输入相应的指令字符及数值。例如，在输入“X100”并按 Enter 键后，希望 X 值变为“109”，可在命令行上输入“X109”并按 Enter 键。

(4) 清除当前输入的所有尺寸字数据

在输入 MDI 数据后，按 F7 键可清除当前输入的所有尺寸字数据（其他指令字依然有效），显示窗口内 X、Z、I、K、R 等字符后面的数据全部消失。此时可重新输入新的数据。

(5) 停止当前正在运行的 MDI 指令

在系统正在运行 MDI 指令时，按 F7 键可停止 MDI 运行。

3.2　程序的编辑与管理

在图 1-20 所示的软件操作界面下，按 F2 键进入编辑功能子菜单。命令行与菜单条的显示如图 3-4 所示。在编辑功能子菜单下，可以对零件程序进行编辑、存储与传递以及对文件进行管理。

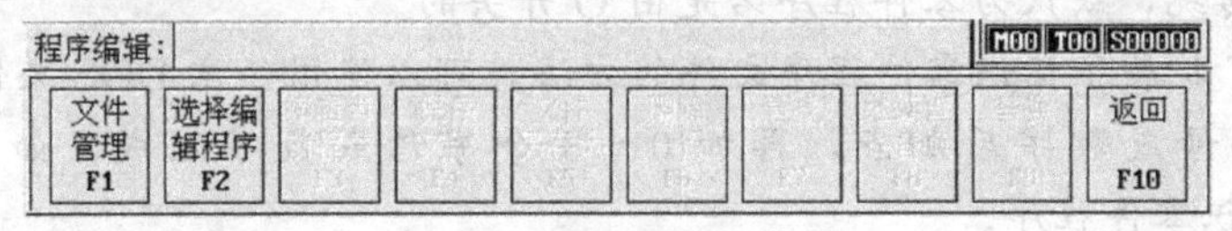

图 3-4　编辑功能子菜单

3.2.1　选择编辑程序（F2→F2）

在编辑功能子菜单下（见图 3-4）按 F2 键，将弹出图 3-5 所示的“选择编辑程序”菜单。其中：

①“磁盘程序”是保存在电子盘、硬盘、软盘或网络路径上的文件。

②“正在加工的程序”是当前已经选择存放在加工缓冲区的一个加工程序。

注意：

① 由于建立网络连接后（网络连接的操作详见 3.7 节），网络路径映射为某一网络盘符，所以磁盘程序包括网络程序。

② 下述对磁盘程序的操作全部适用于网络程序。

(1) 选择磁盘程序（含网络程序）

选择磁盘程序（含网络程序）的操作方法如下。

① 在选择编辑程序菜单（见图 3-5）中用▲、▼选中“磁盘程序”选项（或直接按快捷键 F1，下同）。

② 按 Enter 键，弹出图 3-6 所示对话框。

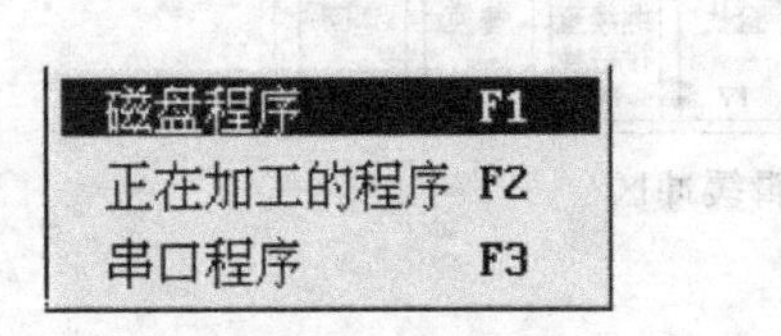

图 3-5　选择编辑程序

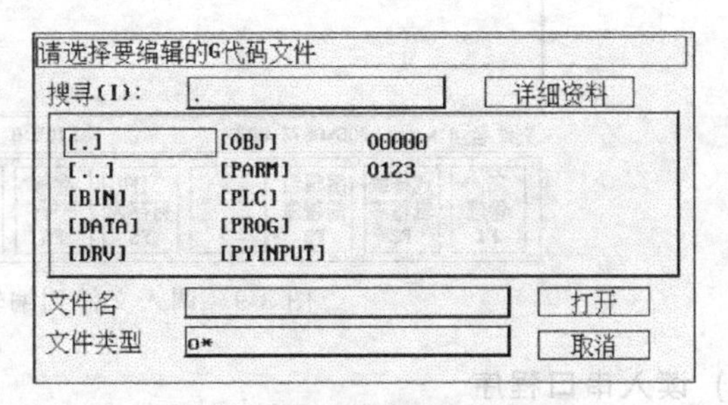

图 3-6　选择要编辑的零件程序

③ 如果选择默认目录下的程序，跳过步骤④～⑦。

④ 连续按 Tab 键将蓝色亮条移到“搜寻”栏。

⑤ 按▼键弹出系统的分区表，用▲、▼选择分区，如［D:］。

⑥ 按 Enter 键，文件列表框中显示被选分区的目录和文件。

⑦ 按 Tab 键进入文件列表框。

⑧ 用▲、▼、▶、◀、Enter 键选中想要编辑的磁盘程序的路径和名称，如当前目录下的“O1234”。

⑨ 按 Enter 键，如果被选文件不是零件程序，将弹出图 3-7 所示对话框，不能调入文件。

⑩ 如果被选文件是只读 G 代码文件（可编辑但不能保存，只能另存），将弹出图 3-8 所示对话框。

⑪ 否则直接调入文件到编辑缓冲区（图形显示窗口）进行编辑，如图 3-9 所示。

注意：

① 数控零件程序文件名一般由字母“O”开头，后跟 4 个（或多个）数字组成。HNC-21T 继承了这一传统，默认为零件程序名是由 O 开头的。

② HNC-21T 扩展了标识零件程序文件的方法，可以使用任意 DOS 文件名（即 8+3 文件名：1～8 个字母或数字后加点，再加 0～3 个字母或数字组成，如“MyPart. 001”、“O1234”等）标识零件程序。

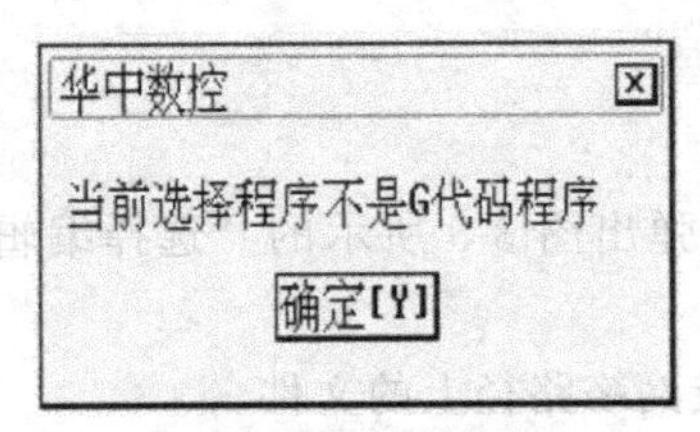

图 3-7　提示文件类型错

图 3-8　提示文件只读

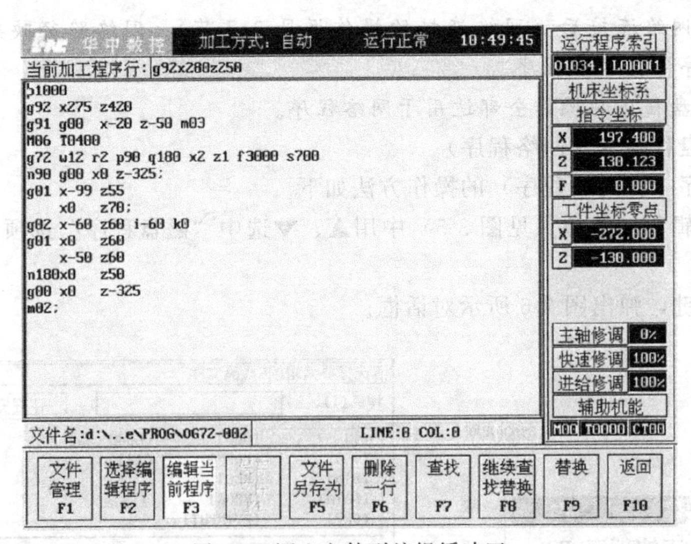

图 3-9　调入文件到编辑缓冲区

（2）读入串口程序

读入串口程序编辑的操作步骤如下。

① 在选择编辑程序菜单（见图 3-5）中，用▲、▼选中“串口程序”选项。

② 按 Enter 键，系统提示“正在和发送串口数据的计算机联络”。

③ 在上位计算机上执行 DNC 程序，弹出图 3-10 所示主菜单。

④ 按 Alt＋F 键，弹出图 3-11 所示文件子菜单。

⑤ 用▲、▼键选择“发送 DNC 程序”选项。

⑥ 按 Enter 键，弹出图 3-12 所示对话框。

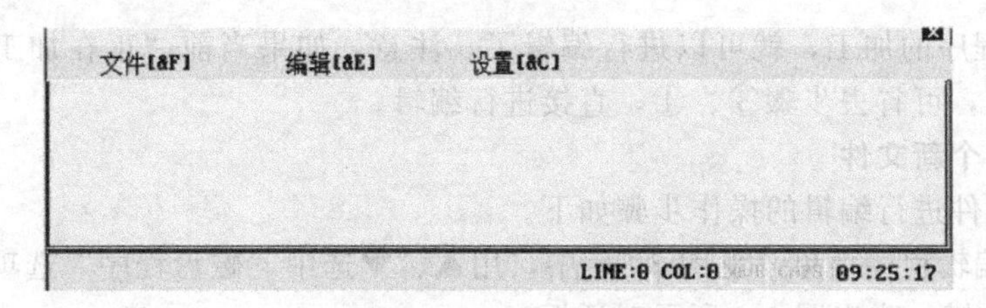

图 3-10　DNC 程序主菜单

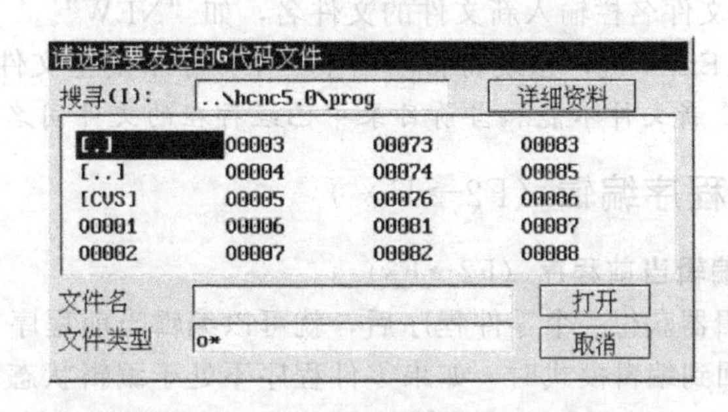

图 3-11　文件子菜单　　图 3-12　在上位计算机选择要发送的文件

⑦ 选择要发送的 G 代码文件。

⑧ 按 Enter 键，弹出图 3-13 所示对话框，提示“正在和接收数据的 NC 装置联络”。

⑨ 联络成功后，开始传输文件，上位计算机上有进度条显示传输文件的进度，并提示“请稍等，正在通过串口发送文件，要退出请按 Alt-E”，HNC-21T 的命令行提示“正在接收串口文件”。

⑩ 传输完毕，上位计算机上弹出对话框提示“文件发送完毕”，HNC-21T 的命令行提示“接收串口文件完毕”，编辑器将调入串口程序到编辑缓冲区。

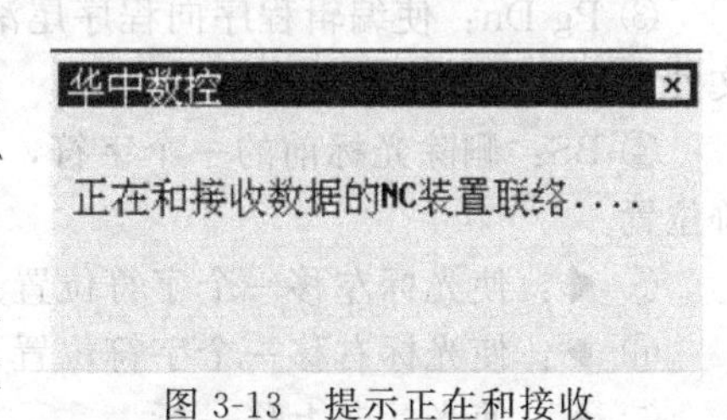

图 3-13　提示正在和接收数据的 NC 装置联络

(3) 选择当前正在加工的程序

选择当前正在加工的程序，操作步骤如下。

① 在选择编辑程序菜单（见图 3-5）中，用▲、▼选中“正在加工的程序”选项。

② 按 Enter 键，如果当前没有选择加工程序，将弹出图 3-14 所示对话框；否则编辑器将调入“正在加工的程序”到编辑缓冲区。

③ 如果该程序处于正在加工状态，编辑器会用红色亮条标记当前正在加工的程序行，此时若进行编辑，将弹出图 3-15 所示对话框。

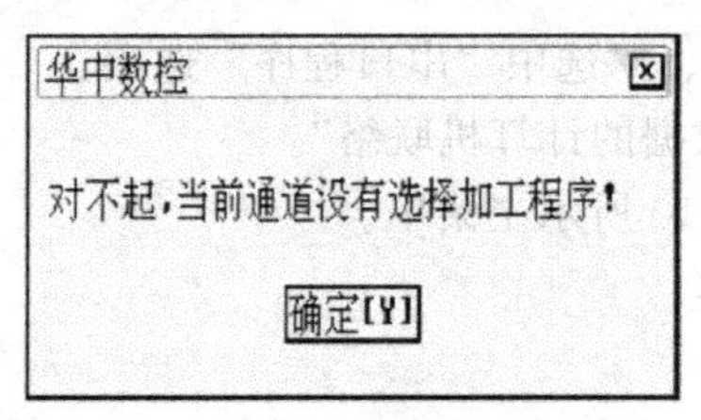

图 3-14　提示没有加工程序

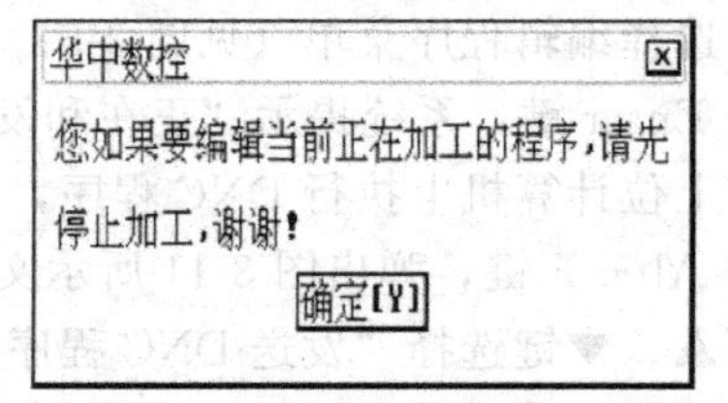

图 3-15　提示停止程序加工

④ 停止该程序的加工，就可以进行编辑了。注意：如果当前“正在加工的程序”不处于正在加工状态，可省去步骤③、④，直接进行编辑。

(4) 选择一个新文件

新建一个文件进行编辑的操作步骤如下。

① 在选择编辑程序菜单（见图 3-5）中，用▲、▼选中“磁盘程序”选项。

② 按 Enter 键，弹出图 3-6 所示对话框。

③ 按 3.2.1 节中（1）的步骤④～⑧选择新文件的路径。

④ 按 Tab 键，将蓝色亮条移到文件名栏。

⑤ 按 Enter 键，进入输入状态（蓝色亮条变为闪烁的光标）。

⑥ 在文件名栏输入新文件的文件名，如“NEW”。

⑦ 按 Enter 键，系统将自动产生一个 0 字节的空文件。

注意：新文件不能和当前目录中已经存在的文件同名。

3.2.2　程序编辑（F2→F＊）

(1) 编辑当前程序（F2→F3）

当编辑器获得一个零件程序后，就可以编辑当前程序了。但在编辑过程中退出编辑模式后，再返回到编辑模式时，如果零件程序不处于编辑状态，可在编辑功能子菜单（见图 3-4）下按 F3 键进入编辑状态。编辑过程中用到的主要快捷键如下。

① Del：删除光标后的一个字符，光标位置不变，余下的字符左移一个字符位置。

② Pg Up：使编辑程序向程序头滚动一屏，光标位置不变，如果到了程序头则光标移到文件首行的第一个字符处。

③ Pg Dn：使编辑程序向程序尾滚动一屏，光标位置不变，如果到了程序尾则光标移到文件末行的第一个字符处。

④ BS：删除光标前的一个字符，光标向前移动一个字符位置，余下的字符左移一个字符位置。

⑤ ◀：使光标左移一个字符位置。

⑥ ▶：使光标右移一个字符位置。

⑦ ▲：使光标向上移一行。

⑧ ▼：使光标向下移一行。

(2) 删除一行（F2→F6）

在编辑状态下按 F6 键，将删除光标所在的程序行。

(3) 查找（F2→F7）

在编辑状态下查找字符串的操作步骤如下。

① 在编辑功能子菜单（见图 3-4）下按 F7 键，弹出图 3-16 所示的对话框，按 Esc 键将取消查找操作。

② 在查找栏输入要查找的字符串。

③ 按 Enter 键，从光标处开始向程序结尾搜索。

④ 如果当前编辑程序不存在，要查找的字符串将弹出图 3-17 所示的对话框。

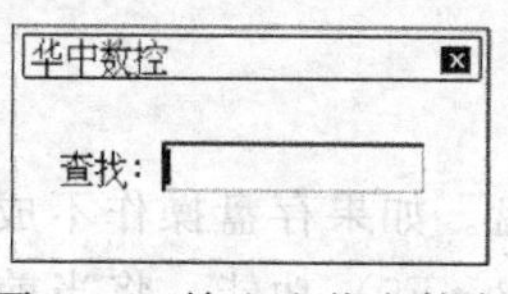

图 3-16 输入查找字符串

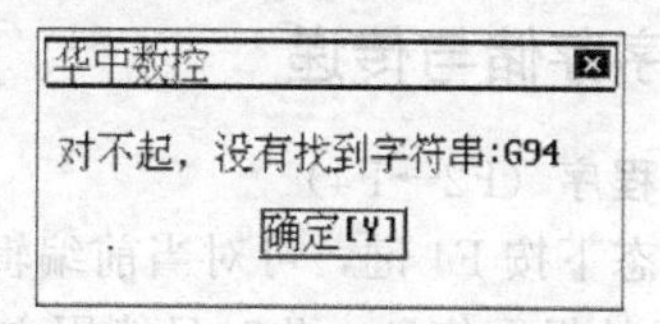

图 3-17 提示找不到字符串

⑤ 如果当前编辑程序存在要查找的字符串，光标将停在找到的字符串后，且被查找到的字符串颜色和背景都将改变。

⑥ 若要继续查找，按 F8 键即可。

注意：查找总是从光标处向程序尾进行，到文件尾后再从文件头继续往下查找。

(4) 替换（F2→F9）

在编辑状态下替换字符串的操作步骤如下。

① 在编辑功能子菜单（见图 3-4）下按 F9 键，弹出图 3-18 所示的对话框，按 Esc 键将取消替换操作。

② 在“被替换的字符串”栏输入被替换的字符串。

③ 按 Enter 键，将弹出图 3-19 所示的对话框。

图 3-18 输入被替换字符串

图 3-19 输入替换字符串

④ 在“用来替换的字符串”栏输入用来替换的字符串。

⑤ 按 Enter 键，从光标处开始向程序尾搜索。

⑥ 如果当前编辑程序不存在被替换的字符串，将弹出图 3-17 所示的对话框。

⑦ 如果当前编辑程序存在被替换的字符串，将弹出图 3-20 所示的对话框。

⑧ 按 Y 键则替换所有字符串，按 N 键则光标停在找到的被替换字符串后，且弹出图 3-21所示的对话框。

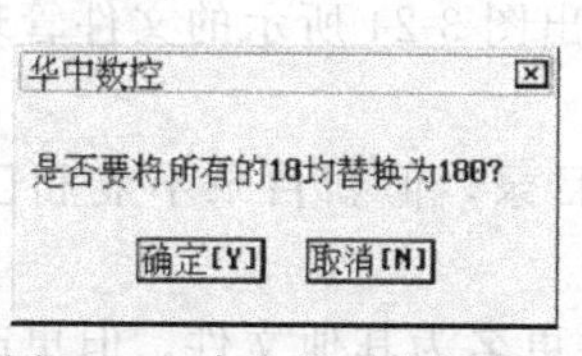

图 3-20 确认是否全部替换

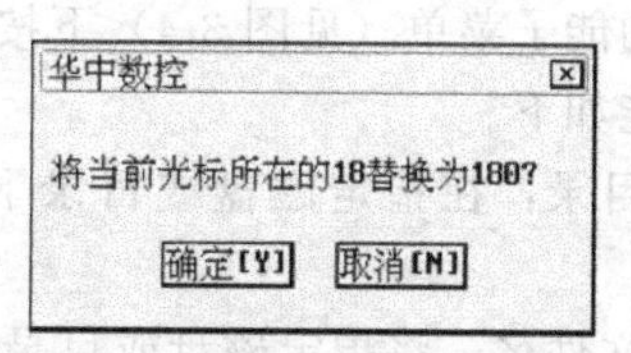

图 3-21 是否替换当前字串

⑨ 按 Y 键则替换当前光标处的字符串，按 N 键则取消操作。

⑩ 若要继续替换，按 F8 键即可。

注意：替换也是从光标处向程序结尾进行，到文件尾后再从文件头继续往下替换。

(5) 继续查找替换（F2→F8）

在编辑状态下，F8 键的功能取决于上一次进行的是查找还是替换操作。

① 如果上一次是查找某字符串，按 F8 键则继续查找上一次要查找的字符串。

② 如果上一次是替换某字符串，按 F8 键则继续替换上一次要替换的字符串。

注意：此功能只在前面已有查找或替换操作时才有效。

3.2.3 程序存储与传递

（1）保存程序（F2→F4）

在编辑状态下按 F4 键，可对当前编辑程序进行存盘。如果存盘操作不成功，系统会弹出图 3-22 所示的提示信息，此时只能用文件另存为（F2→F5）功能，将当前编辑的零件程序另存为其他文件。

（2）文件另存为（F2→F5）

在编辑状态下，按 F5 键可将当前编辑程序另存为其他文件。

① 在编辑功能子菜单（见图 3-4）下按 F5 键，弹出图 3-23 所示的对话框。

② 按 3.2.1 节中（1）的步骤④～⑧选择另存文件的路径。

③ 按 3.2.1 节中（4）的步骤④～⑥在“文件名”栏输入另存文件的文件名。

④ 按 Enter 键，完成另存操作。

此功能用于备份当前文件或被编辑的文件是只读的情况。

（3）串口发送

如果当前编辑的是串口程序，编辑完成后按 F4 键，可将当前编辑程序通过串口回送到上位计算机。

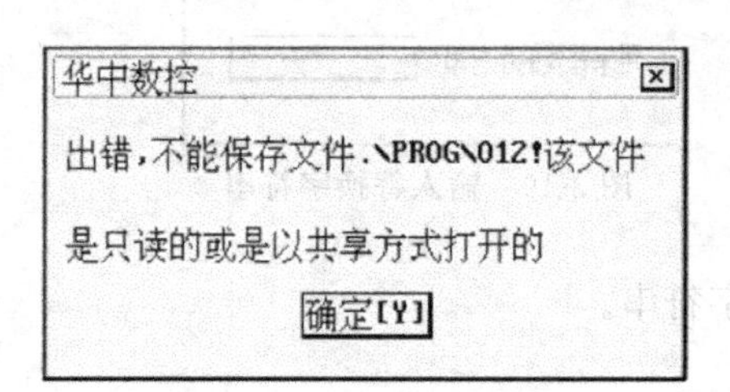

图 3-22 提示不能保存程序

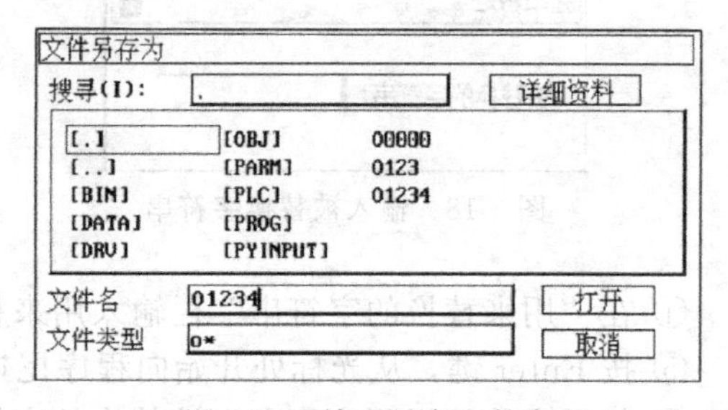

图 3-23 输入另存文件名

3.2.4 文件管理（F2→F1）

在编辑功能子菜单（见图 3-4）下按 F1 键，将弹出图 3-24 所示的文件管理菜单，其中每一项的功能如下。

① 新建目录：在指定磁盘或目录下建立一个新目录，但新目录不能和已存在的目录同名。

② 更改文件名：将指定磁盘或目录下的一个文件更名为其他文件，但更改的新文件不能和已存在的文件同名。

③ 拷贝文件：将指定磁盘或目录下的一个文件拷贝到其他磁盘或目录下，但拷贝的文件不能和目标磁盘或目录下的文件同名。

④ 删除文件：将指定磁盘或目录下的一个文件彻底删除，只读文件不能被删除。

⑤ 映射网络盘：将指定网络路径映射为本机某一网络盘符，即建立网络连接，只读网络文件编辑后不能被保存。

⑥ 断开网络盘：将已建立网络连接的网络路径与对应的网络盘符断开。

⑦ 接收串口文件：通过串口接收来自上位计算机的文件。

⑧ 发送串口文件：通过串口发送文件到上位计算机。

本处主要介绍前 4 项，网络操作和串口操作将在 3.7 节讲述。

(1) 新建目录

新建目录的操作步骤如下。

① 在文件管理菜单（见图 3-24）中用▲、▼选中“新建目录”选项。

② 按 Enter 键，弹出图 3-25 所示对话框，光标在文件名栏闪烁。

③ 按 Esc 键，退出输入状态闪烁的光标变为蓝色亮条。

④ 连续按 Tab 键，将蓝色亮条移到“搜寻”栏。

⑤ 按▼键，弹出系统的分区表，用▲、▼选择分区，如［D:］。

⑥ 按 Enter 键，文件列表框中显示被选分区的目录和文件。

⑦ 按 Tab 键，进入文件列表框，用▲、▼、▶、◀、Enter 键选中新建目录的父目录，如［hcnc50］。

新建目录	F1
更改文件名	F2
拷贝文件	F3
删除文件	F4
映射网络盘	F5
断开网络盘	F6
接收串口文件	F7
发送串口文件	F8

图 3-24　文件管理菜单

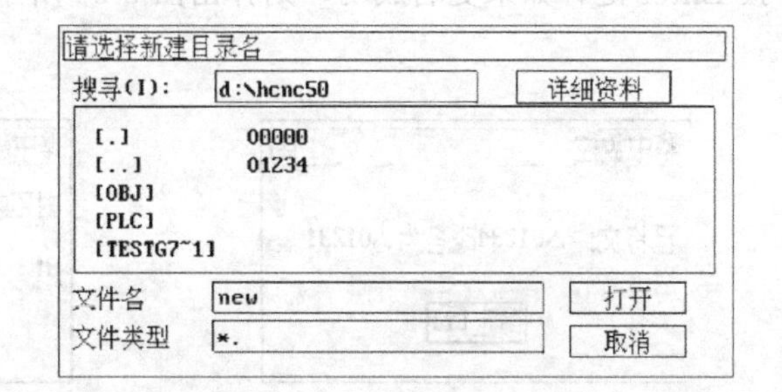

图 3-25　输入新建目录名

⑧ 按 Tab 键，将蓝色亮条移到“文件名”栏。

⑨ 按 Enter 键，进入输入状态，蓝色亮条变为闪烁的光标。

⑩ 在“文件名”栏输入新建目录名，如 new。

⑪ 按 Enter 键，如果新建目录成功则弹出图 3-26 所示的对话框，否则弹出图 3-27 所示的对话框。

图 3-26　提示新建目录成功

图 3-27　提示新建目录失败

注意： 如果要在默认目录下新建目录，可以省略上述步骤③～⑨，直接在“文件名”栏输入新建目录名。由于系统设置默认目录为零件程序目录，一般只需这样操作即可。

(2) 更改文件名

① 在文件管理菜单（见图 3-24）中用▲、▼选中“更改文件名”选项。

② 按 Enter 键，弹出图 3-28 所示对话框。

③ 按 3.2.4 节中（1）的步骤④～⑦选择要被更改的文件路径及文件名，如当前目录下的 O1234。

④ 按 Enter 键，弹出图 3-29 所示对话框。

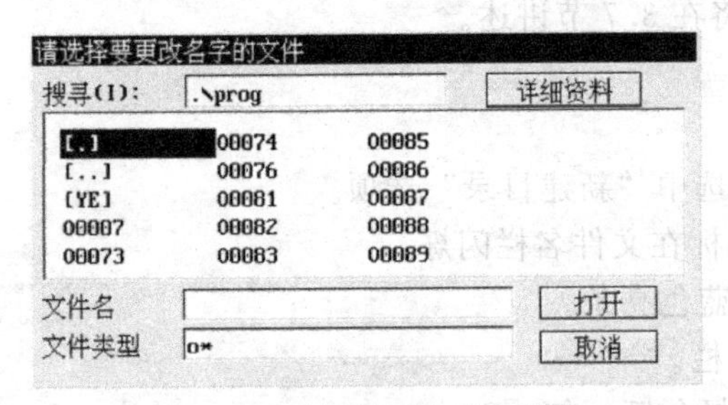

图 3-28　选择被更改的文件名

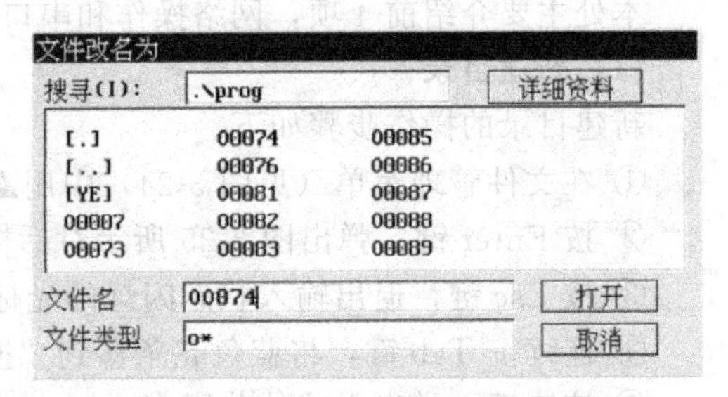

图 3-29　输入要更改的新文件名

⑤ 按 3.2.4 节中（1）的步骤③～⑦选择要更改的新文件的路径。

⑥ 按 3.2.4 节中（1）的步骤⑧～⑩在“文件名”栏输入要更改的新文件名，如 O123。

⑦ 按 Enter 键，如果更名成功，则弹出图 3-30 所示的对话框，否则弹出图 3-31 所示的对话框。

图 3-30　更名成功

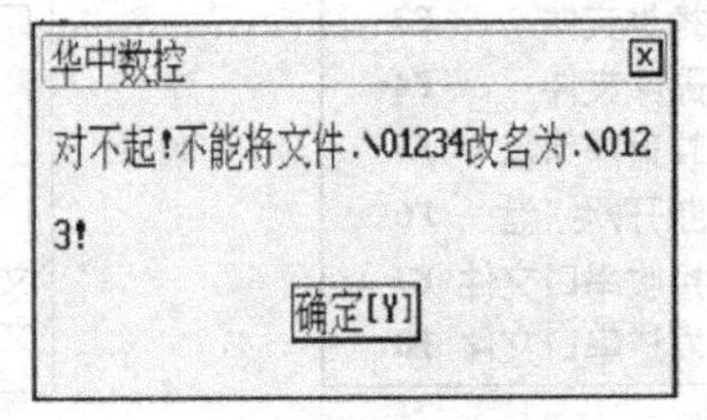

图 3-31　更名失败

（3）拷贝文件

拷贝文件的操作步骤如下。

① 在文件管理菜单（见图 3-24）中用▲、▼选中“拷贝文件”选项。

② 按 Enter 键，弹出图 3-32 所示对话框。

③ 按 3.2.4 节中（1）的步骤④～⑦选择被拷贝的源文件路径及文件名，如当前目录下的 O123。

④ 按 Enter 键，弹出图 3-33 所示对话框。

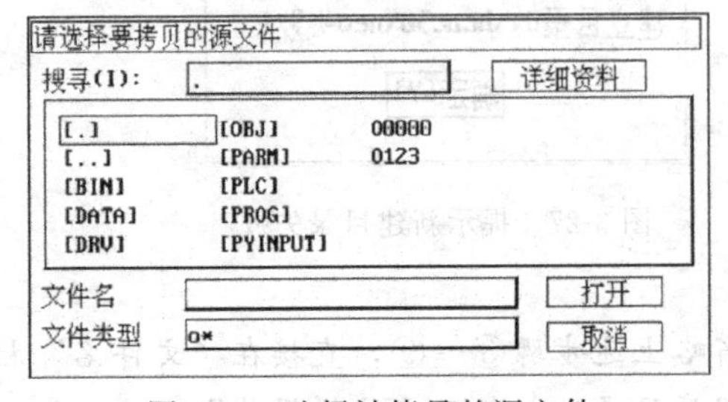

图 3-32　选择被拷贝的源文件

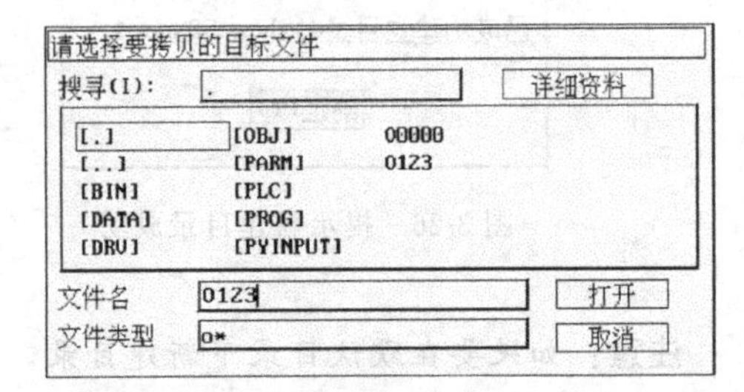

图 3-33　选择要拷贝的目标文件

⑤ 按 3.2.4 节中（1）的步骤③～⑦选择要拷贝的目标文件路径。

⑥ 按 3.2.4 节中（1）的步骤⑧～⑩在“文件名”栏输入要拷贝的目标文件名，

如 O1234。

⑦ 按 Enter 键，弹出图 3-34 所示的提示对话框。

⑧ 按 Y 键或 Enter 键完成拷贝。

注意：要拷贝的目标文件不能和当前目录中已存在的文件同名，否则会提示拷贝失败。

图 3-34　拷贝成功提示

(4) 删除文件

删除文件的操作步骤如下。

① 在文件管理菜单（见图 3-24）中用▲、▼选中“删除文件”选项。

② 按 Enter 键，弹出如图 3-35 所示对话框。

③ 按 3.2.4 节中（1）的步骤④～⑦选择要被删除的文件路径及文件名，如当前目录下的 O123。

④ 按 Enter 键，弹出图 3-36 所示对话框。

⑤ 按 Y 键将进行删除，按 N 键则取消删除操作。

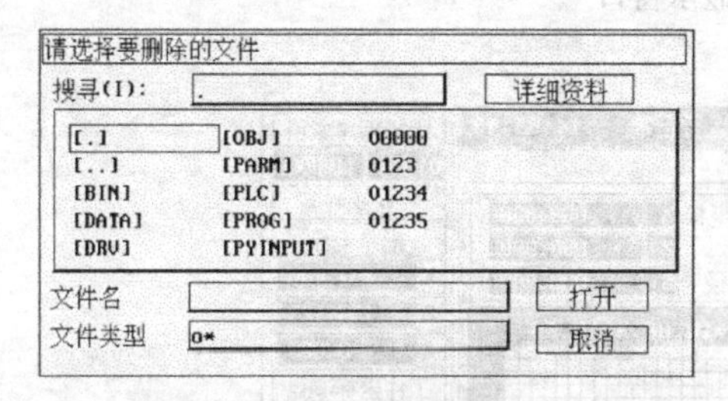

图 3-35　选择要被删除的文件

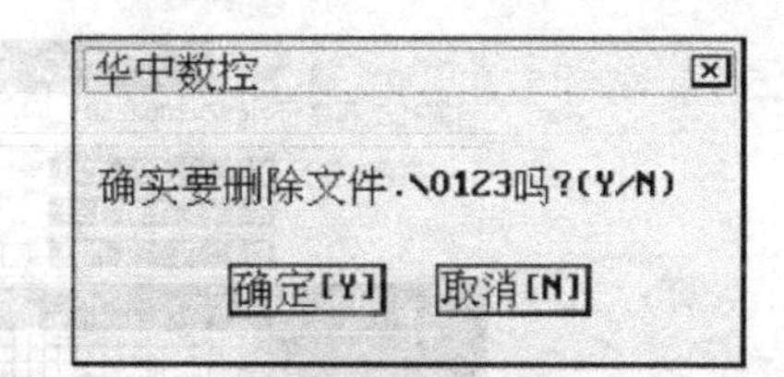

图 3-36　确认是否删除文件

3.3　显示

在一般情况下（除编辑功能子菜单外）按 F9 键将弹出图 3-37 所示的显示方式菜单。在显示方式菜单下，可以设置显示模式、显示值、显示坐标系、图形放大倍数、夹具中心绝对位置、内孔直径、毛坯大小。

显示模式	F1
显示值	F2
坐标系	F3
图形放大倍数	F4
夹具中心绝对位置	F5
内孔直径	F6
毛坯尺寸	F7
机床坐标系设定	F8

图 3-37　显示方式菜单

3.3.1　主显示窗口

HNC-21T 的主显示窗口如图 3-38 所示。

3.3.2　显示模式

HNC-21T 的主显示窗口共有 3 种显示模式可供选择。

① 正文：当前加工的 G 代码程序。

② 大字符：由显示值菜单所选显示值的大字符。

③ ZX 平面图形：在 *ZX* 平面上的刀具轨迹。

(1) 正文显示选择

正文显示模式的操作步骤如下。

① 在显示方式菜单（见图 3-37）中用▲、▼选中“显示模式”选项。

② 按 Enter 键，弹出图 3-39 所示显示模式菜单。

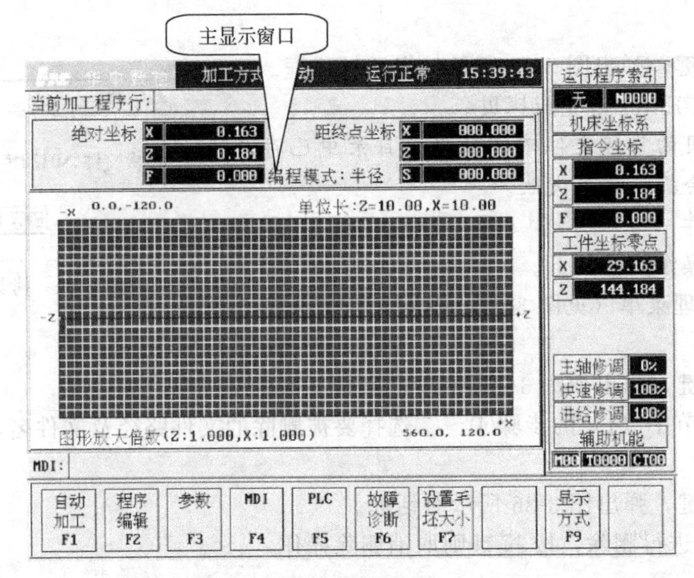

图 3-38　主显示窗口

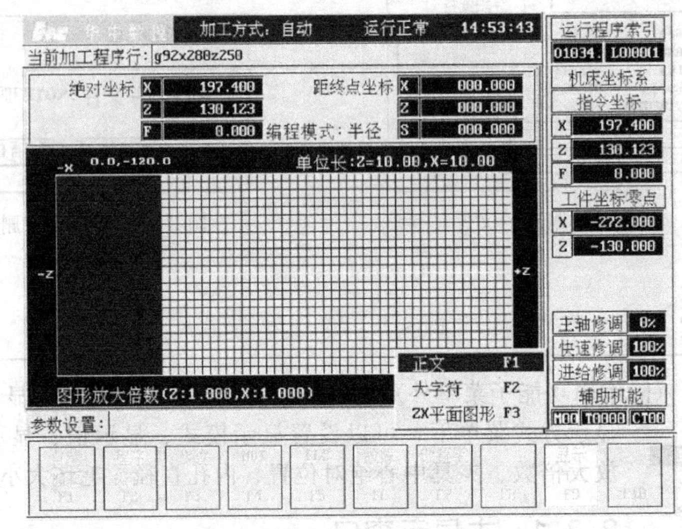

图 3-39　选择显示模式

③ 用▲、▼选择“正文”选项。

④ 按 Enter 键，显示窗口将显示当前加工程序的正文，如图 3-40 所示。

（2）当前位置显示

当前位置显示包括下述几种位置值的显示。

a. 指令位置：CNC 输出的理论位置。

b. 实际位置：反馈元件采样的位置。

c. 剩余进给：当前程序段的终点与实际位置之差。

d. 跟踪误差：指令位置与实际位置之差。

e. 负载电流。

① 坐标系选择。由于指令位置与实际位置依赖于当前坐标系的选择，要显示当前指令位置与实际位置，首先要选择坐标系，操作步骤如下。

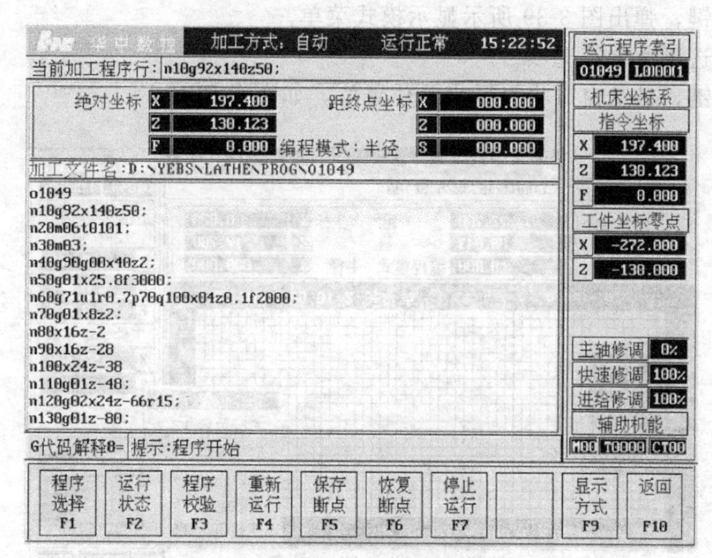

图 3-40　正文显示

a. 在显示方式菜单（见图 3-37）中用▲、▼选中“坐标系”选项。

b. 按 Enter 键，弹出图 3-41 所示“坐标系”菜单。

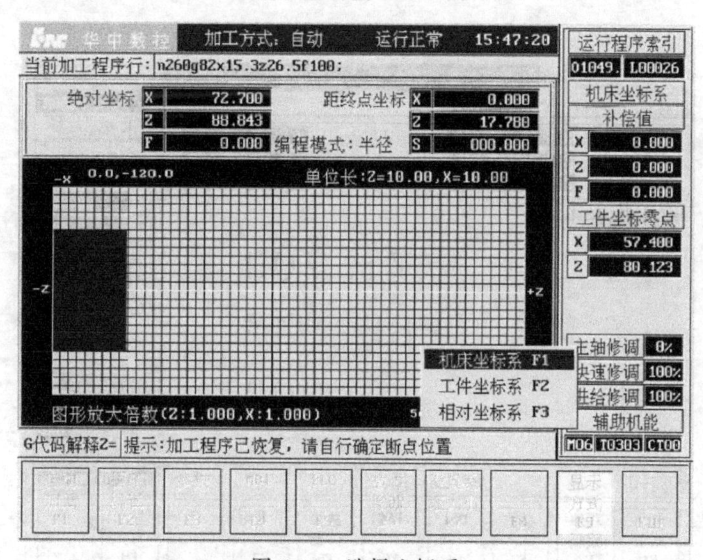

图 3-41　选择坐标系

c. 用▲、▼选择所需的坐标系选项。

d. 按 Enter 键，即可选中相应的坐标系。

② 位置值类型选择。选好坐标系后再选择位置值类型。

a. 在显示方式菜单（见图 3-37）中用▲、▼选中“显示值”选项。

b. 按 Enter 键，弹出图 3-42 所示显示值菜单。

c. 用▲、▼选择所需的显示值选项。

d. 按 Enter 键，即可选中相应的显示值。

③ 当前位置值显示。选好坐标系和位置值类型后，再选择当前位置值显示模式。

a. 在显示方式菜单（见图 3-37）中用▲、▼选中“显示模式”选项。

b. 按 Enter 键，弹出图 3-39 所示显示模式菜单。

c. 用▲、▼选择大字符选项。

d. 按 Enter 键，显示窗口将显示当前位置值，如图 3-43 所示。

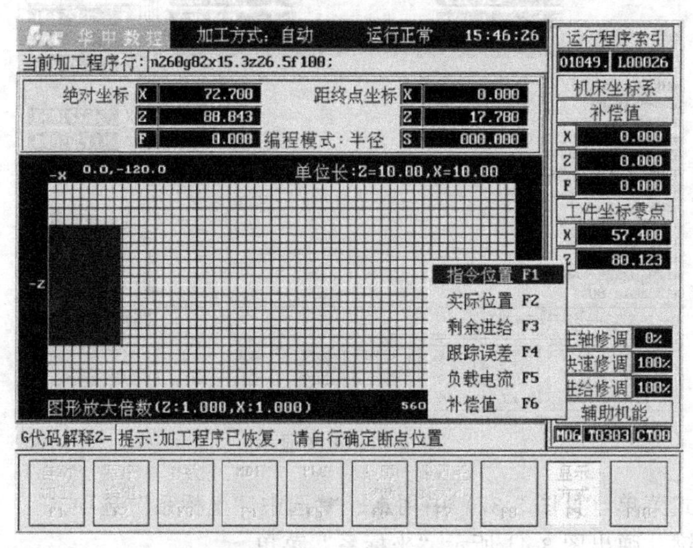

图 3-42　选择显示值

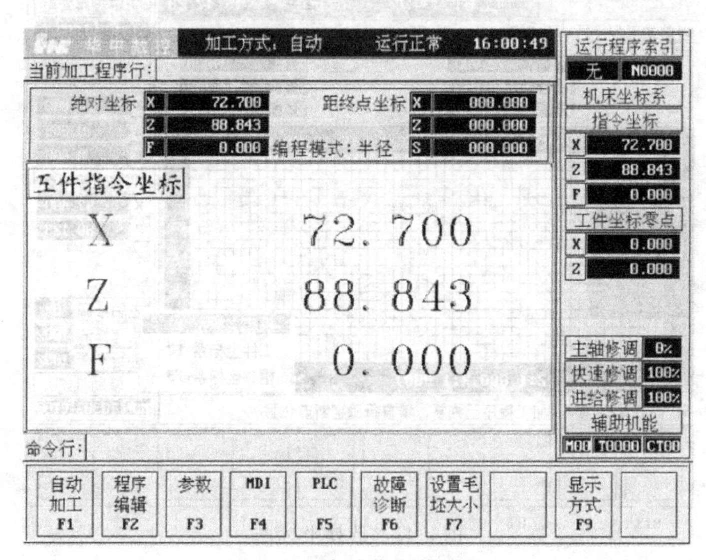

图 3-43　当前位置值显示

（3）图形显示

要显示 ZX 平面图形，首先应设置好图形显示参数：夹具中心绝对位置、内孔直径、毛坯尺寸等。

① 设置夹具中心绝对位置，操作步骤如下。

a. 在显示方式菜单（见图 3-37）中用▲、▼键选中“夹具中心绝对位置”选项。

b. 按 Enter 键，弹出图 3-44 所示对话框。

c. 输入夹具中心（也就是显示的基准点）在机床坐标系下的绝对位置。

d. 按 Enter 键，完成图形夹具中心绝对位置的输入。

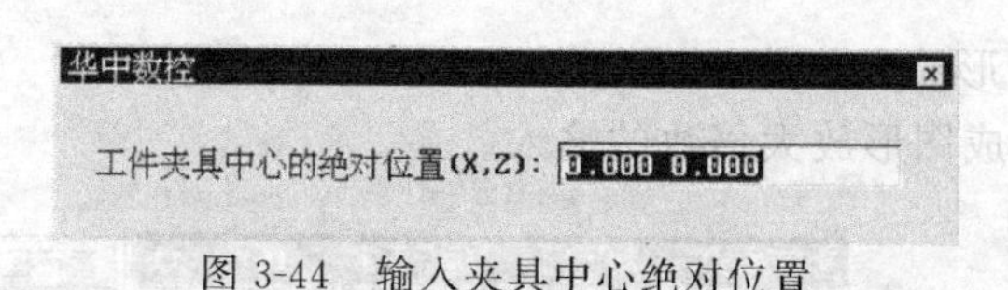

图 3-44 输入夹具中心绝对位置

② 设置毛坯尺寸，操作步骤如下。

a. 在显示方式菜单（见图 3-37）中用▲、▼键选中“毛坯尺寸”选项。

b. 按 Enter 键，弹出图 3-45 所示对话框。

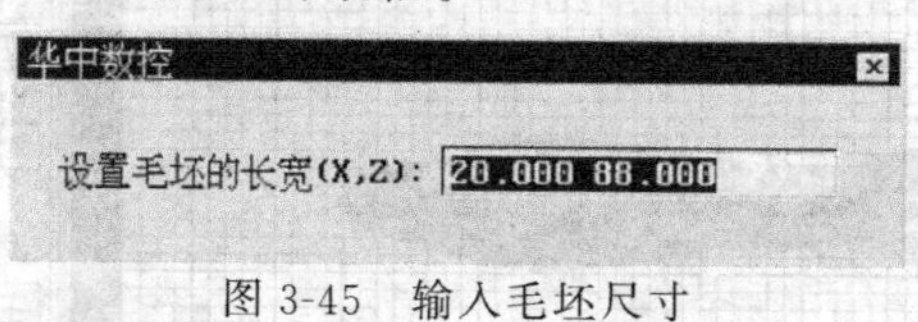

图 3-45 输入毛坯尺寸

c. 依次输入毛坯的外径和长度。

d. 按 Enter 键完成毛坯尺寸的输入。

注意：设置毛坯尺寸的另外一种方法如下。

a. MDI 运行或手动将刀具移动到毛坯的外顶点。

b. 在主菜单下按 F7 键设置毛坯尺寸。

③ 设置内孔直径。如果是内孔加工，还需设置毛坯的内孔直径，操作步骤如下。

a. 在显示方式菜单（见图 3-37）中用▲、▼键选中“内孔直径”选项。

b. 按 Enter 键，弹出图 3-46 所示对话框。

c. 输入毛坯的内孔直径。

d. 按 Enter 键，完成毛坯内孔直径的输入。

④ 设置机床坐标系，操作步骤如下。

a. 在显示方式菜单（见图 3-37）中用▲、▼键选中“机床坐标系设定”选项。

b. 按 Enter 键，弹出图 3-47 所示输入框。

图 3-46 输入毛坯内孔直径

图 3-47 输入机床坐标系形式

c. 输入 0 则机床坐标系形式为 X 轴正向朝下，输入 1 则机床坐标系形式为 X 轴正向朝上。

d. 按 Enter 键，完成机床坐标系的设置。

⑤ 设置图形显示模式，操作步骤如下。

a. 在显示方式菜单（见图 3-37）中用▲、▼键选中“显示模式”选项。

b. 按 Enter 键，弹出图 3-39 所示显示模式菜单。

c. 用▲、▼键选择“ZX 平面图形”选项。

d. 按 Enter 键，显示窗口将显示 ZX 平面的刀具轨迹，如图 3-48 所示。

注意：在加工过程中可随时切换显示模式，不过，系统并不保存刀具的移动轨迹，因而在切换显示模式时，系统不会重画以前的刀具轨迹。

(4) 图形放大倍数

设置图形放大倍数的操作步骤如下。

a. 在显示方式菜单（见图 3-37）中用▲、▼键选中“图形放大倍数”选项。

b. 按 Enter 键，弹出图 3-49 所示对话框。

c. 输入 *X*、*Z* 轴图形放大倍数。

d. 按 Enter 键，完成图形放大倍数的输入。

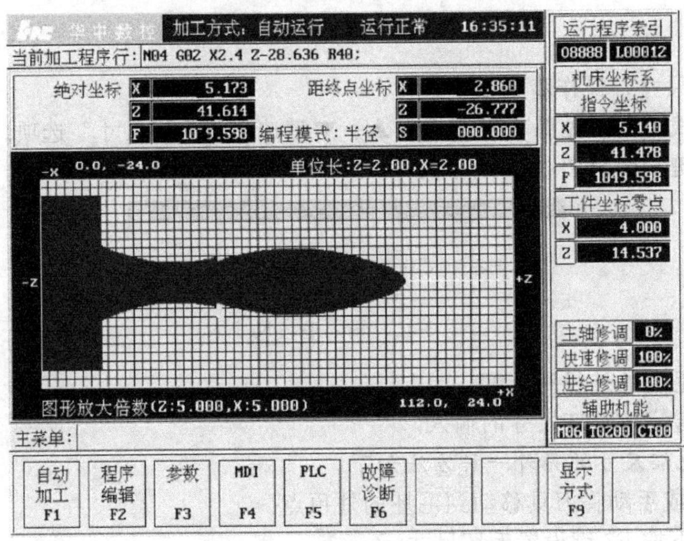

图 3-48 *ZX* 平面图形显示模式

图 3-49 图形放大倍数

3.3.3 运行状态显示

在自动运行过程中，可以查看刀具的有关参数或程序运行中变量的状态，操作步骤如下。

① 在自动加工子菜单下按 F2 键，弹出图 3-50 所示运行状态菜单。

② 用▲、▼键选中其中某一选项，如系统运行模态。

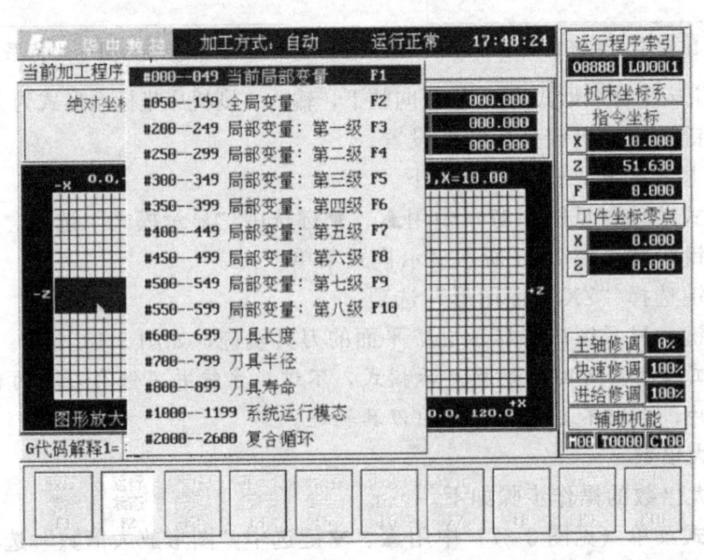

图 3-50 运行状态

③ 按 Enter 键，弹出图 3-51 所示画面。

④ 用▲、▼、PgUp、PgDn 键可以查看每一子项的值。

⑤ 按 Esc 键则取消查看。

图 3-51 系统运行模态

3.3.4 PLC 状态显示

在图 1-20 所示的主操作界面下，按 F5 键进入 PLC 功能命令行与菜单条的显示，如图 3-52所示。

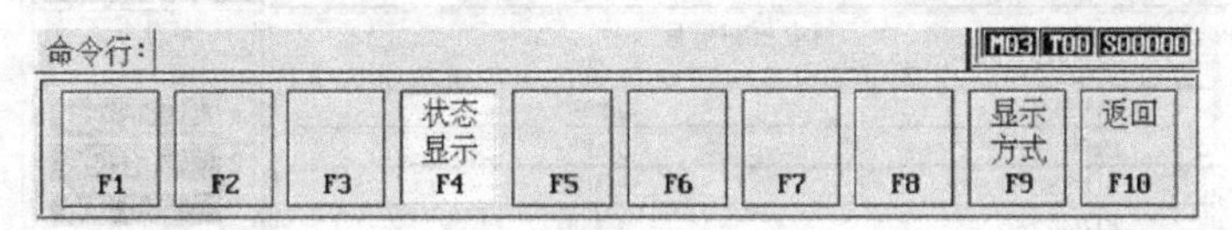

图 3-52 PLC 功能子菜单

(1) 操作步骤

在 PLC 功能子菜单下，可以动态显示 PLC（PMC）状态，操作步骤如下。

① 在 PLC 功能子菜单下按 F4 键，弹出图 3-53 所示 PLC 状态显示菜单。

② 用▲、▼键选择所要查看的 PLC 状态类型。

③ 按 Enter 键，将在图形显示窗口显示相应的 PLC 状态。

④ 按 Pg Up、Pg Dn 键进行翻页浏览，按 Esc 键退出状态显示。

(2) 意义

共有 8 种 PLC 状态可供选择，各 PLC 状态的意义如下。

① 机床输入到 PMC（X）：PMC 输入状态显示。

② PMC 输出到机床（Y）：PMC 输出状态显示。

③ CNC 输出到 PMC（F）：CNC→PMC 状态显示。

④ PMC 输入到 CNC（G）：PMC→CNC 状态显示。

⑤ 中间继电器（R）：中间继电器状态显示。

⑥ 参数（P）：PMC 用户参数的状态显示。

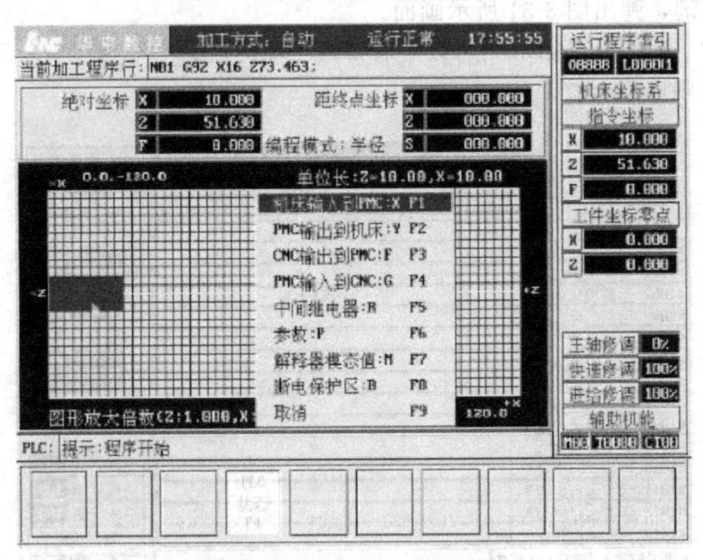

图 3-53　PLC 状态显示菜单

⑦ 解释器模态值（M）：解释器模态值显示。

⑧ 断电保护区（B）：断电保护数据显示。断电保护区除了能显示外，还能进行如下编辑。

a. 在 PLC 状态显示菜单（见图 3-53）下，选择“断电保护区”选项。

b. 按 Enter 键，将在图形显示窗口显示图 3-54 所示的断电保护区状态。

华中数控　加工方式：自动　运行正常　18:00:17

当前加工程序行：N01 G92 X16 273.463;

断电保护信息

索引号	值
B[0000]	0050H
B[0001]	0000H
B[0002]	0101H
B[0003]	0000H
B[0004]	0000H
B[0005]	0000H
B[0006]	0000H
B[0007]	0000H
B[0008]	0000H
B[0009]	0000H
B[0010]	0000H
B[0011]	FFFFH
B[0012]	0000H
B[0013]	0000H

PLC：提示：程序开始

运行程序索引　机床坐标系　指令坐标　X 10.000　Z 51.630　F 0.000　工件坐标零点　X 0.000　Z 0.000　主轴修调　快速修调　进给修调　辅助机能　返回 F10

图 3-54　断电保护区状态

c. 按 PgUp、PgDn、▲、▼键，移动蓝色亮条到想要编辑的选项上。

d. 按 Enter 键，即可看见一闪烁的光标，此时可用▶、◀、BS、Del 键移动光标对此项进行编辑，按 Esc 键将取消编辑，当前选项保持原值不变。

e. 按 Enter 键，将确认修改的值。

f. 按 Esc 键，退出断电保护区编辑状态。

3.4　工件的安装与找正

3.4.1　工件在三爪自定心卡盘上的装夹

三爪自定心卡盘是车床上最常用的自定心夹具，如图 3-55 所示。它夹持工件时一般不需要找正，装夹速度较快。将三爪自定心卡盘略加改进，还可以方便地装夹方料、其他形状的材料，如图 3-56 所示；同时还可以装夹小直径的圆棒料，如图 3-57 所示。

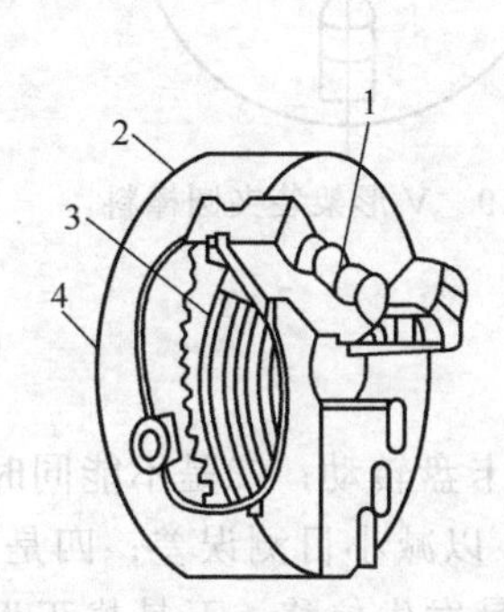

图 3-55　三爪自定心卡盘

1—卡爪；2—卡盘体；3—锥齿端面螺纹圆盘；4—小锥齿轮

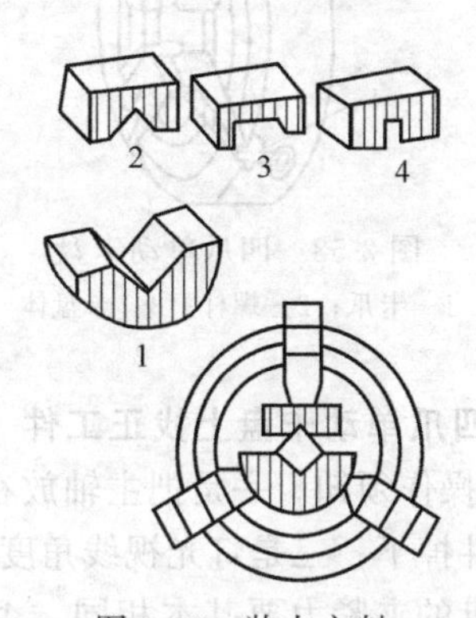

图 3-56　装夹方料

1—带 V 形槽的半圆件；2—带 V 形槽的矩形件；3,4—带其他形状的矩形件

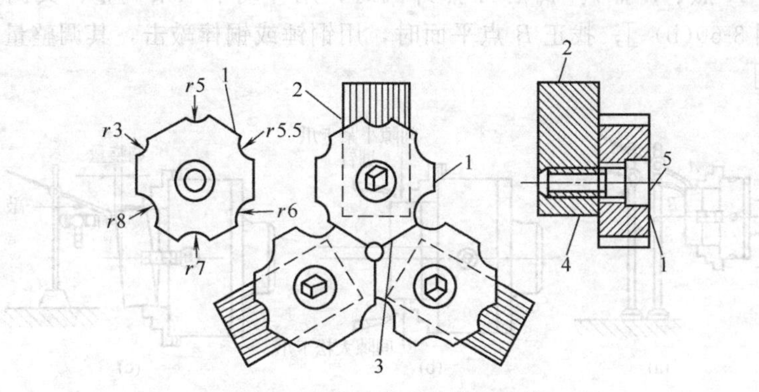

图 3-57　装夹小直径的圆棒料

1—附加软六方卡爪；2—三爪自定心卡盘的卡爪；3—垫片；4—凸起定位键；5—螺栓

3.4.2　工件在四爪单动卡盘上的装夹与找正

四爪单动卡盘（见图 3-58）是车床上常用的夹具。它适用于装夹形状不规则或大型的工件，夹紧力较大，装夹精度较高，不受卡爪磨损的影响，但装夹不如三爪自定心卡盘方便。装夹圆棒料时，如在四爪单动卡盘内放上一块 V 形架（见图 3-59），装夹就快捷多了。

(1) 四爪单动卡盘装夹操作须知

① 应根据工件被装夹处的尺寸调整卡爪，使其相对两爪的距离略大于工件直径即可。

② 工件被夹持部分不宜太长，一般以 10～15mm 为宜。

③ 为了防止工件表面被夹伤和找正工件时方便，装夹位置应垫 0.5mm 以上的铜皮。

④ 在装夹大型、不规则工件时，应在工件与导轨面之间垫放防护木板，以防工件掉下，损坏机床表面。

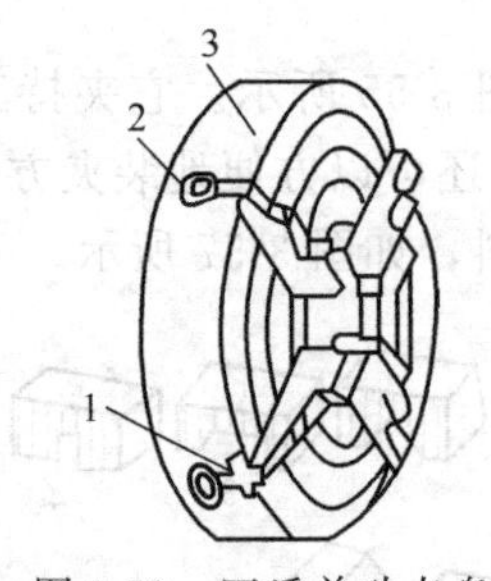

图 3-58　四爪单动卡盘

1—卡爪；2—螺杆；3—卡盘体

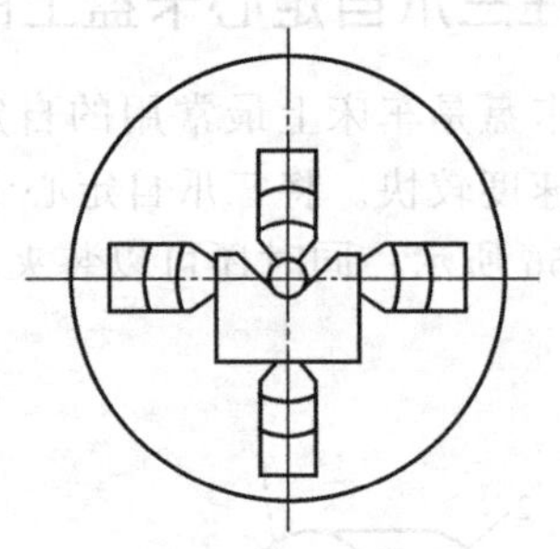

图 3-59　V 形架装夹圆棒料

(2) 在四爪单动卡盘上找正工件

① 找正操作须知。一是把主轴放在空挡位置，便于卡盘转动；二是不能同时松开两只卡爪，以防工件掉下；三是灯光视线角度与针尖要配合好，以减小目测误差；四是工件找正后，四爪单动卡盘的夹紧力要基本相同，否则车削时工件容易发生位移；五是找正近卡爪处的外圆，发现有极小的误差时，不要盲目地松开卡爪，可把相对应卡爪再夹紧一点来作微量调整。

② 盘类工件的找正方法。如图 3-60(a) 所示，对于盘类工件，既要找正外圆，又要找正平面（即图中 A 点、B 点）。找正 A 点外圆时，用移动卡爪来调整，其调整量为间隙差值的一半［见图 3-60(b)］；找正 B 点平面时，用铜锤或铜棒敲击，其调整量等于间隙差值［见图 3-60(c)］。

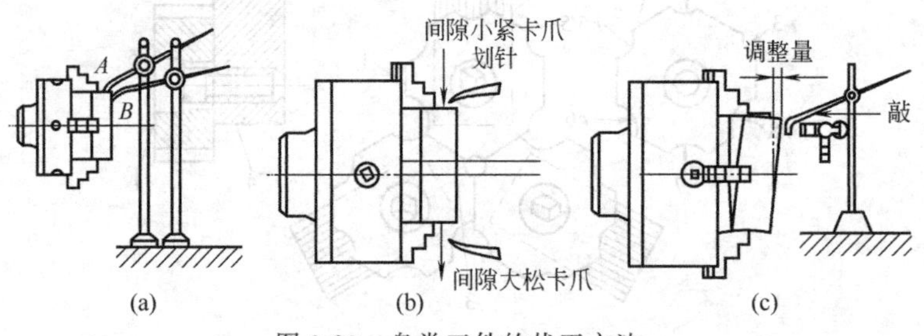

图 3-60　盘类工件的找正方法

③ 轴类工件的找正方法。如图 3-61 所示，对于轴类工件通常是找正外圆 A、B 两点。其方法是先找正 A 点外圆，再找正 B 点外圆。找正 A 点外圆时，应调整相应的卡爪，调整方法与盘类工件外圆找正方法一样；而找正 B 点外圆时，采用铜锤或铜棒敲击。

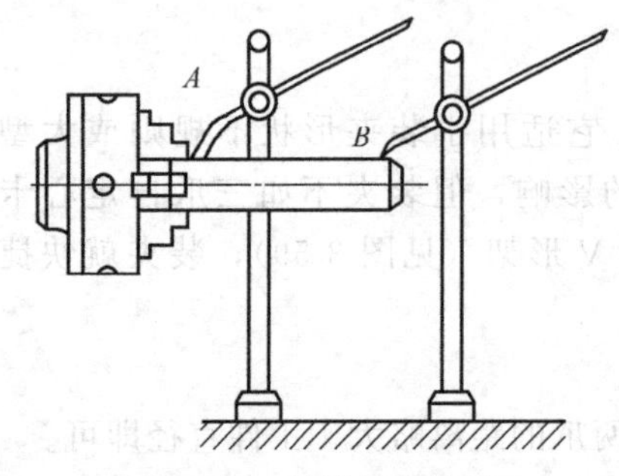

图 3-61　轴类工件找正

④ 找十字线。找十字线的方法如图 3-62 所示。先用手转动工件，找正 $A(A_1)B(B_1)$ 线；调整划针高度，使针尖通过 AB，然后工件转过 180°。可能出现下列情况：一是针尖仍然通过 AB 线，这表明针尖与主轴中心一致，且工件 AB 线也已经找正［见图 3-62(a)］；二是针尖在下方与 AB 线相差距离 Δ［见图 3-62(b)］，这表明划针应向上调整 $\Delta/2$，工件 AB

线向下调整$\Delta/2$；三是针尖在上方与AB线相距Δ［见图 3-62(c)］，这时划针应向下调整$\Delta/2$，AB线向上调整$\Delta/2$。工件这样反复调转 180°进行找正，直至划针盘针尖通过AB线为止。划线盘高度调整好后，再找十字线时，就容易得多了。工件上$A(A_1)$线和$B(B_1)$线找平后，如在划针盘针尖上方，工件就往下调；反之，工件就往上调。找十字线时，要十分注意综合考虑，一般应该是先找内端线，后找外端线；两条十字线［见图 3-62 中$A(A_1)$ $B(B_1)$线、$C(C_1)D(D_1)$线］要同时调整，反复进行，全面检查，直至找正为止。

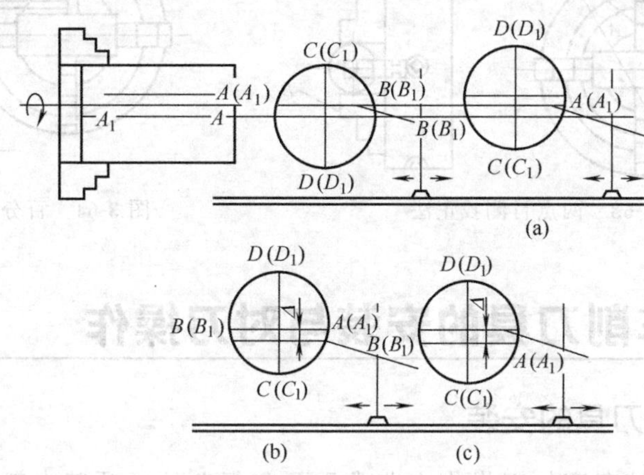

图 3-62 找十字线的方法

⑤ 两点目测找正法。选择四爪单动卡盘正面的标准圆环作为找正的参考基准（见图 3-63）；再把对称卡爪上第一个台阶的端点作为目测找正的辅助点，按照“两点成一线”的原理，利用枪支射击时瞄准“准星”的办法，去目测辅助点A与参照基准上的点，挂空挡，把卡盘转过 180°，再与对应辅助点B与同一参照基准上的点进行比较，并按它们与同一参照基准两者距离之差的一半作为调整距离，进行调整，反复几次就能把第一对称卡爪校好；同理，可找完另一对相应卡爪。此法经过一段时间的练习，即可在 2～3min 的时间内，使找正精度达到 0.15～0.20mm 的水平。不过这种方法还只适用于精度要求不高的工件或粗加工工序；而对于高精度要求的工件，这种方法只能作为粗找正。

⑥ 百分表、量块找正法。为保证高精度的工件达到要求，采用百分表、量块找正法是较佳的方法，其具体方法如下。在粗找正结束后，把百分表按图 3-64 所示装夹在中溜板上，向前移动中溜板使百分表头与工件的回转轴线相垂直，用手转动卡盘至读数最大值，记下中溜板的刻度值和此时百分表的读数值；然后提起百分表头，向后移动中溜板，使百分表离开工件，退至安全位置；挂空挡，用手把卡盘转 180°，向前移动中溜板，摇到原位（与上次刻度值重合），再转动卡盘到读数最大值，比较对应两点的读数值，若两点的读数值不相重合，出现了读数差，则应把差值除以 2 作为微调量进行微调；若两者读数值重合，则表明工件在这个方向上的回转中心已经与主轴的轴线相重合。应用这种方法，一般需反复 2～3 次就能使一对卡爪达到要求。同理可找好另一对卡爪。

用四爪单动卡盘找正偏心工件（单件或少量）比三爪自动定心卡盘方便，而且精度高，尤其是在双重偏心工件加工中更能显出优势。一般情况下，工件的偏心距在 4.5mm 范围内时，直接运用百分表按上述找正办法即可完成找正工作；而当工件的偏心距大于 4.5mm 时，0～10mm 范围百分表的量程就受到了局限。要解决这个问题，就得借助量块辅助进行，其找正办法与前述百分表的找正方法是一致的，所不同的是需垫量块辅助找正。要在工件表面垫上量块，再拉起百分表的表头使其接触，压表范围控制在1mm以内，转到大值，记住读数值，再拉起表头，拿出量块，退出百分表，余下的操作与前面介绍的完全一样。

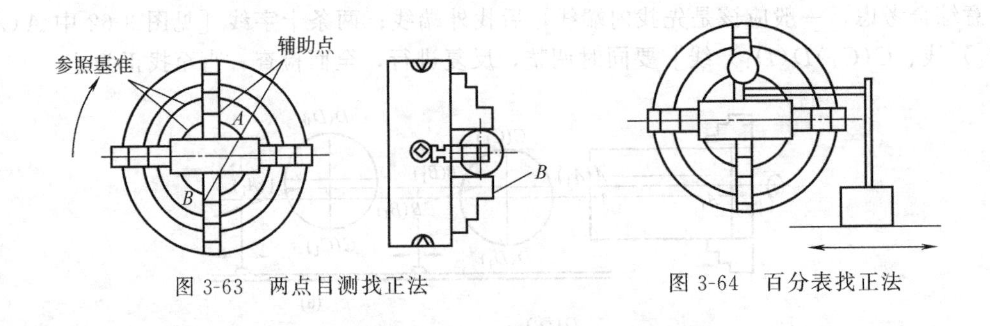

图 3-63　两点目测找正法　　图 3-64　百分表找正法

3.5　数控车削刀具的安装与对刀操作

3.5.1　数控车削刀具的安装

装刀与对刀是数控车床加工操作中非常重要和复杂的一项基本工作。装刀与对刀的精度，将直接影响到加工程序的编制及零件的尺寸精度。下面介绍几种常用车刀的安装方法。

(1) 外圆车刀的装夹

装夹在刀架上的外圆车刀不宜伸出太长，否则刀杆的刚度降低，在切削时容易产生振动，直接影响加工工件的表面粗糙度，甚至有可能发生崩刃现象。车刀的伸出长度一般不超出刀杆厚度的2倍。车刀刀尖应与机床主轴中心线等高，如不等高，应用垫刀片垫高。垫刀片要平整，尽量减少垫刀片的片数，一般只用2片、3片，以提高车刀的刚度。另外，车刀刀杆中心线应与机床主轴中心线垂直，车刀要用两个刀架螺钉压紧在刀架上，并逐个轮流拧紧。拧紧时应使用专用扳手，不允许再加套管，以免使螺钉受力过大而损伤。

(2) 螺纹车刀的装夹

螺纹车刀装夹的正确与否，对螺纹精度的高低将产生一定的影响。若装刀有偏差，即使车刀的刀尖角刃磨得十分准确，加工后的螺纹牙形仍会产生误差。因此要求装刀时刀尖与机床主轴中心线等高，左右切削刃要对称，为此要用对刀螺纹样板进行对刀。

(3) 切断刀的装夹

切断刀不宜伸出太长，装刀时要装正，以保证两个副偏角对称，否则将使一侧副刃实际上没有副偏角或者是负的副偏角，造成刀头这一侧受力较大而折断。切断刀的主切削刃必须与机床主轴中心线等高，以避免切不断工件、切断刀崩刃或折断情况的出现。

(4) 镗孔刀的装夹

用车刀加工内孔通常称为镗孔，使用的车刀为镗孔刀。在装刀时，刀尖应与机床主轴中心线等高，刀杆基面必须与主轴中心线平行，刀头可略向里偏斜一些，以免镗到一定深度时，刀杆后半部与工件表面相碰，刀杆伸出在允许的情况下尽量短一些，但应保证刀杆的工作长度大于孔深度3～5mm。

3.5.2　安装车刀时的注意事项

车刀安装的正确与否，将直接影响切削能否顺利进行和工件加工质量的高低。安装车刀时，应注意下列几个问题。

① 车刀安装在刀架上，伸出部分不宜太长，伸出量一般为刀杆高度的 1～1.5。伸出过长会使刀杆刚性变差，切削时易产生振动，影响工件的表面粗糙度数值。

② 车刀垫铁要平整，数量要少，垫铁应与刀架对齐。车刀至少要用两个螺钉压紧在刀架上，并逐个轮流拧紧。

③ 车刀刀尖应与工件轴线等高［见图 3-65(a)］，否则会因基面和切削平面的位置发生变化，而改变车刀工作时的前角和后角的数值。图 3-65(b) 所示车刀刀尖高于工件轴线，使后角减小，增大了车刀后刀面与工件间的摩擦；图 3-65(c) 所示车刀刀尖低于工件轴线，使前角减小，切削力增加，切削不顺利。

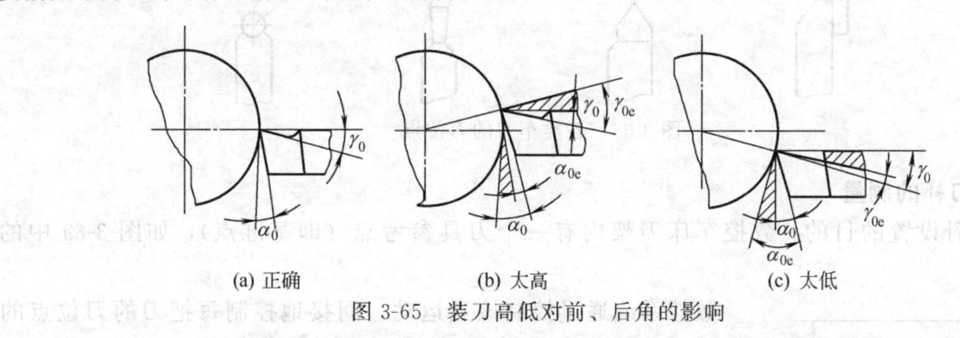

(a) 正确　(b) 太高　(c) 太低

图 3-65　装刀高低对前、后角的影响

车端面时，车刀刀尖若高于或低于工件中心，车削后工件端面中心处会留有凸头，如图 3-66所示。使用硬质合金车刀时，如不注意这一点，车削到中心处会使刀尖崩碎。

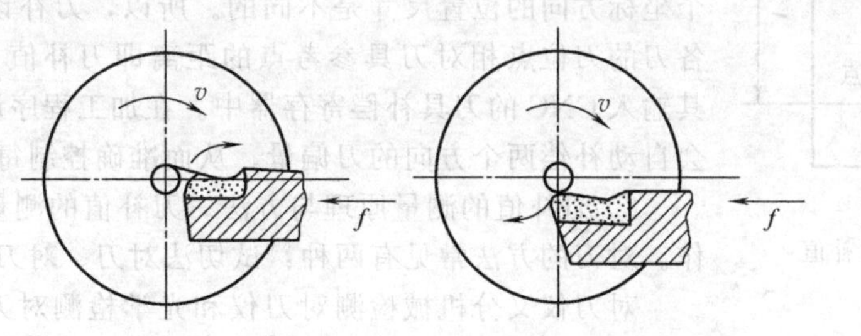

(a) 车刀刀尖高于工件中心　(b) 车刀刀尖低于工件中心

图 3-66　车刀刀尖不对准工件中心的后果

④ 车刀刀杆中心线应与进给方向垂直，否则会使主偏角和副偏角的数值发生变化，如图 3-67 所示。例如，螺纹车刀安装歪斜，会使螺纹牙型半角产生误差。用偏刀车削台阶时，必须使车刀主切削刃与工件轴线之间的夹角在安装后等于 90°或大于 90°；否则，车出来的

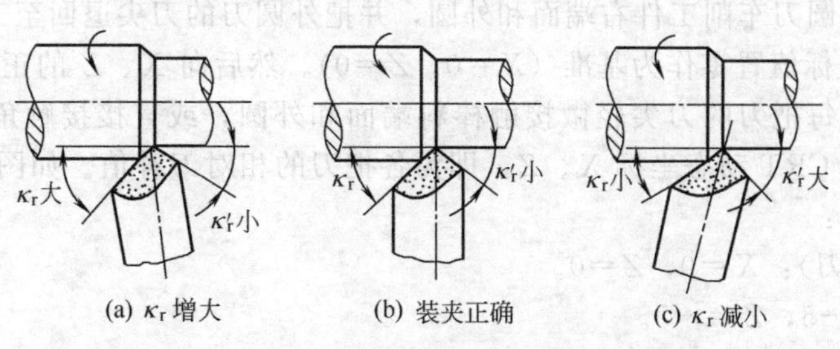

(a) κ_r 增大　(b) 装夹正确　(c) κ_r 减小

图 3-67　车刀装偏对主、副偏角的影响

台阶面与工件轴线不垂直。

3.5.3 对刀

对刀是数控车削加工中极其重要和复杂的工作。对刀精度的高低将直接影响到零件加工精度的高低。在数控车床车削加工过程中，首先应确定零件的加工原点，以建立准确的工件坐标系；其次要考虑刀具的不同尺寸对加工的影响，这些都需要通过对刀来解决。

(1) 刀位点

刀位点是指程序编制中，用于表示刀具特征的点，也是对刀和加工的基准点。对于各类车刀，其刀位点如图 3-68 所示。

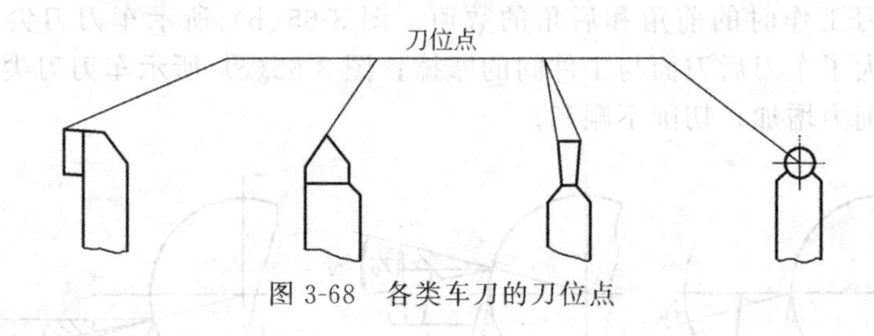

图 3-68 各类车刀的刀位点

(2) 刀补的测量

① 刀补设置的目的。数控车床刀架内有一个刀具参考点（即基准点），如图 3-69 中的“×”点。

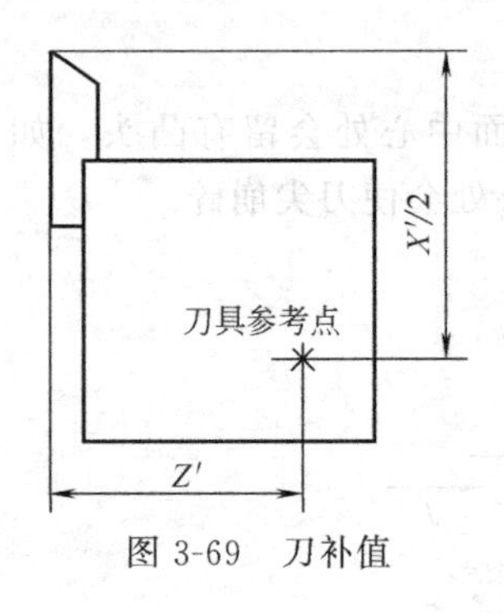

图 3-69 刀补值

数控系统通过控制该点运动，间接地控制每把刀的刀位点的运动。而各种形式的刀具安装后，由于刀具的几何形状及安装位置的不同，其刀位点的位置是不一致的，即每把刀的刀位点在两个坐标方向的位置尺寸是不同的。所以，刀补设置的目的是测出各刀的刀位点相对刀具参考点的距离即刀补值（X'，Z'），并将其输入 CNC 的刀具补偿寄存器中。在加工程序调用刀具时，系统会自动补偿两个方向的刀偏量，从而准确控制每把刀的刀尖轨迹。

② 刀补值的测量原理与方法。刀补值的测量过程称为对刀操作。对刀的方法常见有两种：试切法对刀、对刀仪对刀。

对刀仪又分机械检测对刀仪和光学检测对刀仪，车刀用对刀仪和镗铣类用对刀仪。

通过对刀操作，将刀补值测出后输入 CNC 系统，加工时系统根据刀补值自动补偿两个方向的刀偏量，使零件加工程序不受刀具（刀位点）安装位置的不同给切削带来的影响。刀具偏置补偿测量有两种形式。

a. 试切法对刀。试切法的对刀原理如图 3-70 所示。以 1 号外圆刀作为基准刀，在手动状态下，用 1 号外圆刀车削工件右端面和外圆，并把外圆刀的刀尖退回至工件外圆和端面的交点 A，将当前坐标值置零作为基准（$X=0$，$Z=0$）。然后向 X、Z 的正方向退出 1 号刀，刀架转位，依次把每把刀的刀尖轻微接触棒料端面和外圆，或直接接触角落点 A，分别读出每把刀触及时的 CRT 动态坐标 X、Z，即为各把刀的相对刀补值。如图 3-70 所示，三把刀的刀补值分别为：

1 号刀（基准刀）：$X=0$，$Z=0$。

2 号刀：$X=-5$，$Z=-5$。

3 号刀：$X=+5$，$Z=+5$。

上述刀补的设置方法称为相对补偿法，即在对刀时，先确定一把刀作为基准（标准）刀，并设定一个对刀基准点。如图 3-70 中的 A 点，把基准刀的刀补值设为零（$X=0$，$Z=0$），然后使每把刀的刀尖与这一基准点 A 接触。利用这一点为基准，测出各把刀与基准刀的 X、Z 轴的偏置值 ΔX、ΔZ，如图 3-71 所示。例如，上述 2 号刀的刀补 $X=-5$，表示 2 号刀比 1 号刀在 X 方向短了 5mm；3 号刀的刀补 $X=+5$，表示 3 号刀比 1 号刀在 X 方向长了 5mm。

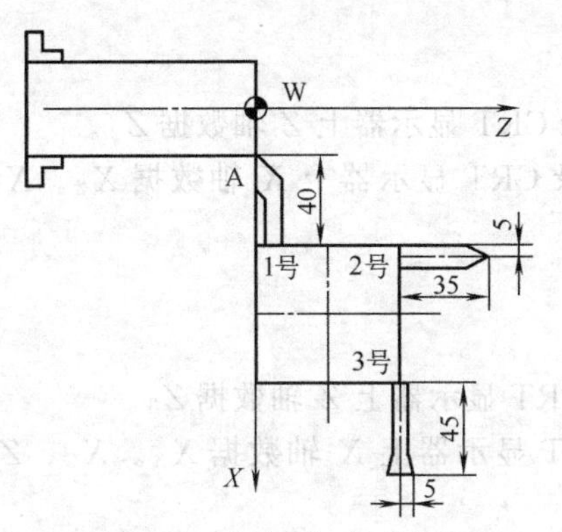

图 3-70　试切法对刀原理

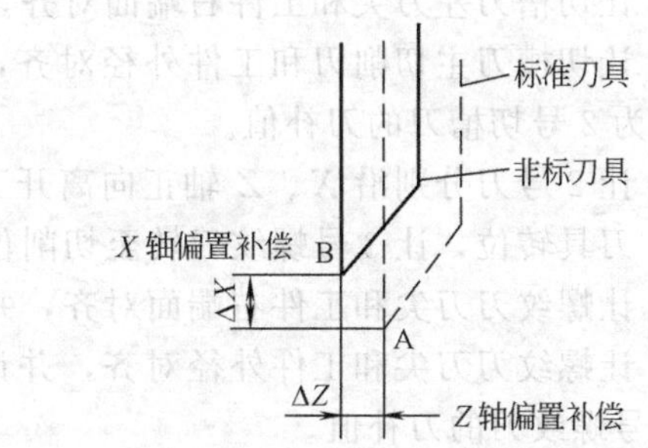

图 3-71　刀具偏置的相对补偿形式

b. 光学检测对刀仪对刀（机外对刀）。

图 3-72 为光学检测对刀仪，将刀具随同刀架座一起紧固在刀具台安装座上，摇动 X 向和 Z 向进给手柄，使移动部件载着投影放大镜沿着两个方向移动，直至刀尖或假想刀尖（圆弧刀）与放大镜中十字线交点重合为止，如图 3-73 所示。这时通过 X 向和 Z 向的微型读数器分别读出 X 向和 Z 向的长度值，就是该把刀具的对刀长度。

机外对刀的实质是测量出刀具假想刀尖到刀具参考点之间在 X 向和 Z 向的长度。利用机外对刀仪可将刀具预先在机床外校对好，以便装上机床即可以使用，可节省辅助时间。

c. 机械检测对刀仪对刀。使每把刀的刀尖与百分表测头接触，得到两个方向的刀偏量，如图 3-74 所示。若有的数控机床具有刀具探测功能，则通过刀具触及一个位置已知的固定触头，可测量刀偏量或直径、长度，并修正刀具补偿寄存器中的刀补值。

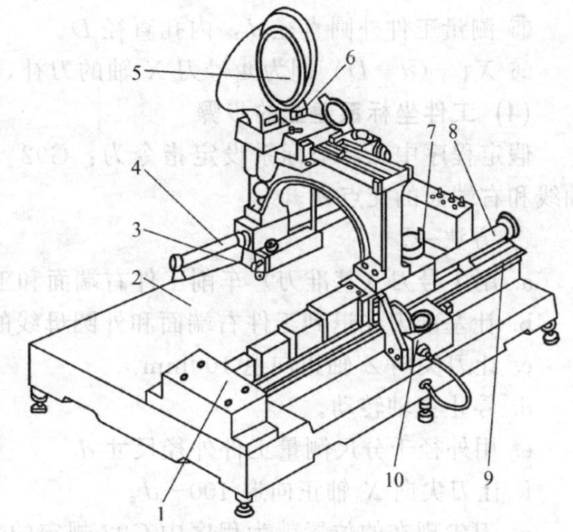

图 3-72　光学检测对刀仪对刀（机外对刀）

1—刀具台安装座；2—底座；3—光源；4,8—轨道；5—投影放大镜；6—X 向进给手柄；7—Z 向进给手柄；9—刻度尺；10—微型读数器

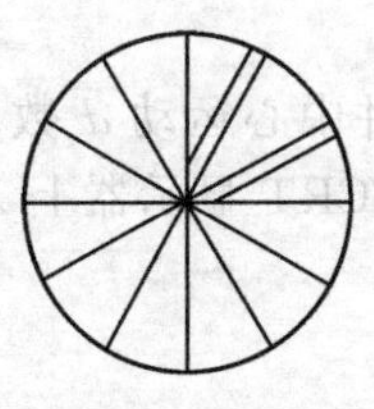
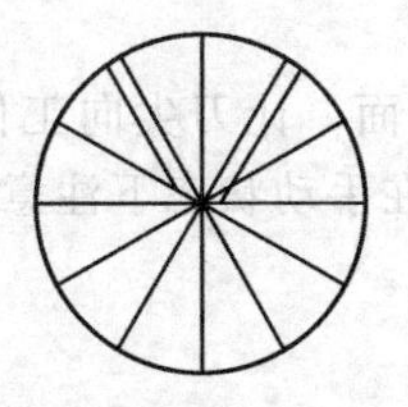
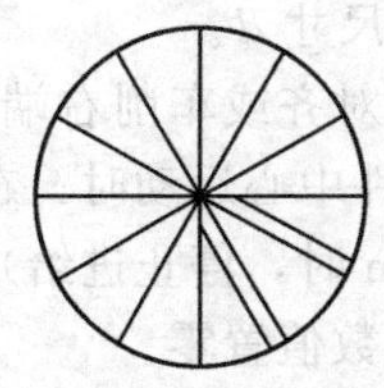
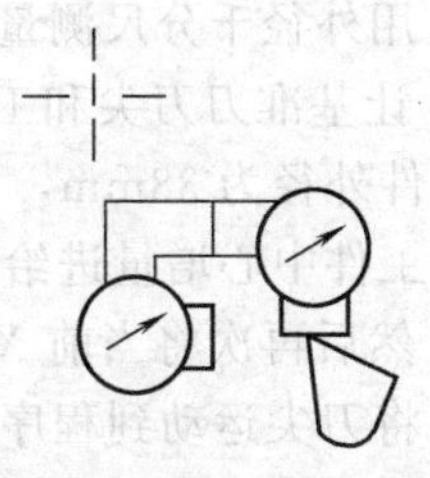
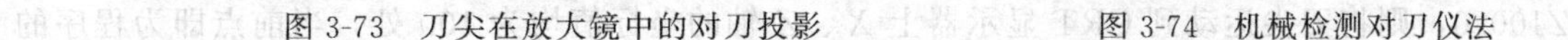

(a) 端面外径刀尖　(b) 对称刀尖　(c) 端面内径刀尖

图 3-73　刀尖在放大镜中的对刀投影

图 3-74　机械检测对刀仪法

(3) 试切法对刀的步骤

设1号刀为90°外圆车刀，并作为基准刀；2号刀为切槽刀；3号刀为螺纹刀；4号刀为内孔镗刀。

① 用1号刀车削工件右端面，Z向不动，沿X轴正向退出后置零。

② 用1号刀车削工件外径，X向不动，沿Z轴正向退出后置零。

③ 让1号刀分别沿X、Z轴正向离开工件。

④ 刀具转位，让2号切槽刀转至切削位置。

⑤ 让切槽刀左刀尖和工件右端面对齐，并记录CRT显示器上Z轴数据Z_2。

⑥ 让切槽刀主切削刃和工件外径对齐，并记录CRT显示器上X轴数据X_2。X_2、Z_2数值即为2号切槽刀的刀补值。

⑦ 让2号刀分别沿X、Z轴正向离开工件。

⑧ 刀具转位，让3号螺纹刀转至切削位置。

⑨ 让螺纹刀刀尖和工件右端面对齐，并记录CRT显示器上Z轴数据Z_3。

⑩ 让螺纹刀刀尖和工件外径对齐，并记录CRT显示器上X轴数据X_3。X_3、Z_3数值即为3号螺纹刀的刀补值。

⑪ 让3号刀分别沿X、Z轴正向离开工件。

⑫ 刀具转位，让4号镗刀转至切削位置。

⑬ 让4号镗刀刀尖和工件右端面对齐，并记录CRT显示器上Z轴数据Z_4。

⑭ 让4号镗刀镗削工件内孔，并记录CRT显示器上X轴数据X_4。

⑮ 测量工件外圆直径d，内孔直径D。

⑯ $X_4+(d-D)$即为4号刀X轴的刀补，Z轴的刀补为Z_4。

(4) 工件坐标系建立的步骤

假定程序中工件坐标系设定指令为：G92　X100.0　Z100.0，工件坐标系设置在工件轴线和右端面的交点处。

① 方法一。

a. 用1号刀（基准刀）车削工件右端面和工件外圆。

b. 让基准刀尖退到工件右端面和外圆母线的交点。

c. 让刀尖向Z轴正向退100mm。

d. 停止主轴转动。

e. 用外径千分尺测量工件外径尺寸d。

f. 让刀尖向X轴正向退$100-d$。

g. 刀尖现在的位置就为程序中G92规定的X100.0　Z100.0位置。

② 方法二。

a. 让1号刀（基准刀）车削工件外圆，X向不动，刀具沿Z轴正向退出后置零。

b. 停止主轴转动。

c. 用外径千分尺测量工件外径尺寸d。

d. 让基准刀刀尖和工件右端面对齐或车削右端面，让刀尖向工件中心运动d数值（若测得工件外径为38mm，刀尖向工件中心运动时，在手动状态下注意CRT显示器上X轴坐标值向工件中心增量进给了-38mm时，停止进给）。

e. 然后再次将当前X、Z坐标数值置零。

f. 将刀尖运动到程序G92规定的X、Z坐标值。例如，主程序中编制G92　X100.0　Z100.0，则将刀尖运动到CRT显示器上X、Z轴的坐标值均为100处，当前点即为程序的起始点。当程序运行加工工件时，执行 G92 程序后，系统内部即对当前刀具点（X，Z）进行记忆并显示在显示器上，这就相当于在系统内部建立了一个以工件原点为坐标原点的工件坐标系，当前刀具点位于工件坐标系的 X100.0，Z100.0 处。

3.5.4 数据设置

机床的手动数据输入（MDI）操作主要包括：

① 坐标系数据设置。

② 刀库数据设置。

③ 刀具数据设置。

在图 1-20 所示的软件操作界面下，按 F4 键进入 MDI 功能子菜单。命令行与菜单条的显示如图 3-75 所示。在 MDI 功能子菜单下，可以输入刀具、坐标系等数据。

图 3-75　MDI 功能子菜单

(1) 坐标系

① 手动输入坐标系偏置值（F4→F3）。MDI 手动输入坐标系数据的操作步骤如下。

a. 在 MDI 功能子菜单（见图 3-75）下按 F3 键，进入坐标系手动数据输入方式，图形显示窗口首先显示 G54 坐标系数据，如图 3-76 所示。

b. 按 PgDn 或 PgUp 键，选择要输入的数据类型：G54/G55/G56/G57/G58/G59 坐标系/当前工件坐标系等的偏置值（坐标系零点相对于机床零点的值），或当前相对值零点。

c. 在命令行输入所需数据，如在图 3-76 所示情况下输入“X0　Z0”，并按 Enter 键，将设置 G54 坐标系的 X 偏置及 Z 偏置分别为 0、0。

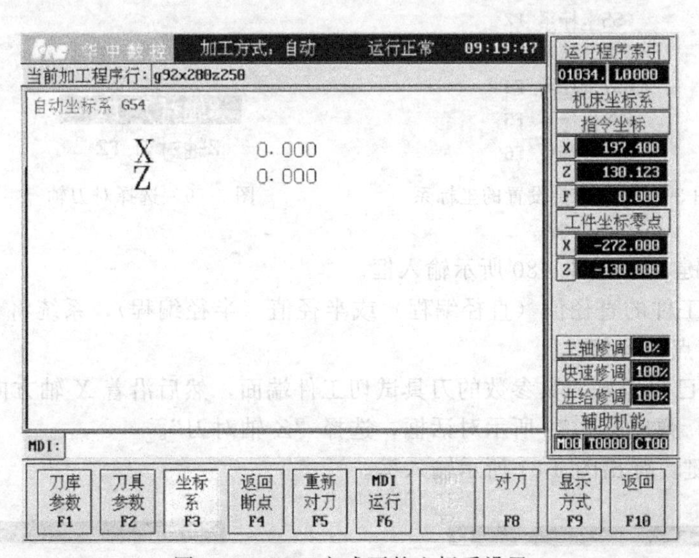

图 3-76　MDI 方式下的坐标系设置

d. 若输入正确，图形显示窗口相应位置将显示修改过的值，否则原值不变。

注意：编辑过程中，在按 Enter 键之前，按 Esc 键可退出编辑，此时输入的数据将丢失，系统将保持原值不变。下同。

② 自动设置坐标系偏置值（F4→F8）。

a. 在 MDI 功能子菜单（见图 3-75）下按 F8 键，进入坐标系自动数据设置方式，如图 3-77所示。

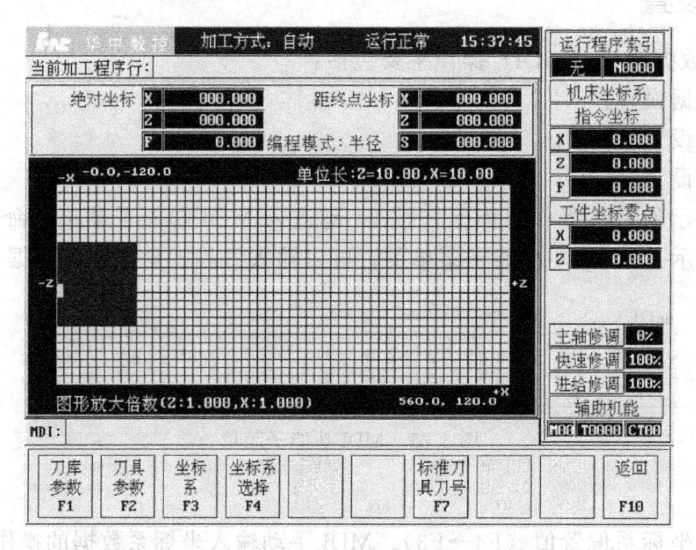

图 3-77　自动数据设置

b. 按 F4 键，弹出图 3-78 所示对话框，用▲、▼键移动蓝色亮条选择要设置的坐标系。

c. 选择一把已设置好刀具参数的刀具试切工件外径，然后沿着 Z 轴方向退刀。

d. 按 F5 键，弹出图 3-79 所示对话框，用▲、▼键移动蓝色亮条选择“X 轴对刀”。

图 3-78　选择要设置的坐标系

X轴对刀 F1
Z轴对刀 F2

图 3-79　选择对刀轴

e. 按 Enter 键，弹出图 3-80 所示输入框。

f. 输入试切工件的直径值（直径编程）或半径值（半径编程），系统将自动设置所选坐标系下的 X 轴零点偏置值。

g. 选择一把已设置好刀具参数的刀具试切工件端面，然后沿着 X 轴方向退刀。

h. 按 F5 键，弹出图 3-79 所示对话框，选择“Z 轴对刀”。

i. 按 Enter 键，弹出图 3-81 所示输入框。

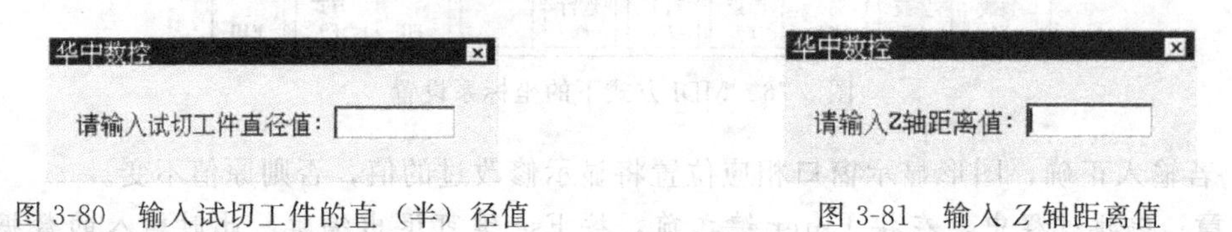

图 3-80　输入试切工件的直（半）径值　　　图 3-81　输入 Z 轴距离值

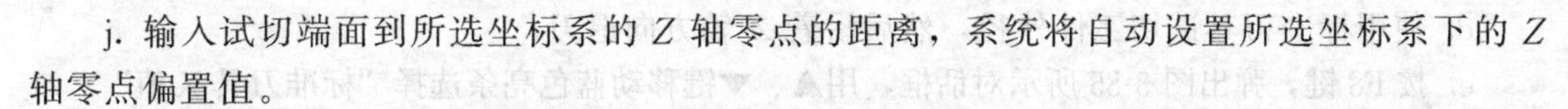

j. 输入试切端面到所选坐标系的 Z 轴零点的距离，系统将自动设置所选坐标系下的 Z 轴零点偏置值。

注意：

a. 自动设置坐标系零点偏置前，机床必须先回机械零点。

b. Z 轴距离有正、负之分。

(2) 刀库参数（F4→F1）**MDI 输入**

刀库数据的操作步骤如下。

① 在 MDI 功能子菜单（见图 3-75）下按 F1 键，进行刀库设置，图形显示窗口将出现刀库数据，如图 3-82 所示。

② 用▲、▼、▶、◀、PgUp、PgDn 键移动蓝色亮条选择要编辑的选项。

③ 按 Enter 键，蓝色亮条所指刀库数据的颜色和背景都发生变化，同时有一光标在闪烁。

④ 用▶、◀、BS、Del 键进行编辑修改。

⑤ 修改完毕，按 Enter 键确认。

⑥ 若输入正确，图形显示窗口相应位置将显示修改过的值，否则原值不变。

(3) 刀具参数

① 手动输入刀具参数（F4→F2）。MDI 手动输入刀具数据的操作步骤如下。

a. 在 MDI 功能子菜单（见图 3-75）下按 F2 键，进行刀具设置。图形显示窗口将出现刀具数据，如图 3-83 所示。

b. 用▲、▼、▶、◀、PgUp、PgDn 键移动蓝色亮条选择要编辑的选项。

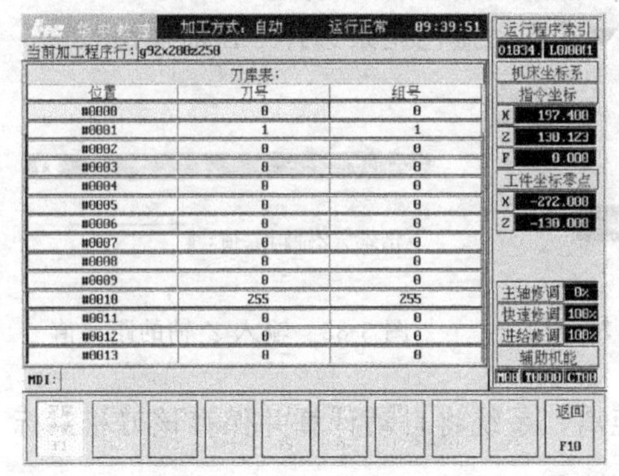

刀库表：

位置	刀号	组号
#0000	0	0
#0001	1	1
#0002	0	0
#0003	0	0
#0004	0	0
#0005	0	0
#0006	0	0
#0007	0	0
#0008	0	0
#0009	0	0
#0010	255	255
#0011	0	0
#0012	0	0
#0013	0	0

图 3-82　刀库数据的修改

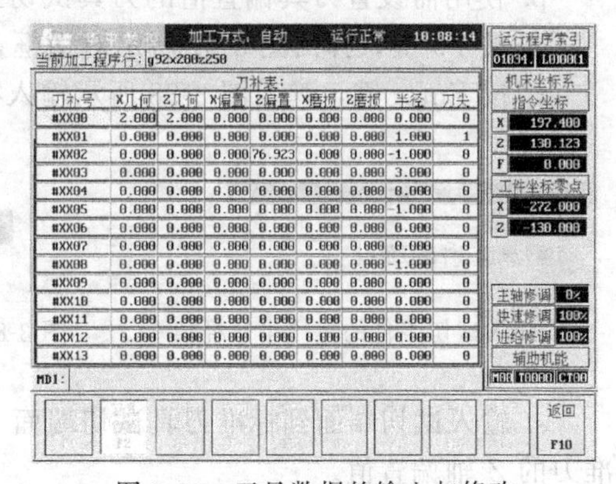

刀补表：

刀补号	X几何	Z几何	X偏置	Z偏置	X磨损	Z磨损	半径	刀尖
#XX00	2.000	2.000	0.000	0.000	0.000	0.000	0.000	0
#XX01	0.000	0.000	0.000	0.000	0.000	0.000	1.000	1
#XX02	0.000	0.000	0.000	76.923	0.000	0.000	-1.000	0
#XX03	0.000	0.000	0.000	0.000	0.000	0.000	3.000	0
#XX04	0.000	0.000	0.000	0.000	0.000	0.000	0.000	0
#XX05	0.000	0.000	0.000	0.000	0.000	0.000	-1.000	0
#XX06	0.000	0.000	0.000	0.000	0.000	0.000	0.000	0
#XX07	0.000	0.000	0.000	0.000	0.000	0.000	0.000	0
#XX08	0.000	0.000	0.000	0.000	0.000	0.000	-1.000	0
#XX09	0.000	0.000	0.000	0.000	0.000	0.000	0.000	0
#XX10	0.000	0.000	0.000	0.000	0.000	0.000	0.000	0
#XX11	0.000	0.000	0.000	0.000	0.000	0.000	0.000	0
#XX12	0.000	0.000	0.000	0.000	0.000	0.000	0.000	0
#XX13	0.000	0.000	0.000	0.000	0.000	0.000	0.000	0

图 3-83　刀具数据的输入与修改

c. 按 Enter 键，蓝色亮条所指刀具数据的颜色和背景都发生变化，同时有一光标在闪烁。

d. 用▶、◀、BS、Del 键进行编辑修改。

e. 修改完毕，按 Enter 键确认。

f. 若输入正确，图形显示窗口相应位置将显示修改过的值，否则原值不变。

② 自动设置刀具偏置值（F4→F8）。

a. 在 MDI 功能子菜单（见图 3-75）下按 F8 键，进入刀具偏置值自动设置方式，如图 3-77所示。

b. 按 F7 键，弹出图 3-84 所示输入框。

c. 输入正确的标准刀具刀号。

d. 使用标准刀具试切工件外径，然后沿着 Z 轴方向退刀。

e. 按 F8 键，弹出图 3-85 所示对话框，用▲、▼键移动蓝色亮条选择“标准刀具 X 值”。

f. 按 Enter 键，弹出图 3-86 所示输入框。

g. 输入试切后工件的直径值（直径编程）或半径值（半径编程），系统将自动记录试切后标准刀具 X 轴机床坐标值。

h. 使用标准刀具试切工件端面，然后沿着 Z 轴方向退刀。

i. 按 F8 键，弹出图 3-85 所示对话框，用▲、▼键移动蓝色亮条选择“标准刀具 Z 值”。

图 3-84　输入标准刀具刀号　　图 3-85　标准刀具值图

j. 按 Enter 键，系统将自动记录试切后标准刀具 Z 轴机床坐标值。

k. 按 F2 键，弹出图 3-83 所示对话框，用▲、▼键移动蓝色亮条选择要设置的刀具偏置值。

l. 使用需设置刀具偏置值的刀具试切工件外径，然后沿着 Z 轴方向退刀。

m. 按 F9 键，弹出图 3-87 所示对话框，用▼、▲键移动蓝色亮条选择“X 轴补偿”。

n. 按 Enter 键，弹出图 3-86 所示输入框。

o. 输入试切后工件的直径值（直径编程）或半径值（半径编程），系统将自动计算并保存该刀相对标准刀的 X 轴偏置值。

p. 使用需设置刀具偏置值的刀具试切工件端面，然后沿着 Z 轴方向退刀。

q. 按 F9 键，弹出图 3-87 所示对话框，用▲、▼键移动蓝色亮条选择“Z 轴补偿”。

r. 按 Enter 键，弹出图 3-88 所示输入框。

图 3-86　输入试切工件的直（半）径值　　图 3-87　X、Z 轴补偿　　图 3-88　输入 Z 轴的距离值

s. 输入试切端面到标准刀具试切端面 Z 轴的距离，系统将自动计算并保存该刀相对标准刀的 Z 轴偏置值。

注意：

a. 如果已知该刀的刀偏值，可以手动输入数据值。

b. 刀具的磨损补偿需要手动输入。

3.6　自动加工

在图 1-20 所示的软件操作界面下，按 F1 键进入程序运行子菜单。命令行与菜单条的显示如图 3-89 所示。在程序运行子菜单（见图 3-89）下，可以装入、检验并自动运行一个零

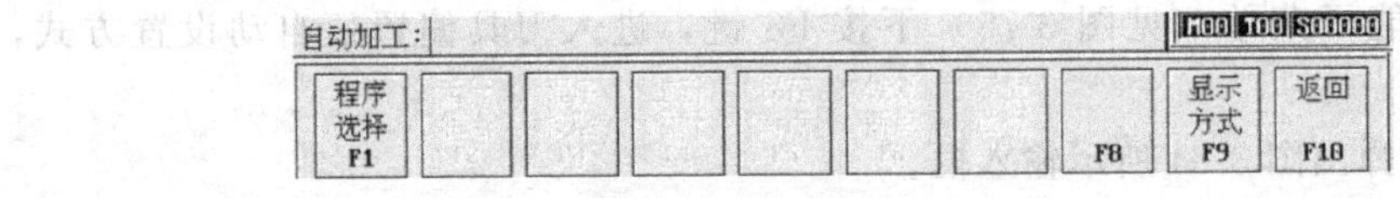

图 3-89　程序运行子菜单

件程序。

3.6.1　选择运行程序（F1→F1）

在程序运行子菜单（见图 3-89）下按 F1 键，将弹出图 3-90 所示的“选择运行程序”子菜单（按 Esc 键可取消该菜单）。其中：

①“磁盘程序”是保存在电子盘、硬盘、软盘或网络上的文件。

②“正在编辑的程序”是编辑器已经选择存放在编辑缓冲区的一个零件程序。

③“DNC 程序”是通过 RS232 串口传送的程序。

（1）选择磁盘程序（含网络程序）

选择磁盘程序（含网络程序）的操作方法如下。

① 在选择运行程序菜单（见图 3-90）中，用▲、▼键选中“磁盘程序”选项（或直接按快捷键 F1，下同）。

② 按 Enter 键，弹出图 3-91 所示对话框。

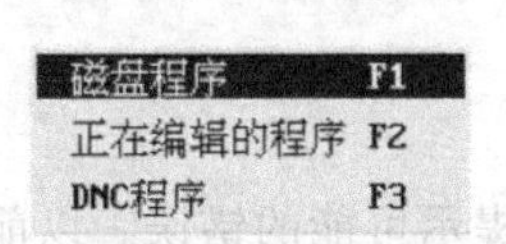

图 3-90　选择运行程序

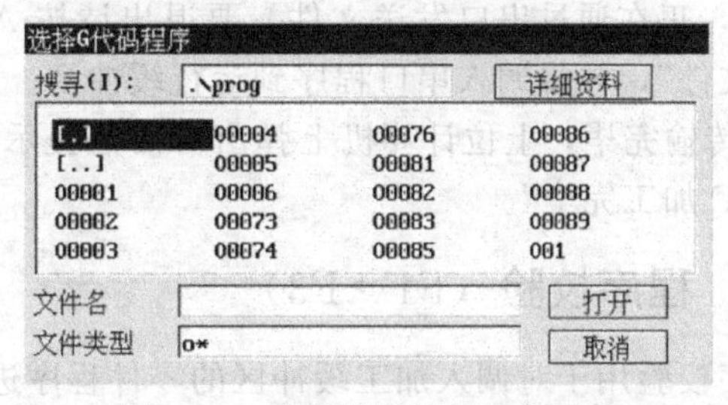

图 3-91　选择要运行的磁盘程序

③ 如果选择默认目录下的程序，跳过步骤④～⑦。

④ 连续按 Tab 键，将蓝色亮条移到“搜寻”栏。

⑤ 按▼键，弹出系统的分区表，用▲、▼键选择分区，如［D:］。

⑥ 按 Enter 键，文件列表框中显示被选分区的目录和文件。

⑦ 按 Tab 键进入文件列表框。

⑧ 用▲、▼、▶、◀、Enter 键选中想要运行的磁盘程序的路径和名称，如当前目录下的“O1234”。

⑨ 按 Enter 键，如果被选文件不是零件程序，将弹出图 3-92 所示对话框，不能调入文件。

⑩ 否则直接调入文件到运行缓冲区进行加工。

（2）选择正在编辑的程序

选择正在编辑的程序的操作步骤如下。

① 在选择运行程序菜单（见图 3-90）中，用▲、▼键选中“正在编辑的程序”选项。

② 按 Enter 键，如果编辑器没有选择编辑程序，将弹出图 3-93 所示提示信息；否则编辑器将调入正在编辑的程序文件到运行缓冲区。

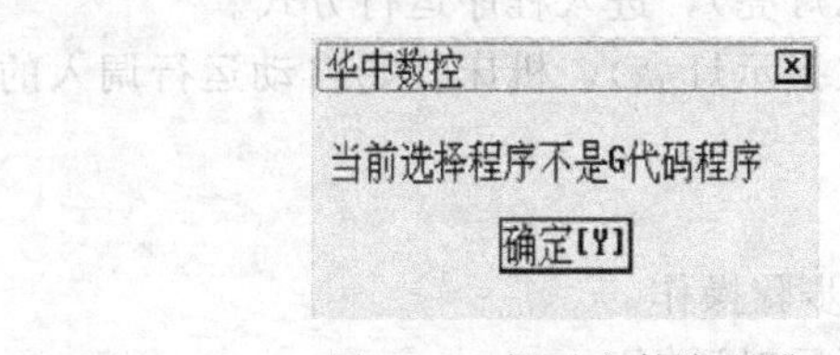

图 3-92　提示文件类型错

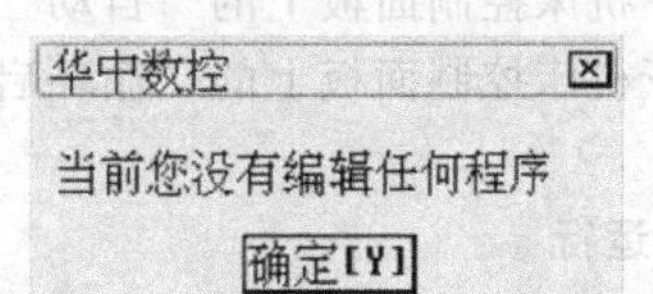

图 3-93　提示没有编辑程序

注意： 系统调入加工程序后图形显示窗口会发生一些变化，其显示的内容取决于当前图形显示方式，请参考第3.3.2节。

(3) 选择DNC程序

DNC程序（加工串口程序）的操作步骤如下。

① 在选择运行程序菜单（见图3-90）中，用▲、▼键选中“DNC程序”选项。

② 按Enter键，系统命令行提示“正在和发送串口数据的计算机联络”。

③ 在上位计算机上执行DNC程序，弹出DNC程序主菜单。

④ 按Alt+C键，在“设置”子菜单下设置好传输参数。

⑤ 按Alt+F键，在文件子菜单（见图3-11）下选择“发送DNC程序”命令。

⑥ 按Enter键，弹出“请选择要发送的G代码文件”对话框。

⑦ 选择要发送的G代码文件。

⑧ 按Enter键，弹出对话框提示“正在和接收数据的NC装置联络”。

⑨ 联络成功后，开始传输文件，上位计算机上有进度条显示传输文件的进度，并提示“请稍等，正在通过串口发送文件，要退出请按Alt-E”，HNC-21T的命令行提示“正在接收串口文件”，并将调入串口程序到运行缓冲区。

⑩ 传输完毕，上位计算机上弹出对话框提示“文件发送完毕”；HNC-21T的命令行提示“DNC加工完毕”。

3.6.2 程序校验（F1→F3）

程序校验用于对调入加工缓冲区的零件程序进行校验，并提示可能的错误。以前未在机床上运行的新程序在调入后最好先进行校验运行，正确无误后再启动自动运行。程序校验运行的操作步骤如下。

① 按第3.6.1节方法，调入要校验的加工程序。

② 按机床控制面板上的“自动”按键进入程序运行方式。

③ 在程序运行子菜单下按F3键，此时软件操作界面的工作方式显示改为“校验运行”。

④ 按机床控制面板上的“循环启动”按键，程序校验开始。

⑤ 若程序正确，校验完后，光标将返回到程序头，且软件操作界面的工作方式显示改回为“自动”；若程序有错，命令行将提示程序的哪一行有错。

注意：

① 校验运行时机床不动作。

② 为确保加工程序正确无误，应选择不同的图形显示方式来观察校验运行的结果。如何控制图形显示方式，请参考3.1～3.3节。

3.6.3 启动、暂停、中止、再启动

(1) 启动

自动运行系统调入零件加工程序，经校验无误后，可正式启动运行。

① 按一下机床控制面板上的“自动”按键（指示灯亮），进入程序运行方式。

② 按一下机床控制面板上的“循环启动”按键（指示灯亮），机床开始自动运行调入的零件加工程序。

(2) 暂停运行

在程序运行的过程中，需要暂停运行，可按下述步骤操作。

① 在程序运行子菜单下按F7键，弹出图3-94所示对话框。

② 按 N 键则暂停程序运行，并保留当前运行程序的模态信息［暂停运行后，可按 3.6.3 节中（4）所述的方法从暂停处重新启动运行］。

（3）中止运行

在程序运行的过程中，需要中止运行，可按下述步骤操作。

① 在程序运行子菜单下按 F7 键，弹出图 3-94 所示对话框。

② 按 Y 键则中止程序运行，并卸载当前运行程序的模态信息［中止运行后，可按 3.6.3 节中（5）所述的方法从程序头重新启动运行］。

（4）暂停后的再启动

在自动运行暂停状态下，按一下机床控制面板上的“循环启动”按键，系统将从暂停前的状态重新启动，继续运行。

（5）重新运行

在当前加工程序中止自动运行后，希望从程序头重新开始运行时，可按下述步骤操作。

① 在程序运行子菜单下按 F4 键，弹出图 3-95 所示对话框。

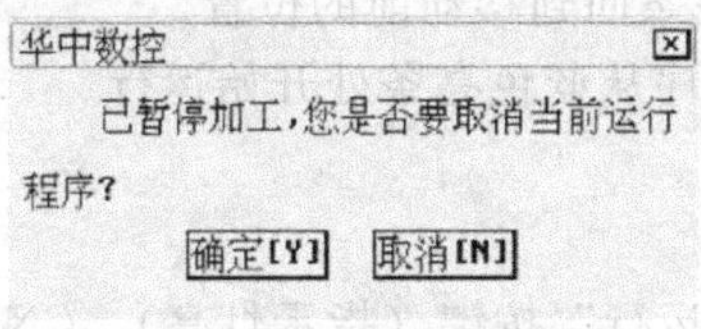

图 3-94　程序运行过程中暂停运行

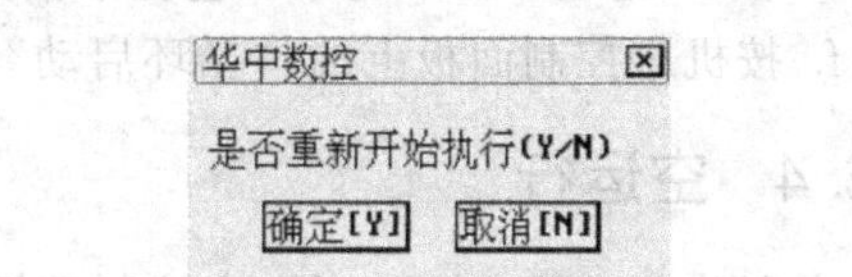

图 3-95　自动方式下重新运行程序

② 按 Y 键光标将返回到程序头，按 N 键则取消重新运行。

③ 按机床控制面板上的“循环启动”按键，从程序首行开始重新运行当前加工程序。

（6）从任意行执行

在自动运行暂停状态下，除了能从暂停处重启动继续运行外，还可控制程序从任意行执行。

① 从红色行开始运行，操作步骤如下。

a. 在程序运行子菜单下按 F7 键，然后按 N 键暂停程序运行。

b. 用▲、▼、PgUp、PgDn 键移动蓝色亮条到开始运行行，此时蓝色亮条变为红色亮条。

c. 在程序运行子菜单下按 F8 键，弹出图 3-96 所示对话框。

d. 用▲、▼键选择“从红色行开始运行”选项，弹出图 3-97 所示对话框。

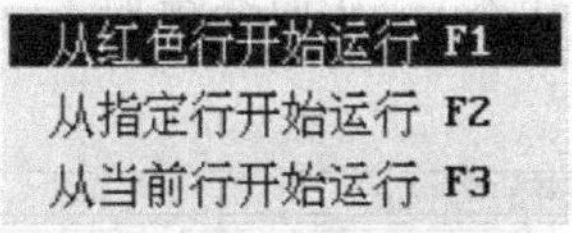

从红色行开始运行　F1
从指定行开始运行　F2
从当前行开始运行　F3

图 3-96　暂停运行时从任意行运行

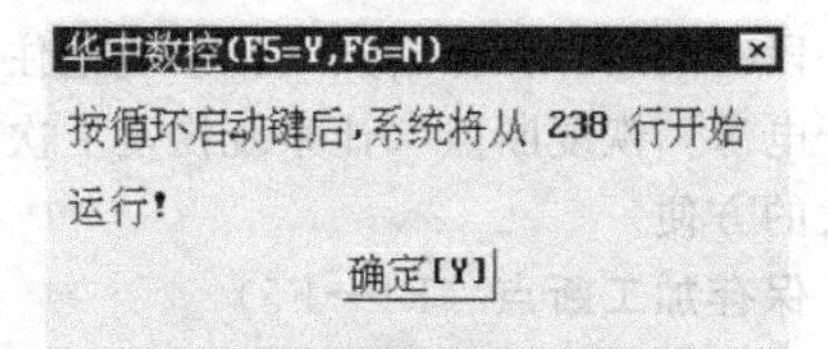

图 3-97　从红色行开始运行

e. 按 Y 键或 Enter 键，红色亮条变成蓝色亮条。

f. 按机床控制面板上的“循环启动”按键，程序从蓝色亮条（即红色行）处开始运行。

② 从指定行开始运行，操作步骤如下。

a. 在程序运行子菜单下按 F7 键，然后按 N 键暂停程序运行。

b. 在程序运行子菜单下按 F8 键，弹出图 3-96 所示对话框。

图 3-98　从指定行开始运行

c. 用▲、▼键选择“从指定行开始运行”选项，弹出图 3-98 所示输入框。

d. 输入开始运行行号，弹出如图 3-97 所示对话框。

e. 按 Y 键或 Enter 键，蓝色亮条移动到指定行。

f. 按机床控制面板上的“循环启动”按键，程序从指定行开始运行。

③ 从当前行开始运行，操作步骤如下。

a. 在程序运行子菜单下按 F7 键，然后按 N 键暂停程序运行。

b. 用▲、▼、PgUp、PgDn 键移动蓝色亮条到开始运行行，此时蓝色亮条变为红色亮条。

c. 在程序运行子菜单下按 F8 键，弹出图 3-96 所示对话框。

d. 用▲、▼键选择“从当前行开始运行”选项，弹出图 3-97 所示对话框。

e. 按 Y 键或 Enter 键，红色亮条消失，蓝色亮条回到移动前的位置。

f. 按机床控制面板上的“循环启动”按键，程序从蓝色亮条处开始运行。

3.6.4 空运行

在自动方式下，按一下机床控制面板上的“空运行”按键（指示灯亮），CNC 处于空运行状态，程序中编制的进给速率被忽略，坐标轴以最大快移速度移动。空运行不做实际切削，目的在于确认切削路径及程序。在实际切削时，应关闭此功能，否则可能会造成危险。此功能对螺纹切削无效。

3.6.5 单段运行

按一下机床控制面板上的“单段”按键（指示灯亮），系统处于单段自动运行方式，程序控制将逐段执行。

① 按一下“循环启动”按键，运行一程序段，机床运动轴减速停止，刀具、主轴电动机停止运行。

② 再按一下“循环启动”按键，又执行下一程序段，执行完了后又再次停止。

3.6.6 加工断点保存与恢复

一些大零件，其加工时间一般都会超过一个工作日，有时甚至需要好几天。如果能在零件加工一段时间后，保存断点（让系统记住此时的各种状态），关断电源，并在隔一段时间后，打开电源，恢复断点（让系统恢复上次中断加工时的状态），从而继续加工，可为用户提供极大的方便。

(1) 保存加工断点（F1→F5）

保存加工断点的操作步骤如下。

① 在程序运行子菜单下按 F7 键，弹出图 3-94所示对话框。

② 按 N 键暂停程序运行，但不取消当前运行程序。

③ 按 F5 键，弹出图 3-99 所示对话框。

④ 按 3.6.1 节中（1）的步骤③～⑦选择

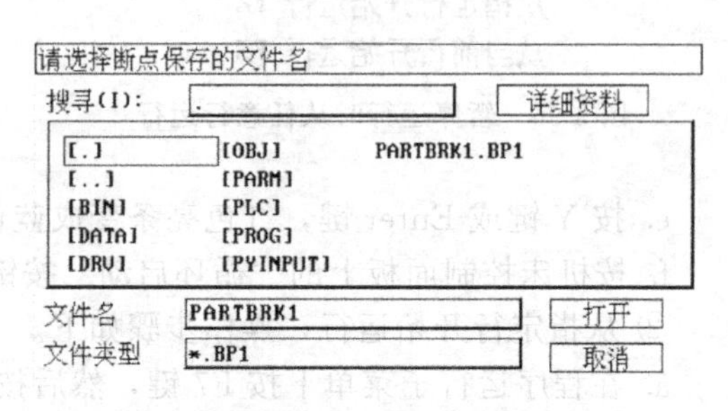

图 3-99　输入保存断点的文件名

断点文件的路径。

⑤ 按 3.6.1 节中（1）的步骤⑧～⑩在“文件名”栏，输入断点文件的文件名，如“PARTBRK1”。

⑥ 按 Enter 键，系统将自动建立一个名为“PARTBRK1. BP1”的断点文件。

注意：

① 按 F4 键保存断点之前，必须在自动方式下装入加工程序；否则，系统会弹出如图 3-100所示对话框，提示没有装入零件程序。

② 按 F4 键保存断点之前，必须暂停程序运行；否则，系统会弹出图 3-101 所示对话框，提示“有程序正在加工，请先停止”。

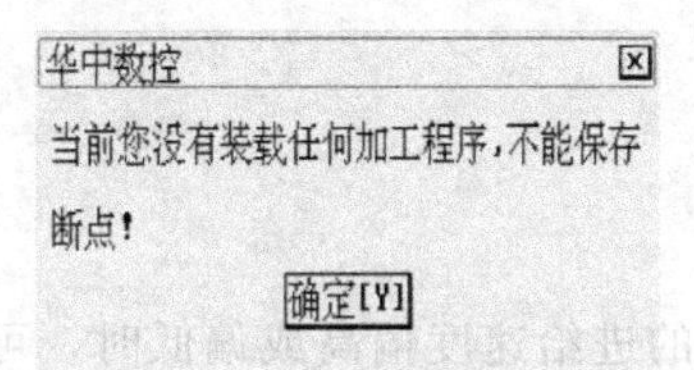

图 3-100　提示没有装入程序

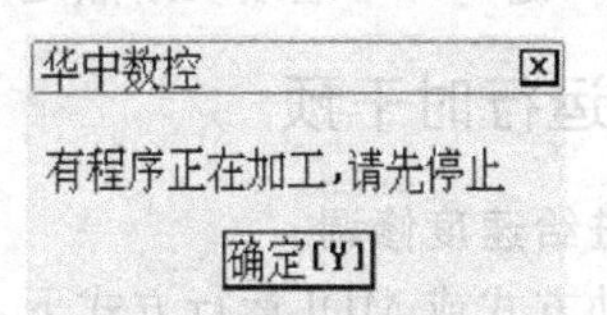

图 3-101　提示停止加工

(2) 恢复断点（F1→F6）

恢复加工断点的操作步骤如下。

① 如果在保存断点后，关断了系统电源，则上电后首先应进行回参考点操作，否则直接进入步骤②。

② 按 F6 键，弹出图 3-102 所示对话框。

③ 按 3.6.1 节中（1）的步骤④～⑦选择要恢复的断点文件路径及文件名，如当前目录下的“PARTBRK1. BP1”。

④ 按 Enter 键，系统会根据断点文件中的信息，恢复中断程序运行时的状态，并弹出图 3-103 或图 3-104 所示对话框。

⑤ 按 Y 键，系统自动进入 MDI 方式。

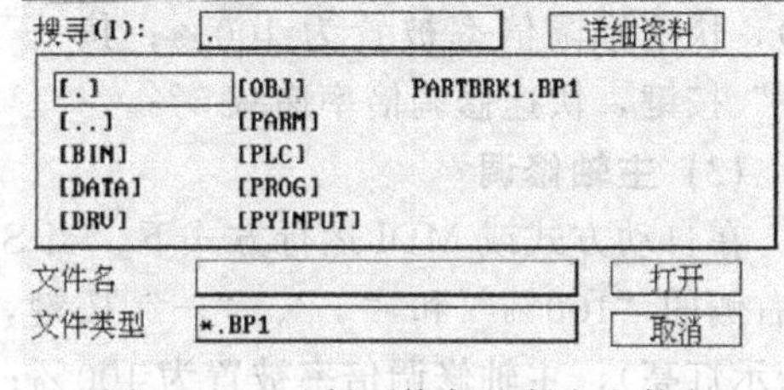

图 3-102　选择要恢复的断点文件名

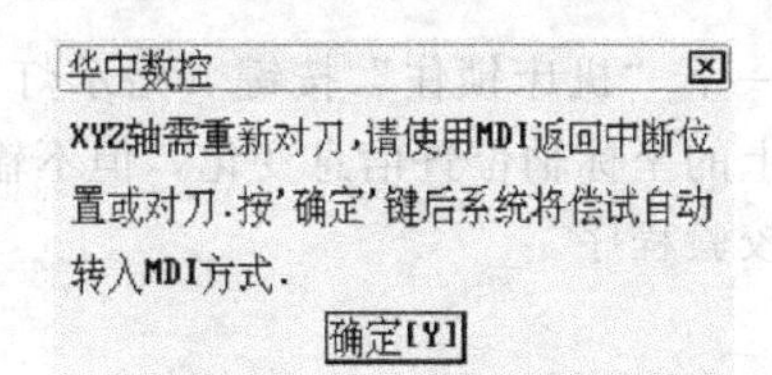

图 3-103　需要重新对刀

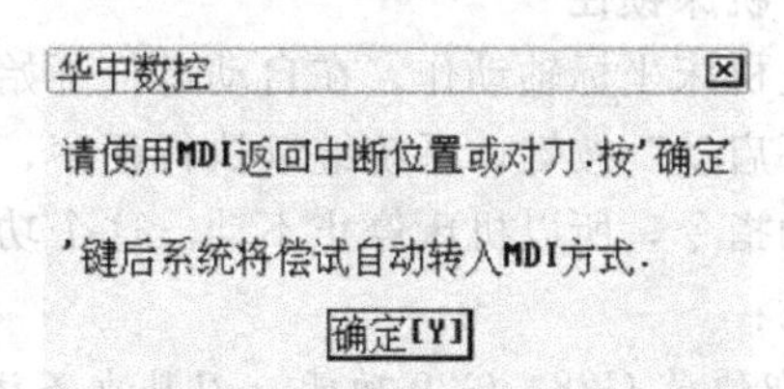

图 3-104　需要返回断点

(3) 定位至加工断点（F4→F4）

如果在保存断点后，移动过某些坐标轴，要继续从断点处加工，必须先定位至加工断点。

① 手动移动坐标轴到断点位置附近，并确保在机床自动返回断点时，不发生碰撞。

② 在 MDI 方式子菜单下按 F4 键，自动将断点数据输入 MDI 运行程序段。

③ 按“循环启动”按键，启动 MDI 运行，系统将移动刀具到断点位置。

④ 按 F10 键，退出 MDI 方式。定位至加工断点后，按机床控制面板上的“循环启动”

按键，即可继续从断点处加工。注意：在恢复断点之前，必须装入相应的零件程序；否则系统会提示“不能成功恢复断点”。

(4) 重新对刀 (F4→F5)

在保存断点后，如果工件发生过偏移需重新对刀，可使用本功能，重新对刀后，继续从断点处加工。

① 手动将刀具移动到加工断点处。

② 在 MDI 方式子菜单下按 F5 键，自动将断点处的工作坐标输入 MDI 运行程序段。

③ 按“循环启动”按键，系统将修改当前工件坐标系原点，完成对刀操作。

④ 按 F10 键，退出 MDI 方式。重新对刀并退出 MDI 方式后，按机床控制面板上的“循环启动”键，即可继续从断点处加工。

3.6.7 运行时干预

(1) 进给速度修调

在自动方式或 MDI 运行方式下，当 F 代码编程的进给速度偏高或偏低时，可用进给修调右侧的“100%”和“+”、“−”按键，修调程序中编制的进给速度。按“100%”按键（指示灯亮），进给修调倍率被置为 100%；按一下“+”按键，进给修调倍率递增 5%；按一下“−”按键，进给修调倍率递减 5%。

(2) 快移速度修调

在自动方式或 MDI 运行方式下，可用快速修调右侧的“100%”和“+”、“−”按键，修调 G00 快速移动时系统参数“最高快移速度”设置的速度。按“100%”按键（指示灯亮），快速修调倍率被置为 100%；按一下“+”按键，快速修调倍率递增 5%；按一下“−”按键，快速修调倍率递减 5%。

(3) 主轴修调

在自动方式或 MDI 运行方式下，当 S 代码编程的主轴速度偏高或偏低时，可用主轴修调右侧的“100%”和“+”、“−”按键，修调程序中编制的主轴速度。按“100%”按键（指示灯亮），主轴修调倍率被置为 100%；按一下“+”按键，主轴修调倍率递增 5%；按一下“−”按键，主轴修调倍率递减 5%。机械齿轮换挡时，主轴速度不能修调。

(4) 机床锁住

禁止机床坐标轴动作。在自动运行开始前，按一下“机床锁住”按键（指示灯亮），再按“循环启动”按键，系统继续执行程序，显示屏上的坐标轴位置信息变化，但不输出伺服轴的移动指令，所以机床停止不动。这个功能用于校验程序。

注意：

① 即便是 G28、G29 功能，刀具也不运动到参考点；

② 机床辅助功能 M、S、T 仍然有效；

③ 在自动运行过程中，按“机床锁住”按键，机床锁住无效；

④ 在自动运行过程中，只在运行结束时，方可解除机床锁住；

⑤ 每次执行此功能后，必须再次进行回参考点操作。

3.7 网络与通信

本节主要介绍网络路径的建立、网络程序的操作以及串口的连接和串口程序的操作，其中的某些内容在前面作过详细的描述，这里单独列出主要为了便于操作。

(1) 以太网连接

以太网连接的操作步骤如下。

① 在集线器（HUB）处连上网线。

② 在 HNC-21T 数控装置的以太网接口处连上网线。

③ 数控装置上电，如果以太网接口处的指示灯一闪一闪的，说明以太网连接好。

(2) 建立网络路径

建立网络路径的操作步骤如下。

① 在编辑功能子菜单（见图 3-4）下按 F1 键，弹出图 3-105 所示的文件管理子菜单。

② 用▲、▼键选中“映射网络盘”选项。

③ 按 Enter 键，弹出图 3-106 所示的映射网络路径输入框。

④ 在映射网络路径输入框内输入一个虚拟驱动器名及其对应的具体网络路径名，如 X：\\LK\SIMTOG。

⑤ 按 Enter 键，弹出图 3-107 所示对话框。

⑥ 按下机床控制面板上的“急停”按钮。

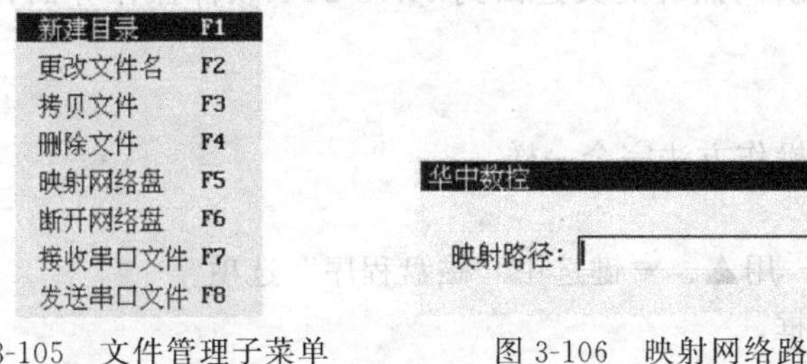

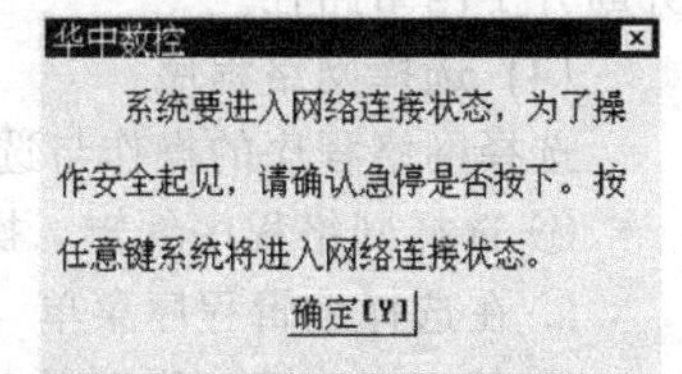

图 3-105 文件管理子菜单　　图 3-106 映射网络路径　　图 3-107 建立网络连接

⑦ 按 MDI 键盘上任意键，如果映射的网络路径不需要共享密码，则系统出现瞬间黑屏后又返回到 HNC-21T 软件操作界面，并建立了网络路径。

⑧ 否则弹出图 3-108 所示画面。

```
HCNC2000 Build 2001-03-30.
Copyright (C) Wuhan Huazhong Numerical Control System Co. Ltd.
tel:+86-27-87542713,87545256      fax:+86-27-87545256,87542713
email:market@HuazhongCNC.com     http://HuazhongCNC.com
The password is invalid for \\LK\SIMTOG. For more information, contact your
ne t work administrator.
Type the password for \\LK\SIMTOG:_
```

图 3-108 输入共享密码

⑨ 输入共享密码，按 Enter 键，系统出现瞬间黑屏后又返回到 HNC-21T 软件操作界面，并建立了网络路径。

注意：

① 建立网络路径后，可以像访问系统内部的硬盘一样访问映射的网络盘。

② 虚拟驱动器名可以是 A～Z 中的任一字母，不过一般选择本地盘之外的盘符，如 X:。

③ 网络路径名要求以“\\”开始，然后才是机器名，再加“\”，再接具体的共享目录名。例如，想访问机器名为 YBS 的 MAILBOX 目录下的文件，则网络路径名为“\\YBS\MAILBOX”。

(3) 断开网络路径

断开网络路径的操作步骤如下。

① 在文件管理子菜单（见图 3-105）中，用▲、▼键选中“断开网络盘”选项。

② 按 Enter 键，弹出图 3-109 所示的断开网络路径输入框。

③ 在断开网络路径输入框内输入一个已建立网络连接的虚拟驱动器名，如 X:。

④ 按 Enter 键，弹出图 3-110 所示对话框。

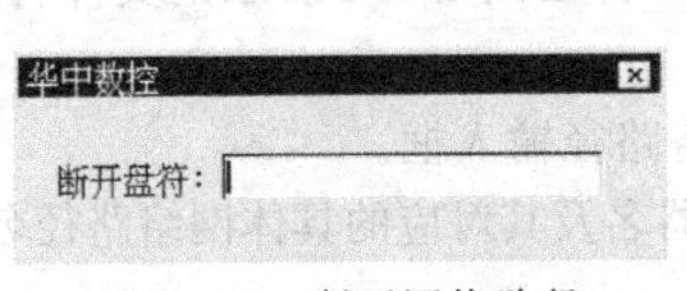

图 3-109　断开网络路径

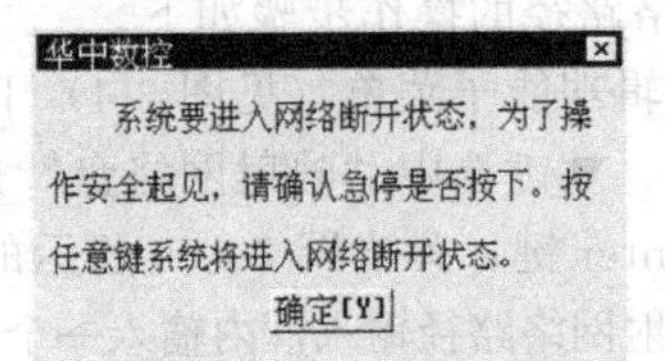

图 3-110　断开网络连接

⑤ 按下机床控制面板上的“急停”按钮。

⑥ 按 MDI 键盘上任意键，则系统出现瞬间黑屏后又返回到 HNC-21T 软件操作界面，并断开了网络路径。

(4) 选择网络程序

选择网络程序的操作与选择磁盘程序的操作方法完全一样。

① 选择网络程序编辑，操作方法如下。

a. 在选择编辑程序菜单（见图 3-5）中，用▲、▼键选中“磁盘程序”选项。

b. 按 Enter 键，弹出图 3-111 所示对话框。

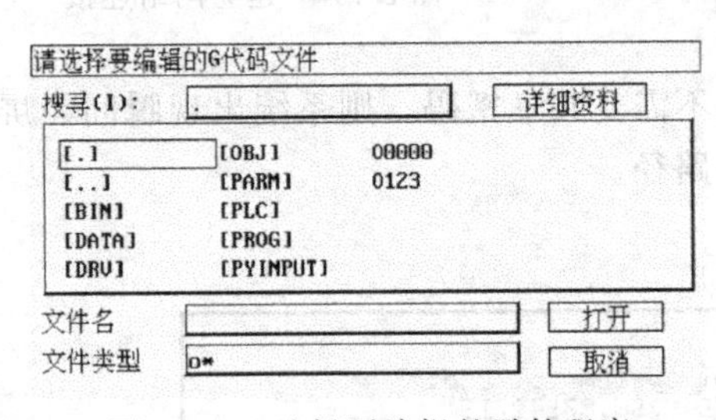

图 3-111　选择要编辑的零件程序

c. 连续按 Tab 键，将蓝色亮条移到“搜寻”栏。

d. 按▼键，弹出系统的本地盘和网络盘，用▲、▼键选择网络盘，如［X:］。

e. 按 Enter 键，文件列表框中显示被选网络盘的目录和文件。

f. 按 Tab 键进入文件列表框。

g. 用▲、▼、▶、◀、Enter 键选中想要编辑的网络程序的路径和名称。

h. 按 Enter 键，如果被选文件不是零件程序，将弹出图 3-112 所示对话框，不能调入文件。

i. 如果被选文件是只读 G 代码文件（可编辑，但不能保存，只能另存），将弹出图 3-113所示对话框。

j. 否则直接调入文件到编辑缓冲区（图形显示窗口）进行编辑。

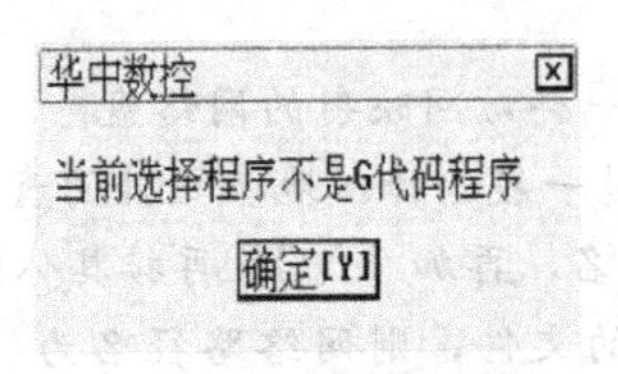

图 3-112　提示文件类型错

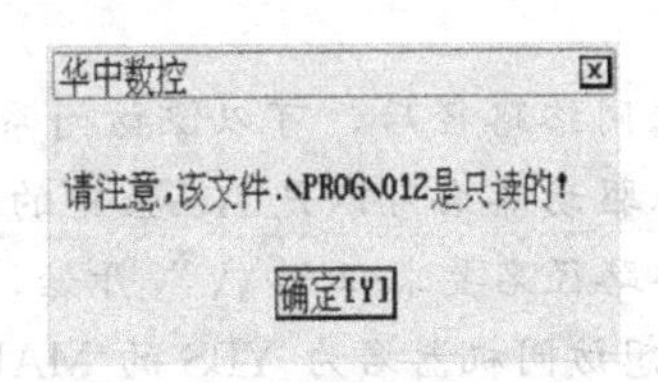

图 3-113　提示文件只读

② 选择网络程序加工，操作方法与选择网络程序进行编辑的操作方法完全一样，只不

过最终调入文件到加工缓冲区。

(5) 复制网络程序

复制网络程序的操作与复制磁盘程序的操作方法完全一样。

① 在文件管理子菜单（见图 3-105）中，用▲、▼键选中“拷贝文件”选项。

② 按 Enter 键，弹出图 3-114 所示对话框。

③ 按本节（4）的①中步骤 c. ～h. 选择被拷贝的网络源文件路径及文件名。

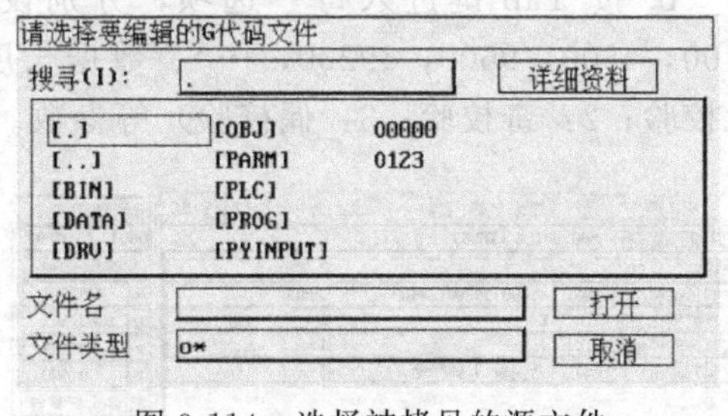

图 3-114　选择被拷贝的源文件

④ 按 Enter 键，弹出图 3-115 所示对话框。

⑤ 按本节（4）的①中步骤 c. ～g. 选择要拷贝的目标文件网络路径。

⑥ 按 Tab 键，进入“文件名”栏。

⑦ 在“文件名”栏输入要拷贝的目标文件名。

⑧ 按 Enter 键，弹出图 3-116 所示的提示对话框。

⑨ 按 Y 键或 Enter 键完成拷贝。

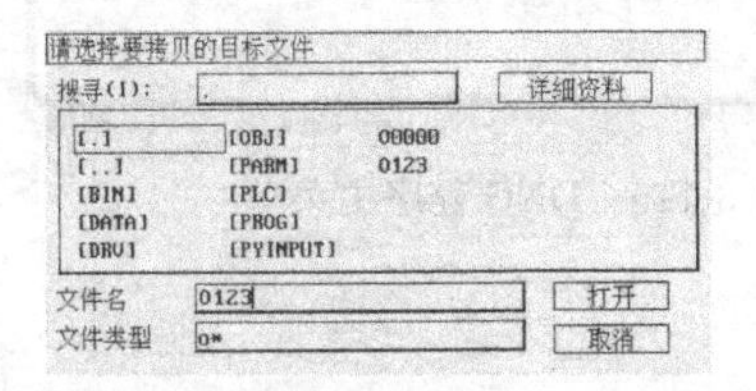

图 3-115　选择要拷贝的目标文件

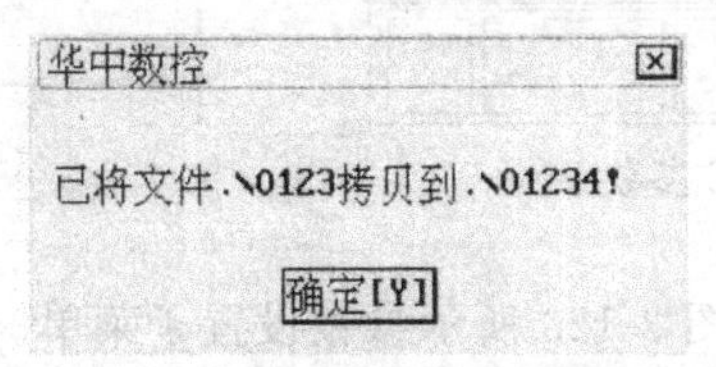

图 3-116　拷贝成功提示

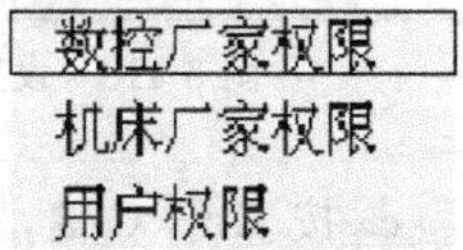

数控厂家权限
机床厂家权限
用户权限

图 3-117　选择修改参数的权限

(6) 保存到网络

在编辑状态下，按 F4 键可对当前编辑的网络程序进行存盘，按 F5 键可将当前编辑程序另存为网络程序。注意：将编辑程序保存到网络的前提是网络路径必须是完全共享的，否则系统会弹出对话框提示不能保存文件。

(7) RS232 连接

用串口线连接 HNC-21T 的 RS232 串口和上位计算机的 RS232 串口，然后分别在数控装置侧和上位计算机侧执行下述操作。

① 数控装置侧串口参数的设置，操作步骤如下。

a. 在参数功能子菜单下按 F3 键，弹出图 3-117 所示的菜单。

b. 用▲、▼键选择“用户权限”选项，按 Enter 键确认，系统将弹出输入口令对话框。

c. 在输入栏输入相应口令，按 Enter 键确认。

d. 在参数功能子菜单下按 F1 键，系统将弹出参数索引子菜单。

e. 用▲、▼键选择“DNC 参数”选项，按 Enter 键确定，此时图形显示窗口将显示 DNC 参数的参数名及参数值，如图 3-118 所示。

f. 用▲、▼键移动蓝色亮条到要设置的选项处。

g. 按 Enter 键，则进入编辑设置状态，用▶、◀、BS、Del 键进行编辑，按 Enter 键确认。

h. 按 Esc 键，退出编辑。如果有参数被修改，系统将提示是否存盘，按 Y 键存盘，按 N 键不存盘。

i. 按 Y 键后，系统将提示是否当默认值（出厂值）保存，按 Y 键存为默认值，按 N 键取消。

j. 系统回到上一级参数选择菜单后，若继续按 Esc 键，将退回到参数功能子菜单。

② 上位计算机参数设置。

a. 在上位计算机上执行 DNC 程序，弹出图 3-119 所示主菜单。

b. 按 Tab 键进入每一选项，分别设置端口号（1，2）、波特率（300，600，1200，2400，4800，9600，19200，…）、数据长度（5，6，7，8）、停止位（1，2）、校验位（1：无校验；2：奇校验；3：偶校验）等参数。

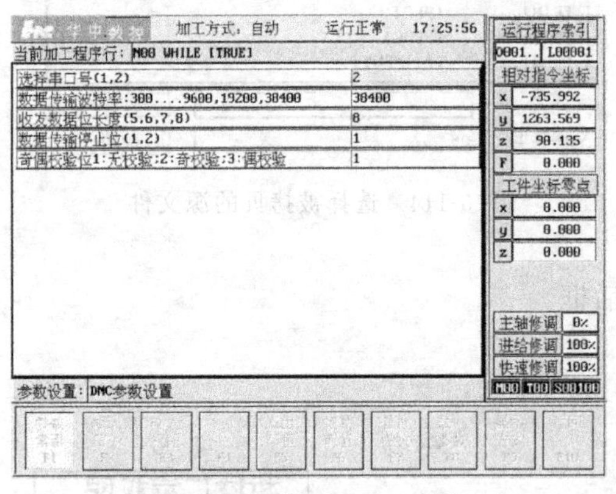

图 3-118 设置 DNC 参数

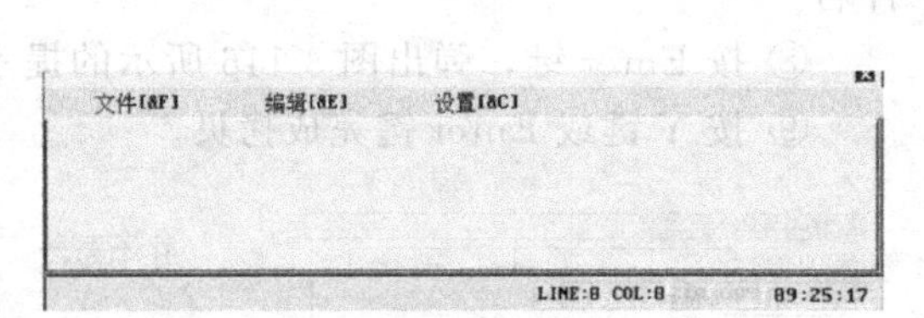

图 3-119 DNC 程序主菜单

c. 按 Alt+C 键，弹出图 3-120 所示参数设置子菜单。

(8) 读入串口程序

① 读入串口程序到编辑缓冲区，操作步骤如下。

a. 在选择编辑程序菜单（见图 3-5）中，用▲、▼键选中“串口程序”选项。

b. 按 Enter 键，系统命令行提示“正在和发送串口数据的计算机联络”。

c. 在上位计算机的主菜单（见图 3-119）下按 Alt+F 键，弹出图 3-121 所示文件子菜单。

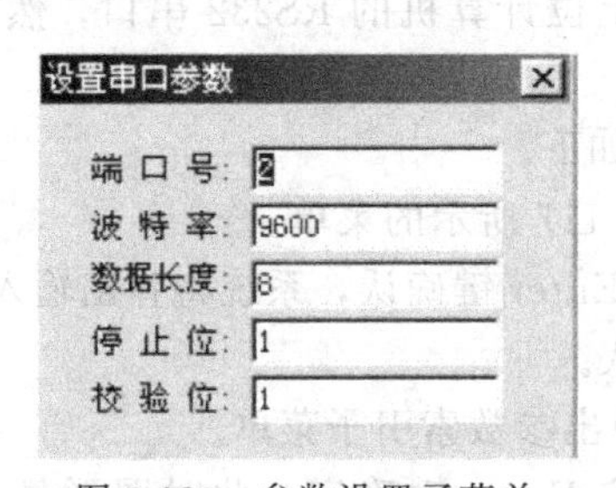

图 3-120 参数设置子菜单

图 3-121 文件子菜单

d. 用▲、▼键选择“发送 DNC 程序”选项。

e. 按 Enter 键，弹出图 3-122 所示对话框。

f. 选择要发送的 G 代码文件。

g. 按 Enter 键，弹出图 3-123 所示对话框，提示“正在和接收数据的 NC 装置联络”。

h. 联络成功后，开始传输文件，上位计算机上有进度条显示传输文件的进度，并提示“请稍等，正在通过串口发送文件，要退出请按 Alt-E” HNC-21T 的命令行提示“正在接收串口文件”。

i. 传输完毕，上位计算机上弹出对话框提示“文件发送完毕”，HNC-21T 的命令行提示“接收串口文件完毕”，编辑器将调入串口程序到编辑缓冲区。

② 读入串口文件到电子盘，操作方法如下。

a. 在文件管理子菜单（见图 3-105）中，用▲、▼键选中“接收串口文件”选项。

b. 按 Enter 键，弹出图 3-124 所示对话框。

图 3-122 在上位计算机选择要发送的文件

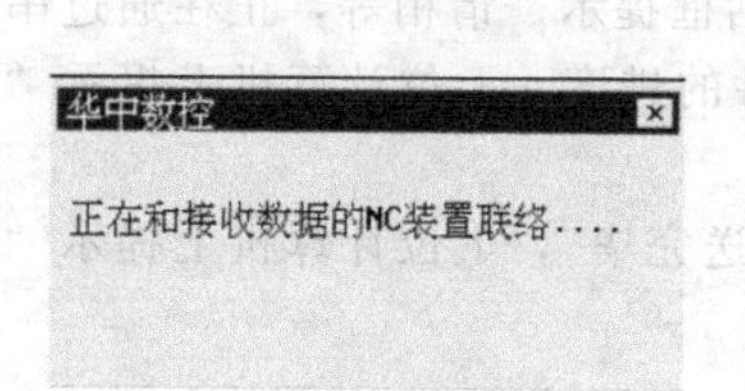

图 3-123 提示正在和接收数据的 NC 装置联络

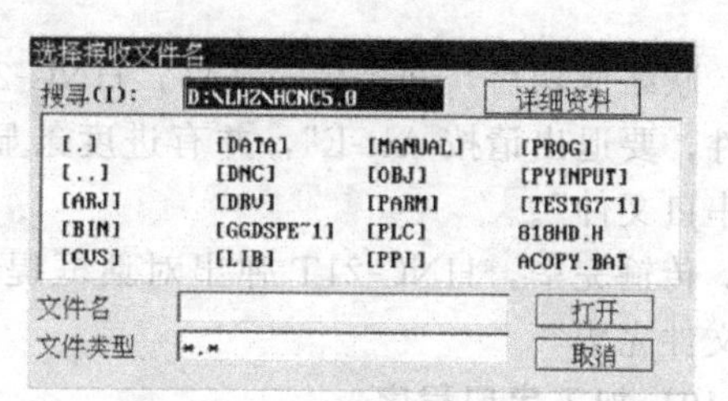

图 3-124 选择接收文件名

c. 输入接收路径和文件名。

d. 按 Enter 键，命令行提示“正在和发送串口数据的计算机联络”。

e. 在上位计算机的文件子菜单（见图 3-121）下，用▲、▼键选择“发送 DNC 程序”选项。

f. 按 Enter 键，弹出图 3-122 所示对话框。

g. 选择要发送的 G 代码文件。

h. 按 Enter 键，弹出图 3-123 所示对话框，提示“正在和接收数据的 NC 装置联络”。

i. 联络成功后，开始传输文件，上位计算机上有进度条显示传输文件的进度，并提示“请稍等，正在通过串口发送文件，要退出请按 Alt-E”，HNC-21T 的命令行提示“正在接收串口文件”。

j. 传输完毕，上位计算机上弹出对话框提示“文件发送完毕”，HNC-21T 的命令行提示“接收串口文件完毕”。

(9) 发送串口程序

① 发送当前编辑的串口程序到上位计算机。如果当前编辑的是上位计算机传来的串口程序，编辑完成后，按 F4 键可将当前编辑程序通过串口回送到上位计算机。

② 发送电子盘文件到上位计算机。通过串口发送电子盘文件到上位计算机的操作方法如下。

a. 在上位计算机的主菜单（见图 3-119）下按 Alt＋F 键，弹出图 3-121 所示文件子菜单。

b. 用▲、▼键选择“接收 DNC 程序”选项。

c. 按 Enter 键，弹出图 3-124 所示对话框。

d. 输入接收路径和文件名，按 Enter 键。

e. 在 HNC-21T 的文件管理子菜单（见图 3-105）中，用▲、▼键选中“发送串口文件”

选项。

f. 按 Enter 键，弹出图 3-125 所示对话框。

g. 选择发送路径和文件名。

h. 按 Enter 键，弹出图 3-126 所示对话框，提示“正在和接收串口数据的计算机联络”。

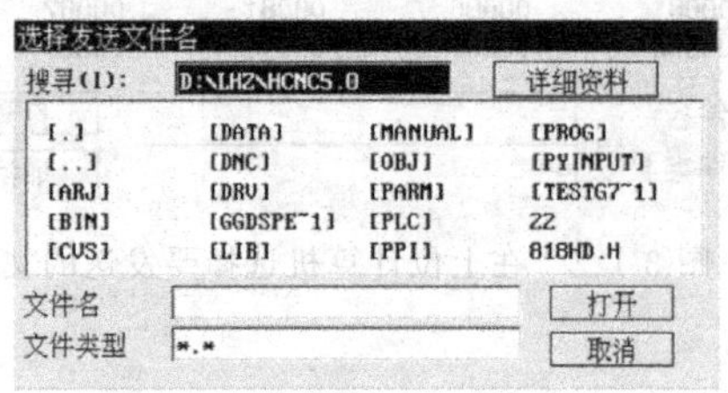

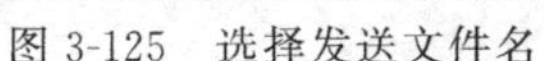
图 3-125 选择发送文件名

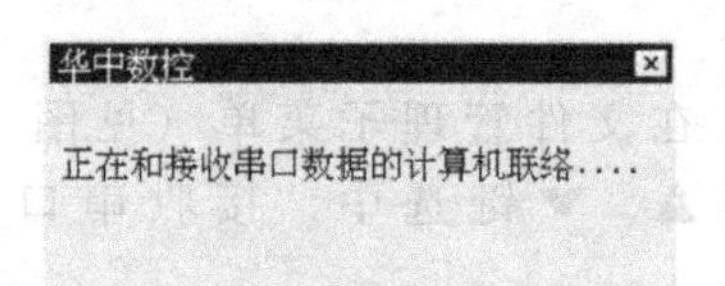

图 3-126 提示正在和接收串口数据的计算机联络

i. 联络成功后，开始传输文件，HNC-21T 弹出对话框提示“请稍等，正在通过串口发送文件，要退出请按 Alt-E”，并有进度条显示传输文件的进度，上位计算机上提示“正在接收串口文件”。

j. 传输完毕，HNC-21T 弹出对话框提示“文件发送完毕”，上位计算机上提示“接收串口文件完毕”。

(10) 加工串口程序

加工串口程序（DNC 程序）的操作步骤见 3.6.1 节（3）。

3.8 数控车床的操作步骤

在进行零件加工准备工作之后，就可以用数控车床进行加工了。具体操作步骤如下。

(1) 开机

数控车床在开机前，应先进行机床的开机前检查。一切没有问题之后，首先打开机床总电源，然后打开控制系统电源。在显示屏上应出现机床的初始位置坐标。检查操作面板上的各指示灯是否正常，各按钮、开关是否处于正确位置；显示屏上是否有报警显示，若有问题应及时予以处理；液压装置的压力表是否在所要求的范围内。若一切正常，就可以进行下面的操作。

(2) 回零

开机正常之后，机床应首先进行手动回零操作。将主功能键设在“回零”位置，按下“回零”操作键，进行手动回零。先按下＋Z 键，再按下＋X 键，刀架回到机床的机械零点，显示屏上出现零点标志，表示机床已回到机床零点位置。

(3) 工件装夹

松开卡盘，将已准备好的棒料毛坯放入卡盘，将卡盘锁紧，检查工件是否夹紧。

(4) 对刀

对刀得出刀具的 X、Z 方向的参数。对于加工批量零件，由于工件毛坯长度不同，安装后其伸出卡爪长度不同，应进行零点偏置（G54、G55 等）设定。如果是第一件加工，零点偏置为零。按下主功能的补偿键，进入参数设置状态，根据工件装夹及工件坐标系，将所用各把刀具的刀偏量 X、Z 输入刀具的参数数据库里面。

(5) 编辑并调用程序

按下主功能的程序键，进入加工程序编辑。在此状态下可通过手动数据输入方式或 RS232 接口将加工程序输入机床，可对程序进行编辑和修改。调用加工用的程序。

(6) 图形模拟加工

① 按下主功能的图形模拟键，进入图形模拟加工状态。

② 输入毛坯内、外径及伸出卡爪长度，调整毛坯大小。根据加工程序中使用的刀具，设置刀号。

③ 加工零件所用刀具号全部设好后，按下确认键、图形模拟键进行模拟加工。如加工路径有错，回到加工程序编辑状态进行修改。修改后，再进行模拟加工，直到完全正确为止。

(7) 程序试运行

修改工件坐标系参数，将刀架移动到安全位置后执行程序，进一步检查程序编制、刀具安装、对刀的正确性。程序如顺利运行，才可进行工件自动加工。

(8) 自动加工

在以上操作完成后，可进行自动加工，加工步骤如下。

① 选择主功能的自动执行状态。

② 选择要执行的零件程序。

③ 显示工件坐标系。

④ 按下数控启动键。

⑤ 在自动加工中如遇突发事件，应立即按下“急停”按钮。

(9) 测量工件

程序执行完毕，返回到设定高度，机床自动停止。用游标卡尺测量主要尺寸，如轮廓的尺寸和长度尺寸。根据测量结果修改刀具补偿值，重新执行程序，加工工件，直到达到加工要求。加工完毕，取下工件，对照图样上标注的尺寸和技术要求进行测量，并对测量结果进行质量分析，如不合格，找出原因，采取改进措施。

(10) 结束加工、关机

关机，清洁机床及周围环境。当一天的加工结束后应进行加工现场的清理。若全部零件加工完毕，还应对所有的工具、量具、工装、加工程序、工艺文件等进行整理。

思考题

1. 熟练掌握数控车床启动与停止的操作方法和步骤。
2. 熟练掌握数控车床回参考点的操作方法和步骤。
3. 熟练掌握数控车床手动的操作方法和步骤。
4. 熟练掌握数控车床 MDI 的操作方法和步骤。
5. 熟练掌握数控车床程序管理和编辑的操作方法和步骤。
6. 熟悉在三爪卡盘上装夹工件的方法。
7. 熟悉在四爪卡盘上装夹工件和找正的方法。
8. 熟悉在数控车床上安装刀具的方法。
9. 熟悉在数控车床上的对刀方法和数据设置方法。
10. 熟悉在数控车床上的自动加工方法。
11. 熟悉在数控车床和计算机之间的数据传输方法。
12. 简述数控车床的操作步骤。

Chapter 4

第4章 数控车床编程方法训练

4.1 数控车削编程单位和坐标系的设定与选择

4.1.1 单位的设定与选择

(1) 尺寸单位选择 (G20/G21)

① 英制输入制 (G20)。

② 公制 (米制) 输入制 (G21)。

G20、G21 为模态功能，可相互注销，G21 为默认值。两种单位制下线性轴和旋转轴的尺寸单位如表 4-1 所示。

表 4-1 尺寸输入制及其单位

项目	线性轴	旋转轴	项目	线性轴	旋转轴
英制(G20)	英寸(inch)	度(°)	公制(G21)	毫米(mm)	度(°)

(2) 进给速度单位设定 (G94/G95)

① 每转进给指令 (G95)。即主轴转一周时刀具的进给量。在含有 G95 的程序段后面，遇到 F 指令时，则认为 F 所指定的进给速度单位为 mm/r。

② 每分钟进给指令 (G94)。在含有 G94 的程序段后面，遇到 F 指令时，则认为 F 所指定的进给速度单位为 mm/min。系统开机状态为 G94 状态，只有输入 G95 指令后，G94 才被取消。

当工作在 G01、G02 或 G03 方式下，编程的 F 一直有效，直到被新的 F 值所取代；而工作在 G00 方式下，快速定位的速度是各轴的最高速度，与所编 F 无关。

借助机床控制面板上的倍率按键，F 可在一定范围内进行倍率修调。当执行攻螺纹循环 G76、G82 和螺纹切削 G32 时，倍率按钮失效，进给倍率固定在 100%。当使用每转进给方式时，必须在主轴上安装一个位置编码器。

4.1.2 坐标系的设定与选择

(1) 坐标系设定 (G92)

① 格式与说明。

a. 格式。

```
G92  X_Z_;
```

b. 说明。

X、Z：对刀点到工件坐标系原点的有向距离。

当执行 G92　XαZβ 指令后，系统内部即对（α，β）进行记忆，并建立一个使刀具当前点坐标值为（α，β）的坐标系，系统控制刀具在此坐标系中按程序进行加工。执行该指令只建立一个坐标系，刀具并不产生运动。G92 指令为非模态指令，执行该指令时，若刀具当前点恰好在工件坐标系的 α 和 β 坐标值上，即刀具当前点在对刀点位置上，此时建立的坐标系即为工件坐标系，加工原点与程序原点重合。若刀具当前点不在工件坐标系的 α 和 β 坐标值上，则加工原点与程序原点不一致，加工出的产品就有误差或报废，甚至出现危险。因此执行该指令时，刀具当前点必须恰好在对刀点上，即工件坐标系的 α 和 β 坐标值上。由上可知要正确加工，加工原点与程序原点必须一致，故编程时加工原点与程序原点考虑为同一点。实际操作时怎样使两点一致，由操作时对刀完成。

② 举例。

【例 4-1】 如图 4-1 所示坐标系的设定，当以工件左端面为工件原点时，应按以下程序段建立工件坐标系。

```
G92  X198  Z268;
```

当以工件右端面为工件原点时，应按以下程序段建立工件坐标系。

```
G92  X198  Z58;
```

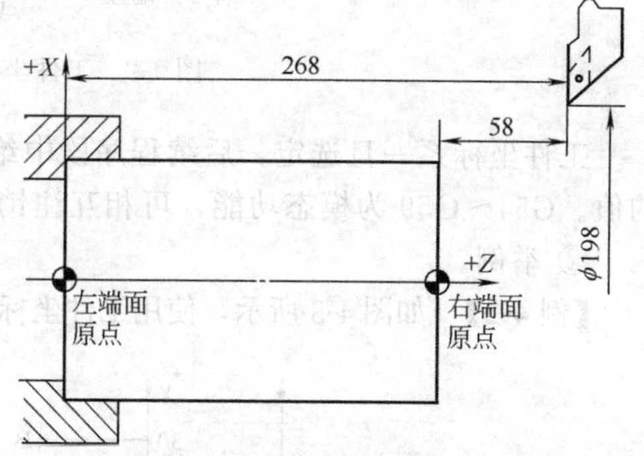

图 4-1　G92 设定坐标系

显然，当 α、β 不同，或改变刀具位置时，即刀具当前点不在对刀点位置上，则加工原点与程序原点不一致。因此在执行程序段 G92　XαZβ 前，必须先对刀。

③ X、Z 值的选择原则。X、Z 值的确定，即确定对刀点在工件坐标系下的坐标值，其选择的一般原则为：

a. 方便数学计算和简化编程。

b. 容易找正对刀。

c. 便于加工检查。

d. 引起的加工误差小。

e. 不要与机床、工件发生碰撞。

f. 方便拆卸工件。

g. 空行程不要太长。

（2）坐标系选择（G54～G59）

① 格式与说明。

a. 格式。

$$\begin{cases} G54 \\ G55 \\ G56 \\ G57 \\ G58 \\ G59 \end{cases}$$

b. 说明。

G54～G59 是系统预定的 6 个坐标系（见图 4-2），可根据需要任意选用。加工时其坐标系的原点，必须设为工件坐标系的原点在机床坐标系中的坐标值，否则加工出的产品就有误差或报废，甚至出现危险。这 6 个预定工件坐标系的原点在机床坐标系中的值（工件零点偏置值）可用 MDI 方式输入，系统自动记忆。

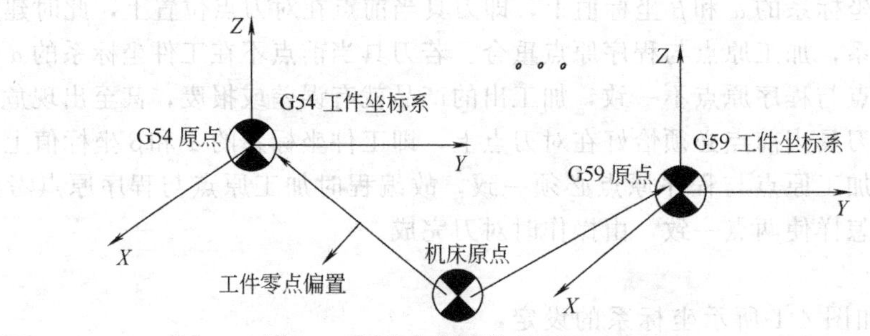

图 4-2 工件坐标系选择（G54～G59）

工件坐标系一旦选定，后续程序段中绝对值编程时的指令值均为相对此工件坐标系原点的值。G54～G59 为模态功能，可相互注销，G54 为默认值。

② 举例。

【例 4-2】 如图 4-3 所示，使用工件坐标系编程，要求刀具从当前点移动到 A 点，再从 A 点移动到 B 点，当前点→A→B 的程序如下。

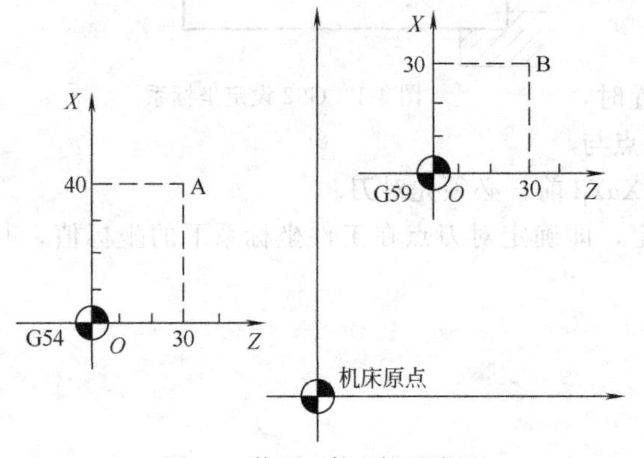

图 4-3 使用工件坐标系编程

```
%0001;
N10 G54 G00 G90 X40 Z30;
N20 G59;
N30 G00 X30 Z30;
N40 M30;
```

③ 注意点。

a. 使用该组指令前，先用 MDI 方式输入各坐标系的坐标原点在机床坐标系中的坐标值。

b. 使用该组指令前，必须先回参考点。

(3) 直接机床坐标系编程（G53）

G53 是机床坐标系编程，在含有 G53 的程序段中，绝对值编程时的指令值是在机床坐标系中的坐标值。G53 为非模态指令。

4.1.3 绝对编程方式与增量编程方式

(1) G90/G91

① G90：绝对值编程，每个编程坐标轴上的编程值是相对于程序原点的。

② G91：相对值编程，每个编程坐标轴上的编程值是相对于前一位置而言的，该值等于沿轴移动的距离。

绝对编程时，用 G90 指令后面的 X、Z 表示 X 轴、Z 轴的坐标值。

增量编程时，用 U、W 或 G91 指令后面的 X、Z 表示 X 轴、Z 轴的增量值。

其中表示增量的字符 U、W 不能用于循环指令 G80、G81、G82、G71、G72、G73、

G76 的程序段中，但可用于定义精加工轮廓的程序中。G90、G91 为模态功能，可相互注销，G90 为默认值。

（2）举例

【例 4-3】 如图 4-4 所示，使用 G90、G91 编程。要求刀具由原点按 1→2→3 点顺序移动，然后回到原点。

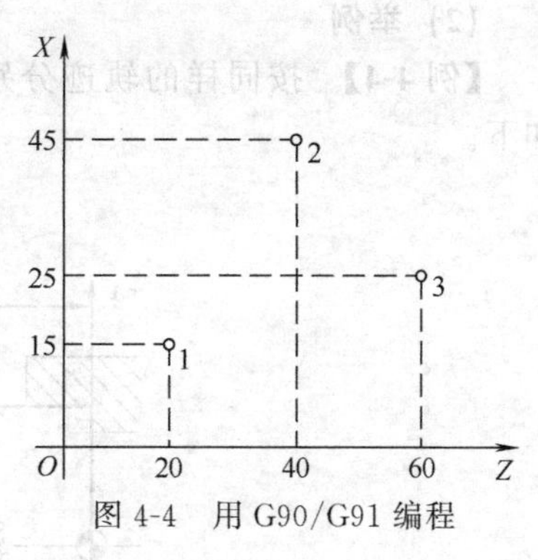

图 4-4　用 G90/G91 编程

① 用 G90 编程。

```
%0002;
N10  G92  X0  Z0;
N20  G01  X15  Z20;
N30  X45  Z40;
N40  X25  Z60;
N50  X0  Z0;
N60  M30;
```

② 用 G91 编程。

```
%0003;
N10  G91;
N20  G01  X15  Z20;
N30  X30  Z20;
N40  X－20  Z20;
N50  X－25  Z－60;
N60  M30;
```

③ 混合编程。

```
%0004;
N10  G92  X0  Z0;
N20  G01  X15  Z20;
N30  U30  Z40;
N40  X25  W20;
N50  X0  Z0;
N60  M30;
```

选择合适的编程方式可使编程简化。当图样尺寸由一个固定基准给定时，采用绝对方式编程较为方便；而当图样尺寸以轮廓顶点之间的间距给出时，采用相对方式编程较为方便。G90、G91 可用于同一程序段中，但要注意其顺序所造成的差异。

4.1.4　直径方式编程与半径方式编程

（1）格式与说明

① 格式。

```
G36
G37
```

② 说明。

G36：直径编程。

G37：半径编程。

数控车床的工件外形通常是旋转体，其 X 轴尺寸可以用两种方式加以指定：直径方式和半径方式。G36 为默认值，机床出厂一般设为直径编程。本书例题，未经说明均为直径编程。

（2）举例

【例 4-4】 按同样的轨迹分别用直径、半径编程，加工图 4-5 所示的工件，程序分别如下。

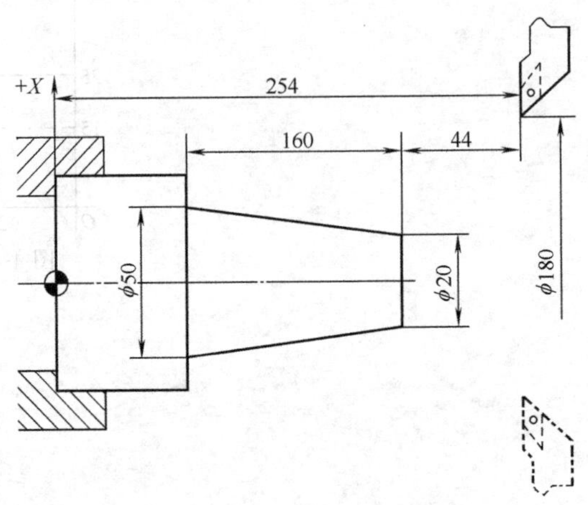

图 4-5 用直径/半径编程

① 直径编程。

```
%0005;
N10  G92  X180  Z254;
N20  G36  G01  X20  W－44;
N30  U30  Z50;
N40  G00  X180  Z254;
N50  M30;
```

② 半径编程。

```
%0006;
N10  G92  X90  Z254;
N20  G37  G01  X10  W－44;
N30 U15  Z50;
N40  G00  X90  Z254;
N50  M30;
```

（3）注意点

① 在直径编程下，应注意的条件如表 4-2 所示。

② 使用直径、半径编程时，系统参数设置要求与之对应。

表 4-2 在直径编程下应注意的条件

项目	注意事项	项目	注意事项
Z 轴指令	与直径、半径无关	圆弧插补的半径指令(R、I、K)	用半径值指令
X 轴指令	用直径值指令	X 轴方向的进给速度	半径的变化/转，半径的变化/分
坐标系的设定	用直径值指令	X 轴的位置显示	用直径值显示

4.2　进给功能设定

4.2.1　快速定位（G00）

① 格式。

```
G00  X(U)_Z(W)_;
```

② 说明。

X、Z：绝对编程时，快速定位终点在工件坐标系中的坐标。

U、W：增量编程时，快速定位终点相对于起点的位移量。

G00 指令刀具相对于工件以各轴预先设定的速度，从当前位置快速移动到程序段指令的定位目标点。

G00 指令中的快移速度由机床参数“快移进给速度”对各轴分别设定，不能用 F 规定。

G00 一般用于加工前快速定位或加工后快速退刀。快移速度可由面板上的快速修调按键修正。G00 为模态功能，可由 G01、G02、G03 或 G32 功能注销。

③ 注意点。

在执行 G00 指令时，由于各轴以各自速度移动，不能保证各轴同时到达终点，因而联动直线轴的合成轨迹不一定是直线。操作人员必须格外小心，以免刀具与工件发生碰撞。常见的做法是，将 X 轴移动到安全位置，再放心地执行 G00 指令。

4.2.2　线性进给及倒角（G01）

（1）线性进给

① 格式。

```
G01  X(U)____Z(W)____F____;
```

② 说明。

X、Z：绝对编程时，终点在工件坐标系中的坐标。

U、W：增量编程时，终点相对于起点的位移量。

F____：合成进给速度。

G01 指令刀具以联动的方式，按 F 规定的合成进给速度，从当前位置按线性路线（联动直线轴的合成轨迹为直线）移动到程序段指令的终点。

G01 是模态代码，可由 G00、G02、G03 或 G32 功能注销。

③ 举例。

【例 4-5】 如图 4-6 所示，用直线插补指令编程。

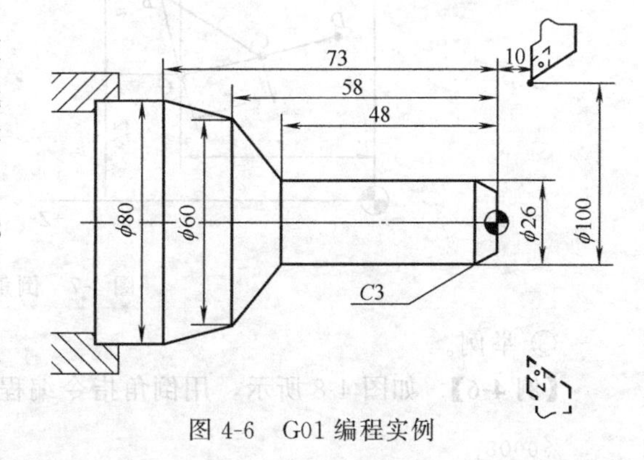

图 4-6　G01 编程实例

```
%0007;
N10  G92 X100 Z10;          设立坐标系，定义对刀点的位置
N20  G00 X16 Z2 M03;        移到倒角延长线，Z 轴 2mm 处
N30  G01 U10 W－5 F300;     倒 3×45°角
```

```
N40  Z－48;                              加工 φ26mm 外圆
N50  U34 W－10;                          切第一段锥
N60  U20 Z－73;                          切第二段锥
N70  X90;                                退刀
N80  G00 X100 Z10;                       回对刀点
N90  M05;                                主轴停
N100 M30;                                主程序结束并复位
```

(2) 倒直角

① 格式。

```
G01  X (U) ____Z (W) ____C____;
```

② 说明。

直线倒角 G01，指令刀具从 A 点到 B 点，然后到 C 点，如图 4-7 所示。

X、Z：绝对编程时，未倒角前两相邻轨迹程序段的交点 G 的坐标值。

U、W：增量编程时，G 点相对于起始直线轨迹的始点 A 的移动距离。

C：相邻两直线的交点 G，相对于倒角始点 B 的距离。

(3) 倒圆角

① 格式。

```
G01  X (U) ____Z (W) ____R____;
```

② 说明。

直线倒角 G01，指令刀具从 A 点到 B 点，然后到 C 点，如图 4-7 所示。

X、Z：绝对编程时，未倒角前两相邻轨迹程序段的交点 G 的坐标值。

U、W：增量编程时，G 点相对于起始直线轨迹的始点 A 的移动距离。

R：倒角圆弧的半径值。

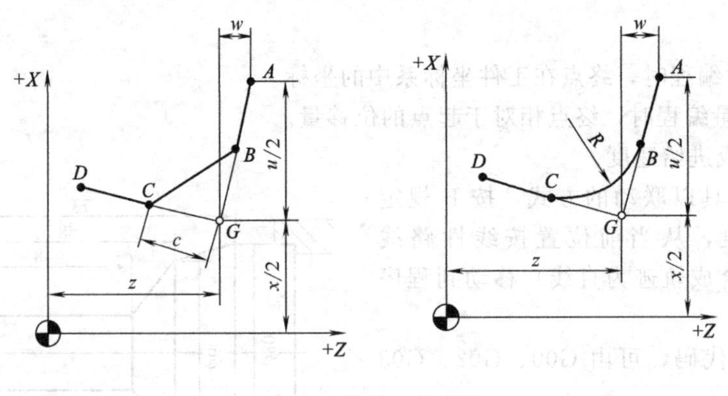

图 4-7　倒角参数说明

③ 举例。

【例 4-6】 如图 4-8 所示，用倒角指令编程。

```
%0008;
N10  G00 U－70 W－10;                    从编程规划起点,移到工件前端面中心处
N20  G01 U26 C3 F100;                    倒 3×45°直角
N30  W－22 R3;                           倒 R3mm 圆角
N40  U39 W－14 C3;                       倒边长为 3mm 等腰直角
```

```
N50  W－34;                     加工 φ65mm 外圆
N60  G00 U5 W80;                回到编程规划起点
N70  M30;                       主轴停、主程序结束并复位
```

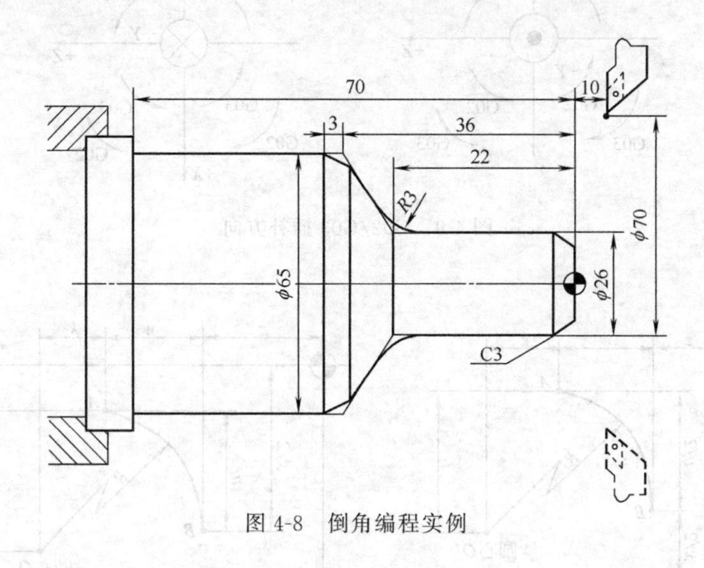

图 4-8　倒角编程实例

④ 注意点。

a. 在螺纹切削程序段中不得出现倒角控制指令。

b. 如图 4-7 所示，*X*、*Z* 轴指定的移动量比指定的 *R* 或 *C* 小时，系统将报警，即 *GA* 长度必须大于 *GB* 长度。

4.2.3　圆弧进给（G02/G03）

① 格式。

$$\begin{Bmatrix}G02\\G03\end{Bmatrix} X(U)\_Z(W)\_\begin{Bmatrix}I\_K\_\\R\_\end{Bmatrix} F\_;$$

② 说明。

G02/G03 指令刀具按顺时针/逆时针进行圆弧加工。

圆弧插补 G02/G03 的判断，是在加工平面内，根据其插补时的旋转方向为顺时针/逆时针来区分的。加工平面为观察者迎着 Y 轴的指向所面对的平面，如图 4-9 所示。

G02：顺时针圆弧插补，如图 4-9 所示。

G03：逆时针圆弧插补，如图 4-9 所示。

X、Z：绝对编程时，圆弧终点在工件坐标系中的坐标。

U、W：增量编程时，圆弧终点相对于圆弧起点的位移量。

I、K：圆心相对于圆弧起点的增加量（等于圆心的坐标减去圆弧起点的坐标，如图 4-10 所示）。在绝对、增量编程时都是以增量方式指定，在直径、半径编程时 I 都是半径值。

R：圆弧半径。

F：被编程的两个轴的合成进给速度。

③ 注意点。

a. 顺时针或逆时针是从垂直于圆弧所在平面的坐标轴的正方向看到的回转方向。

b. 同时编入 R 与 I、K 时，R 有效。

④ 举例。

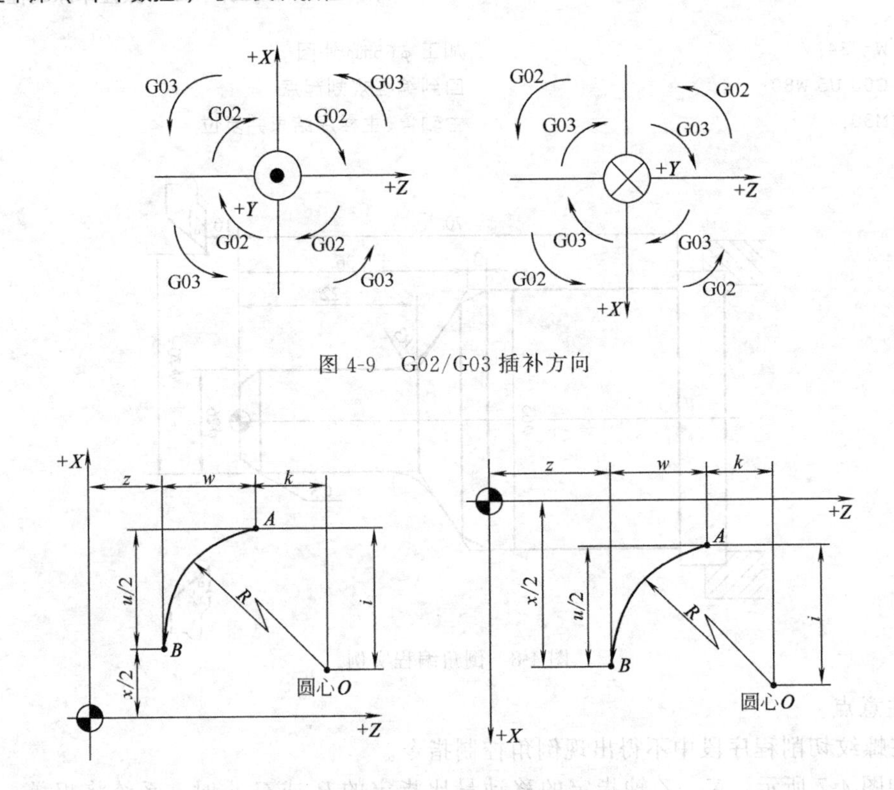

图 4-9　G02/G03 插补方向

图 4-10　G02/G03 参数说明

【例 4-7】 如图 4-11 所示，用圆弧插补指令编程。程序如下。

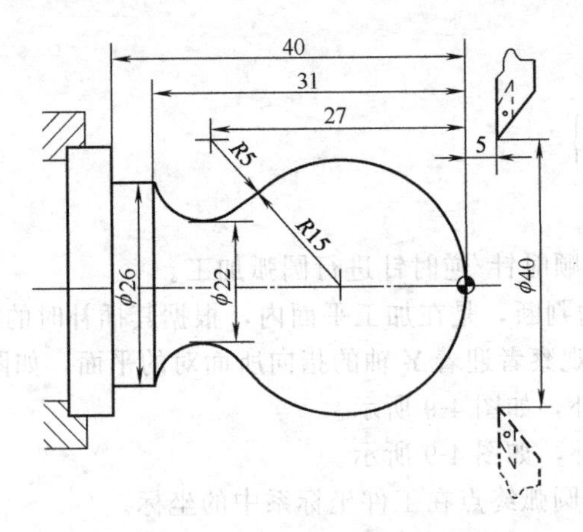

图 4-11　G02/G03 编程实例

```
%0009;
N10  G92 X40 Z5;              设立坐标系,定义对刀点的位置
N20  M03 S400;                主轴以 400r/min 旋转
N30  G00 X0;                  到达工件中心
N40  G01 Z0 F60;              工进接触工件毛坯
N50  G03 U24 W－24 R15;       加工 R15mm 圆弧段
N60  G02 X26 Z－31 R5;        加工 R5mm 圆弧段
N70  G01 Z－40;               加工 φ26mm 外圆
```

```
N80  X40 Z5;                       回对刀点
N90  M30;                          主轴停、主程序结束并复位
```

4.2.4　螺纹切削（G32）

（1）格式与说明

① 格式。

G32 X (U) ____ Z (W) ____ R ____ E ____ P ____ F ____;

② 说明。

X、Z：绝对编程时，有效螺纹终点在工件坐标系中的坐标。

U、W：增量编程时，有效螺纹终点相对于螺纹切削起点的位移量。

F：螺纹导程，即主轴每转一圈，刀具相对于工件的进给值。

R、E：螺纹切削的退尾量，R 表示 Z 向退尾量；E 为 X 向退尾量。R、E 在绝对或增量编程时都是以增量方式指定，其为正表示沿 Z、X 正向回退，为负表示沿 Z、X 负向回退。使用 R、E 可免去退刀槽。R、E 可以省略，表示不用回退功能；根据螺纹标准 R 一般取 0.75～1.75 倍的螺距，E 取螺纹的牙型高。

P：主轴基准脉冲处距离螺纹切削起始点的主轴转角。

使用 G32 指令能加工圆柱螺纹、锥螺纹和端面螺纹。图 4-12 所示为锥螺纹切削时各参数的意义。

螺纹车削加工为成形车削，且切削进给量较大，刀具强度较差，一般要求分数次进给加工。常用螺纹切削的进给次数与吃刀量［米制（公制）］如表 4-3 所示。常用螺纹切削的进给次数与吃刀量（英制）如表 4-4 所示。

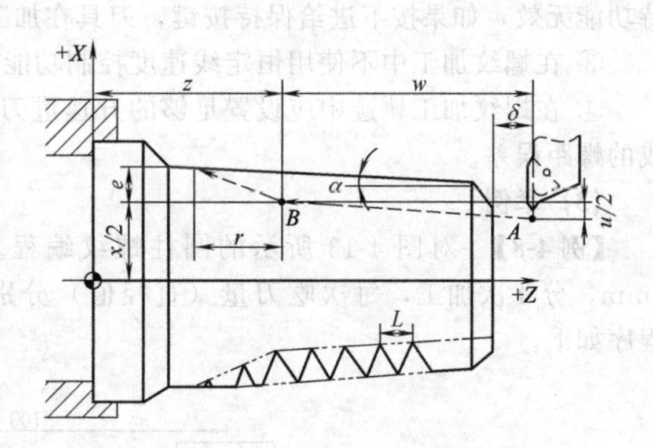

图 4-12　螺纹切削参数

表 4-3　常用螺纹切削的进给次数与吃刀量（米制）　　单位：mm

米制螺纹								
螺距		1.0	1.5	2	2.5	3	3.5	4
牙深(半径量)		0.649	0.974	1.299	1.624	1.949	2.273	2.598
切削次数及吃刀量(直径量)	1 次	0.7	0.8	0.9	1.0	1.2	1.5	1.5
	2 次	0.4	0.6	0.6	0.7	0.7	0.7	0.8
	3 次	0.2	0.4	0.6	0.6	0.6	0.6	0.6
	4 次		0.16	0.4	0.4	0.4	0.6	0.6
	5 次			0.1	0.4	0.4	0.4	0.4
	6 次				0.15	0.4	0.4	0.4
	7 次					0.2	0.2	0.4
	8 次						0.15	0.3
	9 次							0.2

表 4-4 常用螺纹切削的进给次数与吃刀量(英制)　　单位:英分(1英寸=8英分)

英制螺纹								
牙数/(牙/in)		24	18	16	14	12	10	8
牙深(半径量)		0.678	0.904	1.016	1.162	1.355	1.626	2.033
切削次数及吃刀量(直径量)	1次	0.8	0.8	0.8	0.8	0.9	1.0	1.2
	2次	0.4	0.6	0.6	0.6	0.6	0.7	0.7
	3次	0.16	0.3	0.5	0.5	0.6	0.6	0.6
	4次		0.11	0.14	0.3	0.4	0.4	0.5
	5次				0.13	0.21	0.4	0.5
	6次						0.16	0.4
	7次							0.17

(2) 注意点

① 从螺纹粗加工到精加工，主轴的转速必须保持一常数。

② 在没有停止主轴的情况下，停止螺纹的切削将非常危险。因此，螺纹切削时进给保持功能无效，如果按下进给保持按键，刀具在加工完螺纹后停止运动。

③ 在螺纹加工中不使用恒定线速度控制功能。

④ 在螺纹加工轨迹中应设置足够的升速进刀段 δ 和降速退刀段 δ'，以消除伺服滞后造成的螺距误差。

(3) 举例

【例 4-8】 对图 4-13 所示的圆柱螺纹编程。螺纹导程为 1.5mm，$\delta=1.5$mm，$\delta'=1$mm，分 4 次加工，每次吃刀量（直径值）分别为 0.8mm、0.6mm、0.4mm、0.16mm。程序如下。

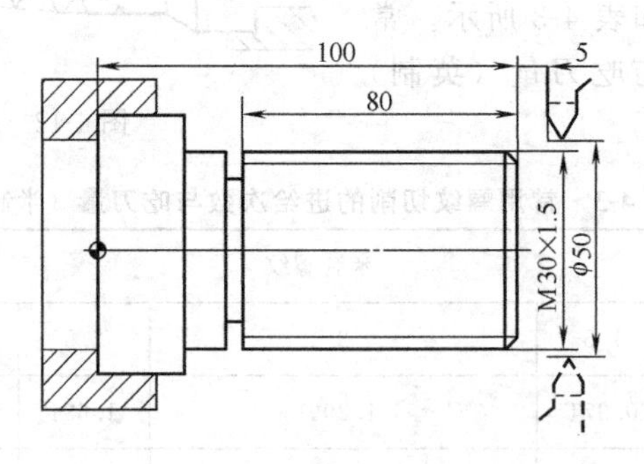

图 4-13 螺纹编程实例

```
%0010;
N10  G92 X50 Z105;          设立坐标系,定义对刀点的位置
N20  M03 S300;              主轴以 300r/min 旋转
N30  G00 X29.2 Z101.5;      到螺纹起点,升速段 1.5mm,吃刀深 0.8mm
N40  G32 Z19 F1.5;          切削螺纹到螺纹切削终点,降速段 1mm
N50  G00 X40;               X 轴方向快退
N60  Z101.5;                Z 轴方向快退到螺纹起点处
N70  X28.6;                 X 轴方向快进到螺纹起点处,吃刀深 0.6mm
N80  G32 Z19 F1.5;          切削螺纹到螺纹切削终点
```

```
N90   G00 X40;                  X 轴方向快退
N100 Z101.5;                    Z 轴方向快退到螺纹起点处
N110 X28.2;                     X 轴方向快进到螺纹起点处,吃刀深 0.4mm
N120 G32 Z19 F1.5;              切削螺纹到螺纹切削终点
N130 G00 X40;                   X 轴方向快退
N140 Z101.5;                    Z 轴方向快退到螺纹起点处
N150 U－11.96;                  X 轴方向快进到螺纹起点处,吃刀深 0.16mm
N160 G32 W－82.5 F1.5;          切削螺纹到螺纹切削终点
N170 G00 X40;                   X 轴方向快退
N180 X50 Z120;                  回对刀点
N190 M05;                       主轴停
N200 M30;                       主程序结束并复位
```

4.2.5　暂停指令（G04）

① 格式。

```
G04  P____;
```

② 说明。

P：暂停时间，单位为 s。

G04 在前一程序段的进给速度降到零之后才开始暂停动作。在执行含 G04 指令的程序段时，先执行暂停功能。G04 为非模态指令，仅在其被规定的程序段中有效。G04 可使刀具作短暂停留，以获得圆整而光滑的表面。该指令除用于切槽、钻镗孔外，还可用于拐角轨迹控制。

4.3　回参考点指令

(1) 自动返回参考点（G28）

① 格式。

```
G28  X____ Z____;
```

② 说明。

X、Z：绝对编程时，中间点在工件坐标系中的坐标。

U、W：增量编程时，中间点相对于起点的位移量。

G28 指令首先使所有的编程轴都快速定位到中间点，然后从中间点返回到参考点。

一般地，G28 指令用于刀具自动更换或者消除机械误差，在执行该指令之前应取消刀尖半径补偿。

在 G28 的程序段中不仅产生坐标轴移动指令，而且记忆了中间点坐标值，以供 G29 使用。

电源接通后，在没有手动返回参考点的状态下，指定 G28 时，从中间点自动返回参考点，与手动返回参考点相同。这时从中间点到参考点的方向就是机床参数“回参考点方向”设定的方向。

G28 指令仅在其被规定的程序段中有效。

(2) 自动从参考点返回（G29）

① 格式。

```
G29  X____ Z ____;
```

② 说明。

X、Z：绝对编程时，定位终点在工件坐标系中的坐标。

U、W：增量编程时，定位终点相对于G28中间点的位移量。

G29可使所有编程轴以快速进给经过由G28指令定义的中间点，然后再到达指定点。通常该指令紧跟在G28指令之后。G29指令仅在其被规定的程序段中有效。

(3) 举例

【例4-9】 用G28、G29对图4-14所示的路径编程，要求由A经过中间点B并返回参考点，然后从参考点经由中间点B返回到C。程序如下。

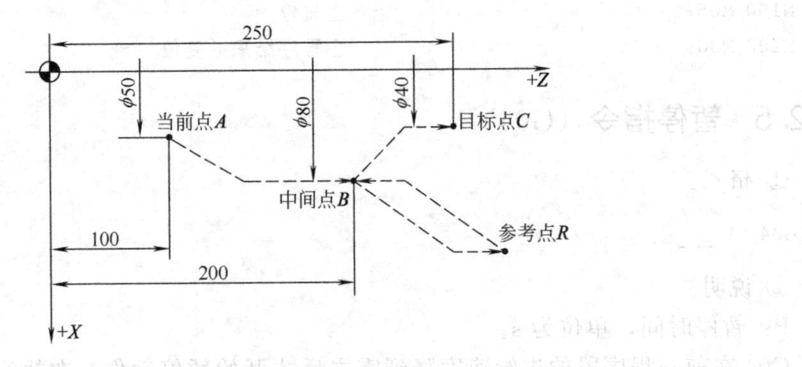

图4-14 G28/G29编程实例

```
%0011;
N10  G92 X50 Z100;      设立坐标系,定义对刀点A的位置
N20  G28 X80 Z200;      从A点到达B点再快速移动到参考点
N30  G29 X40 Z250;      从参考点R经中间点B到达目标点C
N40  G00 X50 Z100;      回对刀点
N50  M30;               主轴停、主程序结束并复位
```

本例表明，编程人员不必计算从中间点到参考点的实际距离。

4.4 主轴功能指令（G96/G97）

恒线速度指令（G96/G97）的格式和说明如下。

① 格式。

```
G96  S____;
G97  S____;
```

② 说明。

G96：恒线速度有效。

G97：取消恒线速度功能。

S：G96后面的S值为切削的恒定线速度，单位为m/min；G97后面的S值为取消恒线速度后，指定的主轴转速，单位为r/min；如默认，则为执行G96指令前的主轴转速度。

注意：使用恒线速度功能，主轴（如伺服主轴、变频主轴）必须能自动变速。在系统参数中设定主轴最高限速。

③ 举例。

【例4-10】 如图4-15所示，用恒线速度功能编程。程序如下。

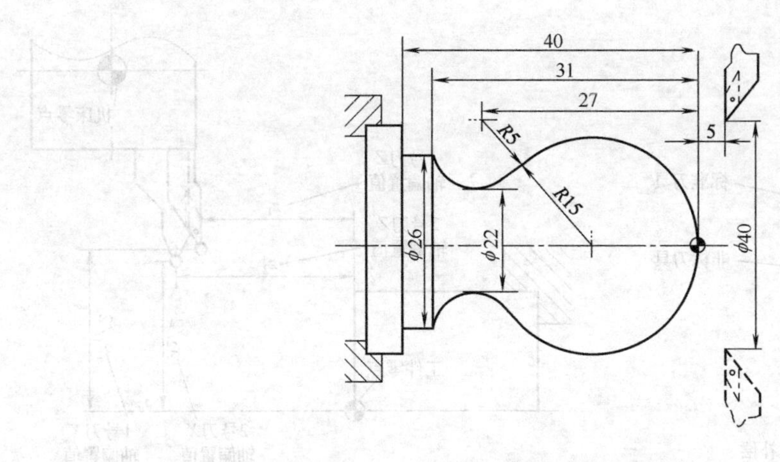

图 4-15　恒线速度编程实例

```
%0012;
N10  G92 X40 Z5;        设立坐标系,定义对刀点的位置
N20  M03 S400;          主轴以 400r/min 旋转
N30  G96 S80;           恒线速度有效,线速度为 80m/min
N40  G00 X0;            刀到中心,转速升高,直到主轴到最大限速
N50  G01 Z0 F60;        工进接触工件
N60  G03 U24 W－24 R15;  加工 R15mm 圆弧段
N70  G02 X26 Z－31 R5;   加工 R5mm 圆弧段
N80  G01 Z－40;          加工 φ26mm 外圆
N90  X40 Z5;            回对刀点
N100 G97 S300;          取消恒线速度功能,设定主轴按 300r/min 旋转
N110 M30;               主轴停、主程序结束并复位
```

4.5 刀具补偿功能指令

刀具的补偿包括刀具偏置补偿和刀具磨损补偿、刀尖半径补偿。

(1) 刀具偏置补偿和刀具磨损补偿

编程时，设定刀架上各刀在工作位置时，其刀尖位置是一致的。但由于刀具的几何形状及安装的不同，其刀尖位置是不一致的，其相对于工件原点的距离也是不同的。因此需要将各刀具的位置值进行比较或设定，称为刀具偏置补偿。刀具偏置补偿可使加工程序不随刀尖位置的不同而改变。刀具偏置补偿有两种形式。

① 相对补偿形式。如图 4-16 所示，在对刀时，确定一把刀为标准刀具，并以其刀尖位置 A 为依据建立坐标系。这样，当其他各刀转到加工位置时，刀尖位置 B 相对标刀刀尖位置 A 就会出现偏置，原来建立的坐标系就不再适用，因此应对非标准刀具相对于标准刀具之间的偏置值 Δx、Δz 进行补偿，使刀尖位置 B 移至位置 A。标刀偏置值为机床回到机床零点时，工件坐标系零点相对于工作位上标刀刀尖位置的有向距离。

② 绝对补偿形式。即机床回到机床零点时，工件坐标系零点相对于刀架工作位上各刀刀尖位置的有向距离。当执行刀偏补偿时，各刀以此值设定各自的加工坐标系，如图 4-17 所示。刀具使用一段时间后磨损，也会使产品尺寸产生误差，因此需要对其进行补偿。该补偿与刀具偏置补偿存放在同一个寄存器的地址号中。各刀的磨损补偿只对该刀有效（包括标刀）。

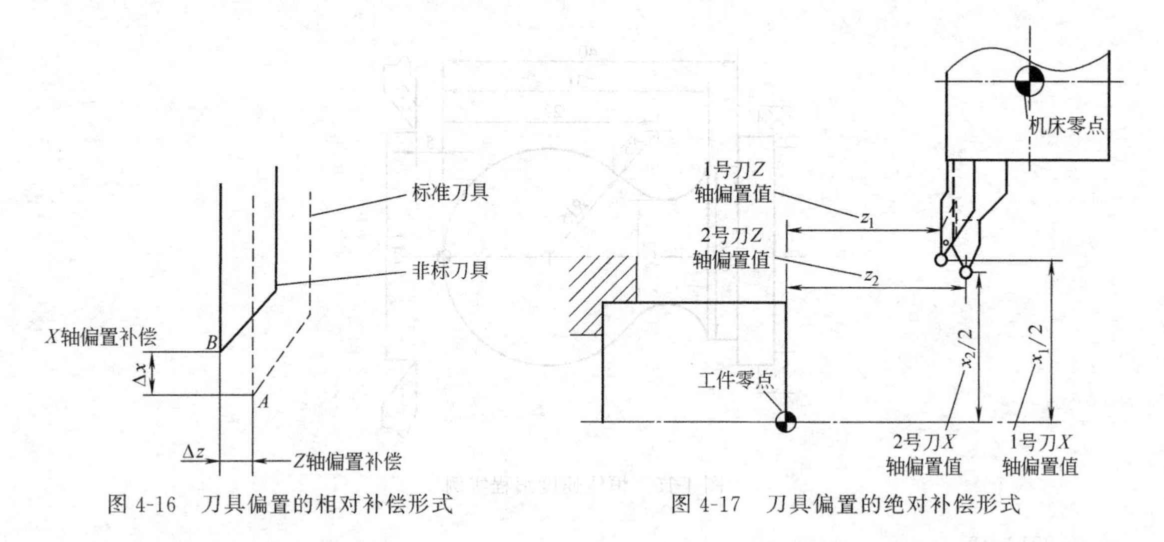

图 4-16　刀具偏置的相对补偿形式　　图 4-17　刀具偏置的绝对补偿形式

刀具的补偿功能由 T 代码指定，其后的 4 位数字分别表示选择的刀具号和刀具偏置补偿号。T 代码的说明如下：

T × × + × ×

刀具号　刀具补偿号

刀具补偿号是刀具偏置补偿寄存器的地址号，该寄存器存放刀具的 X 轴和 Z 轴偏置补偿值、刀具的 X 轴和 Z 轴磨损补偿值。

T 加补偿号表示开始补偿功能。补偿号为 00 表示补偿量为 0，即取消补偿功能。系统对刀具的补偿或取消都是通过拖板的移动来实现的。补偿号可以和刀具号相同，也可以不同，即一把刀具可以对应多个补偿号（值）。如图 4-18 所示，如果刀具轨迹相对编程轨迹具有 X、Z 方向上补偿值（由 X、Z 方向上的补偿分量构成的矢量称为补偿矢量），那么程序段中的终点位置加或减去由 T 代码指定的补偿量（补偿矢量）即为刀具轨迹段终点位置。

【例 4-11】 如图 4-19 所示，先建立刀具偏置磨损补偿，后取消刀具偏置磨损补偿。程序如下。

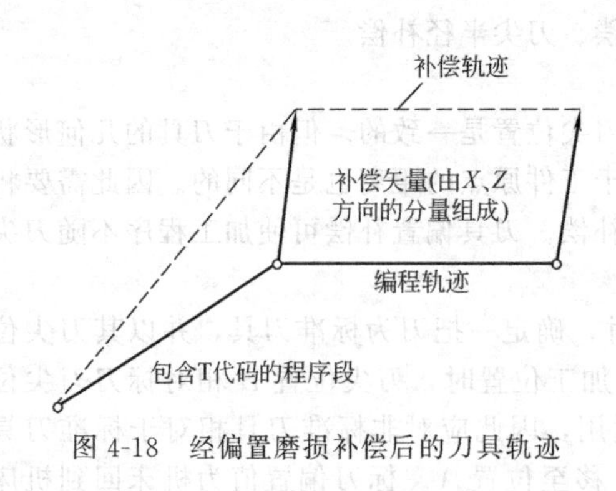

图 4-18　经偏置磨损补偿后的刀具轨迹

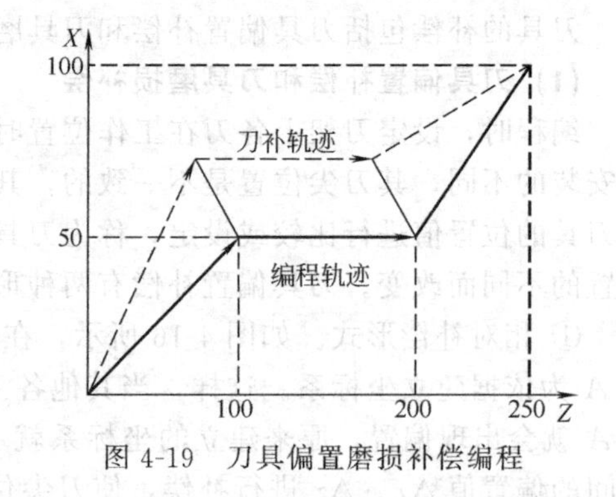

图 4-19　刀具偏置磨损补偿编程

```
%0013;
N10  T0202;
N20  G01  X50  Z100;
N30  Z200;
N40  X100  Z250  T0200;
N50  M30;
```

(2) 刀尖圆弧半径补偿（G40/G41/G42）

① 格式。

$$\begin{Bmatrix} G40 \\ G41 \\ G42 \end{Bmatrix} \begin{Bmatrix} G00 \\ G01 \end{Bmatrix} X\_\_\_\ Z\_\_\_;$$

② 说明。

数控程序一般是针对刀具上的某一点即刀位点，按工件轮廓尺寸编制的。车刀的刀位点一般为理想状态下的假想刀尖点或刀尖圆弧圆心点。但实际加工中的车刀，由于工艺或其他要求，刀尖往往不是一理想点而是一段圆弧。当切削加工时刀具切削点在刀尖圆弧上变动，造成实际切削点与刀位点之间的位置有偏差，故造成少切或多切，如图 4-20 所示。这种由于刀尖不是一理想点而是一段圆弧，造成的加工误差可用刀尖圆弧半径补偿功能来消除。

刀尖圆弧半径补偿是通过 G40、G42、G41 代码及 T 代码指定的刀尖圆弧半径补偿号，取消或加入半径补偿。

G40：取消刀尖半径补偿。

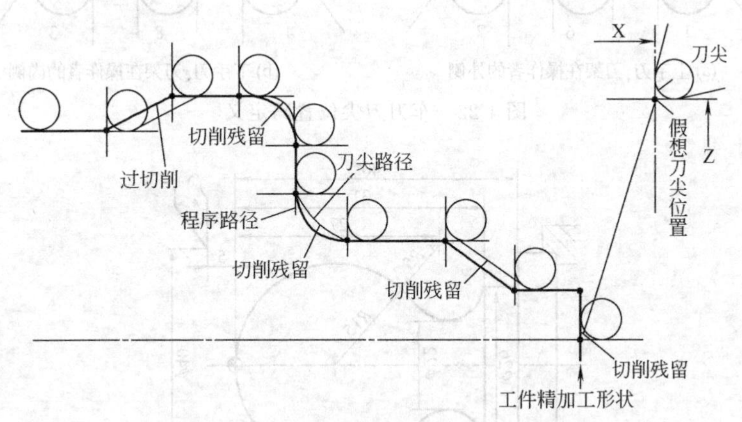

图 4-20 刀尖圆角造成的少切和过切

G41：左刀补（在刀具前进方向左侧补偿），如图 4-21 所示。

G42：右刀补（在刀具前进方向右侧补偿），如图 4-21 所示。

X、Z：G00/G01 的参数，即建立刀补或取消刀补的终点。

③ 注意点。

a. G40、G41、G42 都是模态代码，可相互注销。

b. G41/G42 不带参数，其补偿号（代表所用刀具对应的刀尖半径补偿值）由 T 代码指定。其刀尖圆弧补偿号与刀具偏置补偿号对应。

c. 刀尖半径补偿的建立与取消只能用 G00 或 G01 指令，不能用 G02 或 G03。刀尖圆弧半径补偿寄存器中，定义了车刀圆弧半径及刀尖的方向号。

车刀刀尖的方向号定义了刀具刀位点与刀尖圆弧中心的位置关系，其从 0～9 有十个方向，如图 4-22 所示。·代表刀具刀位点 A，＋代表刀尖圆弧圆心 O。

④ 举例。

【例 4-12】 考虑刀尖半径补偿，编制图 4-23 所示零件的加工程序如下。

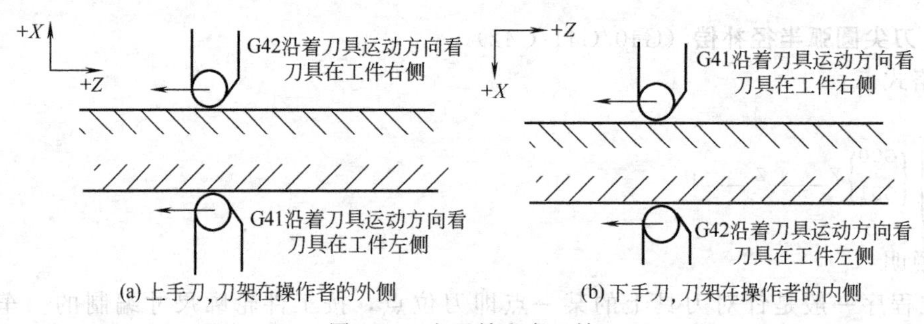

图 4-21 左刀补和右刀补

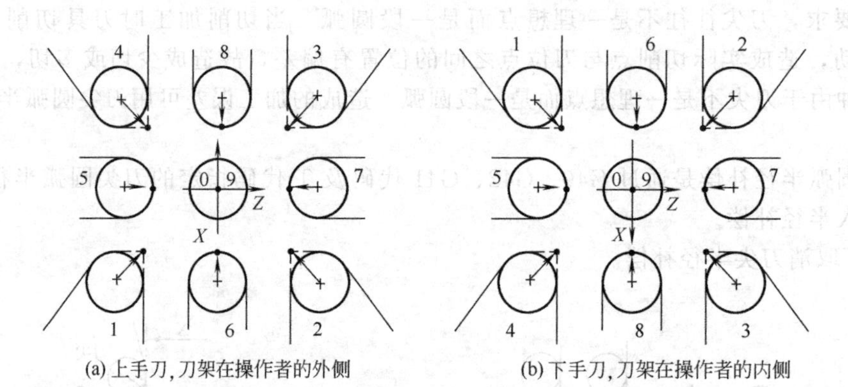

图 4-22 车刀刀尖位置码定义

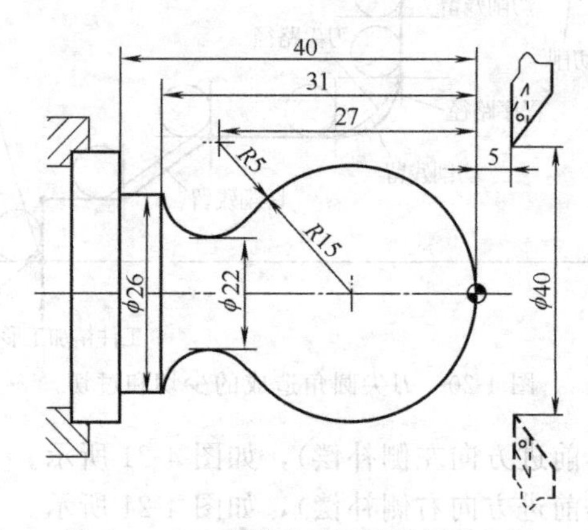

图 4-23 刀具圆弧半径补偿编程实例

```
%0014;
N10  T0101;                        换1号刀，确定其坐标系
N20  M03 S400;                     主轴以400r/min正转
N30  G00 X40 Z5;                   到程序起点位置
N40  G00 X0;                       刀具移到工件中心
N50  G01 G42 Z0 F60;               加入刀具圆弧半径补偿，工进接触工件
N60  G03 U24 W-24 R15;             加工R15mm圆弧段
N70  G02 X26 Z-31 R5;              加工R5mm圆弧段
N80  G01 Z-40;                     加工φ26mm外圆
N90  G00 X30;                      退出已加工表面
N100 G40 X40 Z5;                   取消半径补偿，返回程序起点位置
N110 M30;                          主轴停、主程序结束并复位
```

4.6 子程序

(1) 子程序调用 M98 及从子程序返回 M99

M98 用来调用子程序。

M99 表示子程序结束，执行 M99 使控制返回到主程序。

当在程序中出现重复使用的某段固定程序时，为简化编程，可以将这样的一段程序作为子程序预先存入存储器，以便调用。

① 子程序的格式。

```
%****;
⋮;
M99;
```

在子程序开头，必须规定子程序号，以作为调用入口地址。

在子程序的结尾用 M99，以控制执行完该子程序后返回主程序。

② 调用子程序的格式。

```
M98  P___  L___;
```

P：被调用的子程序号。

L：重复调用次数。

G65 指令的功能和参数与 M98 相同。

(2) 举例

【例 4-13】 用子程序编制图 4-24 所示零件的加工程序，本例为半径编程。主程序和子程序如下。

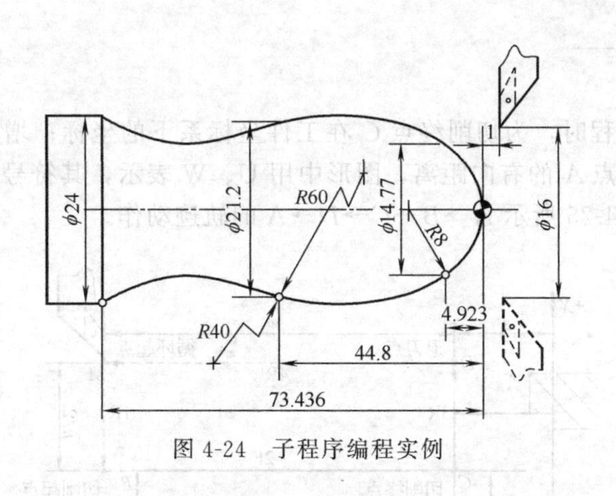

图 4-24　子程序编程实例

① 主程序。

%3110;	主程序程序名
N10　G92 X16 Z1;	设立坐标系，定义对刀点的位置
N20　G37 G00 Z0 M03;	移到子程序起点处，主轴正转
N30　M98 P0003 L6;	调用子程序，并循环 6 次
N40　G00 X16 Z1;	返回对刀点
N50　G36;	取消半径编程
N60　M05;	主轴停

```
N70  M30;                         主程序结束并复位
```

② 子程序。

```
%0003;                                子程序名
N10  G01 U－12 F100;               进刀到切削起点处,注意留下后面切削的余量
N20  G03 U7.385 W－4.923 R8;      加工 R8mm 圆弧段
N30  U3.215 W－39.877 R60;        加工 R60mm 圆弧段
N40  G02 U1.4 W－28.636 R40;      加工 R40mm 圆弧段
N50  G00 U4;                        离开已加工表面
N60  W73.436;                       回到循环起点 Z 轴处
N70  G01 U－4.8 F100;              调整每次循环的切削量
N80  M99;                           子程序结束,并回到主程序
```

4.7 固定循环编程

4.7.1 简单循环

有三类简单循环，分别是：G80，内（外）径切削循环；G81，端面切削循环；G82，螺纹切削循环。切削循环通常是用一个含 G 代码的程序段完成用多个程序段指令的加工操作，使程序得以简化。下述图形中 U、W 表示程序段中 X、Z 字符的相对值；X、Z 表示绝对坐标值；R 表示快速移动；F 表示以指定速度 F 移动。

4.7.1.1 内（外）径切削循环（G80）

(1) 圆柱面内（外）径切削循环

① 格式。

G80 X____Z____ F____;

② 说明。

X、Z：绝对值编程时，为切削终点 *C* 在工件坐标系下的坐标；增量值编程时，为切削终点 *C* 相对于循环起点 *A* 的有向距离，图形中用 U、W 表示，其符号由轨迹 1 和 2 的方向确定。该指令执行图 4-25 所示 *A*→*B*→*C*→*D*→A 的轨迹动作。

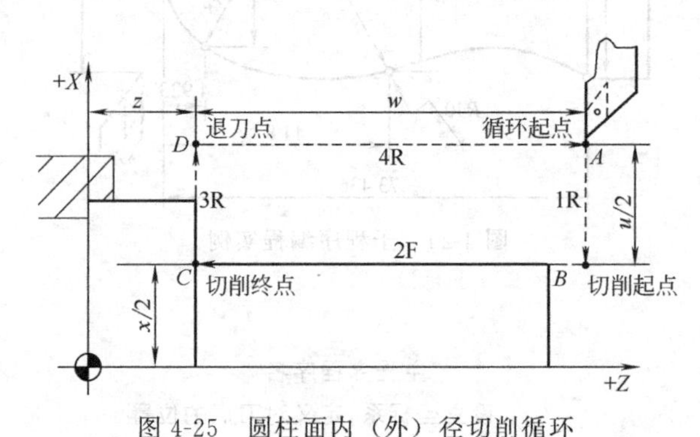

图 4-25 圆柱面内（外）径切削循环

(2) 圆锥面内（外）径切削循环

① 格式。

G80 X____ Z____ I____F____;

② 说明。

X、Z：绝对值编程时，为切削终点 C 在工件坐标系下的坐标；增量值编程时，为切削终点 C 相对于循环起点 A 的有向距离，图形中用 U、W 表示。

I：切削起点 B 与切削终点 C 的半径差，其符号为差的符号（无论是绝对值编程还是增量值编程）。

该指令执行图 4-26 所示 $A\rightarrow B\rightarrow C\rightarrow D\rightarrow A$ 的轨迹动作。

(3) 举例

【例 4-14】 如图 4-27 所示，用 G80 指令编程，双点画线代表毛坯，程序如下。

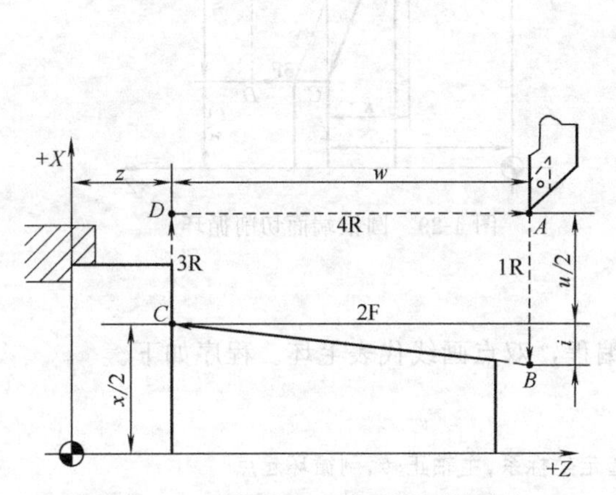

图 4-26　圆锥面内（外）径切削循环

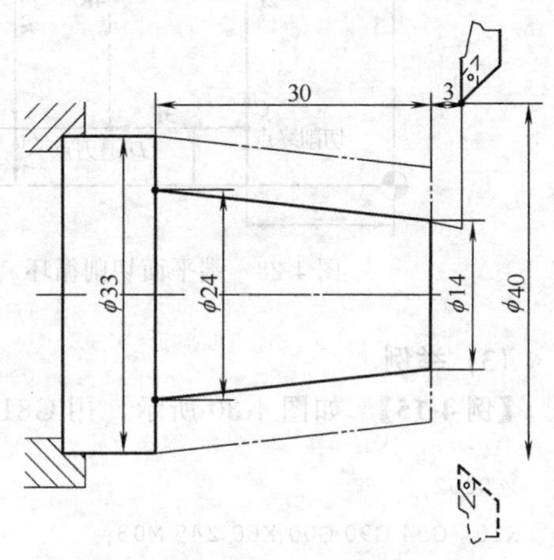

图 4-27　用 G80 切削循环编程实例

```
%0001;
N10  M03 S400;                              主轴以 400r/min 旋转
N20  G91 G80 X－10 Z－33 I－5.5 F100;       加工第一次循环,吃刀深 3mm
N30  X－13 Z－33 I－5.5;                    加工第二次循环,吃刀深 3mm
N40  X－16 Z－33 I－5.5;                    加工第三次循环,吃刀深 3mm
N50  M30                                    主轴停、主程序结束并复位
```

4.7.1.2　端面切削循环（G81）

(1) 端平面切削循环

① 格式。

```
G81  X____Z____F____;
```

② 说明。

X、Z：绝对值编程时，为切削终点 C 在工件坐标系下的坐标；增量值编程时，为切削终点 C 相对于循环起点 A 的有向距离，图形中用 U、W 表示，其符号由轨迹 1 和轨迹 2 的方向确定。

该指令执行图 4-28 所示 $A\rightarrow B\rightarrow C\rightarrow D\rightarrow A$ 的轨迹动作。

(2) 圆锥端面切削循环

① 格式。

```
G81  X  Z  K  F;
```

② 说明。

X、Z：绝对值编程时，为切削终点 C 在工件坐标系下的坐标；增量值编程时，为切削终点 C 相对于循环起点 A 的有向距离，图形中用 U、W 表示。

K：切削起点 B 相对于切削终点 C 的 Z 向有向距离。

该指令执行图 4-29 所示 $A \to B \to C \to D \to A$ 的轨迹动作。

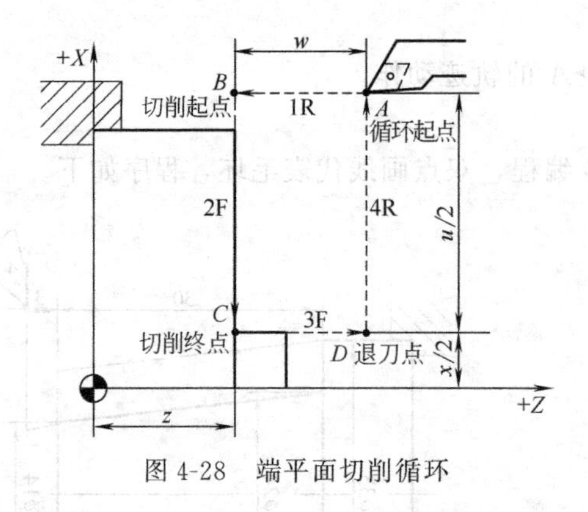

图 4-28　端平面切削循环

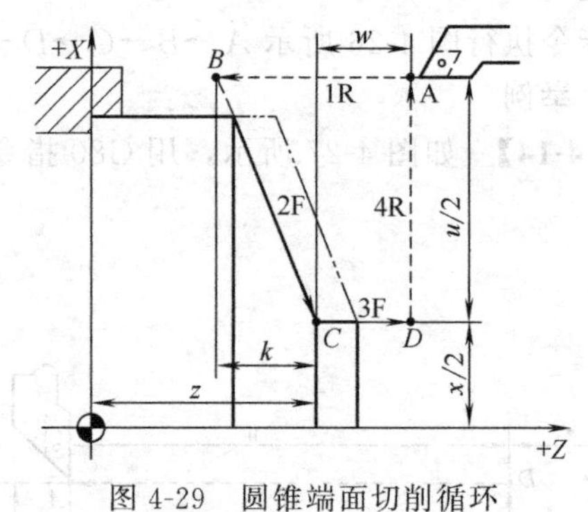

图 4-29　圆锥端面切削循环

(3) 举例

【例 4-15】 如图 4-30 所示，用 G81 指令编程，双点画线代表毛坯。程序如下。

```
%0002;
N10   G54 G90 G00 X60 Z45 M03;           选定坐标系，主轴正转，到循环起点
N20   G81 X25 Z31.5 K－3.5 F100;         加工第一次循环，吃刀深 2mm
N30   X25 Z29.5 K－3.5;                  每次吃刀均为 2mm，
N40   X25 Z27.5 K－3.5;                  每次切削起点位，距工件外圆面 5mm，故 K 值为～3.5
N50   X25 Z25.5 K－3.5;                  加工第四次循环，吃刀深 2mm
N60   M05;                               主轴停
N70   M30;                               主程序结束并复位
```

4.7.1.3　**螺纹切削循环**（G82）

(1) 圆柱螺纹切削循环

① 格式。

```
G82 X (U) ____ Z (W) ____ R ____ E ____ C ____ P ____ F ____;
```

② 说明。

X、Z：绝对值编程时，为螺纹终点 C 在工件坐标系下的坐标；增量值编程时，为螺纹终点 C 相对于循环起点 A 的有向距离，图形中用 U、W 表示，其符号由轨迹 1 和轨迹 2 的方向确定。

R、E：螺纹切削的退尾量。R、E 均为矢量，R 为 Z 向回退量，E 为 X 向回退量。R、E 可以省略，表示不用回退功能。

C：螺纹头数，为 0 或 1 时切削单头螺纹。

P：单头螺纹切削时，为主轴基准脉冲处距离切削起始点的主轴转角（默认值为 0）；多头螺纹切削时，为相邻螺纹头的切削起始点之间对应的主轴转角。

F：螺纹导程。

该指令执行图 4-31 所示 $A \to B \to C \to D \to E \to A$ 的轨迹动作。

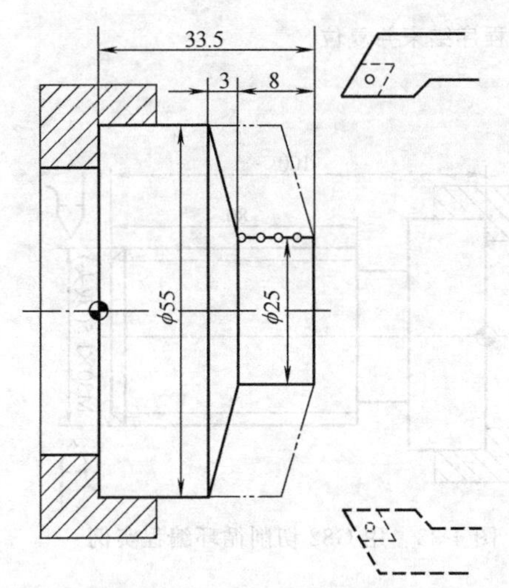

图 4-30　用 G81 切削循环编程实例

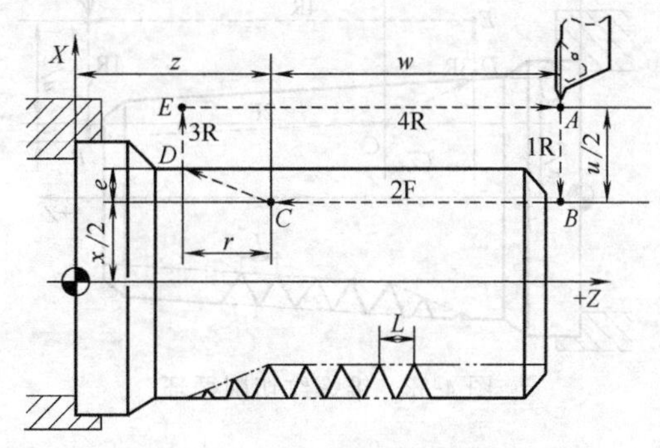

图 4-31　圆柱螺纹切削循环

③ 注意点。

螺纹切削循环同 G32 螺纹切削一样，在进给保持状态下，该循环在完成全部动作之后才停止运动。

(2) 锥螺纹切削循环

① 格式。

```
G82 X____ Z____ I____ R____ E____ C____ P____ F____;
```

② 说明。

X、Z：绝对值编程时，为螺纹终点 C 在工件坐标系下的坐标；增量值编程时，为螺纹终点 C 相对于循环起点 A 的有向距离，图形中用 U、W 表示。

I：螺纹起点 B 与螺纹终点 C 的半径差，其符号为差的符号（无论是绝对值编程还是增量值编程）。

R、E：螺纹切削的退尾量。R、E 均为矢量，R 为 Z 向回退量，E 为 X 向回退量。R、E 可以省略，表示不用回退功能。

C：螺纹头数，为 0 或 1 时切削单头螺纹。

P：单头螺纹切削时，为主轴基准脉冲处距离切削起始点的主轴转角（默认值为 0）；多头螺纹切削时，为相邻螺纹头的切削起始点之间对应的主轴转角。

F：螺纹导程。

该指令执行图 4-32 所示 $A \to B \to C \to D \to E \to A$ 的轨迹动作。

(3) 举例

【例 4-16】 如图 4-33 所示，用 G82 指令编程，毛坯外形已加工完成，程序如下。

```
%0003;
N10  G55 G00 X35 Z104;                  选定坐标系 G55,到循环起点
N20  M03 S300;                          主轴以 300r/min 正转
N30  G82 X29.2 Z18.5 C2 P180 F3;        第一次循环切螺纹,切深 0.8mm
N40  X28.6 Z18.5 C2 P180 F3;            第二次循环切螺纹,切深 0.4mm
N50  X28.2 Z18.5 C2 P180 F3;            第三次循环切螺纹,切深 0.4mm
N60  X28.04 Z18.5 C2 P180 F3;           第四次循环切螺纹,切深 0.16mm
```

```
N70  M30;
```
主轴停、主程序结束并复位

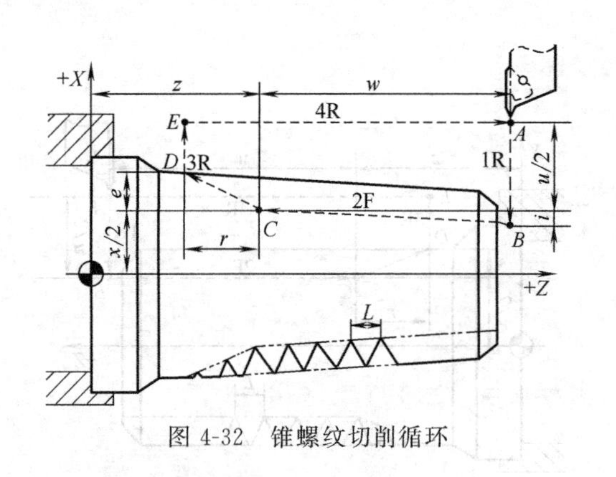

图 4-32　锥螺纹切削循环

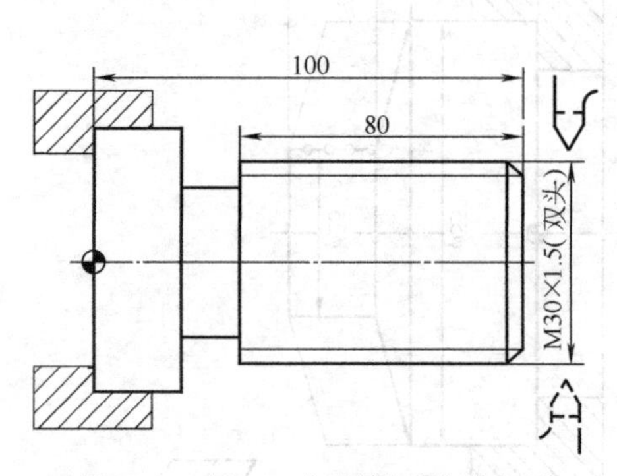

图 4-33　用 G82 切削循环编程实例

4.7.2 复合循环

有四类复合循环，分别是：G71，内（外）径粗车复合循环；G72，端面粗车复合循环；G73，封闭轮廓复合循环；G76，螺纹切削复合循环。运用这组复合循环指令，只需指定精加工路线和粗加工的吃刀量，系统会自动计算粗加工路线和走刀次数。

4.7.2.1 内（外）径粗车复合循环（G71）

(1) 无凹槽加工时

① 格式。

```
G71  U (Δd) R (r) P (ns) Q (nf) X (Δx) Z (Δz) F (f) S (s) T (t);
```

② 说明。

该指令执行图 4-34 所示的粗加工和精加工，其中精加工路径为 $A \rightarrow A' \rightarrow B' \rightarrow B$ 的轨迹。

Δd：切削深度（每次切削量），指定时不加符号，方向由矢量 AA' 决定。

r：每次退刀量。

ns：精加工路径第一程序段（即图中的 AA'）的顺序号。

nf：精加工路径最后程序段（即图中的 $B'B$）的顺序号。

Δx：X 方向精加工余量。

Δz：Z 方向精加工余量。

f、s、t：粗加工时 G71 中编程的 F、S、T 有效，而精加工时处于 ns 到 nf 程序段之间的 F、S、T 有效。

在 G71 切削循环下，切削进给方向平行于 Z 轴，X（ΔU）和 Z（ΔW）的符号如图 4-35 所示。其中（+）表示沿轴正方向移动，（−）表示沿轴负方向移动。

(2) 有凹槽加工时

① 格式。

```
G71  U (Δd) R (r) P (ns) Q (nf) E (e) F (f) S (s) T (t);
```

② 说明。

该指令执行图 4-36 所示的粗加工和精加工，其中精加工路径为 $A \rightarrow A' \rightarrow B' \rightarrow B$ 的轨迹。

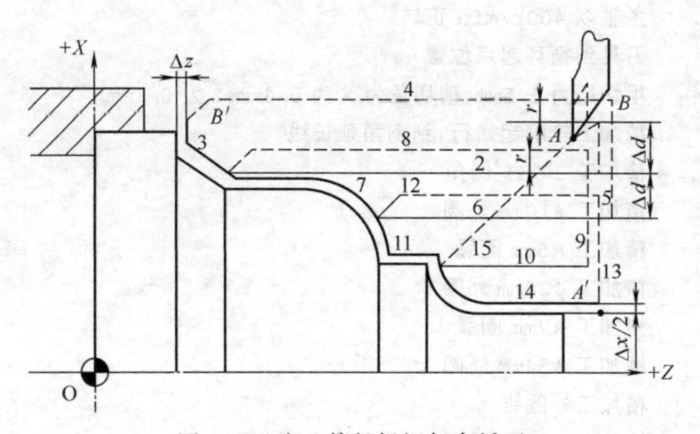

图 4-34　内、外径粗切复合循环

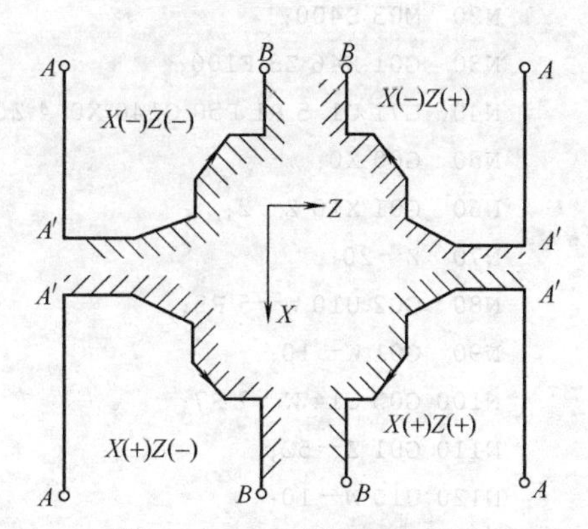

图 4-35　G71 复合循环下 X（ΔU）和 Z（ΔW）的符号

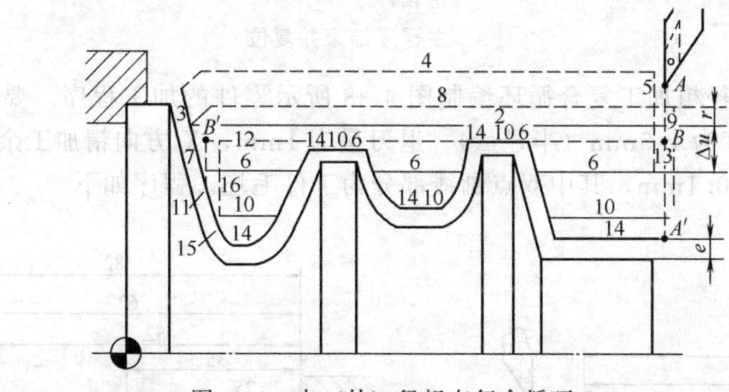

图 4-36　内（外）径粗车复合循环 G71

Δd：切削深度（每次切削量），指定时不加符号，方向由矢量 AA' 决定。

r：每次退刀量。

ns：精加工路径第一程序段（即图中的 AA'）的顺序号。

nf：精加工路径最后程序段（即图中的 $B'B$）的顺序号。

e：精加工余量，其为 X 方向的等高距离；外径切削时为正，内径切削时为负。

f、s、t：粗加工时 G71 中编程的 F、S、T 有效，而精加工时处于 ns 到 nf 程序段之间的 F、S、T 有效。

③ 注意点。

a. G71 指令必须带有 P、Q 地址 ns、nf，且与精加工路径起、止顺序号对应，否则不能进行该循环加工。

b. ns 的程序段必须为 G00/G01 指令，即从 A 到 A' 的动作必须是直线或点定位运动。

c. 在顺序号为 ns 到顺序号为 nf 的程序段中，不应包含子程序。

（3）举例

【例 4-17】 用外径粗加工复合循环编制图 4-37 所示零件的加工程序，要求循环起始点在 A（46，3），切削深度为 1.5mm（半径量）。退刀量为 1mm，X 方向精加工余量为 0.4mm，Z 方向精加工余量为 0.1mm，其中双点画线部分为工件毛坯。程序如下。

```
%0004;
N10   G59 G00 X80 Z80;                 选定坐标系 G59,到程序起点位置
```

```
N20  M03 S400;                       主轴以400r/min正转
N30  G01 X46 Z3 F100;                刀具到循环起点位置
N40  G71 U1.5 R1 P50 Q140 X0.4 Z0.1; 粗切量为1.5mm,精切量为X为0.4mm、Z为0.1mm
N50  G00 X0;                         精加工轮廓起始行,到倒角延长线
N60  G01 X10 Z-2;                    精加工2×45°倒角
N70  Z-20;                           精加工φ10mm外圆
N80  G02 U10 W-5 R5;                 精加工R5mm圆弧
N90  G01 W-10;                       精加工φ20mm外圆
N100 G03 U14 W-7 R7;                 精加工R7mm圆弧
N110 G01 Z-52;                       精加工φ34mm外圆
N120 U10 W-10;                       精加工外圆锥
N130 W-20;                           精加工φ44mm外圆,精加工轮廓结束行
N140 X50;                            退出已加工面
N150 G00 X80 Z80;                    回对刀点
N160 M05;                            主轴停
N170 M30;                            主程序结束并复位
```

【例4-18】 用内径粗加工复合循环编制图4-38所示零件的加工程序，要求循环起始点在$A(6,5)$，切削深度为1.5mm（半径量）。退刀量为1mm，X方向精加工余量为0.4mm，Z方向精加工余量为0.1mm，其中双点画线部分为工件毛坯。程序如下。

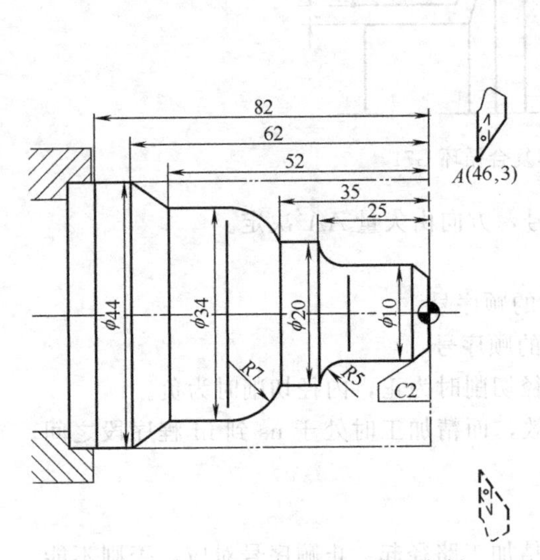

图4-37 G71外径复合循环编程实例

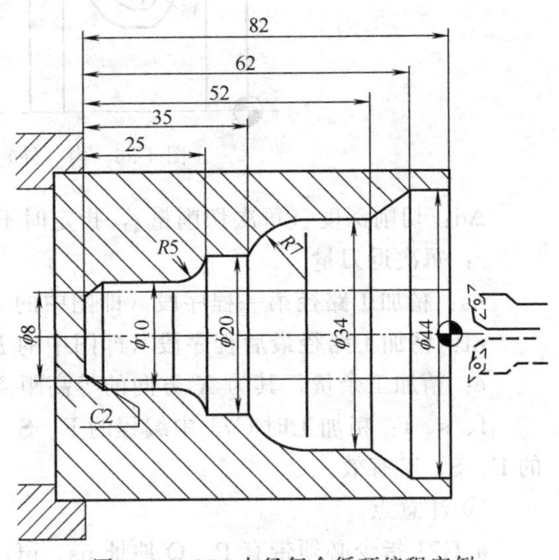

图4-38 G71内径复合循环编程实例

```
%0005;
N10  T0101;                              换1号刀,确定其坐标系
N20  G00 X80 Z80;                        到程序起点或换刀点位置
N30  M03 S400;                           主轴以400r/min正转
N40  X6 Z5;                              到循环起点位置
N50  G71 U1.5 R1 P80 Q180 X-0.4 Z0.1 F100; 内径粗切循环加工
N60  G00 X80 Z80;                        粗切后,到换刀点位置
N70  T0202;                              换2号刀,确定其坐标系
N80  G00 G42 X6 Z5;                      2号刀加入刀尖圆弧半径补偿
```

```
N90  G00 X44;                精加工轮廓开始,到φ44mm外圆处
N100 G01 W-20 F80;           精加工φ44mm外圆
N110 U-10 W-10;              精加工外圆锥
N120 W-10;                   精加工φ34mm外圆
N130 G03 U-14 W-7 R7;        精加工R7mm圆弧
N140 G01 W-10;               精加工φ20mm外圆
N150 G02 U-10 W-5 R5;        精加工R5mm圆弧
N160 G01 Z-80;               精加工φ10mm外圆
N170 U-4 W-2;                精加工2×45°倒角,精加工轮廓结束
N180 G40 X4;                 退出已加工表面,取消刀尖圆弧半径补偿
N190 G00 Z80;                退出工件内孔
N200 X80;                    回程序起点或换刀点位置
N210 M30;                    主轴停、主程序结束并复位
```

【例 4-19】 用有凹槽的外径粗加工复合循环编制图 4-39 所示零件的加工程序，其中双点画线部分为工件毛坯。程序如下。

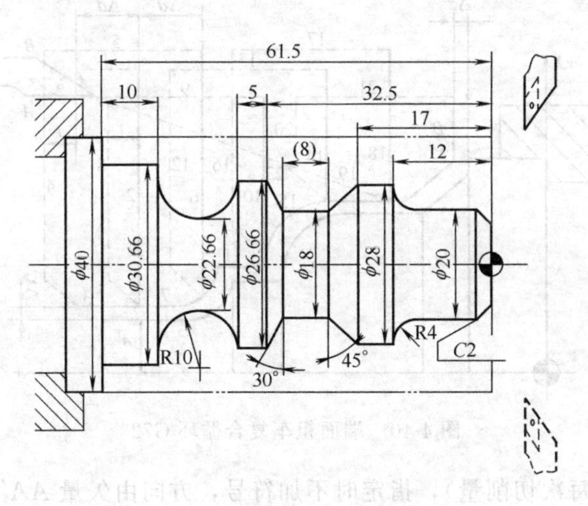

图 4-39　G71 有凹槽复合循环编程实例

```
%0006;
N10  T0101;                              换1号刀,确定其坐标系
N20  G00 X80 Z100;                       到程序起点或换刀点位置
N30  M03 S400;                           主轴以400r/min正转
N40  G00 X42 Z3;                         到循环起点位置
N50  G71 U1 R1 P80 Q200 E0.3 F100;       有凹槽粗切循环加工
N60  G00 G40 X80 Z100;                   粗加工后,到换刀点位置
N70  T0202;                              换2号刀,确定其坐标系
N80  G00 G42 X42 Z3;                     2号刀加入刀尖圆弧半径补偿
N90  G00 X10;                            精加工轮廓开始,到倒角延长线处
N100 G01 X20 Z-2 F80;                    精加工2×45°倒角
N110 Z-8;                                精加工φ20mm外圆
N120 G02 X28 Z-12 R4;                    精加工R4mm圆弧
N130 G01 Z-17;                           精加工φ28mm外圆
N140 U-10 W-5;                           精加工下切锥
N150 W-8;                                精加工φ18mm外圆槽
```

```
N160 U8.66 W-2.5;                    精加工上切锥
N170 Z-37.5;                         精加工φ26.66mm外圆
N180 G02 X30.66 W-14 R10;            精加工R10下切圆弧
N190 G01 W-10;                       精加工φ30.66mm外圆
N200 X40;                            退出已加工表面,精加工轮廓结束
N210 G00 G40 X80 Z100;               取消半径补偿,返回换刀点位置
N220 M30;                            主轴停、主程序结束并复位
```

4.7.2.2 端面粗车复合循环（G72）

① 格式。

```
G72  W(Δd)R(r)P(ns)Q(nf)X(Δx)Z(Δz)F(f)S(s)T(t);
```

② 说明。

该循环与G71的区别仅在于切削方向平行于X轴。该指令执行图4-40所示的粗加工和精加工，其中精加工路径为$A \rightarrow A' \rightarrow B' \rightarrow B$的轨迹。

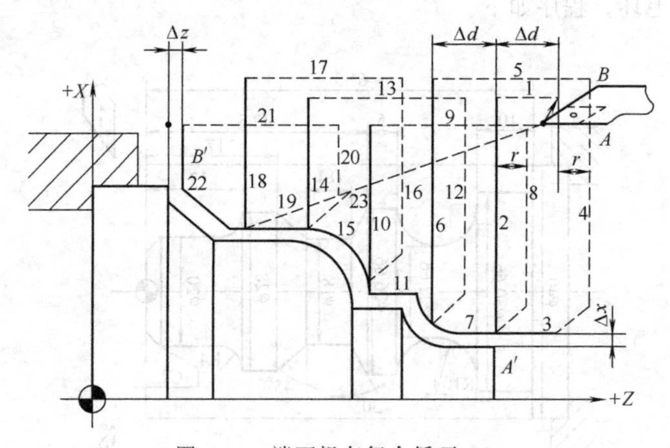

图4-40 端面粗车复合循环G72

Δd：切削深度（每次切削量），指定时不加符号，方向由矢量AA'决定。

r：每次退刀量。

ns：精加工路径第一程序段（即图中的AA'）的顺序号。

nf：精加工路径最后程序段（即图中的$B'B$）的顺序号。

Δx：X方向精加工余量。

Δz：Z方向精加工余量。

f、s、t：粗加工时G71中编程的F、S、T有效，而精加工时处于ns到nf程序段之间的F、S、T有效。

在G72切削循环下，切削进给方向平行于X轴，X（ΔU）和Z（ΔW）的符号如图4-41所示。其中（+）表示沿轴的正方向移动，（−）表示沿轴的负方向移动。

③ 注意点。

a. G72指令必须带有P、Q地址，否则不能进行该循环加工。

b. 在ns的程序段中应包含G00/G01指令，进行由A到A'的动作，且该程序段中不应编有X向移动指令。

c. 在顺序号为ns到顺序号为nf的程序段中，可以有G02/G03指令，但不应包含子程序。

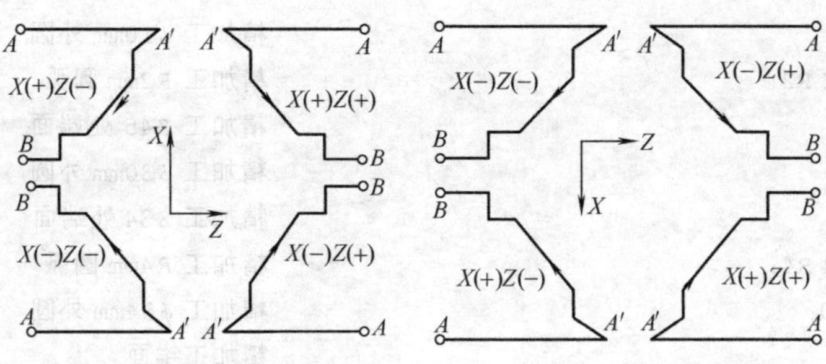

图 4-41　G72 复合循环下 X（ΔU）和 Z（ΔW）的符号

④ 举例。

【例 4-20】 编制图 4-42 所示零件的加工程序，要求循环起始点在 *A*（80，1），切削深度为 1.2mm。退刀量为 1mm，*X* 方向精加工余量为 0.2mm，*Z* 方向精加工余量为 0.5mm，其中双点画线部分为工件毛坯。程序如下。

```
%0007;
N10  T0101;                                   换 1 号刀,确定其坐标系
N20  G00 X100 Z80;                            到程序起点或换刀点位置
N30  M03 S400;                                主轴以 400r/min 正转
N40  X80 Z1;                                  到循环起点位置
N50  G72 W1.2 R1 P80 Q180 X0.2 Z0.5 F100;     外端面粗切循环加工
N60  G00 X100 Z80;                            粗加工后,到换刀点位置
N70  G42 X80 Z1;                              加入刀尖圆弧半径补偿
N80  G00 Z−56;                                精加工轮廓开始,到锥面延长线处
N90  G01 X54 Z−40 F80;                        精加工锥面
N100 Z−30;                                    精加工 φ54mm 外圆
N110 G02 U−8 W4 R4;                           精加工 R4mm 圆弧
N120 G01 X30;                                 精加工 Z26 处端面
N130 Z−15;                                    精加工 φ30mm 外圆
N140 U−16;                                    精加工 Z15 处端面
N150 G03 U−4 W2 R2;                           精加工 R2mm 圆弧
N160 Z−2;                                     精加工 φ10mm 外圆
N170 U−6 W3;                                  精加工 2×45°倒角,精加工轮廓结束
N180 G00 X50;                                 退出已加工表面
N190 G40 X100 Z80;                            取消半径补偿,返回程序起点位置
N200 M30;                                     主轴停、主程序结束并复位
```

【例 4-21】 编制图 4-43 所示零件的加工程序：要求循环起始点在 *A*(6,3)，切削深度为 1.2mm。退刀量为 1mm，*X* 方向精加工余量为 0.2mm，*Z* 方向精加工余量为 0.5mm，其中双点画线部分为工件毛坯。程序如下。

```
%0008;
N10  G92 X100 Z80;                            设立坐标系,定义对刀点的位置
N20  M03 S400;                                主轴以 400r/min 正转
N30  G00 X6 Z3;                               到循环起点位置
N40  G72 W1.2 R1 P50 Q160 X−0.2 Z0.5 F100;    内端面粗切循环加工
N50  G00 Z−61;                                精加工轮廓开始,到倒角延长线处
N60  G01 U6 W3 F80;                           精加工 2×45°倒角
```

```
N70  W10;                       精加工 φ10mm 外圆
N80  G03 U4 W2 R2;              精加工 R2mm 圆弧
N90  G01 X30;                   精加工 Z45 处端面
N100 Z—34;                      精加工 φ30mm 外圆
N110 X46;                       精加工 Z34 处端面
N120 G02 U8 W4 R4;              精加工 R4mm 圆弧
N130 G01 Z—20;                  精加工 φ54mm 外圆
N140 U20 W10;                   精加工锥面
N150 Z3;                        精加工 φ74mm 外圆,精加工轮廓结束
N160 G00 X100 Z80;              返回对刀点位置
N170 M30;                       主轴停、主程序结束并复位
```

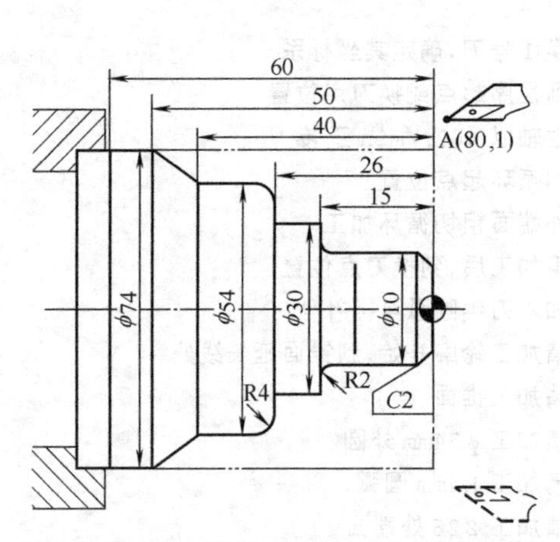

图 4-42 G72 外径粗切复合循环编程实例

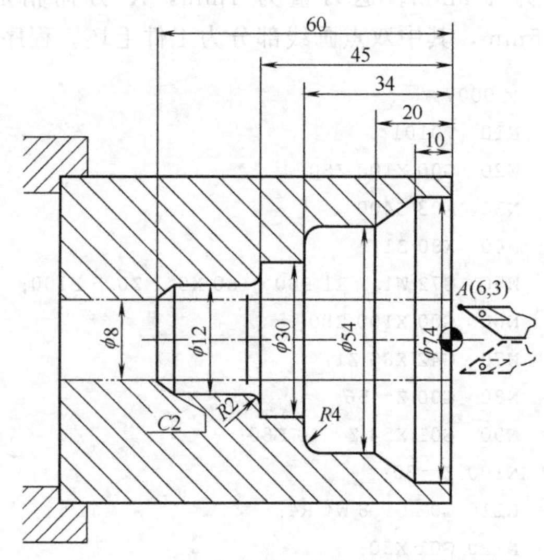

图 4-43 G72 内径粗切复合循环编程实例

4.7.2.3 闭环车削复合循环（G73）

① 格式。

```
G73 U(Δi)W(Δk)R(r)P(ns)Q(nf)X(Δx)Z(Δz)F(f)S(s)T(t);
```

② 说明。

该功能在切削工件时刀具轨迹为图 4-44 所示的封闭回路，刀具逐渐进给，使封闭切削回路逐渐向零件最终形状靠近，最终切削成工件的形状，其精加工路径为 $A \to A' \to B' \to B$。这种指令能对铸造、锻造等粗加工中已初步成形的工件，进行高效率切削。

Δi：*X* 轴方向的粗加工总余量。

Δk：*Z* 轴方向的粗加工总余量。

r：粗切削次数。

ns：精加工路径第一程序段（即图中的 AA'）的顺序号。

nf：精加工路径最后程序段（即图中的 $B'B$）的顺序号。

Δx：*X* 方向精加工余量。

Δz：*Z* 方向精加工余量。

f、s、t：粗加工时 G71 中编程的 F、S、T 有效，而精加工时处于 ns 到 nf 程序段之间

的 F、S、T 有效。

③ 注意点。

Δi 和 Δk 表示粗加工时总的切削量，粗加工次数为 r，则每次 X、Z 方向的切削量为 Δi/r、Δk/r；按 G73 段中的 P 和 Q 指令值实现循环加工，要注意 Δx 和 Δz、Δi 和 Δk 的正负号。

④ 举例。

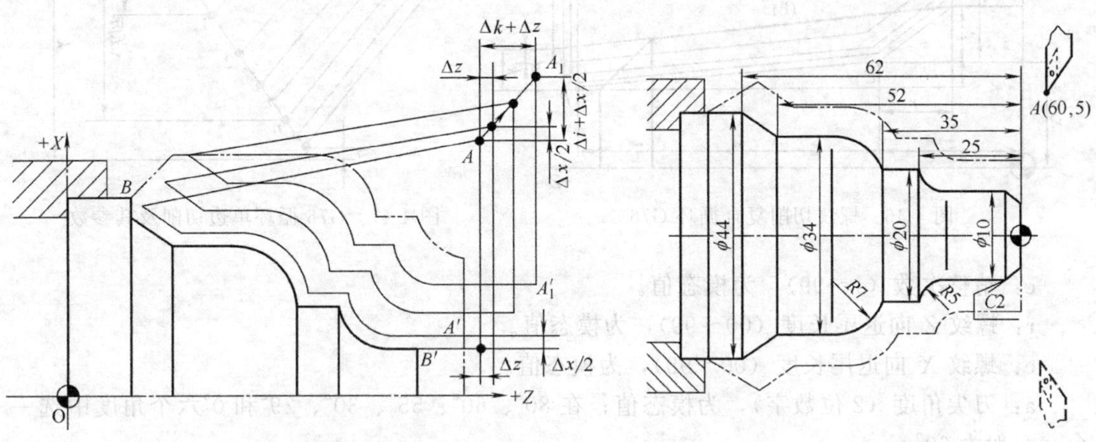

图 4-44　闭环车削复合循环 G73

图 4-45　G73 编程实例

【例 4-22】 编制图 4-45 所示零件的加工程序。设切削起始点在 A（60，5）；X、Z 方向粗加工余量分别为 3mm、0.9mm；粗加工次数为 3；X、Z 方向精加工余量分别为 0.6mm、0.1mm。其中双点画线部分为工件毛坯。程序如下。

```
％0009;
N10   G58 G00 X80 Z80;                            选定坐标系，到程序起点位置
N20   M03 S400;                                   主轴以 400r/min 正转
N30   G00 X60 Z5;                                 到循环起点位置
N40   G73 U3 W0.9 R3 P50 Q130 X0.6 Z0.1 F120;     闭环粗切循环加工
N50   G00 X0 Z3;                                  精加工轮廓开始，到倒角延长线处
N60   G01 U10 Z－2 F80;                           精加工 2×45°倒角
N70   Z－20;                                      精加工 φ10mm 外圆
N80   G02 U10 W－5 R5;                            精加工 R5mm 圆弧
N90   G01 Z－35;                                  精加工 φ20mm 外圆
N100  G03 U14 W－7 R7;                            精加工 R7mm 圆弧
N110  G01 Z－52;                                  精加工 φ34mm 外圆
N120  U10 W－10;                                  精加工锥面
N130  U10;                                        退出已加工表面，精加工轮廓结束
N140  G00 X80 Z80;                                返回程序起点位置
N150  M30;                                        主轴停、主程序结束并复位
```

4.7.2.4　螺纹切削复合循环（G76）

① 格式。

```
G76  C(c)R(r)E(e)A(a)X(x)Z(z)I(i)K(k)U(d)V(Δdmin)Q(Δd)P(p)F(L);
```

② 说明。

螺纹切削复合循环 G76 执行图 4-46 所示的加工轨迹，其单边切削及参数如图 4-47 所示。

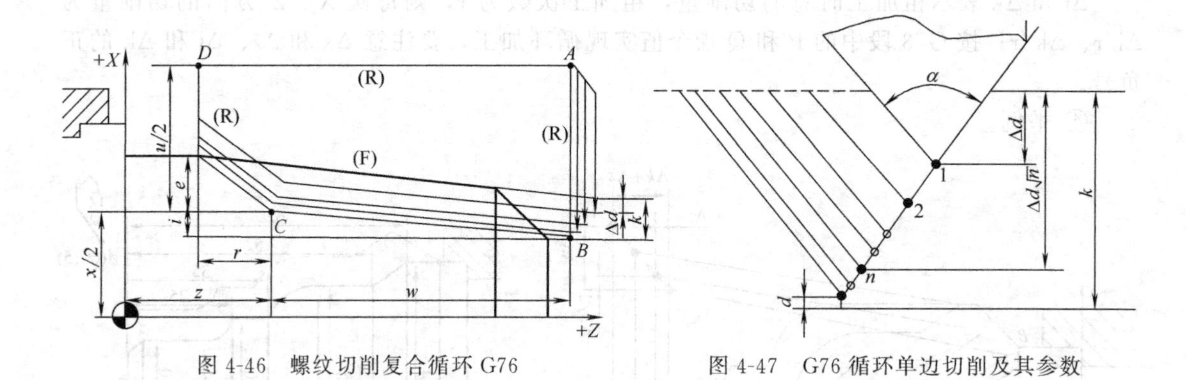

图 4-46　螺纹切削复合循环 G76　　　　图 4-47　G76 循环单边切削及其参数

c：精整次数（1～99），为模态值。

r：螺纹 Z 向退尾长度（00～99），为模态值。

e：螺纹 X 向退尾长度（00～99），为模态值。

a：刀尖角度（2 位数字），为模态值；在 80°、60°、55°、30°、29°和 0°六个角度中选一个，一般为 60°。

x、z：绝对值编程时，为有效螺纹终点 C 的坐标；增量值编程时，为有效螺纹终点 C 相对于循环起点 A 的有向距离（用 G91 指令定义为增量编程，使用后用 G90 定义为绝对编程）。

i：螺纹两端的半径差。如 $i=0$，为直螺纹（圆柱螺纹）切削方式。

k：螺纹高度。该值由 X 轴方向上的半径值指定。

Δdmin：最小背吃刀量（半径值）。当第 n 次背吃刀量（$\Delta d_n-\Delta d_{n-1}$）小于 $\Delta d_{\min}$ 时，则背吃刀量设定为 $\Delta d_{\min}$。

d：精加工余量（半径值）。

Δd：第一次背吃刀量（半径值）。

p：主轴基准脉冲处距离切削起始点的主轴转角。

L：螺纹导程（同 G32），即主轴每转一圈，刀具相对工件的进给值。

③ 注意点。

按 G76 段中的 X（x）和 Z（z）指令实现循环加工，增量编程时，要注意 x 和 z 的正负号（由刀具轨迹 AC 和 CD 段的方向决定）。

G76 循环进行单边切削，减小了刀尖的受力。第一次切削时切削深度为 Δd，第 n 次的切削总深度为 $\Delta d\sqrt{n}$，每次循环的背吃刀量为 $\Delta d\sqrt{n}-\Delta d\sqrt{n-1}$。

图 4-46 中，B～C 点的切削速度由 F 代码指定，而其他轨迹均为快速进给。

④ 举例。

【例 4-23】 用螺纹切削复合循环 G76 指令编程，加工螺纹为 ZM60×2，工件尺寸如图 4-48所示（其中括弧内尺寸根据标准得到）。程序如下。

```
%0023;
N10  T0101;                     换 1 号刀，确定其坐标系
N20  G00 X100 Z100;             到程序起点或换刀点位置
N30  M03 S400;                  主轴以 400r/min 正转
```

```
N40  G00 X90 Z4;                                          到简单循环起点位置
N50  G80 X61.125 Z－30 I－0.94 F80;                       加工锥螺纹外表面
N60  G00 X100 Z100 M05;                                   到程序起点或换刀点位置
N70  T0202;                                               换 2 号刀,确定其坐标系
N80  M03 S300;                                            主轴以 300r/min 正转
N90  G00 X90 Z4;                                          到螺纹循环起点位置
N100 G76 C2 R－3 E1.3 A60 X58.15 Z－24 I－0.94 K1.299 U0.1 V0.1 Q0.9 F2;
N110 G00 X100 Z100;                                       返回程序起点位置或换刀点位置
N120 M05;                                                 主轴停
N130 M30;                                                 主程序结束并复位
```

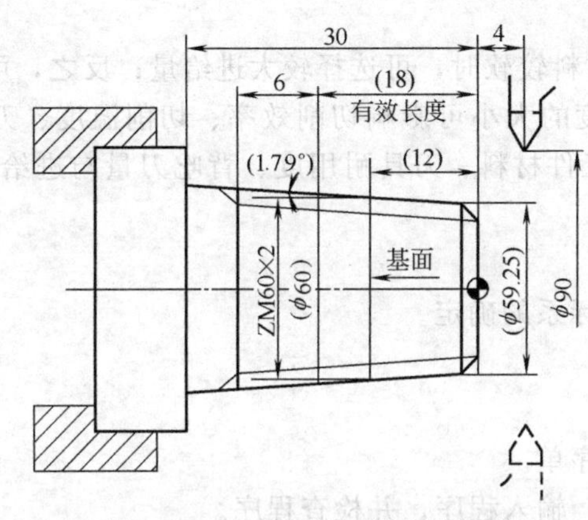

图 4-48　G76 循环切削编程实例

4.7.2.5　**复合循环指令注意事项**

G71、G72、G73 复合循环中地址 P 指定的程序段，应有准备功能 01 组的 G00 或 G01 指令，否则产生报警。

在 MDI 方式下，不能运行 G71、G72、G73 指令，可运行 G76 指令。

在复合循环 G71、G72、G73 中由 P、Q 指定顺序号的程序段之间，不应包含 M98 子程序调用及 M99 子程序返回指令。

4.7.3　编程实例

4.7.3.1　**编程步骤**

(1) 产品图样分析

① 尺寸是否完整。

② 产品精度、粗糙度等要求。

③ 产品材质、硬度等。

(2) 工艺处理

① 加工方式及设备确定。

② 毛坯尺寸及材料确定。

③ 装夹定位的确定。

④ 加工路径及起刀点、换刀点的确定。

⑤ 刀具数量、材料、几何参数的确定。

⑥ 切削参数的确定。

a. 背吃刀量。影响背吃刀量的因素有粗精车工艺、刀具强度、机床性能、工件材料及表面粗糙度。

b. 进给量。进给量影响表面粗糙度。影响进给量的因素如下。

(a) 粗、精车工艺。粗车进给量应较大，以缩短切削时间；精车进给量应较小，以降低表面粗糙度。一般情况下，精车进给量小于 0.2mm/r 为宜，但要考虑刀尖圆弧半径的影响；粗车进给量大于 0.25mm/r。

(b) 机床性能，如功率、刚性。

(c) 工件的装夹方式。

(d) 刀具材料及几何形状。

(e) 背吃刀量。

(f) 工件材料。工件材料较软时，可选择较大进给量；反之，可选较小进给量。

c. 切削速度。切削速度的大小可影响切削效率、切削温度、刀具耐用度等。影响切削速度的因素有刀具材料、工件材料、刀具耐用度、背吃刀量与进给量、刀具形状、切削液、机床性能。

(3) 数学处理

① 编程零点及工件坐标系的确定。

② 各节点数值计算。

(4) 其他主要内容

① 按规定格式编写程序单。

② 按“程序编辑步骤”输入程序，并检查程序。

③ 修改程序。

4.7.3.2 综合编程实例 1

【例 4-24】 编制图 4-49 所示零件的加工程序。工艺条件：工件材质为 45 钢或铝；毛坯为直径 ϕ54mm、长 200mm 的棒料。刀具选用：1 号端面刀加工工件端面，2 号端面外圆刀粗加工工件轮廓，3 号端面外圆刀精加工工件轮廓，4 号外圆螺纹刀加工导程为 3mm、螺距为 1mm 的三头螺纹。程序如下。

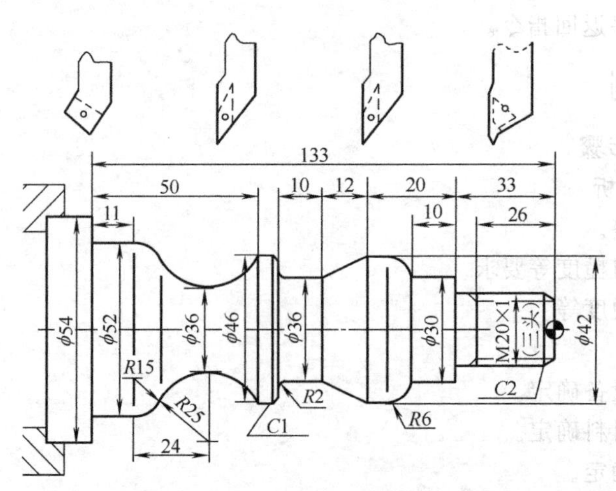

图 4-49 综合编程实例 1 零件图

```
%0011;
N10  T0101;                                    换1号端面刀,确定其坐标系
N20  M03 S500;                                 主轴以 500r/min 正转
N30  G00 X100 Z80;                             到程序起点或换刀点位置
N40  G00 X60 Z5;                               到简单端面循环起点位置
N50  G81 X0 Z1.5 F100;                         简单端面循环,加工过长毛坯
N60  G81 X0 Z0;                                简单端面循环加工,加工过长毛坯
N70  G00 X100 Z80;                             到程序起点或换刀点位置
N80  T0202;                                    换 2 号外圆粗加工刀,确定其坐标系
N90  G00 X60 Z3;                               到简单外圆循环起点位置
N100 G80 X52.6 Z-133 F100;                     简单外圆循环,加工过大毛坯直径
N110 G01 X54;                                  到复合循环起点位置
N120 G71 U1 R1 P160 Q320 E0.3;                 有凹槽外径粗切复合循环加工
N130 G00 X100 Z80;                             粗加工后,到换刀点位置
N140 T0303;                                    换 3 号外圆精加工刀,确定其坐标系
N150 G00 G42 X70 Z3;                           到精加工始点,加入刀尖圆弧半径补偿
N160 G01 X10 F100;                             精加工轮廓开始,到倒角延长线处
N170 X19.95 Z-2;                               精加工 2×45°倒角
N180 Z-33;                                     精加工螺纹外径
N190 G01 X30;                                  精加工 Z33 处端面
N200 Z-43;                                     精加工 φ30mm 外圆
N210 G03 X42 Z-49 R6;                          精加工 R6mm 圆弧
N220 G01 Z-53;                                 精加工 φ42mm 外圆
N230 X36 Z-65;                                 精加工下切锥面
N240 Z-73;                                     精加工 φ36mm 槽径
N250 G02 X40 Z-75 R2;                          精加工 R2mm 过渡圆弧
N260 G01 X44;                                  精加工 Z75 处端面
N270 X46 Z-76;                                 精加工 1×45°倒角
N280 Z-84;                                     精加工 φ46mm 槽径
N290 G02 Z-113 R25;                            精加工 R25mm 圆弧凹槽
N300 G03 X52 Z-122 R15;                        精加工 R15mm 圆弧
N310 G01 Z-133;                                精加工 φ52mm 外圆
N320 G01 X54;                                  退出已加工表面,精加工轮廓结束
N330 G00 G40 X100 Z80;                         取消半径补偿,返回换刀点位置
N340 M05;                                      主轴停
N350 T0404;                                    换 4 号螺纹刀,确定其坐标系
N360 M03 S200;                                 主轴以 200r/min 正转
N370 G00 X30 Z5;                               到简单螺纹循环起点位置
N380 G82 X19.3 Z-20 R-3 E1 C2 P120 F3;         加工两头螺纹,吃刀深 0.7mm
N390 G82 X18.9 Z-20 R-3 E1 C2 P120 F3;         加工两头螺纹,吃刀深 0.4mm
N400 G82 X18.7 Z-20 R-3 E1 C2 P120 F3;         加工两头螺纹,吃刀深 0.2mm
N410 G82 X18.7 Z-20 R-3 E1 C2 P120 F3;         光整加工螺纹
N420 G76 C2 R-3 E1 A60 X18.7 Z-20 K0.65 U0.1 V0.1 Q0.6 P240 F3;
N430 G00 X100 Z80;                             返回程序起点位置
N440 M30;                                      主轴停、主程序结束并复位
```

4.7.3.3 综合编程实例 2

【例 4-25】 编制图 4-50 所示零件的加工程序，材料为 45 钢，棒料直径为 40mm。

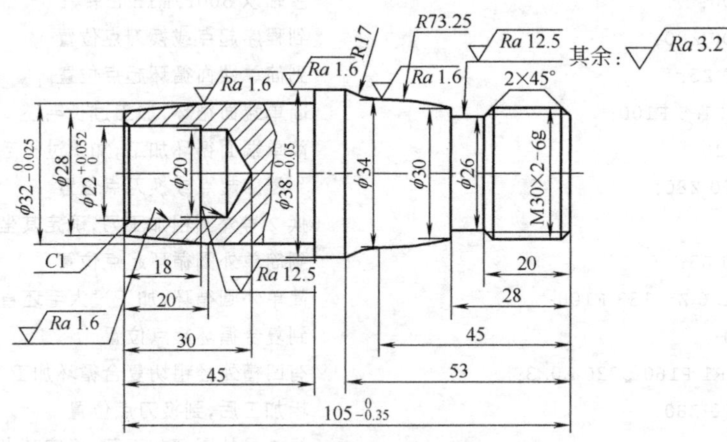

图 4-50 综合实例 2 零件图

(1) 使用刀具

机夹车刀（硬质合金可转位刀片）为 1 号刀，外圆精车刀为 2 号刀，60°硬质合金机夹螺纹刀为 3 号刀，硬质合金焊接镗刀为 4 号刀，ϕ20mm 锥柄麻花钻。

(2) 工艺路线

① 先加工左端。棒料伸出卡盘外约 65mm，找正后夹紧。

② 把 ϕ20mm 锥柄麻花钻装入尾架，移动尾架使麻花钻切削刃接近端面后锁紧，主轴以 1200r/min 转动，手动转动尾架手轮，钻 ϕ20mm 的底孔，转动 6 圈多一些（尾架螺纹导程为 5mm）。在钻孔时需打开冷却液。

③ 用 1 号刀，采用 G71 进行零件左端部分的轮廓循环加工。

④ 用 4 号刀镗 ϕ22mm 的内孔并倒角。

⑤ 卸下工件，用铜皮包住已加工过的 ϕ32mm 外圆，调头使零件上 ϕ32mm 到 ϕ38mm 的台阶端面与卡盘端面紧密接触后夹紧，准备加工零件的右端。

⑥ 手动车端面控制零件总长。如果坯料总长在加工前已控制在 105.5～106mm 之间，且两端面较平整，则不必进行此操作。

⑦ 用 1 号刀，采用 G71 进行零件右端部分的轮廓循环粗加工。

⑧ 用 2 号刀，进行零件右端部分的轮廓精加工。

⑨ 用 3 号刀，采用 G76 进行螺纹循环加工。

(3) 相关计算

螺纹总切深 $h=0.6495\times P=0.6495\times 2\text{mm}=1.299\text{mm}$。

(4) 加工程序

① 零件左端部分加工程序，必须在钻孔后才能进行自动加工。

```
%025Z;                     程序名
N5    G54 G98 G21;         用 G54 指定工件坐标系、分进给、米制单位
N10   M3 S800;             主轴正转,转速为 800r/min
N15   T0101;               换 1 号外圆刀,导入刀具刀补
N20   G0 X42 Z0;           绝对编程,快速到达端面的径向外
N25   G01 X18 F50;         车削端面(由于已钻孔,所以 X 到 18mm 即可)
```

```
N30   G00X41 Z2;                      快速到达轮廓循环起刀点
N40   G71 U1.5 R2 P45 Q70X0.5 Z0.1;
F100;                                 外径粗车循环,给定加工参数。N45~N70为循环部分轮廓
N45   G01X28;                         从循环起刀点以100mm/min进给移动到轮廓起始点
N50   Z0;
N55   X32 Z-30;                       车削圆锥
N60   Z-45;                           车削φ32mm的圆柱
N65   X38;                            车削台阶
N70   Z-55;                           车削φ38mm的圆柱,在加工零件右端部分时不再加工此圆柱
N75   G00X100;                        沿径向快速退出
N80   Z200;                           沿轴向快速退出
N85   M03 S800;                       主轴正转,转速为800r/min
N90   T0404;                          换4号镗刀
N95   G00X21.5 Z2;                    快速移动到孔外侧
N100  G01 Z-18 F100;                  粗镗内孔至φ21.5mm
N105  X19;                            车削孔内台阶
N110  G00 Z2;                         快速移动到孔外侧
/N115 Z200;                           沿轴向快速退出
/N120 M05;                            主轴停止
/N125 M00;                            程序暂停。测量粗镗后的内孔直径
N130  M03 S1200;                      主轴正转,转速为1200r/min
/N135 T0404;                          重新调用4号刀补,可引入刀具偏移量或磨损量
N140  G00X22 Z2;                      快速移动到孔外侧
N145  G01 Z-18 F50;                   精镗φ22mm的内孔
N150  X19;                            精车孔内台阶
N155  G00 Z2;                         快速移动到孔外侧
/N160 Z200;                           沿轴向快速退出
/N165 M05;                            主轴停止
/N170 M00;                            程序暂停。用于精加工后的零件测量,断点从N180开始
N175  M03 S800;                       主轴正转,转速为800r/min
N180  G00X24 Z2;                      快速移动到孔外侧,准备对孔口倒角
N185  G01 Z0 F50;                     以50mm/min进给到孔口
N190  X22 Z-1;                        倒角
N195  Z2;                             退出
N200  G00X100 Z200;                   快速退出
N205  M30;                            程序结束
```

② 零件右端部分加工程序。

```
%012Y;                                程序名
N5    G54 G94 G21;                    用G54指定工件坐标系、分进给、米制单位
N10   M03 S800;                       主轴正转,转速为800r/min
N15   T0101;                          换1号外圆刀,导入刀具刀补
N20   G00X42 Z0;                      绝对编程,快速到达端面的径向外
N25   G01X-0.5 F50;                   车削端面。为防止在圆心处留下小凸块,所以车削到-0.5mm
N30   G00X41 Z2;                      快速到达轮廓循环起刀点
```

```
N35   G71 U1.5 R2 P55 Q100 E0.3 F100;  外径粗车循环,给定加工参数。N55～N100为循环部分
N40   G00X100 Z100;                     轮廓粗加工后,到换刀点位置
N45   T0202;                            换2号外圆刀,引入刀具补偿
N50   G00 G42X50 Z2;                    到精加工起始点,加入刀尖圆弧半径补偿
N55   G01X26 F50;                       从循环起刀点以100mm/min进给移动到轮廓起始点
N60   Z0;
N65   X29.8 Z－2;                       加工倒角
N70   Z－28;                            车削螺纹部分圆柱
N75   X26 Z－20;
N80   Z－28;
N85   X30;                              车削槽处的台阶端面
N90   G03X34 Z－45 R73.25;              车削逆圆弧
N95   G02X38 Z－53 R17;                 车削顺圆弧
N100  G01X50;                           退出已加工表面,精加工轮廓结束
N80   G00 G40X100;                      刀具沿径向快退
N85   Z200;                             刀具沿轴向快退
/N90  M03 S600;                         螺纹加工完毕后如尺寸偏大,必须从此位置开始断点加工
N100  T0303;                            换3号螺纹刀,导入刀具刀补
N105  G00X31 Z4;                        快速到达螺纹加工起始位置,轴向有空刀导入量
N110  G76 C2 A60X27.402 Z－23 K1.30     螺纹循环加工参数设置,螺纹精加工两次
U0.1 V0.1 Q0.4 F2
N120  G00X100;                          沿径向退出
N125  Z200;                             沿轴向退出
/N130 M05;                              主轴停止
/N135 M00;                              程序暂停。用于对螺纹的检验,如尺寸偏大,则断点加工
N145  M30;                              程序结束
```

4.8 用宏指令编程

HNC-21/22T为用户配备了强有力的类似于高级语言的宏程序功能，用户可以使用变量进行算术运算、逻辑运算和函数的混合运算，此外宏程序还提供了循环语句、分支语句和子程序调用语句，利于编制各种复杂的零件加工程序，减少乃至免除手工编程时进行烦琐的数值计算，以及精简程序量。

4.8.1 宏变量、常量、运算符与表达式

4.8.1.1 宏变量

＃0～＃49	当前局部变量
＃50～＃199	全局变量
＃200～＃249	0层局部变量
＃250～＃299	1层局部变量
＃300～＃349	2层局部变量
＃350～＃399	3层局部变量
＃400～＃449	4层局部变量
＃450～＃499	5层局部变量
＃500～＃549	6层局部变量
＃550～＃599	7层局部变量

＃600～＃699	刀具长度寄存器 H0～H99	
＃700～＃799	刀具半径寄存器 D0～D99	
＃800～＃899	刀具寿命寄存器	
＃1000“机床当前位置 X”	＃1001“机床当前位置 Y”	＃1002“机床当前位置 Z”
＃1003“机床当前位置 A”	＃1004“机床当前位置 B”	＃1005“机床当前位置 C”
＃1006“机床当前位置 U”	＃1007“机床当前位置 V”	＃1008“机床当前位置 W”
＃1009“直径编程”	＃1010“程编机床位置 X”	＃1011“程编机床位置 Y”
＃1012“程编机床位置 Z”	＃1013“程编机床位置 A”	＃1014“程编机床位置 B”
＃1015“程编机床位置 C”	＃1016“程编机床位置 U”	＃1017“程编机床位置 V”
＃1018“程编机床位置 W”	＃1019 保留	＃1020“程编工件位置 X”
＃1021“程编工件位置 Y”	＃1022“程编工件位置 Z”	＃1023“程编工件位置 A”
＃1024“程编工件位置 B”	＃1025“程编工件位置 C”	＃1026“程编工件位置 U”
＃1027“程编工件位置 V”	＃1028“程编工件位置 W”	＃1029 保留
＃1030“当前工件零点 X”	＃1031“当前工件零点 Y”	＃1032“当前工件零点 Z”
＃1033“当前工件零点 A”	＃1034“当前工件零点 B”	＃1035“当前工件零点 C”
＃1036“当前工件零点 U”	＃1037“当前工件零点 V”	＃1038“当前工件零点 W”
＃1039“坐标系建立轴”	＃1040“G54 零点 X”	＃1041“G54 零点 Y”
＃1042“G54 零点 Z”	＃1043“G54 零点 A”	＃1044“G54 零点 B”
＃1045“G54 零点 C”	＃1046“G54 零点 U”	＃1047“G54 零点 V”
＃1048“G54 零点 W”	＃1049 保留	＃1050“G55 零点 X”
＃1051“G55 零点 Y”	＃1052“G55 零点 Z”	＃1053“G55 零点 A”
＃1054“G55 零点 B”	＃1055“G55 零点 C”	＃1056“G55 零点 U”
＃1057“G55 零点 V”	＃1058“G55 零点 W”	＃1059 保留
＃1060“G56 零点 X”	＃1061“G56 零点 Y”	＃1062“G56 零点 Z”
＃1063“G56 零点 A”	＃1064“G56 零点 B”	＃1065“G56 零点 C”
＃1066“G56 零点 U”	＃1067“G56 零点 V”	＃1068“G56 零点 W”
＃1069 保留	＃1070“G57 零点 X”	＃1071“G57 零点 Y”
＃1072“G57 零点 Z”	＃1073“G57 零点 A”	＃1074“G57 零点 B”
＃1075“G57 零点 C”	＃1076“G57 零点 U”	＃1077“G57 零点 V”
＃1078“G57 零点 W”	＃1079 保留	＃1080“G58 零点 X”
＃1081“G58 零点 Y”	＃1082“G58 零点 Z”	＃1083“G58 零点 A”
＃1084“G58 零点 B”	＃1085“G58 零点 C”	＃1086“G58 零点 U”
＃1087“G58 零点 V”	＃1088“G58 零点 W”	＃1089 保留
＃1090“G59 零点 X”	＃1091“G59 零点 Y”	＃1092“G59 零点 Z”
＃1093“G59 零点 A”	＃1094“G59 零点 B”	＃1095“G59 零点 C”
＃1096“G59 零点 U”	＃1097“G59 零点 V”	＃1098“G59 零点 W”
＃1099 保留	＃1100“中断点位置 X”	＃1101“中断点位置 Y”
＃1102“中断点位置 Z”	＃1103“中断点位置 A”	＃1104“中断点位置 B”
＃1105“中断点位置 C”	＃1106“中断点位置 U”	＃1107“中断点位置 V”
＃1108“中断点位置 W”	＃1109“坐标系建立轴”	＃1110“G28 中间点位置 X”
＃1111“G28 中间点位置 Y”	＃1112“G28 中间点位置 Z”	＃1113“G28 中间点位置 A”
＃1114“G28 中间点位置 B”	＃1115“G28 中间点位置 C”	＃1116“G28 中间点位置 U”
＃1117“G28 中间点位置 V”	＃1118“G28 中间点位置 W”	＃1119“G28 屏蔽字”
＃1120“镜像点位置 X”	＃1121“镜像点位置 Y”	＃1122“镜像点位置 Z”
＃1123“镜像点位置 A”	＃1124“镜像点位置 B”	＃1125“镜像点位置 C”
＃1126“镜像点位置 U”	＃1127“镜像点位置 V”	＃1128“镜像点位置 W”

#1129"镜像屏蔽字" #1130"旋转中心(轴 1)" #1131"旋转中心(轴 2)"
#1132"旋转角度" #1133"旋转轴屏蔽字" #1134 保留
#1135"缩放中心(轴 1)" #1136"缩放中心(轴 2)" #1137"缩放中心(轴 3)"
#1138"缩放比例" #1139"缩放轴屏蔽字" #1140"坐标变换代码 1"
#1141"坐标变换代码 2" #1142"坐标变换代码 3" #1143 保留
#1144"刀具长度补偿号" #1145"刀具半径补偿号" #1146"当前平面轴 1"
#1147"当前平面轴 2" #1148"虚拟轴屏蔽字" #1149"进给速度指定"
#1150"G 代码模态值 0" #1151"G 代码模态值 1" #1152"G 代码模态值 2"
#1153"G 代码模态值 3" #1154"G 代码模态值 4" #1155"G 代码模态值 5"
#1156"G 代码模态值 6" #1157"G 代码模态值 7" #1158"G 代码模态值 8"
#1159"G 代码模态值 9" #1160"G 代码模态值 10" #1161"G 代码模态值 11"
#1162"G 代码模态值 12" #1163"G 代码模态值 13" #1164"G 代码模态值 14"
#1165"G 代码模态值 15" #1166"G 代码模态值 16" #1167"G 代码模态值 17"
#1168"G 代码模态值 18" #1169"G 代码模态值 19" #1170"剩余 CACHE"
#1171"备用 CACHE" #1172"剩余缓冲区" #1173"备用缓冲区"
#1174 保留 #1175 保留 #1176 保留
#1177 保留 #1178 保留 #1179 保留
#1180 保留 #1181 保留 #1182 保留
#1183 保留 #1184 保留 #1185 保留
#1186 保留 #1187 保留 #1188 保留
#1189 保留 #1190"用户自定义输入" #1191"用户自定义输出"
#1192"自定义输出屏蔽" #1193 保留 #1194 保留

#2000～#2600 复合循环数据区
#2000: 轮廓点数
#2001～2100: 轮廓线类型(0:G00;1:G01;2:G02;3:G03)
#2101～2200: 轮廓点 X(直径方式为直径值,半径方式为半径值)
#2201～2300: 轮廓点 Z
#2301～2400: 轮廓点 R
#2401～2500: 轮廓点 I
#2501～2600: 轮廓点 J

4.8.1.2 常量

① PI：圆周率 π。

② TRUE：条件成立（真）。

③ FALSE：条件不成立（假）。

4.8.1.3 运算符与表达式

(1) 算术运算符

+，-，*，/。

(2) 条件运算符

EQ（=），NE（≠），GT（＞），GE（≥），LT（＜），LE（≤）。

(3) 逻辑运算符

AND，OR，NOT。

(4) 函数

SIN（正弦），COS（余弦），TAN（正切），ATAN（反正切），ATAN2，ABS（绝对值），INT（整数），SIGN，SQRT（平方根），EXP（指数）。

(5) 表达式

用运算符连接起来的常数、宏变量构成表达式。例如：

175/SQRT [2] * COS [55 * PI/180]；#3 * 6 GT 14；

4.8.2 语句

(1) 赋值语句

格式：宏变量＝常数或表达式

把常数或表达式的值送给一个宏变量称为赋值。例如：

① #2＝175/SQRT [2] * COS [55 * PI/180]。

② #3＝124.0。

(2) 条件判别语句（IF，ELSE，ENDIF）

① 格式 1：

IF 条件表达式；

⋮；

ELSE；

⋮；

ENDIF；

② 格式 2：

IF 条件表达式；

⋮；

ENDIF；

(3) 循环语句（WHILE，ENDW）

格式：

WHILE 条件表达式；

⋮；

ENDW；

条件判别语句的使用见宏程序编程举例。

循环语句的使用见宏程序编程举例。

(4) 举例

【例 4-26】 用宏程序编制图 4-51 所示抛物线 $Z=X^2/8$ 在区间 [0，16] 内的程序。

```
%0026;
#10=0;          X 坐标
#11=0;          Z 坐标
N10 G92         X0.0 Z0.0;
M03 S600;
WHILE #10 LE 16;
G90 G01X[#10] Z[#11] F500;
#10=#10+0.08;
#11=#10*#10/8;
ENDW;
G00 Z0 M05;
G00 X0;
M30;
```

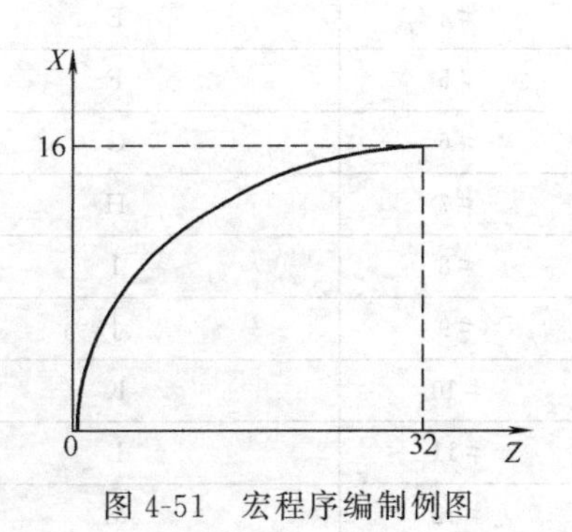

图 4-51　宏程序编制例图

4.8.3 车削循环指令的实现与子程序调用的参数传递

(1) 概述

HNC-21T 的固定循环指令采用宏程序方法实现，这些宏程序调用具有模态功能。

由于各数控公司定义的固定循环含义不尽一致，采用宏程序实现固定循环，用户可按自己的要求定制固定循环，十分方便。华中数控随售出的数控装置赠送固定循环宏程序的源代码 staticcy。

为便于用户阅读下面的固定循环宏程序的源代码，先介绍一下 HNC-21T 宏程序/子程序调用的参数传递规则。

G 代码在调用宏（子程序或固定循环，下同）时，系统会将当前程序段各字段（A～Z 共 26 字段，如果没有定义则为零）的内容复制到宏执行时的局部变量＃0～＃25，同时复制调用宏时当前通道九个轴的绝对位置（机床绝对坐标）到宏执行时的局部变量＃30～＃38。

调用一般子程序时，不保存系统模态值，即子程序可修改系统模态并保持有效；而调用固定循环时，保存系统模态值，即固定循环子程序不修改系统模态。

表 4-5 列出了宏当前局部变量＃0～＃38 所对应的宏调用传递的字段参数名。

对于每个局部变量，都可用系统宏 AR [] 来判别该变量是否被定义，是被定义为增量或绝对方式。该系统宏的调用格式如下：

AR [＃变量号]；

返回；

0 表示该变量没有被定义。

90 表示该变量被定义为绝对方式 G90。

91 表示该变量被定义为相对方式 G91。

表 4-5 宏调用传递的字段参数名

宏当前局部变量	宏调用时所传递的字段名或系统变量	宏当前局部变量	宏调用时所传递的字段名或系统变量
＃0	A	＃15	P
＃1	B	＃16	Q
＃2	C	＃17	R
＃3	D	＃18	S
＃4	E	＃19	T
＃5	F	＃20	U
＃6	G	＃21	V
＃7	H	＃22	W
＃8	I	＃23	X
＃9	J	＃24	Y
＃10	K	＃25	Z
＃11	L	＃26	固定循环指令初始平面 Z 模态值
＃12	M	＃27	不用
＃13	N	＃28	不用
＃14	O	＃29	不用

续表

宏当前局部变量	宏调用时所传递的字段名或系统变量	宏当前局部变量	宏调用时所传递的字段名或系统变量
＃30	调用子程序时轴0的绝对坐标	＃35	调用子程序时轴5的绝对坐标
＃31	调用子程序时轴1的绝对坐标	＃36	调用子程序时轴6的绝对坐标
＃32	调用子程序时轴2的绝对坐标	＃37	调用子程序时轴7的绝对坐标
＃33	调用子程序时轴3的绝对坐标	＃38	调用子程序时轴8的绝对坐标
＃34	调用子程序时轴4的绝对坐标		

（2）举例

【例4-27】 下面的主程序O002在调用子程序O9990时，设置了I、K之值，子程序O9990可分别通过当前局部变量＃8、＃10来访问主程序的I、K之值。

```
％0027;
G92 X0 Z0;
M98 P9990 I20 K40;
M30;
％9990;
IF[AR[＃8] EQ 0] OR [AR[＃10] EQ 0];如果没有定义 I、K 值
M99;则返回
ENDIF;
N10 G91;用增量方式编写宏程序
IF AR[＃8] EQ 90;如果 I 值是绝对方式 G90
＃8=＃8-＃30;将 I 值转换为增量方式,＃30 为 X 的绝对坐标
ENDIF;
⋮;
M99;
```

（3）子程序嵌套调用的深度

HNC-21/22T子程序嵌套调用的深度最多可以有九层，每一层子程序都有自己独立的局部变量（变量个数为50）。当前局部变量为＃0～＃49，第一层局部变量为＃200～＃249，第二层局部变量为＃250～＃299，第三层局部变量为＃300～＃349，依次类推。

在子程序中如何确定上层的局部变量，要依上层的层数而定。

【例4-28】

```
％0028;
G92 X0 Z0;
N100 ＃10=98;
M98 P1000;
M30;
O1000;
N200 ＃10=100;此时 N100 所在段的局部变量＃10 为第一层＃210
M98 P1100;
M99;
O1100;
```

```
N300 #10=200;此时 N200 所在段的局部变量为第二层#260,N100 所在段的局部变量#10 为第一层
        #210
M99
```

【例 4-29】 为了更深入地了解 HNC-21/22T 宏程序，这里给出一个利用小直线段逼近整圆的数控加工程序。

```
O1000;
G92 X0 Z0;
M98 P2 X-50 Z0 R50;宏程序调用,加工整圆
M30;
O2;加工整圆子程序,圆心为(X,Z),半径为 R
;X-> #23 Z -> #25 R -> #17
IF[AR[#17] EQ 0] OR [#17 EQ 0];如果没有定义R
M99;
ENDIF;
IF[ AR[#23] EQ 0 ] OR [ AR[#25] EQ 0 ] ; 如果没有定义圆心
M99;
ENDIF;
#46=#1163;记录模态码#1163,是 G90 OR G91?
G91;用相对编程 G91
IF[AR[#23] EQ 90 ];如果 X 为绝对编程方式
#23=#23-#30;则转为相对编程方式
ENDIF;
IF[AR[#25] EQ 90 ];如果 Z 为绝对编程方式
#25=#25-#32;则转为相对编程方式
ENDIF;
#0=#23+#17*COS[0];
#1=#25+#17*SIN[0];
G01 X[#0] Z[#1];
#10=1;
WHILE[#10 LE 100];用 100 段小直线逼近圆
#0=#17*[COS[#10*2*PI/100]-COS[[#10-1]*2*PI/100]];
#1=#17*[SIN[#10*2*PI/100]-SIN[[#10-1]*2*PI/100]];
G01 X[#0] Z[#1];
#10=#10+1;
ENDW;
G[#46];恢复模态
M99;
```

4.8.4 综合实例

【例 4-30】 编制图 4-52 所示零件的加工程序，材料为 45 钢，棒料直径为 50mm。

椭圆方程：$\frac{X^2}{24^2}+\frac{Z^2}{40^2}=1$

(1) 刀具设置

1 号刀为 93°菱形外圆车刀，2 号刀为 60°螺纹车刀。

(2) 加工步骤

① 加工左端，留 ϕ25mm×30mm 工艺搭子。

② 调头夹住 ϕ25mm×30mm 工艺搭子，加工右端椭圆。

③ 手工切断，保证长度为 52mm。

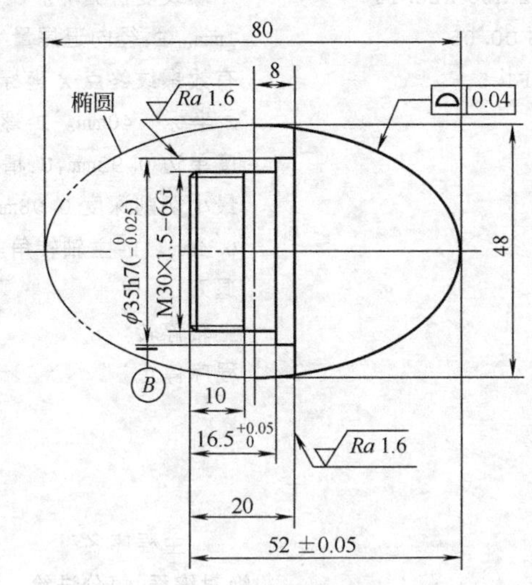

图 4-52　综合实例零件图

(3) 加工程序

① 左端加工程序。

%0001;		主程序名
N5	G90 G94;	绝对编程,每分进给
N10	T0101 S800 M3;	转速为 800r/min,换 1 号 93°菱形外圆车刀
N15	G00 X51 Z3;	快进到外径粗车循环起刀点
N20	G71 U1.5 R1 P50 Q85; X0.5 Z0.1 F150;	外径粗车循环。U:径向每次切深单边 1.5mm。R:径向退刀量单边 1mm,P50:精加工第一程序段号。Q85:精加工最后程序段号。X:径向粗加工余量双边 0.5mm。Z:轴向精加工余量 0.1mm。F:粗车进给率 150mm/min
N25	G00 X100 Z50;	退刀
N30	M5;	主轴停转
N35	M0;	程序暂停
N40	S1500 M3 F80 T0101;	精车转速为 1500r/min,进给速度为 80mm/min
N45	G00 X30 Z3;	快速进刀
N50	G01 X25 Z0;	进给到外径粗车循环起点
N55	G01 Z-30;	
N60	X28;	
N65	X29.8 Z-31;	倒角
N70	Z-46.5;	
N75	X34.988;	
N80	Z-50;	
N85	X50;	N50～N85 外径轮廓循环程序
N90	G00 X100 Z50;	退刀

```
N95    M5;                              主轴停转
N100   M0;                              程序暂停
N105   T0202 S1000 M3;                  主轴正转,转速为 1000r/min,换 2 号外螺纹刀
N110   G00 X32 Z—25;                    进到外螺纹复合循环起刀点
N115   G76 G01 R—1 E2 A60 X28.14        外螺纹复合循环。C:精加工次数 1。R:轴向退尾量
       Z—40 I0 K0.93 U0.05              1mm。E:径向退尾量 2mm。A:刀尖角度 60°。X:
       V0.08 Q0.4 P0 F1.5;              有效螺纹终点 X 坐标 28.14mm。Z:有效螺纹终点
                                        Z 坐标—40mm。I:螺纹两端半径差。K:螺纹牙高
                                        度单边 0.93mm,U:精加工余量单边 0.05mm。V:
                                        最小切削深度 0.08mm。Q:第一次切削深度单边
                                        0.4mm。P:主轴转角。F:螺纹导程 1.5mm
N120   G00 X100 Z50;                    退刀
N125   M5;                              主轴停转
N130   M30;                             程序停止
```

② 右端加工程序。

a. 主程序。

```
%0002;                                  主程序名
N5    G90 G94;                          绝对编程,每分进给
N10   T0101 S800 M3 F150;               转速为 800r/min,进给速度为 150mm/min,换 1 号
                                        93°菱形外圆车刀
N15   G00 X51 Z2;                       快进
N20   #50=50;                           设置最大切削余量
N25   WHILE  #50  GE  0;                判断毛坯余量是否大于等于 0
N30   M98 P0003;                        调用椭圆加工子程序
N35   #50=#50—2;                        每次切深双边 2mm
N40   ENDW;
N45   G00 X100 Z50;                     退刀
N50   M5;                               主轴停转
N55   M30;                              程序停止
```

b. 椭圆加工子程序。

```
%0003;                                      子程序名
N5    #1=40;                                长半轴
N10   #2=24;                                短半轴
N15   #3=40;                                Z 轴起始尺寸
N20   WHILE #3 GE 8;                        判断是否走到 Z 轴终点
N25   #4=24* SQRT[#1* #1—#3* #3]/40;        X 轴变量
N30   G01 X[2* #4+#50] Z[#3—40];            椭圆插补
N35   #3= #3—0.4;                           Z 轴步距,每次 0.4mm
N40   ENDW;
N45   W—1;
N50   G00 U2;
N55   Z2;                                   退回起点
N60   M99;                                  子程序结束
```

思考题

1. 熟悉数控车削编程单位和坐标系的设定与选择。
2. 熟悉进给控制指令的使用方法。
3. 熟悉主轴功能指令的使用方法。
4. 熟悉回参考点指令的使用方法。
5. 熟悉刀具补偿指令的使用方法。
6. 熟悉子程序的使用方法。
7. 熟悉简单循环指令的使用方法。
8. 熟悉复合循环指令的使用方法。
9. 掌握编程步骤。
10. 熟悉两个典型例题的编程步骤。
11. 熟悉宏变量、常量、运算符与表达式的使用方法。
12. 熟悉语句的使用方法。
13. 了解车削循环指令的实现及子程序调用的参数传递。
14. 熟悉综合实例中宏指令的编程方法。

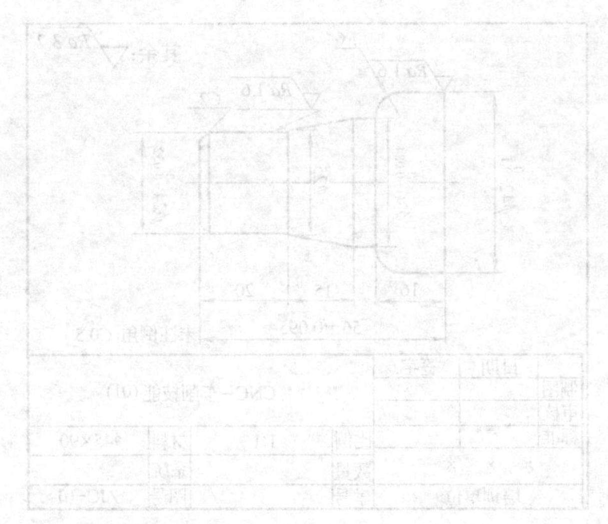

Chapter 5

第5章 数控车中级工实训课题

5.1 数控车中级工样题 1

5.1.1 零件图

中级车工样题 1 的零件图如图 5-1 所示。

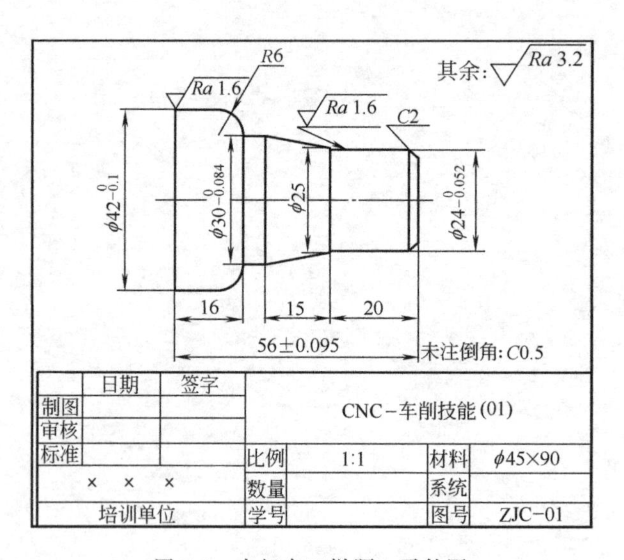

图 5-1 中级车工样题 1 零件图

5.1.2 评分表

中级车工样题 1 评分表如表 5-1 所示。

表 5-1　中级车工样题 1 评分表

数控车中级工考核评分表

单位　　　准考证号　　　姓名

检测项目		技术要求		配分	评分标准	检测结果	得分
机床操作	1	按步骤开机、检查、润滑		2	不正确无分		
	2	回机床参考点		2	不正确无分		
	3	按程序格式输入程序、检查及修改		2	不正确无分		
	4	程序轨迹检查		2	不正确无分		
	5	工件、夹具、刀具的正确安装		2	不正确无分		
	6	按指定方式对刀		2	不正确无分		
	7	检查对刀		2	不正确无分		
外圆	8	$\phi 42_{-0.1}^{0}$	$Ra1.6$	7/4	超差 0.01 扣 4 分、降级无分		
	9	$\phi 30_{-0.084}^{0}$	$Ra3.2$	7/4	超差 0.01 扣 4 分、降级无分		
	10	$\phi 25$	锥面 $Ra3.2$	7/4	超差、降级无分		
	11	$\phi 24_{-0.052}^{0}$	$Ra1.6$	7/4	超差 0.01 扣 4 分、降级无分		
圆弧	12	$R6$	$Ra3.2$	7/4	超差、降级无分		
长度	13	56 ± 0.095	两侧 $Ra3.2$	6/4	超差、降级无分		
	14	20		6	超差无分		
	15	16		6	超差无分		
	16	15		6	超差无分		
其他	17	$C2$		2	不符无分		
	18	未注倒角		1	不符无分		
	19	安全操作规程			违反扣总分 10 分/次		
总评分				100	总得分		

零件名称		图号 ZJC-01	加工日期　年　月　日
加工开始　时　分	停工时间　分钟	加工时间	检测
加工结束　时　分	停工原因	实际时间	评分

5.1.3　考核目标与操作提示

(1) 考核目标

① 掌握对刀的概念及重要性。

② 掌握端面、外圆、锥度、圆弧的编程和加工。

③ 能熟练掌握精车刀对刀正确性的检查方法及调整。

④ 遵守操作规程，养成文明操作、安全操作的良好习惯。

(2) 加工操作提示

如图 5-1 所示，加工该零件时一般先加工零件外形轮廓，切断零件后调头加工零件总长。编程零点设置在零件右端面的轴心线上，程序名为 ZJC1。零件加工步骤如下。

① 夹零件毛坯，伸出卡盘长度 76mm。

② 车端面。

③ 粗、精加工零件外形轮廓至尺寸要求。

④ 切断零件，总长留 0.5mm 余量。

⑤ 零件调头，夹 ϕ42mm 外圆（校正）。

⑥ 加工零件总长至尺寸要求（程序略）。

⑦ 回换刀点，程序结束。

(3) 注意事项

① 确认车刀安装的刀位和程序中的刀号相一致。

② 仔细检查和确认是否符合自动加工模式。

③ 灵活运用倍率修调按键。

④ 为保证对刀的正确，对刀前应将工件外圆和端面采用手动方式车一刀。

(4) 编程、操作加工时间

① 编程时间：90min（占总分 30%）。

② 操作时间：150min（占总分 70%）。

5.1.4 工、量、刃具清单

中级车工样题1工、量、刃具清单如表 5-2 所示。

表 5-2 中级车工样题 1 工、量、刃具清单

序号	名称	规格	数量	备注
1	千分尺	0～25mm	1	
2	千分尺	25～50mm	1	
3	游标卡尺	0～150mm	1	
4	半径规	R1～R6.5mm	1	
5	刀具	端面车刀	1	
6	刀具	外圆车刀	2	
7	刀具	切断车刀	1	宽 4～5mm，长 23mm
8	其他辅具	1. 垫刀片若干、油石等		
9	其他辅具	2. 其他车工常用辅具		
10	材料	45 钢 ϕ45mm×90mm 一段		
11	数控车床	CK6136i		
12	数控系统	华中数控世纪星、SINUMERIK802S 或 FANUC-OTD		

5.1.5 参考程序（华中数控世纪星）

```
%ZJC1;
N05  G90 G94 G00 X80 Z100 T0101 S800 M03;      换刀点、端面车刀
N10  G00 X48 Z0 M08;
N15  G01 X－0.5 F150;
N20  G00 Z5 M09;
N25  G00 X80 Z100 M05;
N30  M00;                                      程序暂停
N35  T0202 S800 M03 M08;                       外圆粗车刀
N40  G71 U1.5 R1 P60 Q105 X0.25 Z0.1 F100;
```

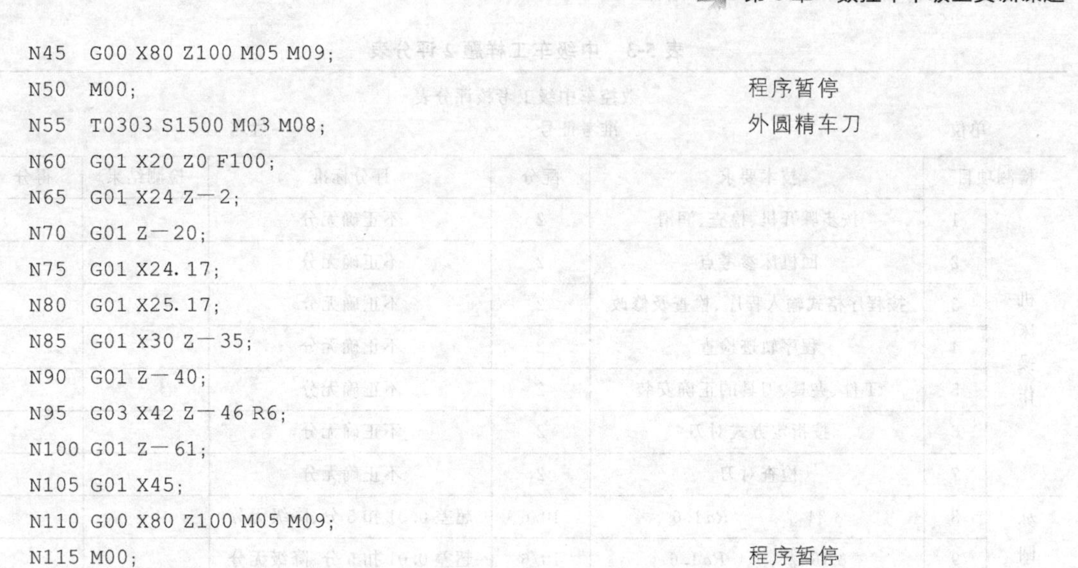

```
N45  G00 X80 Z100 M05 M09;
N50  M00;                          程序暂停
N55  T0303 S1500 M03 M08;          外圆精车刀
N60  G01 X20 Z0 F100;
N65  G01 X24 Z－2;
N70  G01 Z－20;
N75  G01 X24.17;
N80  G01 X25.17;
N85  G01 X30 Z－35;
N90  G01 Z－40;
N95  G03 X42 Z－46 R6;
N100 G01 Z－61;
N105 G01 X45;
N110 G00 X80 Z100 M05 M09;
N115 M00;                          程序暂停
N120 T0404 S600 M03;               切断刀(宽 4mm)
N125 G00 X45 Z;
N130 G01 X0 F100 M08;
N135 G00 X80 Z100 M05 M09;
N140 M30;                          程序结束
```

5.2　中级工样题 2

5.2.1　零件图

中级车工样题 2 的零件图如图 5-2 所示。

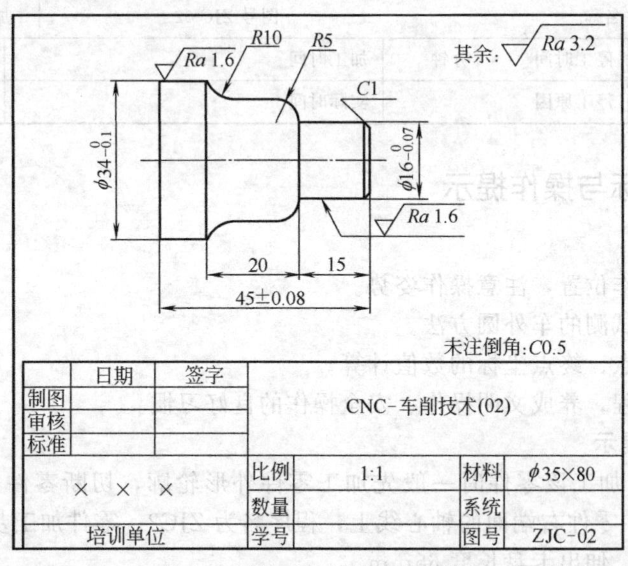

图 5-2　中级车工样题 2 零件图

5.2.2　评分表

中级车工样题 2 评分表如表 5-3 所示。

表 5-3　中级车工样题 2 评分表

数控车中级工考核评分表

单位　　　　　　　　　　　准考证号　　　　　　　　　　　姓名

检测项目		技术要求	配分	评分标准	检测结果	得分
机床操作	1	按步骤开机、检查、润滑	2	不正确无分		
	2	回机床参考点	2	不正确无分		
	3	按程序格式输入程序、检查及修改	2	不正确无分		
	4	程序轨迹检查	2	不正确无分		
	5	工件、夹具、刀具的正确安装	2	不正确无分		
	6	按指定方式对刀	2	不正确无分		
	7	检查对刀	2	不正确无分		
外圆	8	$\phi 34_{-0.1}^{0}$　$Ra1.6$	10/6	超差 0.01 扣 5 分、降级无分		
	9	$\phi 16_{-0.07}^{0}$　$Ra1.6$	10/6	超差 0.01 扣 5 分、降级无分		
圆弧	10	$R10$　$Ra3.2$	8/5	超差、降级无分		
	11	$R5$　$Ra3.2$	8/5	超差、降级无分		
长度	12	45±0.08	8	超差、降级无分		
	13	20	8	超差无分		
	14	15	8	超差无分		
其他	15	C1	2	不符无分		
	16	未注倒角	2	不符无分		
	17	安全操作规程		违反扣总分 10 分/次		
总评分			100	总得分		

零件名称		图号 ZJC-02	加工日期　年　月　日
加工开始　时　分	停工时间　分钟	加工时间	检测
加工结束　时　分	停工原因	实际时间	评分

5.2.3　考核目标与操作提示

(1) 考核目标

① 合理组织工作位置，注意操作姿势。

② 掌握试切、试测的车外圆方法。

③ 掌握圆弧起点、终点坐标的数值计算。

④ 遵守操作规程，养成文明操作、安全操作的良好习惯。

(2) 加工操作提示

如图 5-2 所示，加工该零件时一般先加工零件外形轮廓，切断零件后调头加工零件总长。编程零点设置在零件右端面的轴心线上，程序名为 ZJC2。零件加工步骤如下。

① 夹零件毛坯，伸出卡盘长度 65mm。

② 车端面。

③ 粗、精加工零件外形轮廓至尺寸要求。

④ 切断零件，总长留 0.5mm 余量。

⑤ 零件调头，夹 ϕ34mm 外圆（校正）。

⑥ 加工零件总长至尺寸要求（程序略）。

⑦ 回换刀点，程序结束。

(3) 注意事项

① 圆弧的起点坐标、终点坐标数值要计算准确。

② 适时调整进给修调按键，提高工件加工质量。

(4) 编程、操作加工时间

① 编程时间：90min（占总分 30%）。

② 操作时间：150min（占总分 70%）。

5.2.4 工、量、刃具清单

中级车工样题 2 工、量、刃具清单如表 5-4 所示。

表 5-4 中级车工样题 2 工、量、刃具清单

序号	名 称	规 格	数 量	备 注
1	千分尺	0～25mm	1	
2	千分尺	25～50mm	1	
3	游标卡尺	0～150mm	1	
4	半径规	$R1 \sim R6.5$mm	1	
5		$R7 \sim R14.5$mm	1	
6	计算器	函数型计算器	1	
7	刀具	端面车刀	1	
8		外圆车刀	2	
9		切断车刀	1	宽 4～5mm，长 23mm
10	其他辅具	1. 垫刀片若干、油石等		
11		2. 其他车工常用辅具		
12	材料	45 钢 ϕ35mm×80mm 一段		
13	数控车床	J_1CJK6136		
14	数控系统	华中数控世纪星、SINUMERIK802S 或 FANUC-OTD		

5.2.5 参考程序（华中数控世纪星）

```
%ZJC2;
N05  G90 G94 G00 X80 Z100 T0101 S800 M03;      换刀点、端面车刀
N10  G00 X40 Z0 M08;
N15  G01 X—0.5 F100;
N20  G01 Z5 M09;
N25  G00 X80 Z100 M05;
N30  M00;                                      程序暂停
N35  T0202 S800 M03 M08;                       外圆粗车刀
N40  G71 U1.5 R1 P60 Q95 X0.25 Z0.1 F100;
```

```
N45  G00 X80 Z100 M05 M09;
N50  M00;                                   程序暂停
N55  T303 S1500 M03 M08;                    外圆精车刀
N60  N05 G01 X15 Z0 F100;
N65  G01 X16 Z－0.5;
N70  G01 Z－15;
N75  G03 X26 Z－20 R5;
N80  G01 Z－27;
N85  G02 X34 Z－35 R10;
N90  G01 Z－50;
N95  G01 X35;
N100 G00 X80 Z100 M05 M09;
N105 M00;                                   程序暂停
N110 T0404 S600 M03 M08;                    切断刀(宽 4mm)
N115G00 X35 Z－50;
N120 G01 X0 F50;
N125 G00 X80 Z100 M05 M09;
N130 M30;                                   程序结束
```

5.3 中级工样题 3

5.3.1 零件图

中级车工样题 3 的零件图如图 5-3 所示。

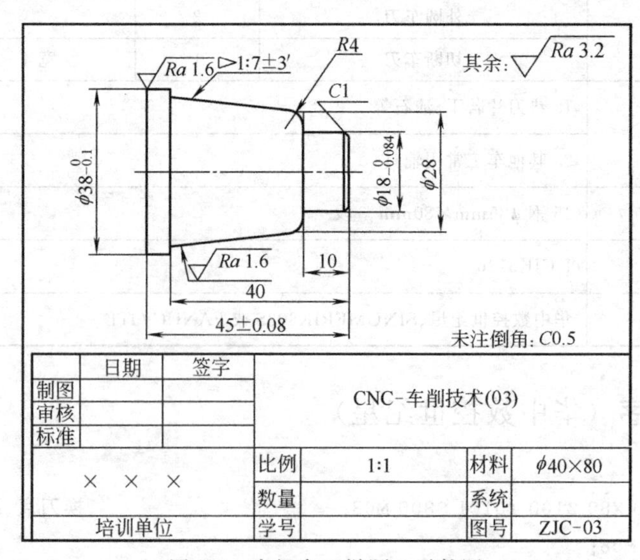

图 5-3 中级车工样题 3 零件图

5.3.2 评分表

中级车工样题 3 评分表如表 5-5 所示。

表 5-5　中级车工样题 3 评分表

数控车中级工考核评分表

单位　　　　准考证号　　　　姓名

检测项目		技术要求	配分	评分标准	检测结果	得分
机床操作	1	按步骤开机、检查、润滑	2	不正确无分		
	2	回机床参考点	2	不正确无分		
	3	按程序格式输入程序、检查及修改	2	不正确无分		
	4	程序轨迹检查	2	不正确无分		
	5	工件、夹具、刀具的正确安装	2	不正确无分		
	6	按指定方式对刀	2	不正确无分		
	7	检查对刀	2	不正确无分		
外圆	8	$\phi 38_{-0.1}^{0}$　$Ra1.6$	8/8	超差 0.01 扣 4 分、降级无分		
	9	$\phi 28$　锥面 $Ra1.6$	6	超差 0.01 扣 4 分、降级无分		
	10	$\phi 18_{-0.084}^{0}$　$Ra3.2$	8/8	超差、降级无分		
圆锥	11	1∶7　$Ra1.6$	8/5	超差、降级无分		
圆弧	12	$R4$　$Ra3.2$	8/5	超差、降级无分		
长度	13	45±0.08	6	超差无分		
	14	40	6	超差无分		
	15	10	6	超差无分		
其他	16	$C1$	2	不符无分		
	17	未注倒角	2	不符无分		
	18	安全操作规程		违反扣总分 10 分/次		
总评分			100	总得分		
零件名称			图号 ZJC-03		加工日期　年　月　日	
加工开始　时　分		停工时间　　分钟	加工时间		检测	
加工结束　时　分		停工原因	实际时间		评分	

5.3.3 考核目标与操作提示

(1) 考核目标

① 能正确计算圆锥的尺寸。

② 掌握圆锥加工的工艺分析和程序编制方法。

③ 合理选择加工圆锥的刀具。

④ 能采用合理的方法保证圆锥的精度。

⑤ 遵守操作规程，养成文明操作、安全操作的良好习惯。

(2) 加工操作提示

如图 5-3 所示，加工该零件时一般先加工零件外形轮廓，切断零件后调头加工零件总长。编程零点设置在零件右端面的轴心线上，程序名为 ZJC3。零件加工步骤如下。

① 夹零件毛坯，伸出卡盘长度 65mm。

② 车端面。

③ 粗、精加工零件外形轮廓至尺寸要求。

④ 切断零件，总长留 0.5mm 余量。

⑤ 零件调头，夹 ϕ38mm 外圆（校正）。

⑥ 加工零件总长至尺寸要求（程序略）。

⑦ 回换刀点，程序结束。

(3) 注意事项

① 加工圆锥时刀具必须要各对准工件中心。

② 加工圆锥时，锥度由各点坐标确定，故尺寸计算必须准确。

(4) 编程、操作加工时间

① 编程时间：90min（占总分 30%）。

② 操作时间：150min（占总分 70%）。

5.3.4 工、量、刃具清单

中级车工样题 3 工、量、刃具清单如表 5-6 所示。

表 5-6 中级车工样题 3 工、量、刃具清单

序号	名 称	规 格	数 量	备 注
1	千分尺	0～25mm	1	
2	千分尺	25～50mm	1	
3	游标卡尺	0～150mm	1	
4	半径规	$R1 \sim R6.5$mm	1	
5	计算器	函数型计算器	1	
6	刀具	端面车刀	1	
7		外圆车刀	2	
8		切断车刀	1	宽 4～5mm，长 23mm
9	其他辅具	1.垫刀片若干、油石等		
10		2.其他车工常用辅具		
11	材料	45 钢 ϕ40mm×80mm 一段		
12	数控车床	J_1CJK6136		
13	数控系统	华中数控世纪星、SINUMERIK802S 或 FANUC-OTD		

5.3.5 参考程序（华中数控世纪星）

```
%ZJC3;
N05  G90 G94 G00 X80 Z100 T0101 S800 M03;        换刀点、端面车刀
N10  G00 X45 Z0 M08;
N15  G01 X-0.5 F100;
N20  G01 Z5 M09;
N25  G00 X80 Z100 M05;
N30  M00;                                         程序暂停
N35  T0202 S800 M03 M08;                          外圆粗车刀
N40  G71 U1.5 R1 P60 Q100 X0.25 Z0.1 F100;        外径粗加工循环
```

```
N45  G00 X80 Z100 M05 M09;
N50  M00;                          程序暂停
N55  T0303 S1500 M03 M08;          外圆精车刀
N60  G01 X16 Z0 F100;
N65  G01 X18 Z－1;
N70  G01 Z－10;
N75  G01 X28 R4;
N80  G01 X32.28 Z－40;
N85  G01 X37;
N90  G01 X38 Z－40.5;
N95  G01 Z－50;
N100 G01 X40;
N105 G00 X80 Z100 M05 M09;
N110 M00;                          程序暂停
N115 T0404 S600 M03;               切断刀(宽 4mm)
N120 G00 X40 Z－50 M08;
N125 G01 X0 F50;
N130 G00 X80 Z100 M05 M09;
N135 M30;                          程序结束
```

5.4　中级工样题 4

5.4.1　零件图

中级车工样题 4 的零件图如图 5-4 所示。

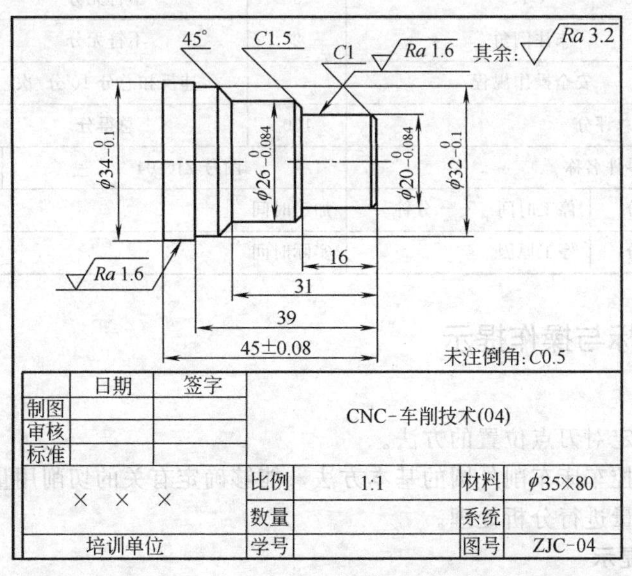

图 5-4　中级车工样题 4 零件图

5.4.2　评分表

中级车工样题 4 评分表如表 5-7 所示。

表 5-7 中级车工样题 4 评分表

数控车中级工考核评分表

单位　　　　　　　　　　准考证号　　　　　　　　　　姓名

检测项目		技术要求	配分	评分标准	检测结果	得分
机床操作	1	按步骤开机、检查、润滑	2	不正确无分		
	2	回机床参考点	2	不正确无分		
	3	按程序格式输入程序、检查及修改	2	不正确无分		
	4	程序轨迹检查	2	不正确无分		
	5	工件、夹具、刀具的正确安装	2	不正确无分		
	6	按指定方式对刀	2	不正确无分		
	7	检查对刀	2	不正确无分		
外圆	8	$\phi 34_{-0.1}^{0}$　*Ra*1.6	8/4	超差 0.01 扣 4 分、降级无分		
	9	$\phi 32_{-0.1}^{0}$　*Ra*1.6	8/4	超差 0.01 扣 4 分、降级无分		
	10	$\phi 26_{-0.084}^{0}$　*Ra*3.2	8/4	超差 0.01 扣 4 分、降级无分		
	11	$\phi 20_{-0.084}^{0}$　*Ra*3.2	8/4	超差 0.01 扣 4 分、降级无分		
长度	12	46±0.08　两侧 *Ra*3.2	6/4	超差、降级无分		
	13	39	6	超差无分		
	14	31	6	超差无分		
	15	16	6	超差无分		
其他	16	45°	6	不符无分		
	17	*C*1.5	3	不符无分		
	18	*C*1	3	不符无分		
	19	未注倒角	2	不符无分		
	20	安全操作规程		违反扣总分 10 分/次		
总评分			100	总得分		

零件名称		图号 ZJC-04	加工日期　年　月　日
加工开始　时　分	停工时间　　分钟	加工时间	检测
加工结束　时　分	停工原因	实际时间	评分

5.4.3 考核目标与操作提示

(1) 考核目标

① 熟练掌握确定对刀点位置的方法。

② 熟练掌握数控车床车削外圆的基本方法，能够确定有关的切削用量。

③ 能对加工质量进行分析处理。

(2) 加工操作提示

如图 5-4 所示，加工该零件时一般先加工零件外形轮廓，切断零件后调头加工零件总长。编程零点设置在零件右端面的轴心线上，程序名为 ZJC4。零件加工步骤如下。

① 夹零件毛坯，伸出卡盘长度 66mm。

② 车端面。

③ 粗、精加工零件外形轮廓至尺寸要求。
④ 切断零件，总长留 0.5mm 余量。
⑤ 零件调头，夹 ϕ34mm 外圆（校正）。
⑥ 加工零件总长至尺寸要求（程序略）。
⑦ 回换刀点，程序结束。

(3) 注意事项

① 加工工件时，刀具和工件安装必须牢固、可靠。
② 加工零件时要注意刀具与卡盘是否碰撞。
③ 机床突然断电，再次上电后必须重新回机床参考点

(4) 编程、操作加工时间

① 编程时间：90min（占总分 30%）。
② 操作时间：150min（占总分 70%）。

5.4.4　工、量、刃具清单

中级车工样题 4 工、量、刃具清单如表 5-8 所示。

表 5-8　中级车工样题 4 工、量、刃具清单

序号	名　称	规　格	数　量	备　注
1	千分尺	0～25mm	1	
2	千分尺	25～50mm	1	
3	游标卡尺	0～150mm	1	
4	刀具	端面车刀	1	
5		外圆车刀	2	
6		切断车刀	1	宽 4～5mm，长 23mm
7	其他辅具	1.垫刀片若干、油石等		
8		2.其他车工常用辅具		
9	材料	45 钢 ϕ35mm×80mm 一段		
10	数控车床	J_1CJK6136		
11	数控系统	华中数控世纪星、SINUMERIK802S 或 FANUC-OTD		

5.4.5　参考程序（华中数控世纪星）

```
%ZJC4;
N05  G90 G94 G00 X80 Z100 T0101 S800 M03;    换刀点、1 号端面车刀
N10  G01 X40 Z0 M08;
N15  G01 X－0.5 F100;
N20  G01 Z5 M09;
N25  G00 X80 Z100 M05;
N30  M00;                                    程序暂停
N35  T0202 S800 M03 M08;                     2 号外圆粗车刀
N40  G71 U1.5 R1 P60 Q125 X0.25 Z0.1 F100;   外径粗加工循环
N45  G00 X80 Z100 M05 M09;
```

```
N50  M00;                                  程序暂停
N55  T0303 S1500 M03 M08;                  3号外圆精车刀
N60  N05G01 X18 Z0;
N65  G01 X20 Z—1 F100;
N70  G01 Z—16;
N85  G01 X23;
N90  G01 X26 Z—17.5;
N95  G01 Z—31;
N100 G01 X32 Z—40.5;
N105 G01 Z—39;
N110 G01 X33;
N115 G01 X34 Z—35.5;
N120 G01 Z—51;
N125 G01 X35;
N130 G00 X80 Z100 M05 M09;
N135 M00;                                  程序暂停
N140 T0404 S600 M03;                       4号切断刀(宽4mm)
N145 G00 X38 Z—51 M08;
N150 G01 X0 F50;
N155 G00 X80 Z100 M05 M09;
N160 M30;                                  程序结束
```

5.5 中级工样题 5

5.5.1 零件图

中级车工样题 5 的零件图如图 5-5 所示。

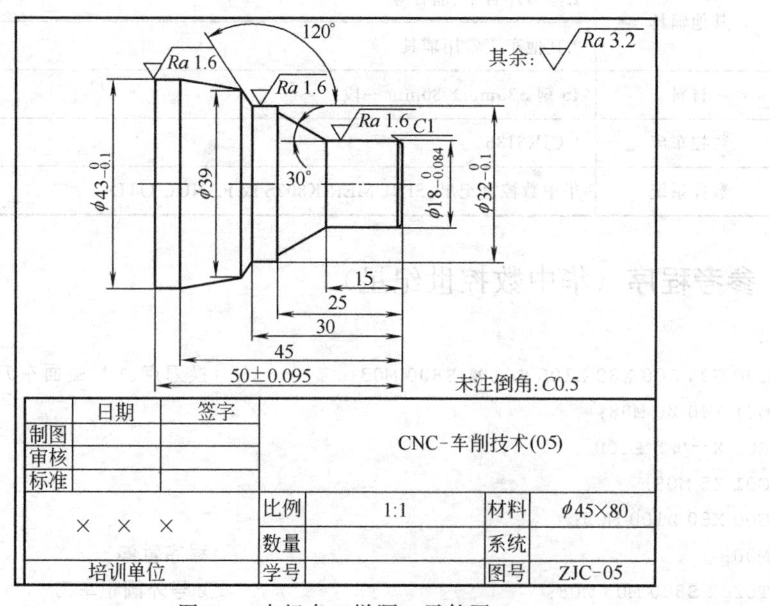

图 5-5　中级车工样题 5 零件图

5.5.2 评分表

中级车工样题 5 评分表如表 5-9 所示。

表 5-9　中级车工样题 5 评分表

数控车中级工考核评分表						
单位		准考证号		姓名		
检测项目		技术要求	配分	评分标准	检测结果	得分
机床操作	1	按步骤开机、检查、润滑	2	不正确无分		
	2	回机床参考点	2	不正确无分		
	3	按程序格式输入程序、检查及修改	2	不正确无分		
	4	程序轨迹检查	2	不正确无分		
	5	工件、夹具、刀具的正确安装	2	不正确无分		
	6	按指定方式对刀	2	不正确无分		
	7	检查对刀	2	不正确无分		
外圆	8	$\phi 43_{-0.1}^{0}$　$Ra1.6$	6/4	超差 0.01 扣 4 分、降级无分		
	9	$\phi 39$　锥面 $Ra3.2$	6/4	超差 0.01 扣 4 分、降级无分		
	10	$\phi 18_{-0.084}^{0}$　$Ra3.2$	6/4	超差、降级无分		
	11	$\phi 32_{-0.1}^{0}$　$Ra1.6$	6/4	超差 0.01 扣 4 分、降级无分		
	12	120°	3	不符无分		
	13	30°　锥面 $Ra3.2$	6/4	不符、降级无分		
长度	14	50±0.095	5	超差、降级无分		
	15	45	5	超差无分		
	16	30	5	超差无分		
	17	25	5	超差无分		
	18	15	5	超差无分		
其他	19	$C1$	4	不符无分		
	20	未注倒角	4	不符无分		
	21	安全操作规程		违反扣总分 10 分/次		
总评分			100	总得分		
零件名称			图号 ZJC-05		加工日期　年　月　日	
加工开始　时　分		停工时间　分钟	加工时间		检测	
加工结束　时　分		停工原因	实际时间		评分	

5.5.3 考核目标与操作提示

(1) 考核目标

① 掌握圆锥加工的工艺分析和程序编制方法。

② 能采用合理的方法保证圆锥的精度。

③ 能根据数控系统的特点采用数学表达式表示相关坐标点的数值。

(2) 加工操作提示

如图 5-5 所示，加工该零件时一般先加工零件外形轮廓，切断零件后调头加工零件总长。编程零点设置在零件右端面的轴心线上，程序名为ZJC5。零件加工步骤如下。

① 夹零件毛坯，伸出卡盘长度70mm。

② 车端面。

③ 粗、精加工零件外形轮廓至尺寸要求。

④ 切断零件，总长留0.5mm余量。

⑤ 零件调头，夹ϕ43mm外圆（校正）。

⑥ 加工零件总长至尺寸要求（程序略）。

⑦ 回换刀点，程序结束。

(3) 注意事项

① 圆锥各相关点的坐标值计算要准确。

② 灵活运用倍率修调按键，提高加工质量。

(4) 编程、操作加工时间

① 编程时间：90min（占总分30%）。

② 操作时间：60min（占总分70%）。

5.5.4 工、量、刃具清单

中级车工样题5工、量、刃具清单如表5-10所示。

表5-10 中级车工样题5工、量、刃具清单

序号	名 称	规 格	数 量	备 注
1	千分尺	0～25mm	1	
2	千分尺	25～50mm	1	
3	游标卡尺	0～150mm	1	
4	计算器	函数型计算器	1	
5	刀具	端面车刀	1	
6		外圆车刀	2	
7		切断车刀	1	宽4～5mm，长23mm
8	其他辅具	1. 垫刀片若干、油石等		
9		2. 其他车工常用辅具		
10	材料	45钢ϕ45mm×80mm一段		
11	数控车床	J_1CJK6136		
12	数控系统	华中数控世纪星、SINUMERIK802S或FANUC-OTD		

5.5.5 参考程序（华中数控世纪星）

```
%ZJC5;
N05  G90 G94 G00 X80 Z100 T0101 S800 M03;      换刀点、1号端面车刀
N10  G00 X48 Z0 M08;
N15  G01 X－0.5 F100;
N20  G01 Z5 M09;
N25  G00 X80 Z100 M05;
N30  M00;                                       程序暂停
N35  T0202 S800 M03 M08;                        2号外圆粗车刀
```

```
N40  G71 U1.5 R1 P60 Q110 X0.25 Z0.1 F100;     外径粗加工循环
N45  G00 X80 Z100 M05 M09;
N50  M00;                                      程序暂停
N55  T0303 S1500 M03 M08;                      3 号外圆精车刀
N60  G01 X16 Z0 F100;
N65  G01 X18 Z－1;
N70  G01 Z－15;
N75  G01 X11.547 Z－25;
N80  G01 X31;
N85  G01 X32 Z－25.5;
N90  G01 Z－30;
N95  G01 X39 Z =－32.021;
N100 G01 X43 Z－45;
N105 G01 Z－55;
N110 G01 X45;
N115 G00 X80 Z100 M05 M09;
N120 M00;                                      程序暂停
N125 T0404 S600 M03;                           4 号切断刀(宽 4mm)
N130 G00 X45 Z－55 M08;
N135 G01 X0 F50;
N140 G00 X80 Z100 M05 M09;
N145 M30;                                      程序结束
```

5.6　中级工样题 6

5.6.1　零件图

中级车工样题 6 的零件图如图 5-6 所示。

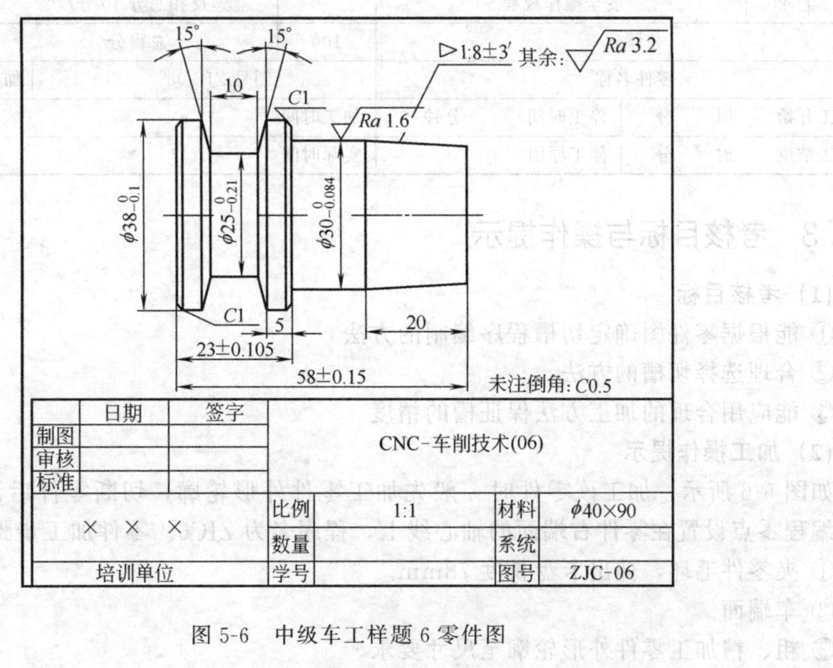

图 5-6　中级车工样题 6 零件图

5.6.2 评分表

中级车工样题 6 评分表如表 5-11 所示。

表 5-11 中级车工样题 6 评分表

数控车中级工考核评分表						
单位		准考证号		姓名		
检测项目		技术要求	配分	评分标准	检测结果	得分
机床操作	1	按步骤开机、检查、润滑	2	不正确无分		
	2	回机床参考点	2	不正确无分		
	3	按程序格式输入程序、检查及修改	2	不正确无分		
	4	程序轨迹检查	2	不正确无分		
	5	工件、夹具、刀具的正确安装	2	不正确无分		
	6	按指定方式对刀	2	不正确无分		
	7	检查对刀	2	不正确无分		
外圆	8	$\phi 38_{-0.1}^{0}$ $Ra3.2$	6/4	超差 0.01 扣 4 分、降级无分		
	9	$\phi 30_{-0.084}^{0}$ $Ra1.6$	6/5	超差 0.01 扣 4 分、降级无分		
圆锥	10	1∶8 $Ra3.2$	6	超差、降级无分		
沟槽	11	10	5	超差无分		
	12	15° 两侧 $Ra3.2$	8/8	不符、降级无分		
	13	$\phi 25_{-0.21}^{0}$ 槽底 $Ra3.2$	5/5	超差、降级无分		
长度	14	58±0.15	6	超差无分		
	15	23±0.105	6	超差无分		
	16	20	6	超差无分		
	17	5	6	超差无分		
其他	18	C1	2	不符无分		
	19	未注倒角	2	不符无分		
	20	安全操作规程		违反扣总分 10 分/次		
		总评分	100	总得分		
		零件名称	图号 ZJC-06		加工日期 年 月 日	
加工开始 时 分		停工时间 分钟	加工时间		检测	
加工结束 时 分		停工原因	实际时间		评分	

5.6.3 考核目标与操作提示

（1）考核目标

① 能根据零件图确定切槽程序编制的方法。

② 合理选择切槽的方法。

③ 能应用合理的加工方法保证槽的精度。

（2）加工操作提示

如图 5-6 所示，加工该零件时一般先加工零件外形轮廓，切断零件后调头加工零件总长。编程零点设置在零件右端面的轴心线上，程序名为 ZJC6。零件加工步骤如下。

① 夹零件毛坯，伸出卡盘长度 78mm。

② 车端面。

③ 粗、精加工零件外形轮廓至尺寸要求。

④ 粗、精加工梯形槽至尺寸要求。

⑤ 切断零件，总长留 0.5mm 余量。

⑥ 零件调头，夹 ϕ38mm 外圆（校正）。

⑦ 加工零件总长至尺寸要求（程序略）。

⑧ 回换刀点，程序结束。

(3) 注意事项

① 切槽时，刀头宽度不能过宽，否则容易引起振动。

② 安装切槽刀时，主切削刃与工件轴心线要平行。

③ 切槽车刀对刀时刀沿的位置码必须和程序中的刀沿位置码相一致。

(4) 编程、操作加工时间

① 编程时间：90min（占总分 30%）。

② 操作时间：150min（占总分 70%）。

5.6.4 工、量、刃具清单

中级车工样题 6 工、量、刃具清单如表 5-12 所示。

表 5-12　中级车工样题 6 工、量、刃具清单

序号	名　称	规　格	数　量	备　注
1	千分尺	0～25mm	1	
2	千分尺	25～50mm	1	
3	游标卡尺	0～150mm	1	
4	计算器	函数型计算器	1	
5	刀具	端面车刀	1	
6		外圆车刀	2	
7		切断车刀	1	宽 4～5mm，长 23mm
8	其他辅具	1. 垫刀片若干、油石等		
9		2. 其他车工常用辅具		
10	材料	45 钢 ϕ40mm×90mm 一段		
11	数控车床	J_1CJK6136		
12	数控系统	华中数控世纪星、SINUMERIK802S 或 FANUC-OTD		

5.6.5 参考程序（华中数控世纪星）

```
%ZJC6;
N05  G90 G94 G00 X80 Z100 T0101 S800 M03;      换刀点、1 号端面车刀
N10  G00 X45 Z0 M08;
N15  G01 X-0.5 F100;
N20  G01 Z5 M09;
N25  G00 X80 Z100 M05;
N30  M00;                                       程序暂停
N35  T0202 S800 M03 M08;                        2 号外圆粗车刀
N40  G71 U1 R1 P60 Q115 E0.3 F100;              有凹槽外径粗加工循环
N45  G00 X80 Z100 M05 M09;
```

```
N50  M00;                                   程序暂停
N55  T0303 S1500 M03 M08;                   3号外圆精车刀
N60  N05 G01 X26.56 Z0 F100;
N65  G01 X27.56 Z－0.5;
N70  G01 X30 Z－20;
N75  G01 Z－35;
N80  G01 X36;
N85  G01 X38 Z－36;
N90  G01 Z－40;
N95  G01 Z－41.742;
N100 G01 Z－51.742;
N105 G01 X 38 Z－53.483;
N110 G01 Z－57;
N115 G01 X36 Z－58;
N120 G00 X80;
N125 Z100 M05;
N130 M00;                                   程序暂停
N140 T0404 S600 M03 M08;                    4号切槽刀(宽 4mm)
N145 G00 X42;
N150 Z－63 M08;
N155 G01 X0 F100;
N160 G00 X80 Z100 M05 M09;
N165 M30;                                   程序结束
```

5.7 中级工样题 7

5.7.1 零件图

中级车工样题 7 的零件图如图 5-7 所示。

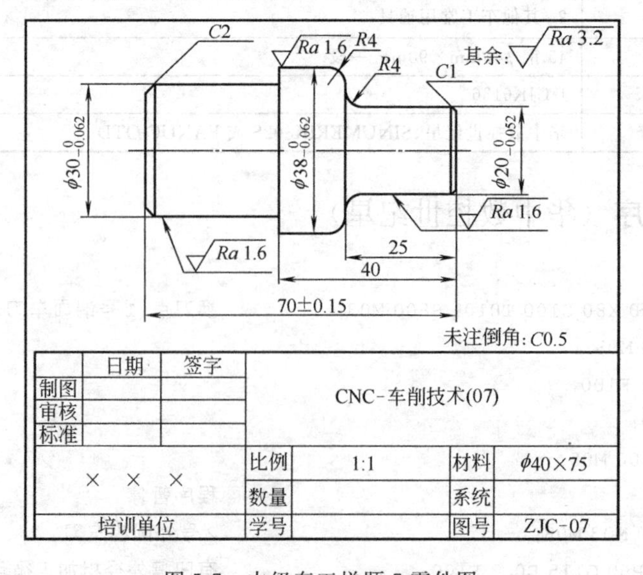

图 5-7 中级车工样题 7 零件图

5.7.2 评分表

中级车工样题 7 评分表如表 5-13 所示。

表 5-13 中级车工样题 7 评分表

数控车中级工考核评分表

单位　　　　准考证号　　　　姓名

检测项目		技术要求	配分	评分标准	检测结果	得分
机床操作	1	按步骤开机、检查、润滑	2	不正确无分		
	2	回机床参考点	2	不正确无分		
	3	按程序格式输入程序、检查及修改	2	不正确无分		
	4	程序轨迹检查	2	不正确无分		
	5	工件、夹具、刀具的正确安装	2	不正确无分		
	6	按指定方式对刀	2	不正确无分		
	7	检查对刀	2	不正确无分		
外圆	8	$\phi 38_{-0.062}^{\ 0}$　$Ra1.6$	8/8	超差 0.01 扣 4 分、降级无分		
	9	$\phi 30_{-0.062}^{\ 0}$　$Ra1.6$	8/8	超差 0.01 扣 4 分、降级无分		
	10	$\phi 20_{-0.052}^{\ 0}$　$Ra3.2$	8/5	超差、降级无分		
圆弧	11	$2\times R4$　$Ra3.2$	10/8	超差、降级无分		
长度	12	70 ± 0.15　两侧 $Ra3.2$	6	超差无分		
	13	40	6	超差无分		
	14	25	6	超差无分		
其他	15	C2	2	不符无分		
	16	C1	2	不符无分		
	17	未注倒角	1	不符无分		
	18	安全操作规程		违反扣总分 10 分/次		
总评分			100	总得分		

零件名称		图号 ZJC-07	加工日期　年　月　日
加工开始　时　分	停工时间　分钟	加工时间	检测
加工结束　时　分	停工原因	实际时间	评分

5.7.3 考核目标与操作提示

(1) 考核目标

① 提高一般轴类零件工艺分析、程序编制的能力，初步形成完整轴类零件加工的路线。

② 能合理地采用加工技巧来保证加工精度。

③ 培养学生综合应用的能力。

(2) 加工操作提示

如图 5-7 所示，加工该零件时一般先加工零件左端，后调头加工零件右端。加工零件左端时，编程零点设置在零件左端面的轴心线上，程序名为 ZJ7Z。加工零件右端时，编程零点没置在零件右端面的轴心线上，程序名为 ZJ7Y。

① 零件左端加工步骤如下。

a. 夹零件毛坯，伸出卡盘长度 40mm。

b. 车端面。

c. 粗、精加工零件外形轮廓至尺寸要求。

d. 回换刀点，程序结束。

② 零件右端加工步骤如下。

a. 夹 ϕ30mm 外圆（校正）。

b. 车端面。

c. 粗、精加工零件外形轮廓至尺寸要求。

d. 回换刀点，程序结束。

(3) 注意事项

① 轴类零件精车时，尽可能减少换刀次数。

② 合理选择切削用量，提高加工质量。

(4) 编程、操作加工时间

① 编程时间：90min（占总分 35%）。

② 操作时间：150min（占总分 65%）。

5.7.4 工、量、刃具清单

中级车工样题 7 工、量、刃具清单如表 5-14 所示。

表 5-14 中级车工样题 7 工、量、刃具清单

序号	名 称	规 格	数 量	备 注
1	千分尺	0～25mm	1	
2	千分尺	25～50mm	1	
3	游标卡尺	0～150mm	1	
4	半径规	$R1$～$R6.5$mm	1	
5	刀具	端面车刀	1	
6		外圆车刀	2	
7	其他辅具	1. 垫刀片若干、油石等		
8		2. 铜皮(厚 0.3～0.5mm，宽 30mm×长 80mm)		
9		3. 其他车工常用辅具		
10	材料	45 钢 ϕ40mm×75mm 一段		
11	数控车床	J_1CJK6136		
12	数控系统	华中数控世纪星、SINUMERIK802S 或 FANUC-OTD		

5.7.5 参考程序（华中数控世纪星）

(1) 工件左端加工程序

```
%ZJ7Z;
N05  G90 G94 G00 X80 Z100 T0101 S800 M03;        换刀点、1号端面车刀
N10  G00 X45 Z0 M08;
N15  G01 X-0.5 F100;
```

```
N20  G01 Z5 M09;
N25  G00 X80 Z100 M05;
N30  M00;                                     程序暂停
N35  T0202 S800 M03 M08;                      2 号外圆粗车刀
N40  G71 U1.5 R1 P60 Q85 X0.25 Z0.1 F100;     外径粗加工循环
N45  G00 X80 Z100 M05 M09;
N50  M00;                                     程序暂停
N55  T0303 S1500 M03 M08;                     3 号外圆精车刀
N60  G01 X26 Z0;
N65  G01 X30 Z-2;
N70  G01 Z-30;
N75  G01 X37;
N80  G01 X38 Z-30.5;
N85  G01 X40;
N90  G00 X80 Z100 M05 M09;
N95  M30;                                     程序结束
```

(2) 工件右端加工程序

```
%ZJ7Y;
N05  G90 G94 G00 X80 Z100 T0101 S800 M03;     换刀点、1 号端面车刀
N10  G00 X45 Z0 M08;
N15  G01 X-0.5 F100;
N20  G01 Z5 M09;
N25  G00 X80 Z100 M05;
N30  M00;                                     程序暂停
N35  T0202 M03 M08;                           2 号外圆粗车刀
N40  G71 U1.5 R1 P60 Q95 X0.25 Z0.1 F100;     外径粗加工循环
N45  G00 X80 Z100 M05 M9;
N50  M00;                                     程序暂停
N55  T0303 S1500 M03 M08;                     3 号外圆精车刀
N60  N05 G01 X18 Z0;
N65  G01 X20 Z-1;
N70  G01 Z-21;
N75  G02 X28 Z-25 R4;
N80  G01 X30;
N85  G03 X38 Z-29 R4;
N90  G01 Z-41;
N95  G01 X40;
N100 G00 X80 Z100 M05 M09;
N105 M30;                                     程序结束
```

5.8 中级工样题 8

5.8.1 零件图

中级车工样题 8 的零件图如图 5-8 所示。

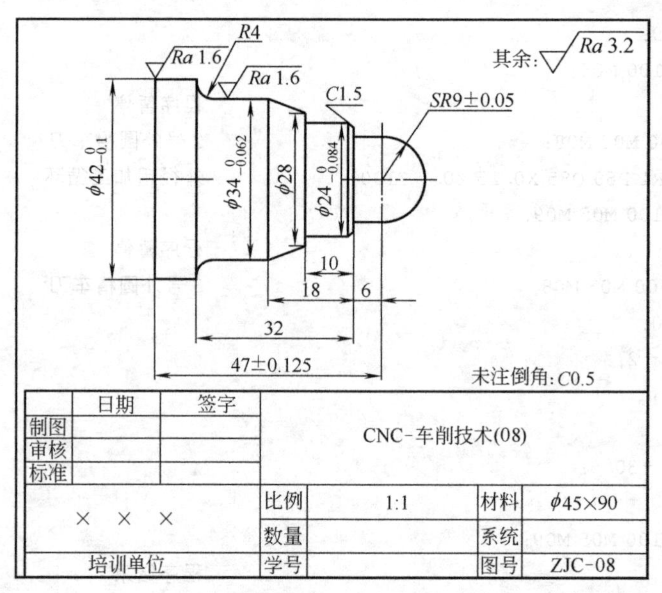

图 5-8　中级车工样题 8 零件图

5.8.2 评分表

中级车工样题 8 评分表如表 5-15 所示。

表 5-15　中级车工样题 8 评分表

数控车中级工考核评分表

单位　　　　准考证号　　　　姓名

检测项目		技术要求	配分	评分标准	检测结果	得分
机床操作	1	按步骤开机、检查、润滑	2	不正确无分		
	2	回机床参考点	2	不正确无分		
	3	按程序格式输入程序、检查及修改	2	不正确无分		
	4	程序轨迹检查	2	不正确无分		
	5	工件、夹具、刀具的正确安装	2	不正确无分		
	6	按指定方式对刀	2	不正确无分		
	7	检查对刀	2	不正确无分		
外圆	8	$\phi 42_{-0.1}^{0}$　$Ra1.6$	6/4	超差 0.01 扣 4 分、降级无分		
	9	$\phi 34_{-0.062}^{0}$　$Ra1.6$	6/4	超差 0.01 扣 4 分、降级无分		
	10	$\phi 28$　$Ra3.2$	5/4	超差、降级无分		
	11	$\phi 24_{-0.084}^{0}$　$Ra3.2$	6/4	超差、降级无分		
圆弧	12	$SR9\pm0.05$　$Ra3.2$	6/4	超差、降级无分		
	13	$R4$　$Ra3.2$	6/4	超差、降级无分		
长度	14	47 ± 0.125　两侧 $Ra3.2$	5	超差、降级无分		
	15	32	5	超差无分		
	16	18	5	超差无分		
	17	10	5	超差无分		
	18	6	5	超差无分		

续表

数控车中级工考核评分表						
单位		准考证号		姓名		
检测项目		技术要求	配分	评分标准	检测结果	得分
其他	19	$C1.5$	2	不符无分		
	20	未注倒角	1	不符无分		
	21	安全操作规程		违反扣总分 10 分/次		
总评分			100	总得分		

零件名称		图号 ZJC-08		加工日期　年　月　日	
加工开始　时　分	停工时间　分钟	加工时间		检测	
加工结束　时　分	停工原因	实际时间		评分	

5.8.3　考核目标与操作提示

(1) 考核目标

① 掌握端面、外圆、锥度、圆弧的编程和加工。

② 能熟练掌握精车刀的刀具补偿调整。

③ 能对加工质量进行分析处理。

(2) 加工操作提示

如图 5-8 所示，加工该零件时一般先加工零件外形轮廓，切断零件后调头加工零件总长。编程零点设置在零件 *SR*9mm 的圆心处，程序名为 ZJC8。零件加工步骤如下。

① 夹零件毛坯，伸出卡盘长度 76mm。

② 车端面。

③ 粗、精加工零件外形轮廓至尺寸要求。

④ 切断零件，总长留 0.5mm 余量。

⑤ 零件调头，夹 ϕ42mm 外圆（校正）。

⑥ 加工零件总长至尺寸要求（程序略）。

⑦ 回换刀点，程序结束。

(3) 注意事项

① 使用刀具补偿量时，要根据数控系统的要求正确使用。

② 对刀时，要注意编程零点和对刀零点的位置。

(4) 编程、操作加工时间

① 编程时间：90min（占总分 30%）。

② 操作时间：60min（占总分 70%）。

5.8.4　工、量、刃具清单

中级车工样题 8 工、量、刃具清单如表 5-16 所示。

表 5-16　中级车工样题 8 工、量、刃具清单

序号	名　称	规　格	数　量	备　注
1	千分尺	0～25mm	1	
2	千分尺	25～50mm	1	

续表

序号	名 称	规 格	数 量	备 注
3	游标卡尺	0～150mm	1	
4	半径规	$R1$～$R6.5$mm	1	
5		$R7$～$R14.5$mm	1	
6	刀具	端面车刀	1	
7		外圆车刀	2	
8		切断车刀	1	宽 4～5mm，长 23mm
9	其他辅具	1. 垫刀片若干、油石等		
10		2. 其他车工常用辅具		
11	材料	45 钢 ϕ45mm×90mm 一段		
12	数控车床	J_1CJK6136		
13	数控系统	华中数控世纪星、SINUMERIK802S 或 FANUC-OTD		

5.8.5 参考程序（华中数控世纪星）

```
%ZJC8;
N05  G90 G94 G00 X80 Z100 T0101 S800 M03;      换刀点、1号端面车刀
N10  G00 X48 Z0 M08;
N15  G01 X—0.5 F100;
N20  G01 Z5 M09;
N25  G00 X80 Z100 M05;
N30  M00;                                      程序暂停
N35  T0202 S800 M03 M08;                       2号外圆粗车刀
N40  G71 U1.5 R1 P60 Q120 X0.25 Z0.1 F100;     外径粗加工循环
N45  G00 X80 Z100 M05 M09;
N50  M00;                                      程序暂停
N55  T0303 S1500 M03 M08;                      3号外圆精车刀
N60  G01 X0 Z9;
N65  G03 X18 Z0 R9;
N70  G01 Z—6;
N75  G01 X21;
N80  G01 X24 Z—7.5;
N85  G01 Z—16;
N90  G01 X27.38;
N95  G01 X28.38 Z—16.5;
N100 G01 X34 Z—24;
N105 G01 Z—38 R4;
N110 G01 X42;
N115 G01 Z—52;
N120 G01 X45;
N125 G00 X80 Z100 M05 M09;
N130 M00;                                      程序暂停
N135 T0404 S600 M03;                           4号切断刀(宽 4mm)
N140 G00 X45 Z—52 M08;
```

```
N145 G01 X0 F50;
N150 G00 X80 Z100 M05 M09;
N155 M30;                                    程序结束
```

5.9　中级工样题 9

5.9.1　零件图

中级车工样题 9 的零件图如图 5-9 所示。

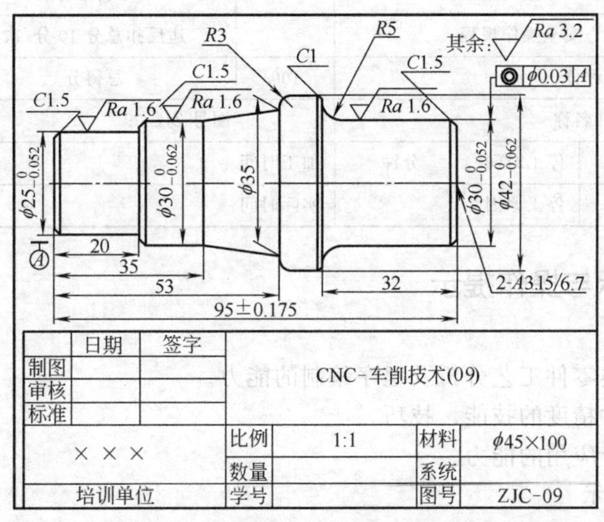

图 5-9　中级车工样题 9 零件图

5.9.2　评分表

中级车工样题 9 评分表如表 5-17 所示。

表 5-17　中级车工样题 9 评分表

数控车中级工考核评分表

单位　　　　准考证号　　　　姓名

检测项目		技术要求	配分	评分标准	检测结果	得分
外圆	1	$\phi 42_{-0.062}^{0}$　$Ra1.6$	6/3	超差 0.01 扣 3 分、降级无分		
	2	$\phi 35$　锥面 $Ra3.2$	4/3	超差、降级无分		
	3	$\phi 30_{-0.052}^{0}$　$Ra3.2$	6/4	超差 0.01 扣 3 分、降级无分		
	4	$\phi 30_{-0.062}^{0}$　$Ra1.6$	6/4	超差 0.01 扣 3 分、降级无分		
	5	$\phi 25_{-0.052}^{0}$　$Ra1.6$	6/3	超差 0.01 扣 3 分、降级无分		
圆弧	6	$R5$　$Ra3.2$	5/3	超差、降级无分		
	7	$R3$　$Ra3.2$	5/3	超差、降级无分		
长度	8	95±0.175　两侧 $Ra3.2$	5/2	超差、降级无分		
	9	53	5	超差无分		
	10	35	5	超差无分		
	11	32	5	超差无分		
	12	20	5	超差无分		

续表

数控车中级工考核评分表

单位　　　　准考证号　　　　姓名

检测项目		技术要求	配分	评分标准	检测结果	得分
其他	13	◎ ϕ0.03 A	5	超差无分		
	14	2-Aϕ3.15/6.7	2	不符无分		
	15	C1	2	不符无分		
	16	未注倒角	3	不符无分		
	17	安全操作规程		违反扣总分10分/次		
总评分			100	总得分		
零件名称			图号 ZJC-09		加工日期　年　月　日	
加工开始　时　分		停工时间　分钟	加工时间		检测	
加工结束　时　分		停工原因	实际时间		评分	

5.9.3 考核目标与操作提示

(1) 考核目标

① 提高一般轴类零件工艺分析及程序编制的能力。

② 掌握保证尺寸精度的技能、技巧。

③ 培养学生综合应用的能力。

(2) 加工操作提示

如图5-9所示，加工该零件时一般先加工零件右端，后调头（一夹一顶）加工零件左端。加工零件右端时，编程零点设置在零件右端面的轴心线上，程序名为ZJ9Y。加工零件左端时，编程零点设置在零件左端面的轴心线上，程序名为ZJ9Z。

① 零件右端加工操作步骤如下。

a. 夹零件毛坯，伸出卡盘长度40mm。

b. 车端面。

c. 粗、精加工零件右端外形轮廓至尺寸要求。

d. 回换刀点，程序结束。

e. 中心孔加工（略）。

② 零件左端加工步骤如下。

a. 左端面、中心孔加工（略）。

b. 夹 ϕ30mm 外圆（一夹一顶）。

c. 粗、精加工零件左端外形轮廓至尺寸要求。

d. 回换刀点，程序结束。

(3) 注意事项

① 合理选择切削用量，提高加工质量。

② 一夹一顶装夹零件时程序编制要注意，保证刀具换刀点的位置在安全区域内，避免发生碰撞现象。

(4) 编程、操作加工时间

① 编程时间：90min（占总分30%）。

② 操作时间：150min（占总分70%）。

5.9.4　工、量、刃具清单

中级车工样题 9 工、量、刃具清单如表 5-18 所示。

表 5-18　中级车工样题 9 工、量、刃具清单

序号	名　称	规　格	数　量	备　注
1	千分尺	0～25mm	1	
2	千分尺	25～50mm	1	
3	游标卡尺	0～150mm	1	
4	百分表及架子	0～10mm	1	
5	半径规	R1～R6.5mm	1	
6	刀具	端面车刀	1	
7		外圆车刀	2	
8	中心钻	ϕ3A 型	1	
9	其他辅具	1.垫刀片若干、油石等		
10		2.前顶尖、鸡心夹头(ϕ20～ϕ35mm)		
11		3.铜皮(厚 0.2mm,宽 25mm×长 60mm)		
12		4.其他车工常用辅具		
13	材料	45 钢 ϕ45mm×100mm 一段		
14	数控车床	J_1CJK6136		
15	数控系统	华中数控世纪星、SINUMERIK802S 或 FANUC-OTD		

5.9.5　参考程序（华中数控世纪星）

(1) 工件右端加工程序

```
%ZJ9Y;
N05  G90 G94 G00 X80 Z100 T0101 S800 M03;    换刀点、1号端面车刀
N10  G00 X48 Z0 M08;
N15  G01 X－0.5 F100;
N20  G01 Z5 M09;
N25  G00 X80 Z100 M05;
N30  M00;                                    程序暂停
N35  T0202 S800 M03 M08;                     2号外圆粗车刀
N40  G71 U1.5 R1 P60 Q85 X0.25 Z0.1 F100;    外径粗加工循环
N45  G00 X80 Z100 M05 M09;
N50  M00;                                    程序暂停
N55  T0303 S1500 M03 M08;                    3号外圆精车刀
N60  N05 G01 X27 Z0 F100;
N65  G01 X30 Z－1.5;
N70  G01 Z－27;
N75  G02 X40 Z－32 R5;
N80  G01 X42 Z－33;
N85  G01 X45;
```

```
N90  G00 X80 Z100 M05 M09;
N95  M30;                                    程序结束
```

（2）工件左端加工程

```
%ZJ9Z;
N05  G90 G95 G00 X100 Z5 T0101 S800 M03;     换刀点、2号外圆粗车刀
N10  G71 U1.5 R1 P30 Q75 X0.25 Z0.1 F100;    外径粗加工循环
N15  G00 X100 Z5 M05 M09;
N20  M00;                                    程序暂停
N25  T0303 F1500 M03 M08;                    3号外圆精车刀
N30  G01 X22 Z0 F100;
N35  G01 X25 Z-1.5;
N40  G01 Z-20;
N45  G01 X27;
N50  G01 X30 Z-21.5;
N55  G01 Z-35;
N60  G01 X35 Z-53;
N65  G01 X42 R3;
N70  G01 Z-65;
N75  G01 X45;
N80  G00 X100 Z5 M05 M09;
N85  M30;                                    程序结束
```

5.10 中级工样题 10

5.10.1 零件图

中级车工样题 10 的零件图如图 5-10 所示。

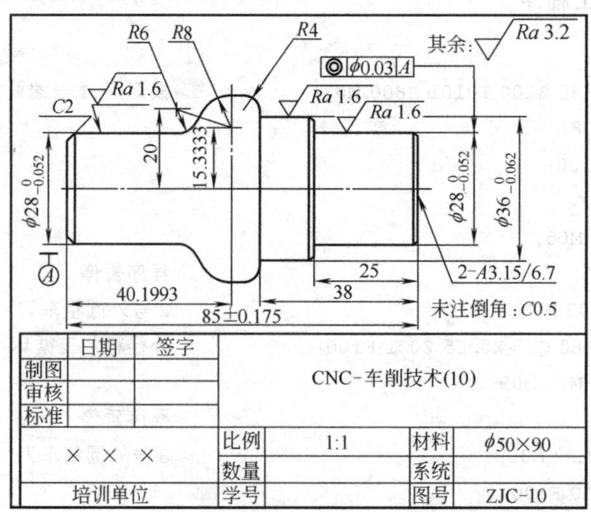

图 5-10　中级车工样题 10 零件图

5.10.2 评分表

中级车工样题 10 评分表如表 5-19 所示。

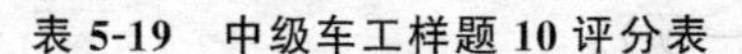

表 5-19　中级车工样题 10 评分表

数控车中级工考核评分表

单位　　　　　　　　　准考证号　　　　　　　　姓名

检测项目		技术要求	配分	评分标准	检测结果	得分
外圆	1	$\phi 36_{-0.062}^{0}$　$Ra1.6$	8/4	超差 0.01 扣 4 分、降级无分		
	2	$\phi 28_{-0.052}^{0}$　$Ra1.6$	8/4	超差 0.01 扣 4 分、降级无分		
	3	$\phi 28_{-0.052}^{0}$　$Ra1.6$	8/4	超差 0.01 扣 4 分、降级无分		
圆弧	4	$R8$　$Ra3.2$	8/4	超差、降级无分		
	5	$R6$　$Ra3.2$	8/4	超差、降级无分		
	6	$R4$　$Ra3.2$	8/4	超差、降级无分		
长度	7	85±0.175　两侧 $Ra3.2$	6/4	超差、降级无分		
	8	38	4	超差无分		
	9	25	4	超差无分		
其他	10	◎ | $\phi 0.03$ | A	5	超差无分		
	11	2-$A\phi 3.15/6.7$	3	不符无分		
	12	$C2$	1	不符无分		
	13	未注倒角	1	不符无分		
	14	安全操作规程		违反扣总分 10 分/次		
总评分			100	总得分		

零件名称		图号 ZJC-10	加工日期　年　月　日
加工开始　时　分	停工时间　　分钟	加工时间	检测
加工结束　时　分	停工原因	实际时间	评分

5.10.3　考核目标与操作提示

（1）考核目标

① 提高一般轴类零件工艺分析及程序编制的能力，初步形成完整轴类零件加工的路线。

② 能比较合理地采用一夹一顶的加工技巧来保证零件的加工精度。

③ 培养学生综合应用的能力。

（2）加工操作提示

如图 5-10 所示，加工该零件时一般先加工零件右端，后调头（一夹一顶）加工零件左端。加工零件右端时，编程零点设置在零件右端面的轴心线上，程序名为 ZJC10Y。加工零件左端时，编程零点设置在零件左端面的轴心线上，程序名为 ZJC10Z。

① 零件右端加工步骤如下。

a. 夹零件毛坯，伸出卡盘长度 50mm。

b. 车端面。

c. 粗、精加工零件外形轮廓至尺寸要求。

d. 回换刀点，程序结束。

e. 中心孔加工（略）。

② 零件左端加工步骤如下。

a. 左端面、中心孔加工（略）。

b. 夹 ϕ26mm 外圆（一夹一顶）。

c. 粗、精加工零件外形轮廓至尺寸要求。

d. 回换刀点，程序结束。

(3) 注意事项

① 合理选择切削用量，提高加工质量。

② 二次装夹零件时，既要夹牢又要防止夹坏已加工好的表面。

③ 一夹一顶加工工件时程序编制要注意，刀具换刀点的位置要在安全区域内避免发生碰撞现象。

(4) 编程、操作加工时间

① 编程时间：50min（占总分 35%）。

② 操作时间：70min（占总分 65%）。

5.10.4 工、量、刃具清单

中级车工样题 10 工、量、刃具清单如表 5-20 所示。

表 5-20 中级车工样题 10 工、量、刃具清单

序号	名 称	规 格	数 量	备 注
1	千分尺	0～25mm	1	
2	千分尺	25～50mm	1	
3	游标卡尺	0～150mm	1	
4	百分表及架子	0～10mm	1	
5	半径规	$R1\sim R6.5$mm	1	
6		$R7\sim R14.5$mm	1	
7	计算器	函数型计算器	1	
8	刀具	端面车刀	1	
9		外圆车刀	2	
10	中心钻	ϕ3A 型	1	
11	其他辅具	1. 垫刀片若干、油石等		
12		2. 前顶尖、鸡心夹头(ϕ25～ϕ30mm)		
13		3. 铜皮(厚 0.2mm,宽 25mm×长 60mm)		
14		4. 其他车工常用辅具		
15	材料	45 钢 ϕ50mm×90mm 一段		
16	数控车床	J_1CJK6136		
17	数控系统	华中数控世纪星、SINUMERIK802S 或 FANUC-OTD		

5.10.5 参考程序（华中数控世纪星）

(1) 工件右端加工程序

```
%ZJC10Y
N05   G90 G94 G00 X80 Z100 T0101 S800 M03;        换刀点、1号端面车刀
N10   G00 X55 Z0 M08;
N15   G01 X-0.5 F100;
```

```
N20   G01 Z5 M09;
N25   G00 X80 Z100 M05;
N30   M00;                                              程序暂停
N35   T0202 S800 M03 M08;                               外圆粗车刀
N40   G71 U1.5 R1 P60 Q105 X0.25 Z0.1 F100;             外径粗加工循环
N45   G00 X80 Z100 M05 M09;
N50   M00;                                              程序暂停
N55   T0303 S1500 M03 M08;                              外圆精车刀
N60   G01 X26 Z0;
N65   G01 X28 Z－1;
N70   G01 Z－25;
N75   G01 X34;
N80   G01 X36 Z－26;
N85   G01 Z－38;
N90   G01 X38.6666;
N95   G03 X46.6666 Z－42 R4;
N100  G01 Z－45;
N105  G01 X50;
N110  G00 X80 Z100 M05 M09;
N105  M30;                                              程序结束
```

(2) 工件左端加工程序

```
%ZJC10Z;
N05   G90 G95 G00 X100 Z5 T0202 S800 M03 M08;           换刀点、2 号外圆粗车刀
N10   G71 U1.5 R1 P30 Q55 X0.25 Z0.1 F100;              外径粗加工循环
N15   G00 X100 Z5 M05 M09;
N20   M00;                                              程序暂停
N25   T0303 S1500 M03 M08;                              3 号外圆精车刀
N30   G01 X24 Z0;
N35   G01 X28 Z－2;
N40   G01 Z－27;
N45   G02 X36 Z－32.6569 R6;
N50   G03 X46.6666 Z－40.1993 R8;
N55   G01 X50;
N60   G00 X100 Z5 M05 M09;
N65   M30;                                              程序结束
```

思考题

在数控车床上操作加工图 5-1～图 5-10 的 10 个数控车工中级工实训课题，并发现和分析存在的问题，寻找解决问题的方法。

Chapter 6

第6章 数控车高级工实训课题

6.1 数控车高级工样题 1

6.1.1 零件图

数控车高级工样题 1 零件图如图 6-1 所示。

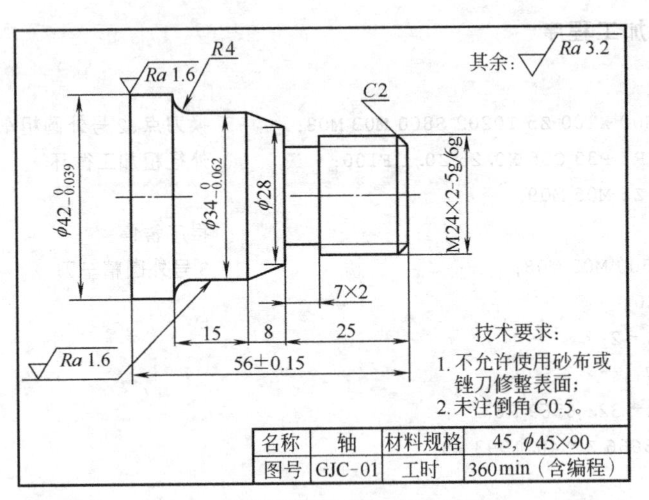

图 6-1　数控车高级工样题 1 零件图

6.1.2 评分表

数控车高级工样题 1 评分表如表 6-1 所示。

表 6-1　数控车高级工样题 1 评分表

检测项目		技术要求	配分	评分标准	检测结果	得分
外圆	1	$\phi 42_{-0.039}^{0}$　$Ra1.6$	8/4	超差 0.01 扣 4 分、降级无分		
	2	$\phi 34_{-0.062}^{0}$　$Ra1.6$	8/4	超差 0.01 扣 4 分、降级无分		
	3	$\phi 28$	4	超差 0.01 扣 4 分、降级无分		
圆弧	4	$R4$　$Ra3.2$	6/4	超差无分		

续表

检测项目		技术要求	配分	评分标准	检测结果	得分
螺纹	5	M24×2−5g/6g 大径	5	超差、降级无分		
	6	M24×2−5g/6g 中径	8	超差 0.01 扣 4 分		
	7	M24×2−5g/6g 两侧 Ra3.2	8	降级无分		
	8	M24×2−5g/6g 牙型角	5	不符无分		
沟槽	9	7×2　两侧 Ra3.2	6/4	超差、降级无分		
长度	10	56±0.15　两侧 Ra3.2	5/2	超差、降级无分		
	11	25	5	超差无分		
	12	15	5	超差无分		
	13	8	5	超差无分		
倒角	14	C2	5	不符无分		
	15	未注倒角	2	不符无分		
其他	16	工件完整	工件必须完整，工件局部无缺陷（如夹伤、划痕等）			
	17	程序编制	有严重违反工艺规程的取消考试资格，其他问题酌情扣分			
	18	加工时间	120min 后尚未开始加工则终止考试，超过定额时间 5min 扣 1 分，超过 10min 扣 5 分，超过 15min 扣 10 分，超过 20min 扣 20 分，超过 25min 扣 30 分，超过 30min 则停止考试			
	19	安全操作规程		违反扣总分 10 分/次		
总评分			100	总得分		
零件名称			图号 GJC-01		加工日期　年　月　日	
加工开始　时　分		停工时间　　分钟	加工时间		检测	
加工结束　时　分		停工原因	实际时间		评分	

6.1.3 考核目标与操作提示

(1) 考核目标

① 熟练掌握数控车车削三角形螺纹的基本方法。

② 掌握车削螺纹时的进刀方法及切削余量的合理分配。

③ 能对三角形螺纹的加工质量进行分析。

(2) 加工操作提示

如图 6-1 所示，加工该零件时一般先加工零件外形轮廓，切断零件后调头加工零件总长。编程零点设置在零件右端面的轴心线上，程序名为 GJC1。零件加工步骤如下。

① 夹零件毛坯，伸出卡盘长度 76mm。

② 车端面。

③ 粗、精加工零件外形轮廓至尺寸要求

④ 切槽 7mm×2mm 至尺寸要求。

⑤ 粗、精加工螺纹至尺寸要求。

⑥ 切断零件，总长留 9.5mm 余量。

⑦ 零件调头，夹 ϕ42mm 外圆（校正）。

⑧ 加工零件总长至尺寸要求（程序略）。

⑨ 回换刀点，程序结束。

(3) 注意事项

① 加工螺纹时，一定要根据螺纹的牙型角、导程合理选择刀具。

② 螺纹车刀的前、后刀面必须平整、光洁。

③ 安装螺纹车刀时，必须使用对刀样板。

(4) 编程、操作加工时间

① 编程时间：120min（占总分30%）。

② 操作时间：240min（占总分70%）。

6.1.4 工、量、刃具清单

数控车高级工样题1工、量、刃具清单如表6-2所示。

表6-2 数控车高级工样题1工、量、刃具清单

序号	名称	规格	数量	备注
1	千分尺	0～25mm	1	
2	千分尺	25～50mm	1	
3	游标卡尺	0～150mm	1	
4	螺纹千分尺	0～25mm	1	
5	半径规	$R1\sim R6.5$mm	1	
6	刀具	端面车刀	1	
7		外圆车刀	2	
8		60°螺纹车刀	1	
9		切断车刀	1	宽4～5mm，长23mm
10	其他辅具	1. 垫刀片若干、油石等		
11		2. 铜皮(厚0.2mm，宽25mm×长60mm)		
12		3. 其他车工常用辅具		
13	材料	45钢 ϕ45mm×90mm一段		
14	数控车床	CK6136i、XK6140等		
15	数控系统	华中数控世纪星、SINUMERIK 802S或FANUC-OTD		

6.1.5 参考程序（华中数控世纪星）

(1) 计算螺纹小径 d'

$d'=d$（螺纹公称直径）$-2\times0.62P$（螺纹螺距）$=24\text{mm}-2\times0.62\times2\text{mm}=21.52\text{mm}$

(2) 确定螺纹背吃刀量分布

分1mm、0.7mm、0.5mm、0.28mm、光整加工5次加工螺纹。

(3) 刀具设置

1号刀为端面车刀，2号刀为外圆粗切车刀，3号刀为外圆精切车刀，4号刀为60°螺纹车刀，5号刀为切槽、切断车刀。

(4) 加工程序

```
%GJC1;
```

```
N05  G90 G94 G00 X80 Z100 T0101 S800 M03;     换刀点、1号端面车刀
N10  G00 X48 Z0 M08;
N15  G01 X—0.5 F50;
N20  G01 Z5 M09;
N25  G00 X80 Z100 M05;
N30  M00;                                     程序暂停
N35  T0202 S600 M03 M08;                      换2号外圆粗车刀
N40  G00X45 Z3;                               快进至循环起点位置
N45  G71 U1.5 R1 P65 Q110 X0.4 Z0.1 F100;     外径粗切循环加工
N50  G00 X80 Z100 M05 M09;
N55  M00;                                     程序暂停
N55  T0303 S1200 M03 M08;                     3号外圆精车刀
N60  G00 G41 X0 Z5;
N65  G01 X19.8 Z0 F80;                        精加工轮廓开始
N70  G01 X23.85 Z—2;
N75  G01 Z—25;
N80  G01 X27;
N85  G01 X28 Z—25.5;
N90  G01 X34 Z—33;
N95  G01 Z—44;
N100 G02 X42 Z—48 R4;
N105 G01 Z—60;
N110 G01 X45;                                 精加工轮廓结束
N115 G00 X80 Z100 M05 M09;
N120 T0505 S600 M03 M08;                      5号切槽车刀(宽 4mm)
N125 G00 X30 Z—25;
N130 G01 X20 F50;
N135 G01 X30;
N140 G01 Z—22;
N145 G01 X19.8;
N150 G01 Z—25;
N155 G01 X30;
N160 G00 X80 Z100 M05 M09;                    快速退回到换刀点
N165 T0404 S600 M03 M08;                      换4号三角形螺纹车刀(60°)
N170 G00 X40 Z3;                              到简单螺纹循环起点位置
N175 G82 X23 Z—21.5 F2;                       加工螺纹,背吃刀量为 1mm
N180 G82 X22.3 Z—21.5 F2;                     加工螺纹,背吃刀量为 0.7mm
N185 G82 X21.8 Z—21.5 F2;                     加工螺纹,背吃刀量为 0.5mm
N190 G82 X21.52 Z—21.5 F2;                    加工螺纹,背吃刀量为 0.28mm
N195 G82 X21.52 Z—21.5 F2;                    光整加工螺纹
N200 G00 X80 Z100 M05 M09;                    快速退回到换刀点
N205 T0505 S400 M03 M08;                      换5号切断车刀(宽 4mm)
N210 G00 X45 Z—61;
N215 G01 X—0.5 F30;                           切断零件
N220 G00 X80 Z100 M05;                        快速退回到换刀点
N225 M30;                                     程序结束
```

6.2 数控车高级工样题 2

6.2.1 零件图

数控车高级工样题 2 零件图如图 6-2 所示。

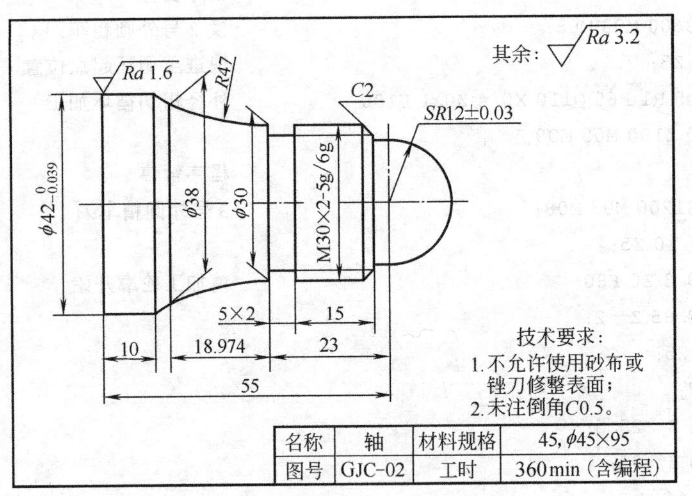

图 6-2 数控车高级工样题 2 零件图

6.2.2 评分表

数控车高级工样题 2 评分表如表 6-3 所示。

表 6-3 数控车高级工样题 2 评分表

检测项目		技术要求	配分	评分标准	检测结果	得分
外圆	1	$\phi42_{-0.039}^{0}$ Ra1.6	8/4	超差 0.01 扣 4 分、降级无分		
	2	$\phi38$ 锥面 Ra3.2	6/4	超差扣分		
	3	$\phi30$	6	超差扣分		
圆弧	4	SR12±0.03 Ra3.2	8/4	超差、降级无分		
	5	R47 Ra3.2	8/4	超差、降级无分		
螺纹	6	M30×2－5g/6g 大径	5	超差无分		
	7	M30×2－5g/6g 中径	8	超差 0.01 扣 4 分		
	8	M30×2－5g/6g 两侧 Ra3.2	8	降级无分		
	9	M30×2－5g/6g 牙型角	5	不符无分		
沟槽	10	5×2 两侧 Ra3.2	4/4	超差、降级无分		
长度	11	55	3	超差无分		
	12	23	3	超差无分		
	13	15	3	超差无分		
	14	10	3	超差无分		
倒角	15	C2	2	不符无分		
	16	未注倒角	2	不符无分		

续表

检测项目		技术要求	配分	评分标准	检测结果	得分
其他	17	工件完整	工件必须完整,工件局部无缺陷(如夹伤、划痕等)			
	18	程序编制	有严重违反工艺规程的取消考试资格,其他问题酌情扣分			
	19	加工时间	120min 后尚未开始加工则终止考试,超过定额时间 5min 扣 1 分,超过 10min 扣 5 分,超过 15min 扣 10 分,超过 20min 扣 20 分,超过 25min 扣 30 分,超过 30min 则停止考试			
	20	安全操作规程		违反扣总分 10 分/次		
总评分			100	总得分		

零件名称		图号 GJC-02		加工日期　年　月　日	
加工开始　时　分	停工时间　分钟	加工时间		检测	
加工结束　时　分	停工原因	实际时间		评分	

6.2.3 考核目标与操作提示

(1) 考核目标

① 能根据零件图的要求，合理选择进刀路线及切削用量。

② 会编制单线及多线圆柱螺纹的加工程序。

③ 能控制螺纹的尺寸精度和表面粗糙度。

(2) 加工操作提示

如图 6-2 所示，加工该零件时一般先加工零件外形轮廓，切断零件后调头加工零件总长。编程零点设置在零件右端 SR12mm 圆心处，程序名为 GJC2。零件加工步骤如下。

① 夹零件毛坯，伸出卡盘长度 87mm。

② 车端面。

③ 粗、精加工零件外形轮廓至尺寸要求。

④ 切槽 5mm×2mm 至尺寸要求。

⑤ 粗、精加工螺纹至尺寸要求。

⑥ 切断零件，总长留 0.5mm 余量。

⑦ 零件调头，夹 ϕ42mm 外圆（校正）。

⑧ 加工零件总长至尺寸要求（程序略）。

⑨ 回换刀点，程序结束。

(3) 注意事项

① 螺纹精车刀的刀尖圆弧半径不能太大，否则影响螺纹的牙型。

② 安装螺纹车刀时，必须要使用对刀样板。

③ 硬质合金螺纹车刀纵向前角为 0°，采用直进法加工。

④ 对刀时，要注意编程零点和对刀零点的位置。

(4) 编程、操作加工时间

① 编程时间：120min（占总分 30%）。

② 操作时间：240min（占总分 70%）。

6.2.4 工、量、刃具清单

数控车高级工样题 2 工、量、刃具清单如表 6-4 所示。

表 6-4 数控车高级工样题 2 工、量、刃具清单

序号	名 称	规 格	数 量	备 注
1	千分尺	0～25mm	1	
2	千分尺	25～50mm	1	
3	游标卡尺	0～150mm	1	
4	螺纹千分尺	25～50mm	1	
5	半径规	R1～R6.5mm	1	
6		R47mm	1	
7	刃具	端面车刀	1	
8		外圆车刀	2	
9		60°螺纹车刀	1	
10		切槽、切断车刀	1	宽 4～5mm，长 23mm
11	其他辅具	1. 垫刀片若干、油石等		
12		2. 铜皮(厚 0.2mm，宽 25mm×长 60mm)		
13		3. 其他车工常用辅具		
14	材料	45 钢 ϕ45mm×95mm 一段		
15	数控车床	CK6136i		
16	数控系统	华中数控世纪星、SINUMERIK 802S 或 FANUC-OTD		

6.2.5 参考程序（华中数控世纪星）

(1) 计算螺纹小径 d'

$d'=d$（螺纹公称直径）$-2\times0.62P$（螺纹螺距）$=30\text{mm}-2\times0.62\times2\text{mm}=27.52\text{mm}$

(2) 确定螺纹背吃刀量分布

分 1mm、0.7mm、0.5mm、0.28mm、光整加工 5 次加工螺纹。

(3) 刀具设置

1 号刀为端面车刀，2 号刀为外圆粗切车刀，3 号刀为外圆精切车刀，4 号刀为 60°螺纹车刀；5 号刀为切槽、切断车刀。

(4) 加工程序

```
%GJC2;
N05  G90 G94 G00 X80 Z100 T0101S800 M03;       换刀点、1 号端面车刀
N10  G00 X48 Z0 M08;
N15  G01 X-0.5 F0.1;
N20  G01 Z5 M09;
N25  G00 X80 Z100 M05;
N30  M00;                                       程序暂停
N35  T0202S800 M03 M08                          2 号外圆粗车刀
N40  G71 U1.5 R1 P60 Q110 X0.25 Z0.1 F100;      外径粗加工循环
```

N45 G00 X80 Z100 M05 M09;	
N50 M00;	程序暂停
N55 T0303S1500 M03 M08;	3 号外圆精车刀
N60 G01 X0 Z12;	外径精加工开始
N65 G03 X24 Z0 R12;	
N70 G01 Z－3;	
N75 G01 X25.8;	
N80 G01 X29.8 Z－5;	
N85 G01 Z－23;	
N90 G01 X30;	
N95 G02 X38 Z－41.974 R47;	
N100 G01 X42 Z－45;	
N105 G01 Z－60;	
N110 G01 X45;	外径精加工结束
N105 G00 X80 Z100 M05 M09;	
N110 M00;	程序暂停
N115 T0404S500 M03 M08;	4 号切槽车刀(宽 4mm)
N120 G00 X32 Z－23;	
N125 G01 X26 F0.1;	
N130 G01 X32;	
N135 G01 Z－22;	
N140 G01 X25.8;	
N145 G01 Z－23;	
N150 G01 X32;	
N155 G00 X80 Z100 M05 M09;	
N160 M00;	程序暂停
N165 T0505 S500 M03 M08;	5 号三角形螺纹车刀(60°)
N170 G00 X40 Z－12;	到简单螺纹循环起点位置
N175 G82 X29 Z－32.5 F2;	加工螺纹,背吃刀量为 1mm
N180 G82 X28.3 Z－32.5 F2;	加工螺纹,背吃刀量为 0.7mm
N185 G82 X27.8 Z－32.5 F2;	加工螺纹,背吃刀量为 0.5mm
N190 G82 X27.52 Z－32.5 F2;	加工螺纹,背吃刀量为 0.28mm
N195 G82 X27.52 Z－32.5 F2;	光整加工螺纹
N200 G00 X80 M05 M09;	
N205 Z100;	
N210 M00;	程序暂停
N215 T0404 M03 M08;	4 号切断车刀(宽 4mm)
N220 G00 X45 Z－60;	
N225 G01 X0 F50;	
N230 G00 X80 Z100 M05 M09;	
N235 M30;	程序结束

6.3 数控车高级工样题 3

6.3.1 零件图

数控车高级工样题 3 零件图如图 6-3 所示。

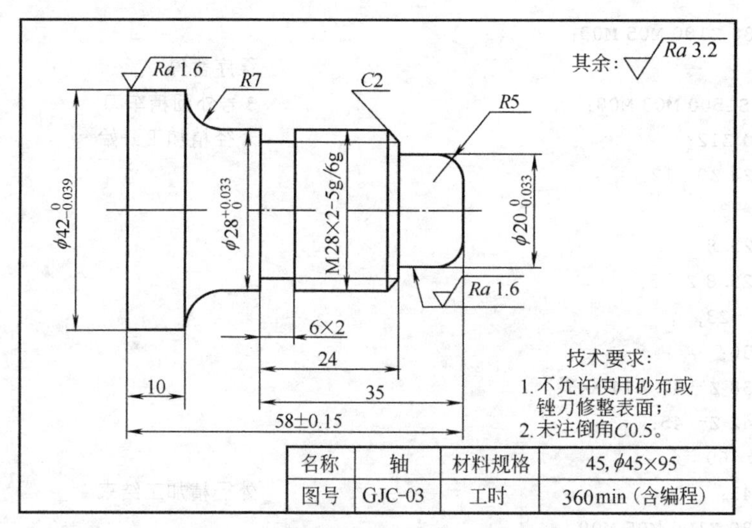

图 6-3　数控车高级工样题 3 零件图

6.3.2 评分表

数控车高级工样题 3 评分表如表 6-5 所示。

表 6-5　数控车高级工样题 3 评分表

检测项目		技术要求	配分	评分标准	检测结果	得分
外圆	1	$\phi 42_{-0.039}^{0}$　Ra1.6	8/4	超差 0.01 扣 4 分、降级无分		
	2	$\phi 28_{0}^{+0.033}$　Ra3.2	8/4	超差 0.01 扣 4 分、降级无分		
	3	$\phi 20_{-0.033}^{0}$　Ra1.6	8/4	超差 0.01 扣 4 分、降级无分		
圆弧	4	R7　Ra3.2	6/4	超差、降级无分		
	5	R5　Ra3.2	6/4	超差、降级无分		
螺纹	6	M28×2－5g/6g 大径	5	超差无分		
	7	M28×2－5g/6g 中径	8	超差 0.01 扣 4 分		
	8	M28×2－5g/6g 两侧 Ra3.2	4	降级无分		
	9	M28×2－5g/6g 牙型角	5	不符无分		
沟槽	10	6×2　两侧 Ra3.2	2/2	超差、降级无分		
长度	11	58±0.15　两侧 Ra3.2	3/2	超差、降级无分		
	12	35	3	超差无分		
	13	24	3	超差无分		
	14	10	3	超差无分		
倒角	15	C2	2	不符无分		
	16	未注倒角	2	不符无分		
其他	17	工件完整	工件必须完整，工件局部无缺陷（如夹伤、划痕等）			
	18	程序编制	有严重违反工艺规程的取消考试资格，其他问题酌情扣分			
	19	加工时间	120min 后尚未开始加工则终止考试，超过定额时间 5min 扣 1 分，超过 10min 扣 5 分，超过 15min 扣 10 分，超过 20min 扣 20 分，超过 25min 扣 30 分，超过 30min 则停止考试			
	20	安全操作规程		违反扣总分 10 分/次		

续表

检测项目	技术要求	配分	评分标准	检测结果	得分
总评分		100	总得分		

零件名称		图号 GJC-03	加工日期　年　月　日
加工开始　时　分	停工时间　分钟	加工时间	检测
加工结束　时　分	停工原因	实际时间	评分

6.3.3　考核目标与操作提示

(1) 考核目标

① 能根据零件要求，合理选择进刀路线及切削用量。

② 掌握车削螺纹时的进刀方法及切削余量的合理分配。

③ 了解车削螺纹时中途对刀的方法。

(2) 加工操作提示

如图 6-3 所示，加工该零件时一般先加工零件外形轮廓，切断零件后调头加工零件总长。编程零点设置在零件右端面的轴心线上，程序名为 GJC3。零件加工步骤如下。

① 夹零件毛坯，伸出卡盘长度 78mm。

② 车端面。

③ 粗、精加工零件外形轮廓至尺寸要求。

④ 切槽 6mm×2mm 至尺寸要求。

⑤ 粗、精加工螺纹至尺寸要求。

⑥ 切断零件，总长留 0.5mm 余量。

⑦ 零件调头，夹 ϕ42mm 外圆（校正）。

⑧ 加工零件总长至尺寸要求（程序略）。

⑨ 回换刀点，程序结束。

(3) 注意事项

① 合理选择切削用量，提高加工质量。

② 编程时注意零件的尺寸公差，合理选择进刀路线。

(4) 编程、操作加工时间

① 编程时间：120 min（占总分 30%）。

② 操作时间：240 min（占总分 70%）。

6.3.4　工、量、刃具清单

数控车高级工样题 3 工、量、刃具清单如表 6-6 所示。

表 6-6　数控车高级工样题 3 工、量、刃具清单

序号	名　称	规　格	数　量	备　注
1	千分尺	0～25mm	1	
2	千分尺	25～50mm	1	
3	游标卡尺	0～150mm	1	
4	螺纹千分尺	25～50mm	1	

续表

序号	名 称	规 格	数 量	备 注
5	半径规	$R1 \sim R6.5$mm	1	
6	刀具	端面车刀	1	
7		外圆车刀	2	
8		60°螺纹车刀	1	
9		切槽、切断车刀	1	宽 4～5mm，长 23mm
10	其他辅具	1. 垫刀片若干、油石等		
11		2. 铜皮(厚 0.2mm，宽 25mm×长 60mm)		
12		3. 其他车工常用辅具		
13	材料	45 钢 ϕ45mm×95mm 一段		
14	数控车床	CK6136i		
15	数控系统	华中数控世纪星、SINUMERIK 802S 或 FANUC-OTD		

6.3.5 参考程序（华中数控世纪星）

（1）计算螺纹小径 d'

$d'=d$（螺纹公称直径）$-2\times0.62P$（螺纹螺距）$=28\text{mm}-2\times0.62\times2\text{mm}=25.52\text{mm}$

（2）确定螺纹背吃刀量分布

分 1mm、0.7mm、0.5mm、0.28mm、光整加工 5 次加工螺纹。

（3）刀具设置

1 号刀为端面车刀，2 号刀为外圆粗切车刀，3 号刀为外圆精切车刀，4 号刀为切槽、切断车刀，5 号刀为 60°螺纹车刀。

（4）加工程序

```
%GJC3;
N05  G90 G94 G00 X80 Z100 T0101 S800 M03;      换刀点、1号端面车刀
N10  G00 X48 Z0 M08;
N15  G01 X-0.5 F100;
N20  G01 Z5 M09;
N25  G00 X80 Z100 M05;
N30  M00;                                      程序暂停
N35  T0202 M03 M08;                            2号外圆粗车刀
N40  G71 U1.5 R1 P60 Q115 X0.25 Z0.1 F100;     外径粗加工循环
N45  G00 X80 Z100 M05 M09;
N50  M00;                                      程序暂停
N55  T0303 S1000 M03 M08;                      3号外圆精车刀
N60  G01 X10 Z0;                               外径精加工开始
N65  G03 X20 Z-5 R5;
N70  G01 Z-11;
N75  G01 X23.8;
```

```
N80  G01 X27.8 Z－13;
N85  G01 Z－35;
N90  G01 X28.033;
N95  G01 Z－41;
N100 G02 X42.033 Z－48 R7;
N105 G01 X42.5;
N110 G01 Z－63;
N115 G01 X45;                          外径精加工结束
N120 G00 X80 Z100 M05 M09;
N125 M00;                              程序暂停
N130 T0404 S500 M03 M08;               4 号切槽车刀(宽 4mm)
N135 G00 X30 Z－35;
N140 G01 X24 F50;
N145 G01 X30;
N150 G01 Z－33;
N155 G01 X23.8;
N160 G01 Z－35;
N165 G01 X30;
N170 G00 X80;
N175 Z100 M05 M09;
N180 M00;                              程序暂停
N185 T0505 S500 M03 M08;               5 号三角形螺纹车刀
N190 G00 X40 Z－8;                     到简单螺纹循环起点位置
N195 G82 X27 Z－33 F2;                 加工螺纹,背吃刀量为 1mm
N200 G82 X26.3 Z－33 F2;               加工螺纹,背吃刀量为 0.7mm
N205 G82 X25.8 Z－33 F2;               加工螺纹,背吃刀量为 0.5mm
N210 G82 X25.52 Z－33 F2;              加工螺纹,背吃刀量为 0.28mm
N215 G82 X25.52 Z－33 F2;              光整加工螺纹
N220 G00 X80;
N225 Z100 M05 M09;
N230 M00;                              (程序暂停)
N235 T0404 M03 M08;                    4 号切断车刀(宽 4mm)
N240 G00 X45 Z－63;
N245 G01 X0 F50;
N250 G00 X80 Z100 M05 M09;
N255 M30;                              程序结束
```

6.4　数控车高级工样题 4

6.4.1　零件图

数控车高级工样题 4 零件图如图 6-4 所示。

6.4.2　评分表

数控车高级工样题 4 评分表如表 6-7 所示。

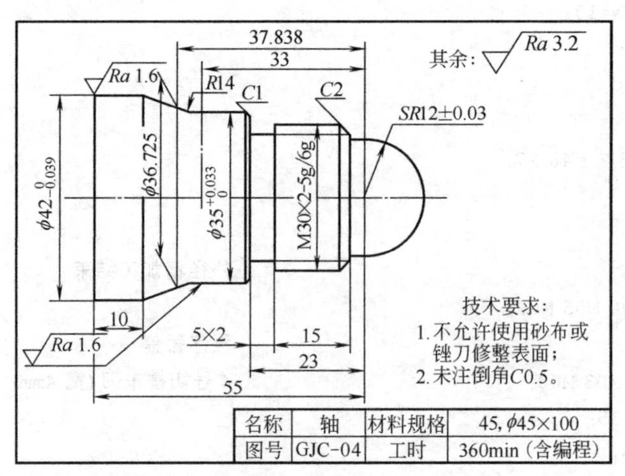

图 6-4　数控车高级工样题 4 零件图

表 6-7　数控车高级工样题 4 评分表

检测项目		技术要求	配分	评分标准	检测结果	得分
外圆	1	$\phi 42_{-0.039}^{0}$　Ra1.6	10/4	超差 0.01 扣 4 分、降级无分		
	2	$\phi 35_{0}^{+0.033}$　Ra1.6	10/4	超差 0.01 扣 4 分、降级无分		
圆弧	3	SR12±0.03　Ra3.2	8/4	超差、降级无分		
	4	R14　Ra3.2	8/4	超差、降级无分		
螺纹	5	M30×2−5g/6g 大径	5	超差无分		
	6	M30×2−5g/6g 中径	8	超差 0.01 扣 4 分		
	7	M30×2−5g/6g 两侧 Ra3.2	4	降级无分		
	8	M30×2−5g/6g 牙型角	5	不符无分		
沟槽	9	5×2　两侧 Ra3.2	4/2	超差、降级无分		
长度	10	55	3	超差无分		
	11	23	3	超差无分		
	12	15	3	超差无分		
	13	10	3	超差无分		
倒角	14	C1	2	不符无分		
	15	C2	2	不符无分		
	16	未注倒角	2	不符无分		
其他	17	工件完整	工件必须完整，工件局部无缺陷（如夹伤、划痕等）			
	18	程序编制	有严重违反工艺规程的取消考试资格，其他问题酌情扣分			
	19	加工时间	120min 后尚未开始加工则终止考试，超过定额时间 5min 扣 1 分，超过 10min 扣 5 分，超过 15min 扣 10 分，超过 20min 扣 20 分，超过 25min 扣 30 分，超过 30min 则停止考试			
	20	安全操作规程		违反扣总分 10 分/次		
总评分			100	总得分		
零件名称			图号 GJC-04		加工日期　年　月　日	
加工开始　时　分		停工时间　分钟	加工时间		检测	
加工结束　时　分		停工原因	实际时间		评分	

6.4.3　考核目标与操作提示

(1) 考核目标

① 能根据零件图要求，合理选择进刀路线及切削用量。

② 能控制螺纹加工的尺寸精度和表面粗糙度。

③ 掌握零件尺寸公差的变化对程序编制的要求。

(2) 加工操作提示

如图 6-4 所示，加工该零件时一般先加工零件外形轮廓，切断零件后调头加工零件总长。编程零点设置在零件右端 *SR*12mm 圆心处，程序名为 GJC4。零件加工步骤如下。

① 夹零件毛坯，伸出卡盘长度 87mm。

② 车端面。

③ 粗、精加工零件外形轮廓至尺寸要求。

④ 切槽 5mm×2mm 至尺寸要求。

⑤ 粗、精加工螺纹至尺寸要求。

⑥ 切断零件，总长留 0.5mm 余量。

⑦ 零件调头，夹 ϕ42mm 外圆（校正）。

⑧ 加工零件总长至尺寸要求（程序略）。

⑨ 回换刀点，程序结束。

(3) 注意事项

① 加工时，要注意编程零点和对刀零点的位置。

② 编程时注意零件的尺寸公差，合理选择进刀路线。

(4) 编程、操作加工时间

① 编程时间：120min（占总分 30%）。

② 操作时间：240 min（占总分 70%）。

6.4.4　工、量、刃具清单

数控车高级工样题 4 工、量、刃具清单如表 6-8 所示。

表 6-8　数控车高级工样题 4 工、量、刃具清单

序号	名　称	规　格	数　量	备　注
1	千分尺	0～25mm	1	
2	千分尺	25～50mm	1	
3	游标卡尺	0～150mm	1	
4	螺纹千分尺	25～50mm	1	
5	半径规	*R*7～*R*14.5mm	1	
6	刃具	端面车刀	1	
7		外圆车刀	2	
8		60°螺纹车刀	1	
9		切槽、切断车刀	1	宽 4～5mm，长 23mm
10	其他辅具	1. 垫刀片若干、油石等		
11		2. 铜皮(厚 0.2mm，宽 25mm×长 60mm)		
12		3. 其他车工常用辅具		

续表

序号	名 称	规 格	数 量	备 注
13	材料	45 钢 ϕ45mm×100mm 一段		
14	数控车床	CK6136i		
15	数控系统	华中数控世纪星、SINUMERIK 802S 或 FANUC-OTD		

6.4.5 参考程序（华中数控世纪星）

(1) 计算螺纹小径 d'

$d'=d$（螺纹公称直径）$-2\times0.62P$（螺纹螺距）$=30\text{mm}-2\times0.62\times2\text{mm}=27.52\text{mm}$

(2) 确定螺纹背吃刀量分布

分 1mm、0.7mm、0.5mm、0.28mm、光整加工 5 次加工螺纹。

(3) 刀具设置

1 号刀为端面车刀，2 号刀为外圆粗切车刀，3 号刀为外圆精切车刀，4 号刀为切槽、切断车刀，5 号刀为 60°螺纹车刀。

(4) 加工程序

```
%GJC4;
N05  G90 G94 G00 X80 Z100 T0101 M03;        换刀点、1 号端面车刀
N10  G00 X48 Z0 M08;
N15  G01 X－0.5 F100;
N20  G01 Z5 M09;
N25  G00 X80 Z100 M05;
N30  M00;                                    程序暂停
N35  T0202 M03 M08;                          2 号外圆粗车刀
N40  G71 U1.5 R1 P60 Q120 X0.25 Z0.1 F100;   外径粗加工循环
N45  G00 X80 Z100 M05 M09;
N50  M00;                                    程序暂停
N55  T0303 M03 M08;                          3 号外圆精车刀
N60  G01 X0 Z12;                             外径精加工开始
N65  G03 X24 Z0 R12;
N70  G01 Z－3;
N75  G01 X25.8;
N80  G01 X29.8 Z－5;
N85  G01 Z－23;
N90  G01 X33.033;
N95  G01 X35.033 Z－24;
N100 G01 Z－33;
N105 G02 X36.725 Z－37.838 R14;
N110 G01 X42 Z－45;
N115 G01 Z－60;
N120 G01 X45;                                外径精加工结束
N125 G00 X42 Z－40;
N130 G01 Z－60;
N135 G01 X45;
N140 G00 X80;
N145 Z100 M05 M09;
N150 M00;                                    程序暂停
N155 T0404 M03 M08;                          4 号切槽车刀(宽 4mm)
```

```
N160 G00 X37 Z-23;
N165 G01 X26 F100;
N170 G01 X37;
N175 G01 Z-22;
N180 G01 X25.8;
N185 G01 Z-23;
N190 G01 X37;
N195 G00 X80 Z100 M05 M09;
N200 M00;                          程序暂停
N205 T0505 S300 M03 M08;           5号三角形螺纹车刀(60°)
N210 G00 X40 Z-12;                 到简单螺纹循环起点位置
N195 G82 X29 Z-32.5 F2;            加工螺纹,背吃刀量为1mm
N200 G82 X28.3 Z-32.5  F2;         加工螺纹,背吃刀量为0.7mm
N205 G82 X27.8 Z-32.5 F2;          加工螺纹,背吃刀量为0.5mm
N210 G82 X27.52 Z-32.5 F2;         加工螺纹,背吃刀量为0.28mm
N215 G82 X27.52 Z-32.5  F2;        光整加工螺纹
N220 G00 X80;
N225 Z100 M05 M09;
N230 M00;                          程序暂停
N235 T0404 S500 M03 M08;           4号切断车刀(宽4mm)
N240 G00 X45 Z-60;
N245 G01 X0 F50;
N250 G00 X80 Z100 M05;
N255 M30;                          程序结束
```

6.5　数控车高级工样题 5

6.5.1　零件图

数控车高级工样题 5 零件图如图 6-5 所示。

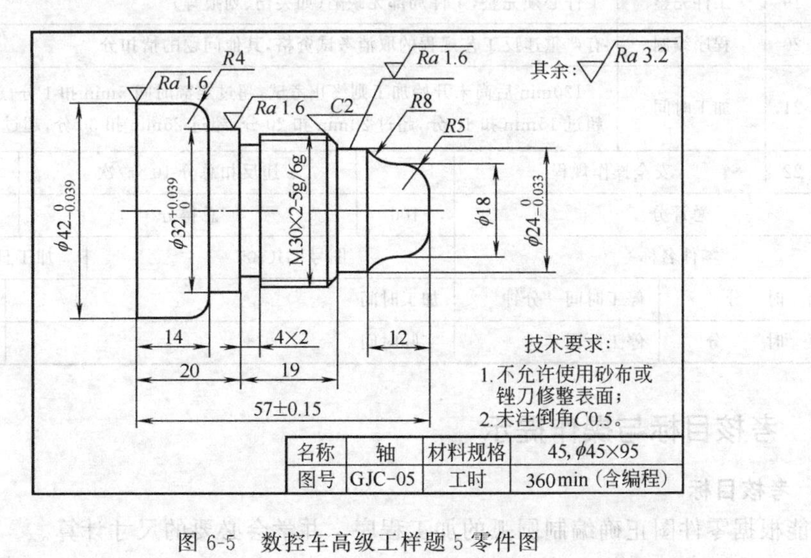

名称	轴	材料规格	45, φ45×95
图号	GJC-05	工时	360min (含编程)

图 6-5　数控车高级工样题 5 零件图

6.5.2 评分表

数控车高级工样题 5 评分表如表 6-9 所示。

表 6-9 数控车高级工样题 5 评分表

检测项目		技术要求	配分	评分标准	检测结果	得分
外圆	1	$\phi 42_{-0.039}^{0}$ $Ra1.6$	5/4	超差 0.01 扣 3 分、降级无分		
	2	$\phi 32_{0}^{+0.039}$ $Ra1.6$	5/4	超差 0.01 扣 3 分、降级无分		
	3	$\phi 24_{-0.033}^{0}$ $Ra1.6$	4/4	超差、降级无分		
圆弧	4	$R8$ $Ra3.2$	5/4	超差、降级无分		
	5	$R5$ $Ra3.2$	5/4	超差、降级无分		
	6	$R4$ $Ra3.2$	5/4	超差、降级无分		
螺纹	7	M30×2－5g/6g 大径	3	超差无分		
	8	M30×2－5g/6g 中径	7	超差 0.01 扣 4 分		
	9	M30×2－5g/6g 两侧 $Ra3.2$	6	降级无分		
	10	M30×2－5g/6g 牙型角	5	不符无分		
沟槽	11	4×2 两侧 $Ra3.2$	3/2	超差、降级无分		
长度	12	57±0.15 两侧 $Ra3.2$	3/2	超差无分		
	13	20	3	超差无分		
	14	19	3	超差无分		
	15	14	3	超差无分		
	16	12	3	超差无分		
倒角	17	$C2$	2	不符无分		
	18	未注倒角	2	不符无分		
其他	19	工件完整	工件必须完整，工件局部无缺陷（如夹伤、划痕等）			
	20	程序编制	有严重违反工艺规程的取消考试资格，其他问题酌情扣分			
	21	加工时间	120min 后尚未开始加工则终止考试，超过定额时间 5min 扣 1 分，超过 10min 扣 5 分，超过 15min 扣 10 分，超过 20min 扣 20 分，超过 25min 扣 30 分，超过 30min 则停止考试			
	22	安全操作规程		违反扣总分 10 分/次		
总评分			100	总得分		
零件名称			图号 GJC-05		加工日期　年　月　日	
加工开始　时　分		停工时间　分钟	加工时间		检测	
加工结束　时　分		停工原因	实际时间		评分	

6.5.3 考核目标与操作提示

(1) 考核目标

① 能根据零件图正确编制圆弧的加工程序，并学会必要的尺寸计算。

② 能用合理的方法控制圆弧的尺寸精度。

(2) 加工操作提示

如图 6-5 所示，加工该零件时一般先加工零件外形轮廓，切断零件后调头加工零件总长。编程零点设置在零件右端面的轴心线上，程序名为 GJC5。零件加工步骤如下。

① 夹零件毛坯，伸出卡盘长度 77mm。

② 车端面。

③ 粗、精加工零件外形轮廓至尺寸要求。

④ 切槽 4mm×2mm 至尺寸要求。

⑤ 粗、精加工螺纹至尺寸要求。

⑥ 切断零件，总长留 0.5mm 余量。

⑦ 零件调头，夹 ϕ42mm 外圆（校正）。

⑧ 加工零件总长至尺寸要求（程序略）。

⑨ 回换刀点，程序结束。

（3）注意事项

① 适时调整修调按键，提高加工质量。

② 根据零件圆弧加工的情况，正确选择 G02、G03 指令。

③ 根据编程零点，合理选择螺纹切入点和退出点的位置。

（4）编程、操作加工时间

① 编程时间：120 min（占总分 30%）。

② 操作时间：240min（占总分 70%）。

6.5.4　工、量、刃具清单

数控车高级工样题 5 工、量、刃具清单如表 6-10 所示。

表 6-10　数控车高级工样题 5 工、量、刃具清单

序号	名　称	规　格	数　量	备　注
1	千分尺	0～25mm	1	
2	千分尺	25～50mm	1	
3	游标卡尺	0～150mm	1	
4	螺纹千分尺	25～50mm	1	
5	半径规	$R7$～$R14.5$mm	1	
6	刀具	端面车刀	1	
7		外圆车刀	2	
8		60°螺纹车刀	1	
9		切槽、切断车刀	1	宽 4～5mm，长 23mm
10	其他辅具	1. 垫刀片若干、油石等		
11		2. 铜皮(厚 0.2mm，宽 25mm×长 60mm)		
12		3. 其他车工常用辅具		
13	材料	45 钢 ϕ45mm×100mm 一段		
14	数控车床	CK6136i		
15	数控系统	华中数控世纪星、SINUMERIK 802S 或 FANUC-OTD		

6.5.5 参考程序（华中数控世纪星）

（1）计算螺纹小径 d'

$d'=d$（螺纹公称直径）$-2\times0.62P$（螺纹螺距）$=30mm-2\times0.62\times2mm=27.52mm$

（2）确定螺纹背吃刀量分布

分 1mm、0.7mm、0.5mm、0.28mm、光整加工 5 次加工螺纹。

（3）刀具设置

1 号刀为端面车刀，2 号刀为外圆粗切车刀，3 号刀为外圆精切车刀，4 号刀为切槽、切断车刀，5 号刀为 60°螺纹车刀。

（4）加工程序

```
%GJC5;
N05  G90 G94 G00 X80 Z100 T0101 S800 M03;        换刀点、1号端面车刀
N10  G00 X48 Z0 M08;
N15  G01 X－0.5 F100;
N20  G01 Z5 M09;
N25  G00 X80 Z100 M05;
N30  M00;                                         程序暂停
N35  T0202 S800 M03 M08;                          2 号外圆粗车刀
N40  G71 U1.5 R1 P60 Q130 X0.25 Z0.1 F100;        外径粗加工循环
N45  G00 X80 Z100 M05 M09;
N50  M00;                                         程序暂停
N55  T0303 S1200 M03 M08;                         3号外圆精车刀
N60  G01 X8 Z0;                                   外径精加工开始
N65  G03 X18 Z－5 R5;
N70  G02 X24 Z－12 R8;
N85  G01 Z－18;
N90  G01 X25.8;
N95  G01 X29.8 Z－20;
N100 G01 Z－37;
N105 G01 X31.039;
N110 G01 X32.039 Z－37.5;
N115 G01 Z－43;
N120 G01 X42 R 4;
N125 G01 Z－62;
N130 G01 X45;                                     外径精加工结束
N135 G00 X42 Z－40;
N140 G01 Z－62 F100;
N145 G01 X45;
N150 G00 X80 Z100 M05 M09;
N155 M00;                                         程序暂停
N160 T0404 S500 M03 M08;                          4 号切槽车刀(宽 4mm)
N165 G00 X35 Z－37;
N170 G01 X35.8 F50;
N175 G04 F1;
N180 G01 X35;
```

```
N185 G00 X80;
N190 Z100 M05 M09;
N195 M00;                           程序暂停
N200 T0505 S300 M03 M08;            5 号三角形螺纹车刀(60°)
N210 G00 X40 Z-15;                  到简单螺纹循环起点位置
N195 G82 X29 Z-35 F2;               加工螺纹,背吃刀量为 1mm
N200 G82 X28.3 Z-35 F2;             加工螺纹,背吃刀量为 0.7mm
N205 G82 X27.8 Z-35 F2;             加工螺纹,背吃刀量为 0.5mm
N210 G82 X27.52 Z-35 F2;            加工螺纹,背吃刀量为 0.28mm
N215 G82 X27.52 Z-35 F2;            光整加工螺纹
N220 G00 X80;
N225 Z100 M05 M09;
N230 M00;                           程序暂停
N240 T0404 S500 M03 M08;            4 号切断车刀(宽 4mm)
N245 G00 X45 Z-62;
N250 G01 X0 F100;
N255 G00 X80 Z100 M05 M09;
N260 M30;                           程序结束
```

6.6　数控车高级工样题 6

6.6.1　零件图

数控车高级工样题 6 零件图如图 6-6 所示。

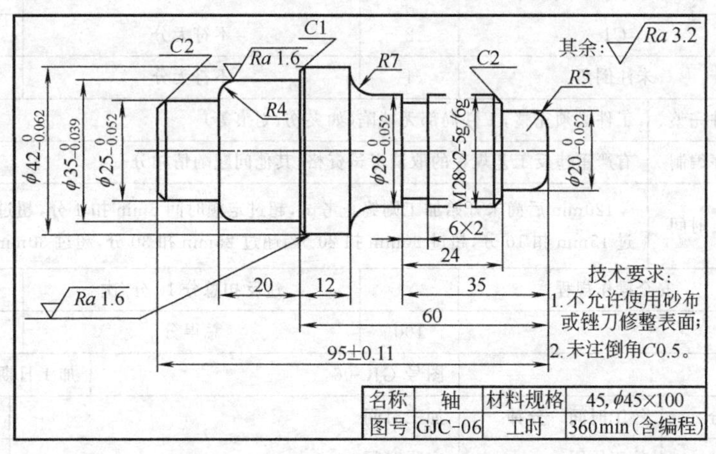

图 6-6　数控车高级工样题 6 零件图

6.6.2　评分表

数控车高级工样题 6 评分表如表 6-11 所示。

表 6-11　数控车高级工样题 6 评分表

检测项目		技术要求		配分	评分标准	检测结果	得分
外圆	1	$\phi 42_{-0.062}^{0}$　Ra1.6		6/4	超差 0.01 扣 3 分、降级无分		
	2	$\phi 35_{-0.039}^{0}$　Ra1.6		6/4	超差 0.01 扣 3 分、降级无分		
	3	$\phi 28_{-0.052}^{0}$　Ra3.2		4/2	超差、降级无分		
	4	$\phi 25_{-0.052}^{0}$　Ra3.2		4/2	超差、降级无分		
	5	$\phi 20_{-0.052}^{0}$　Ra3.2		4/2	超差、降级无分		
圆弧	6	R7　Ra3.2		4/2	超差、降级无分		
	7	R5　Ra3.2		4/2	超差、降级无分		
	8	R4　Ra3.2		4/2	超差、降级无分		
螺纹	9	M28×2－5g/6g 大径		2	超差无分		
	10	M28×2－5g/6g 中径		6	超差 0.01 扣 4 分		
	11	M28×2－5g/6g 两侧 Ra3.2		4	降级无分		
	12	M28×2－5g/6g 牙型角		3	不符无分		
沟槽	13	6×2　两侧 Ra3.2		2/2	超差、降级无分		
长度	14	95±0.11　两侧 Ra3.2		3/2	超差无分		
	15	60		3	超差无分		
	16	35		3	超差无分		
	17	24		3	超差无分		
	18	20		3	超差无分		
	19	12		3	超差无分		
倒角	20	C2		2	不符无分		
	21	C1		2	不符无分		
	22	未注倒角		1	不符无分		
其他	23	工件完整	工件必须完整，工件局部无缺陷（如夹伤、划痕等）				
	24	程序编制	有严重违反工艺规程的取消考试资格，其他问题酌情扣分				
	25	加工时间	120min 后尚未开始加工则终止考试，超过定额时间 5min 扣 1 分，超过 10min 扣 5 分，超过 15min 扣 10 分，超过 20min 扣 20 分，超过 25min 扣 30 分，超过 30min 则停止考试				
	26	安全操作规程			违反扣总分 10 分/次		
总　评　分				100	总得分		
零件名称				图号 GJC-06		加工日期　年　月　日	
加工开始　时　分		停工时间　分钟		加工时间		检测	
加工结束　时　分		停工原因		实际时间		评分	

6.6.3 考核目标与操作提示

（1）考核目标

① 掌握一般轴类零件的程序编制。

② 能合理采用一定的加工技巧来保证加工精度。

③ 培养学生综合应用的能力。

(2) 加工操作提示

如图 6-6 所示，加工该零件时一般先加工零件左端，后调头加工零件右端。加工零件左端时，编程零点设置在零件左端面的轴心线上，程序名为 GJC6Z。加工零件右端时，编程零点设置在零件右端面的轴心线上，程序名为 GJC6Y。

① 零件左端加工步骤如下。

a. 夹零件毛坯，伸出卡盘长度 40mm。

b. 车端面。

c. 粗、精加工零件左端轮廓至 42mm×37mm。

d. 回换刀点，程序结束。

② 零件右端加工步骤如下。

a. 夹 ϕ35mm 外圆。

b. 车端面。

c. 粗、精加工右端轮廓至尺寸要求。

d. 切槽 6mm×2mm 至尺寸要求。

e. 粗、精加工螺纹至尺寸要求。

f. 回换刀点，程序结束。

(3) 注意事项

① 零件调头加工时，注意装夹位置。

② 合理选择切削用量，提高加工质量。

(4) 编程、操作加工时间

① 编程时间：120min（占总分 30%）。

② 操作时间：240min（占总分 70%）。

6.6.4 工、量、刃具清单

数控车高级工样题 6 工、量、刃具清单如表 6-12 所示。

表 6-12　数控车高级工样题 6 工、量、刃具清单

序号	名　称	规　格	数　量	备　注
1	千分尺	0～25mm	1	
2	千分尺	25～50mm	1	
3	游标卡尺	0～150mm	1	
4	螺纹千分尺	25～50mm	1	
5	半径规	$R1$～$R6.5$mm	1	
6	刃具	端面车刀	1	
7		外圆车刀	2	
8		60°螺纹车刀	1	
9		切槽、切断车刀	1	宽 4～5mm，长 23mm
10	其他辅具	1. 垫刀片若干、油石等		
11		2. 铜皮（厚 0.2mm，宽 25mm×长 60mm）		
12		3. 其他车工常用辅具		
13	材料	45 钢 ϕ45mm×100mm 一段		

续表

序号	名 称	规 格	数量	备 注
14	数控车床	CK6136i		
15	数控系统	华中数控世纪星、SINUMERIK 802S 或 FANUC-OTD		

6.6.5 参考程序（华中数控世纪星）

(1) 计算螺纹小径 d'

$d'=d$（螺纹公称直径）$-2\times0.62P$（螺纹螺距）$=28\text{mm}-2\times0.62\times2\text{mm}=25.52\text{mm}$

(2) 确定螺纹背吃刀量分布

分 1mm、0.7mm、0.5mm、0.28mm、光整加工 5 次加工螺纹。

(3) 刀具设置

1 号刀为端面车刀，2 号刀为外圆粗切车刀，3 号刀为外圆精切车刀，4 号刀为切槽、切断车刀，5 号刀为 60°螺纹车刀。

(4) 加工程序

① 左端加工程序。

```
%GJ6Z;
N05  G90 G94 G00 X80 Z100 T0101 S800 M03;        换刀点、1 号端面车刀
N10  G00 X48 Z0 M08;
N15  G01 X-0.5 F100;
N20  G01 Z5 M09;
N25  G00 X80 Z100 M05;
N30  M00;                                        程序暂停
N35  T0202 M03 M08;                              2 号外圆粗车刀
N40  G71 U1.5 R1 P60 Q100 X0.25 Z0.1 F100;      外径粗加工循环
N45  G00 X80 Z100 M05 M09;
N50  M00;                                        程序暂停
N55  T0303 S1200 M03;                            3 号外圆精车刀
N60  G01 X21 Z0;                                 外径精加工开始
N65  G01 X25 Z-2;
N70  G01 Z-15;
N75  G01 X35 R4;
N80  G01 Z-35;
N85  G01 X40;
N90  G01 X42 Z45;
N95  G01 Z-50;
N100 G01 X45;                                    外径精加工结束
N110 G00 X80 Z100 M05;
N115 M02;                                        程序结束
```

② 右端加工程序。

```
%GJ6Y;
```

```
N05   G90 G94 G00 X80 Z100 T0101 S800 M03;         换刀点、1号端面车刀
N10   G00 X45 Z0 M08;
N15   G01 X－0.5 F100;
N20   G01 Z5 M09;
N25   G00 X80 Z100 M05;
N30   M00;                                         程序暂停
N35   T0202 S800 M03 M08;                          2号外圆粗车刀
N40   G71 U1.5 R1 P65 Q110 X0.25 Z0.1 F100;        外径粗加工循环
N45   G00 X80;
N50   Z100 M05 M09;
N55   M00;                                         程序暂停
N60   T0303 S1200 M03 M08;                         3号外圆精车刀
N65   G01 X10 Z0;                                  外径精加工开始
N70   G03 X20 Z－5 R5;
N75   G01 Z－11;
N80   G01 X23.8;
N85   G01 X27.8 Z－5 R5;
N90   G01 Z－35;
N95   G01 X28;
N100  G01 Z－41;
N105  G02 X42 Z－48 R7;
N110  G01 X45;                                     外径精加工结束
N115  G00 X80 Z100 M05;
N120  M00;                                         程序暂停
N125  T0404 S500 M03 M08;                          4号切槽车刀(宽 4mm)
N130  G00 X30 Z－35;
N135  G01 X24 F100;
N140  G01 X30;
N145  G01 Z－33;
N150  G01 X23.8;
N155  G01 Z－35;
N160  G01 X30;
N165  G00 X80;
N170  Z100 M05 M09;
N175  M00;                                         程序暂停
N180  T0505 M03 M08;                               5号三角形螺纹车刀(60°)
N185  G00 X40 Z－8;                                到简单螺纹循环起点位置
N190  G82 X27 Z－32 F2;                            加工螺纹，背吃刀量为 1mm
N195  G82 X26.3 Z－32 F2;                          加工螺纹，背吃刀量为 0.7mm
N200  G82 X25.8 Z－32 F2;                          加工螺纹，背吃刀量为 0.5mm
N205  G82 X25.52 Z－32 F2;                         加工螺纹，背吃刀量为 0.28mm
N210  G82 X25.52 Z－32 F2;                         光整加工螺纹
N215  G00 X80;
N220  Z100 M05;
N225  M30;                                         程序结束
```

6.7 数控车高级工样题 7

6.7.1 零件图

数控车高级工样题 7 零件图如图 6-7 所示。

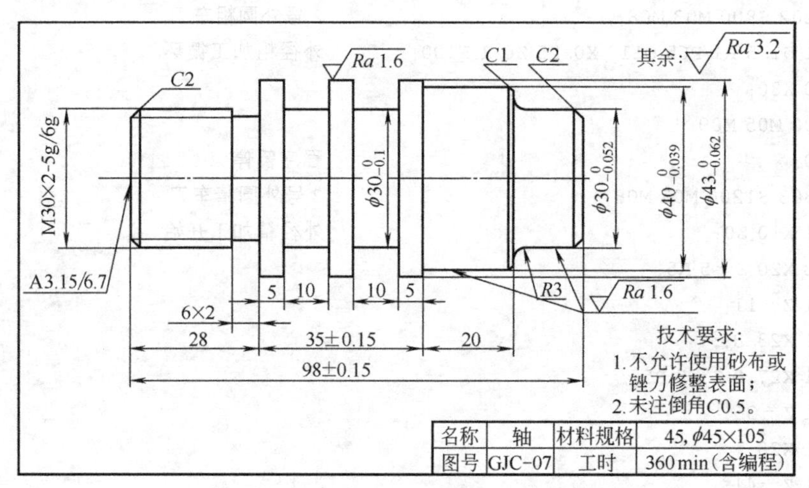

图 6-7　数控车高级工样题 7 零件图

6.7.2 评分表

数控车高级工样题 7 评分表如表 6-13 所示。

表 6-13　数控车高级工样题 7 评分表

检测项目		技术要求	配分	评分标准	检测结果	得分
外圆	1	$\phi 43_{-0.062}^{\ 0}$　Ra1.6	5/4	超差 0.01 扣 3 分、降级无分		
	2	$\phi 40_{-0.039}^{\ 0}$　Ra1.6	5/4	超差 0.01 扣 3 分、降级无分		
	3	$\phi 30_{-0.052}^{\ 0}$　Ra1.6	5/4	超差 0.01 扣 3 分、降级无分		
圆弧	4	R3　Ra3.2	5/4	超差、降级无分		
螺纹	5	M30×2－5g/6g 大径	2	超差无分		
	6	M30×2－5g/6g 中径	6	超差无分		
	7	M30×2－5g/6g 两侧 Ra3.2	4	降级无分		
	8	M30×2－5g/6g 牙型角	2	不符无分		
沟槽	9	6×2　两侧 Ra3.2	2/2	超差、降级无分		
	10	10(2 处)　两侧 Ra3.2	4/4	超差、降级无分		
	11	5(2 处)	4	超差无分		
	12	2×$\phi 30_{-0.1}^{\ 0}$　Ra3.2	4/4	超差、降级无分		
长度	13	98±0.15	2/2	超差、降级无分		
	14	35±0.15	4	超差无分		
	15	28	4	超差无分		
	16	20	4	超差无分		

续表

检测项目		技术要求	配分	评分标准	检测结果	得分
中心孔	17	A3.15/6.7	2	不符无分		
倒角	18	2×45°(2 处)	4	不符无分		
	19	C1	2	不符无分		
	20	未注倒角	2	不符无分		
其他	21	工件完整	工件必须完整,工件局部无缺陷(如夹伤、划痕等)			
	22	程序编制	有严重违反工艺规程的取消考试资格,其他问题酌情扣分			
	23	加工时间	120min 后尚未开始加工则终止考试,超过定额时间 5min 扣 1 分,超过 10min 扣 5 分,超过 15min 扣 10 分,超过 20min 扣 20 分,超过 25min 扣 30 分,超过 30min 则停止考试			
	24	安全操作规程		违反扣总分 10 分/次		
总　评　分			100	总得分		

零件名称		图号 GJC-07	加工日期　年　月　日
加工开始　时　分	停工时间　分钟	加工时间	检测
加工结束　时　分	停工原因	实际时间	评分

6.7.3　考核目标与操作提示

(1) 考核目标

① 能根据零件图的要求正确编制外圆沟槽的加工程序。

② 能用合理的切削方法保证加工精度。

③ 掌握切槽的方法。

(2) 加工操作提示

如图 6-7 所示，加工该零件时一般先加工零件右端，后调头（一夹一顶）加工零件左端。加工零件右端时，编程零点设置在零件右端面的轴心线上，程序名为 GJ7Y。加工零件左端时，编程零点设置在零件左端面的轴心线上，程序名为 GJ7Z。

① 零件右端加工步骤如下。

a. 夹零件毛坯，伸出卡盘长度 45mm。

b. 车端面。

c. 粗、精加工零件右端轮廓至 ϕ43mm×40mm。

d. 回换刀点，程序结束。

② 零件左端加工步骤如下。

a. 左端面、中心孔加工（略）。

b. 夹 ϕ30mm 外圆（一夹一顶）。

c. 粗、精加工零件左端至尺寸要求。

d. 切槽 6mm×2mm、10mm×ϕ30mm（2 处）至尺寸要求。

e. 粗、精加工螺纹至尺寸要求。

f. 回换刀点，程序结束。

(3) 注意事项

① 切槽时，刀头不宜过宽，否则容易引起振动。

② 切槽时，要注意排屑的顺利。

③ 合理使用相关编程指令，提高加工质量。

④ 一顶一夹编程加工时，注意换刀点位置，避免发生碰撞现象。

(4) 编程、操作加工时间

① 编程时间：120min（占总分 30%）。

② 操作时间：240min（占总分 70%）。

6.7.4 工、量、刃具清单

数控车高级工样题 7 工、量、刃具清单如表 6-14 所示。

表 6-14 数控车高级工样题 7 工、量、刃具清单

序号	名 称	规 格	数 量	备 注
1	千分尺	0～25mm	1	
2	千分尺	25～50mm	1	
3	游标卡尺	0～150mm	1	
4	螺纹千分尺	25～50mm	1	
5	半径规	$R1 \sim R6.5$mm	1	
6	刀具	端面车刀	1	
7		外圆车刀	2	
8		60°螺纹车刀	1	
9		切槽、切断车刀	1	宽 4～5mm，长 23mm
10	其他辅具	1. 垫刀片若干、油石等		
11		2. 铜皮(厚 0.2mm，宽 25mm×长 60mm)		
12		3. 其他车工常用辅具		
13	材料	45 钢 ϕ45mm×105mm 一段		
14	数控车床	CK6136i		
15	数控系统	华中数控世纪星、SINUMERIK 802S 或 FANUC-OTD		

6.7.5 参考程序（华中数控世纪星）

(1) 计算螺纹小径 d'

$d'=d$（螺纹公称直径）$-2\times0.62P$（螺纹螺距）$=28\text{mm}-2\times0.62\times2\text{mm}=25.52\text{mm}$

(2) 确定螺纹背吃刀量分布

分 1mm、0.7mm、0.5mm、0.28mm、光整加工 5 次加工螺纹。

(3) 刀具设置

1 号刀为端面车刀，2 号刀为外圆粗切车刀，3 号刀为外圆精切车刀，4 号刀为切槽、切

断车刀，5 号刀为 60°螺纹车刀。

(4) 加工程序

① 右端加工程序。

```
%GJ7Y;
N05  G90 G94 G00 X80 Z100 T0101 S800 M03;        换刀点、1 号端面车刀
N10  G00 X48 Z0 M08;
N15  G01 X－0.5 F100;
N20  G01 Z5 M09;
N25  G00 X80 Z100 M05;
N30  M00;                                         程序暂停
N35  T0202 S800 M03 M08;                          2 号外圆粗车刀
N40  G71 U1.5 R1 P60 Q100 X0.25 Z0.1 F100;        外径粗加工循环
N45  G00 X80 Z100 M05 M09;
N50  M00;                                         程序暂停
N55  T0303 S1200 M03 M08;                         3 号外圆精车刀
N60  G01 X26 Z0;                                  外径精加工开始
N65  G01 X30 Z－2;
N70  G01 Z－15 R3;
N75  G01 X38;
N80  G01 X40 Z－16;
N85  G01 Z－35;
N90  G01 X42;
N95  G01 X43 Z－35.5;
N100 G01 X45;                                     外径精加工结束
N115 G00 X80;
N120 Z100 M05 M09;
N125 M30;                                         程序结束
```

② 左端加工程序。

```
%GJ7Z;
N05  G90 G94 G00 X150 Z5 T0202 S800 M03 M08;      2 号外圆粗车刀
N10  G71 U1.5 R1 P30 Q60 X0.25 Z0.1 F100;         外径粗加工循环
N15  G00 X150 Z5 M05 M09;
N20  M00;                                         程序暂停
N25  T0303 S1200 M03 M08;                         3 号外圆精车刀
N30  G01 X25.8 Z0;                                外径精加工开始
N35  G01 X29.8 Z－2;
N40  G01 Z－28;
N45  G01 X42;
N50  G01 X43 Z－16;
N55  G01 Z－65;
N60  G01 X45;                                     外径精加工结束
N65  G00 X150;
N70  Z5 M05 M09;
N75  M00;                                         程序暂停
N80  T0404 S600 M03 M08;                          4 号切槽车刀(宽 4mm)
```

```
N85  G00 X45 Z－28;
N90  G01 X27 F50;
N70  G01 X45;
N75  G01 Z－26;
N80  G01 X26;
N85  G01 Z－28;
N90  G01 X45;
N95  G01 Z－43;
N100 G01 X30;
N105 G01 X45;
N110 G01 Z－39;
N115 G01 X30;
N120 G01 X45;
N125 G01 Z－37;
N130 G01 Z－43;
N135 G01 X45;
N140 G01 Z－58;
N145 G01 X30;
N150 G01 X45;
N155 G01 Z－54;
N160 G01 X30;
N165 G01 X45;
N170 G01 Z－52;
N175 G01 Z－58;
N180 G01X45;
N185 G00 X150 Z5 M05 M09;
N190 M00;                          程序暂停
N195 T0505 S300 M03 M08;           5号三角形螺纹车刀(60°)
N200 G00 X40 Z3;                   到简单螺纹循环起点位置
N205 G82 X29 Z－25 F2;             加工螺纹,背吃刀量为 1mm
N210 G82 X28.3 Z－25 F2;           加工螺纹,背吃刀量为 0.7mm
N215 G82 X27.8 Z－25 F2;           加工螺纹,背吃刀量为 0.5mm
N220 G82 X27.52 Z－25 F2;          加工螺纹,背吃刀量为 0.28mm
N225 G82 X27.52 Z－25 F2;          光整加工螺纹
N230 G00 X50;
N235 G00 X150 Z5 M05 M09;
N240 M30;                          程序结束
```

6.8 数控车高级工样题 8

6.8.1 零件图

数控车高级工样题 8 零件图如图 6-8 所示。

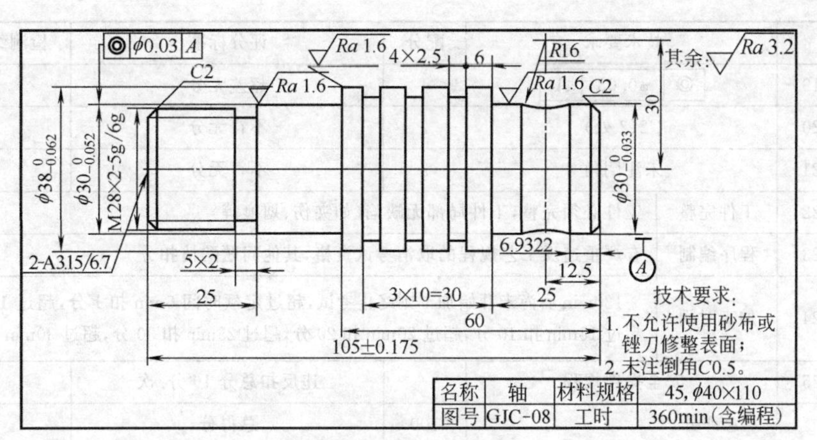

图 6-8　数控车高级工样题 8 零件图

6.8.2　评分表

数控车高级工样题 8 评分表如表 6-15 所示。

表 6-15　数控车高级工样题 8 评分表

检测项目		技术要求	配分	评分标准	检测结果	得分
外圆	1	$\phi 38_{-0.062}^{\ 0}$　Ra1.6	6/4	超差 0.01 扣 3 分、降级无分		
	2	$\phi 30_{-0.052}^{\ 0}$　Ra1.6	6/4	超差 0.01 扣 3 分、降级无分		
	3	$\phi 30_{-0.033}^{\ 0}$　Ra1.6	6/4	超差 0.01 扣 3 分、降级无分		
圆弧	4	R16　Ra3.2	6/4	超差、降级无分		
螺纹	5	M28×2－5g/6g 大径	3	超差无分		
	6	M28×2－5g/6g 中径	6	超差无分		
	7	M28×2－5g/6g 两侧 Ra3.2	6	降级无分		
	8	M28×2－5g/6g 牙型角	3	不符无分		
沟槽	9	5×2　两侧 Ra3.2	2/2	超差、降级无分		
	10	4×2.5(3 处)　两侧 Ra3.2	6/6	超差、降级无分		
	11	3×10＝30	2	超差无分		
	12	6	2	超差无分		
长度	13	105±0.175	2/2	超差、降级无分		
	14	60	2	超差无分		
	15	25	2	超差无分		
	16	25	2	超差无分		
	17	12.5	2	超差无分		
	18	6.9322	2	超差无分		

续表

检测项目		技术要求	配分	评分标准	检测结果	得分
同轴度	19	◎ ϕ0.03 A	4	超差无分		
倒角	20	C2(2 处)	2	不符无分		
	21	未注倒角	2	不符无分		
其他	22	工件完整	工件必须完整，工件局部无缺陷(如夹伤、划痕等)			
	23	程序编制	有严重违反工艺规程的取消考试资格，其他问题酌情扣分			
	24	加工时间	120min 后尚未开始加工则终止考试，超过定额时间 5min 扣 1 分，超过 10min 扣 5 分，超过 15min 扣 10 分，超过 20min 扣 20 分，超过 25min 扣 30 分，超过 30min 则停止考试			
	25	安全操作规程		违反扣总分 10 分/次		
总评分			100	总得分		
零件名称			图号 GJC-08		加工日期　年　月　日	
加工开始　时　分		停工时间　分钟	加工时间		检测	
加工结束　时　分		停工原因	实际时间		评分	

6.8.3 考核目标与操作提示

(1) 考核目标

① 能根据零件图的要求正确编制切槽子程序。

② 掌握两顶尖装夹零件进行加工的方法。

③ 能采用合理的方法保证尺寸精度。

④ 能分析质量异常的原因，找出解决问题的途径。

(2) 加工操作提示

如图 6-8 所示，加工该零件时一般先粗加工零件外形轮廓（略），然后采用两顶尖装夹，先加工零件右端，后调头加工零件左端。加工零件右端时，编程零点设置在零件右端面的轴心线上，程序名为 GJ8Y。加工零件左端时，编程零点设置在零件左端面的轴心线上，程序名为 GJ8Z。

① 零件右端加工步骤如下。

a. 夹左端 ϕ30mm 外圆。

b. 粗、精加工右端轮廓至 ϕ38mm×60mm（注：R16mm 圆弧加工时为一外圆）。

c. 粗加工 R16mm（注：子程序编程）。

d. 精加工 R16mm 至尺寸要求。

e. 切槽 4mm×2.5mm（3 处）至尺寸要求（注：子程序编程）。

f. 回换刀点，程序结束。

② 零件左端加工步骤如下。

a. 夹右端 ϕ30mm 外圆。

b. 粗、精加工零件左端轮廓至尺寸要求。

c. 切槽 5mm×2mm 至尺寸要求。

d. 粗、精加工螺纹至尺寸要求。

e. 回换刀点，程序结束。

(3) 注意事项

① 编程时根据编程零点，认真进行坐标点数值计算。

② 合理使用相关编程指令，提高加工质量。

③ 两顶尖加工时，注意换刀点位置，避免发生碰撞现象。

(4) 编程、操作加工时间

① 编程时间：120min（占总分 37.5%）。

② 操作时间：240min（占总分 62.5%）。

6.8.4　工、量、刃具清单

数控车高级工样题 8 工、量、刃具清单如表 6-16 所示。

表 6-16　数控车高级工样题 8 工、量、刃具清单

序号	名　称	规　格	数　量	备　注
1	千分尺	0～25mm	1	
2	千分尺	25～50mm	1	
3	游标卡尺	0～150mm	1	
4	螺纹千分尺	25～50mm	1	
5	半径规	$R15$～$R125$mm	1	
6	百分表及架子	0～10mm	1	
7	刀具	端面车刀	1	
8		外圆车刀	2	
9		60°螺纹车刀	1	
10		切槽切断车刀	1	宽 4～5mm，长 23mm
11	中心钻	ϕ3A 型	1	
12	其他辅具	1. 垫刀片若干、油石等		
13		2. 铜皮(厚 0.2mm，宽 25mm×长 60mm)		
14		3. 前顶尖、鸡心夹头		
15		4. 其他车工常用辅具		
16	材料	45 钢 ϕ45mm×110mm 一段		
17	数控车床	CK6136i		
18	数控系统	华中数控世纪星、SINUMERIK 802S 或 FANUC-OTD		

6.8.5　参考程序（华中数控世纪星）

(1) 计算螺纹小径 d'

$d'=d$（螺纹公称直径）$-2\times0.62P$（螺纹螺距）$=28\text{mm}-2\times0.62\times2\text{mm}=25.52\text{mm}$

(2) 确定螺纹背吃刀量分布

分 1mm、0.7mm、0.5mm、0.28mm、光整加工 5 次加工螺纹。

(3) 刀具设置

1号刀为端面车刀，2号刀为外圆粗切车刀，3号刀为外圆精切车刀，4号刀为切槽、切断车刀，5号刀为60°螺纹车刀。

(4) 加工程序

① 右端加工程序。

```
%GJ8Y;
N05  G90 G94 G00 X80 Z100 T0101 S800 M03;        换刀点、1号端面车刀
N10  G00 X48 Z0 M08;
N15  G01 X－0.5 F100;
N20  G01 Z5 M09;
N25  G00 X80 Z100 M05;
N30  M00;                                        程序暂停
N35  T0202 S800 M03;                             换刀点、2号外圆粗车刀
N40  G71 U1.5 R1 P60 Q90 X0.25 Z0.1 F100;        外径粗加工循环
N45  G00 X100 Z5 M05 M09;
N50  M00;                                        程序暂停
N55  T0303 S1200 M03 M08;                        3号外圆精车刀
N60  G01 X28 Z0 F100;                            外径精加工开始
N65  G01 X30 Z－2;
N70  G01 Z－25;
N75  G01 X37;
N80  G01 X38 Z－25.5;
N85  G01 Z－61;
N90  G01 X40;                                    外径精加工结束
N95  G00 X100 Z5;
N100 G00 X32.5 Z－6.9322;
N105 G91 G01 X－2 F50;
N110 G02 X0 Z－11.1356 R16;
N115 G01 X2;
N120 G00 Z11.1356;
N125 G01 X－2;
N130 G90 G01 X30 F50;
N135 G02 X30 Z－18.0678 R16;
N140 G01 X32;
N145 G00 X100 Z5 M05 M09;
M150 M00;                                        程序暂停
N155 T0404 M03 M08;                              4号切槽车刀(宽 4mm)
N160 G00 X40 Z－55;
N165 M98 P0081 L3;
N170 G00 X100 Z5 M05 M09;
N175 M30;                                        程序结束
```

② 左端加工程序。

```
%GJ8Z;
N05  G90 G94 G00 X100 Z5 T0202 S800 M03;      换刀点、2号外圆粗车刀
N10  G71 U1.5 R1 P30 Q70 X0.25 Z0.1 F100;     外径粗加工循环
N15  G00 X100 Z5 M05 M09;
N20  M00;                                      程序暂停
N25  T0303 S1200 M03 M08;                      3号外圆精车刀
N30  G01 X23.8 Z0;                             外径精加工开始
N35  G01 X27.8 Z-2;
N40  G01 Z-25;
N45  G01 X29;
N50  G01 X30 Z-25.5;
N55  G01 Z-45;
N60  G01 X37;
N65  G01 X38 Z-45.5;
N70  G01 X40;                                  外径精加工结束
N75  G00 X100 Z5 M05 M09;
N80  M00;                                      程序暂停
N85  T0404 S500 M03 M08;                       4号切槽车刀(宽4mm)
N90  G00 X32 Z-25;
N95  G01 X24 F100;
N100 G01 X32;
N105 G01 Z-24;
N110 G01 X23.8;
N115 G01 Z-25;
N120 G01 X32;
N125 G00 X100 Z5 M05 M09;
N130 M00;                                      程序暂停
N135 T0505 M03 M08;                            5号三角形螺纹车刀(60°)
N140 G00 X40 Z3;                               到简单螺纹循环起点位置
N145 G82 X29 Z-22.5 F2;                        加工螺纹,背吃刀量为1mm
N150 G82 X28.3 Z-22.5 F2;                      加工螺纹,背吃刀量为0.7mm
N155 G82 X27.8 Z-22.5 F2;                      加工螺纹,背吃刀量为0.5mm
N160 G82 X27.52 Z-22.5 F2;                     加工螺纹,背吃刀量为0.28mm
N165 G82 X27.52 Z-22.5 F2;                     光整加工螺纹
N170 G00 X100;
N175 Z5 M05;
N180 M30;                                      程序结束
```

③ 子程序。

```
%0081;
N05  G91 G01 X-7 F100;
N10  G04 F1;
N15  G01 X7;
N20  G00 Z10;
N25  M99;                                      子程序结束
```

6.9 数控车高级工样题 9

6.9.1 零件图

数控车高级工样题 9 零件图如图 6-9 所示。

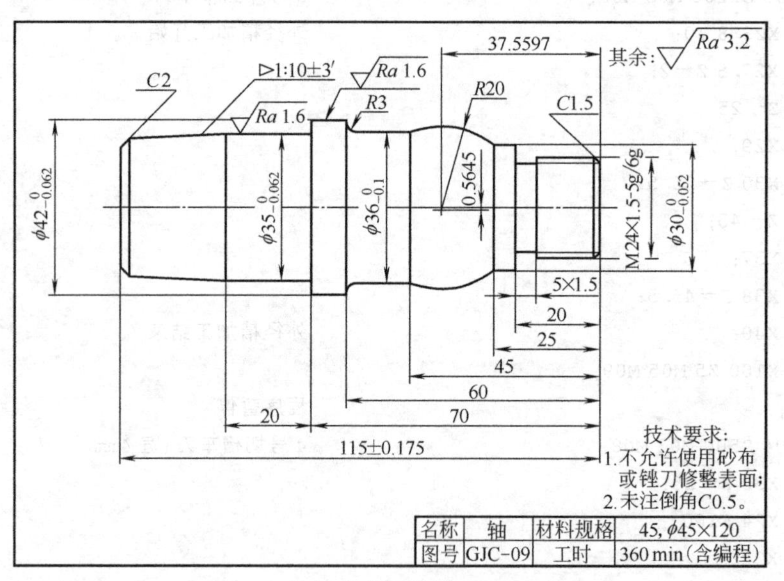

图 6-9　数控车高级工样题 9 零件图

6.9.2 评分表

数控车高级工样题 9 评分表如表 6-17 所示。

表 6-17　数控车高级工样题 9 评分表

检测项目		技术要求	配分	评分标准	检测结果	得分
外圆	1	$\phi 42_{-0.062}^{0}$　Ra1.6	6/4	超差 0.01 扣 3 分、降级无分		
	2	$\phi 36_{-0.1}^{0}$　Ra3.2	6/4	超差 0.01 扣 3 分、降级无分		
	3	$\phi 35_{-0.062}^{0}$　Ra1.6	4/2	超差、降级无分		
	4	$\phi 30_{-0.052}^{0}$　Ra3.2	4/2	超差、降级无分		
锥度	5	1∶10　Ra3.2	6/4	超差、降级无分		
圆弧	6	R20　Ra3.2	4/4	超差、降级无分		
	7	R3　Ra3.2	4/4	超差、降级无分		
螺纹	8	M24×1.5－5g/6g 大径	2	超差无分		
	9	M24×1.5－5g/6g 中径	6	超差 0.01 扣 4 分		
	10	M24×1.5－5g/6g 两侧 Ra3.2	4	降级无分		
	11	M24×1.5－5g/6g 牙型角	2	不符无分		
沟槽	12	5×1.5　两侧 Ra3.2	4/4	超差、降级无分		

续表

检测项目		技术要求	配分	评分标准	检测结果	得分
长度	13	115±0.175　两侧 $Ra3.2$	2/2	超差、降级无分		
	14	70	2	超差无分		
	15	60	2	超差无分		
	16	45	2	超差无分		
	17	25	2	超差无分		
	18	20	2	超差无分		
	19	20	2	超差无分		
倒角	20	$C2$	2	不符无分		
	21	$C1.5$	2	不符无分		
	22	未注倒角	2	不符无分		
其他	23	工件完整　工件必须完整,工件局部无缺陷(如夹伤、划痕等)				
	24	程序编制　有严重违反工艺规程的取消考试资格,其他问题酌情扣分				
	25	加工时间　120min 后尚未开始加工则终止考试,超过定额时间 5min 扣 1 分,超过 10min 扣 5 分,超过 15min 扣 10 分,超过 20min 扣 20 分,超过 25min 扣 30 分,超过 30min 则停止考试				
	26	安全操作规程		违反扣总分 10 分/次		
总　评　分			100	总得分		

零件名称		图号 GJC-09	加工日期　年　月　日
加工开始　时　分	停工时间　分钟	加工时间	检测
加工结束　时　分	停工原因	实际时间	评分

6.9.3　考核目标与操作提示

(1) 考核目标

① 掌握一般轴类零件的程序编制。

② 能正确完成二次装夹零件的加工，并保证零件的尺寸精度。

③ 熟练掌握一般轴类零件加工所用刀具的选择方法。

(2) 加工操作提示

如图 6-9 所示，加工该零件时一般先加工零件左端，后调头加工零件右端。加工零件左端时，编程零点设置在零件左端面的轴心线上，程序名为 GJ9Z。加工零件右端时，编程零点设置在零件右端面的轴心线上，程序名为 GJ9Y。

① 零件左端加工步骤如下。

a. 夹零件毛坯，伸出卡盘长度 55mm。

b. 车端面。

c. 粗、精加工零件左端轮廓至 ϕ42mm×53mm。

d. 回换刀点，程序结束。

② 零件右端加工步骤如下。

a. 夹 ϕ35mm 外圆。

b. 车端面。

c. 粗加工右端轮廓至 R3mm 处（注：R20mm 过 90°部分至 R3mm 处加工时为一外圆）。

d. 粗加工 R20mm 过 90°部分至 R3mm 处（注：子程序编程）。

e. 精加工右端轮廓至 R3mm。

f. 切槽 5mm×1.5mm 至尺寸要求。

g. 粗、精加工螺纹至尺寸要求。

h. 回换刀点，程序结束。

(3) 注意事项

① 合理选择切削用量，提高加工质量。

② 二次装夹零件时，避免夹伤已精加工后的表面。

③ 注意锥度端角处坐标点的计算及编程技巧。

(4) 编程、操作加工时间

① 编程时间：120min（占总分 30%）。

② 操作时间：240min（占总分 70%）。

6.9.4 工、量、刃具清单

数控车高级工样题 9 工、量、刃具清单如表 6-18 所示。

表 6-18 数控车高级工样题 9 工、量、刃具清单

序号	名 称	规 格	数 量	备 注
1	千分尺	0～25mm	1	
2	千分尺	25～50mm	1	
3	游标卡尺	0～150mm	1	
4	螺纹千分尺	25～50mm	1	
5	万能量角器	0～320°	1	
6	半径规	R1～R6.5mm	1	
7		R15～R25mm	1	
8	计算器	函数型计算器	1	
9	刀具	端面车刀	1	
10		外圆车刀	2	副偏角≥30°
11		60°螺纹车刀	1	
12		切槽、切断车刀	1	宽 4～5mm，长 23mm
13	其他辅具	1. 垫刀片若干、油石等		
14		2. 铜皮(厚 0.2mm，宽 25mm×长 60mm)		
15		3. 其他车工常用辅具		
16	材料	45 钢 ϕ45mm×120mm 一段		
17	数控车床	CK6136i		
18	数控系统	华中数控世纪星、SINUMERIK 802S 或 FANUC-OTD		

6.9.5 参考程序（华中数控世纪星）

(1) 计算螺纹小径 d'

$d'=d$（螺纹公称直径）$-2\times0.62P$（螺纹螺距）$=24\text{mm}-1.5\times0.62\times2\text{mm}=22.14\text{mm}$

(2) 确定螺纹背吃刀量分布

分 1mm、0.5mm、0.36mm、光整加工 4 次加工螺纹。

(3) 刀具设置

1 号刀为端面车刀，2 号刀为外圆粗切车刀，3 号刀为外圆精切车刀，4 号刀为切槽、切断车刀，5 号刀为 60°螺纹车刀。

(4) 加工程序

① 左端加工程序。

```
%GJ9Z;
N05  G90 G94 G00 X80 Z100 T0101 S800 M03;           换刀点、1号端面车刀
N10  G00 X48 Z0 M08;
N15  G01 X－0.5 F100;
N20  G01 Z5 M09;
N25  G00 X80 Z100 M05;
N30  M00;                                          程序暂停
N35  T0202 S800 M03 M08;                           2号外圆粗车刀
N40  G71 U1.5 R1 P60 Q95 X0.25 Z0.1 F100;          外径粗加工循环
N45  G00 X80 Z100 M05 M09;
N50  M00;                                          程序暂停
N55  T0303 S1200 M03 M08;                          3号外圆精车刀
N60  G01 X32.5 Z0;                                 外径精加工开始
N65  G01 X35 Z－2;
N70  G01 X35 Z－25;
N75  G01 Z－45;
N80  G01 X41;
N85  G01 X42 Z－45.5;
N90  G01 Z－60;
N95  G01 X45;                                      外径精加工结束
N100 G00 X80;
N115 Z100 M05 M09;
N120 M30;                                          程序结束
```

② 右端加工程序。

```
%GJ9Y;
N05  G90 G94 G00 X80 Z100 T0101 S800 M03;           换刀点、1号端面车刀
N10  G00 X45 Z0 M08;
N15  G01 X－0.5 F100;
N20  G01 Z5 M09;
N25  G00 X80 Z100 M05;
N30  M00;                                          程序暂停
N35  T0202 S800 M03 M08;                           2号外圆粗车刀
N40  G71 U1.5 R1 P60 Q100 X0.25 Z0.1 F100;         外径粗加工循环
N45  G00 X80 Z100 M05 M09;
N50  M00;                                          程序暂停
N55  T0303 S1200 M03 M08;                          3号外圆精车刀(副偏角≥30°)
N60  G01 X20.85 Z0;
```

```
N65  G01 X23.85 Z-1.5;
N70  G01 Z-20;
N75  G01 X29;
N80  G01 X30 Z-20.5;
N85  G01 Z-25;
N90  G03 X38.871 Z-37.5597 R20;
N95  G01 X42 Z-60;
N100 G01 X45;
N105 G00 X47.371 Z-37.5597;
N110 M98 P0091 L4;
N115 G90 G00 X80 Z100 M05 M09;
N120 G00 X20.85 Z5;                          精加工右端轮廓
N125 G01 Z0 F0.08;
N130 G01 X23.85 Z-1.5;
N135 G01 Z-20;
N140 G01 X29;
N145 G01 X30 Z-20.5;
N150 G01 Z-25;
N155 G03 X36 Z-45 R20;
N160 G01 Z-60 R3;
N165 G01 X42;
N170 G01 X45;
N175 G00 X80 Z100 M05 M09;
N180 M00;                                    程序暂停
N185 T0404 S500 M03 M08;                     4号切槽车刀(宽 4mm)
N190 G00 X35 Z-20;
N195 G01 X21 F100;
N200 G01 X35;
N205 G01 Z-19;
N210 G01 X20.85;
N215 G01 Z-20;
N220 G01 X35;
N225 G00 X80 Z100 M05 M09;
N230 M00;                                    程序暂停
N235 T0505 M03 M08;                          5号三角形螺纹车刀(60°)
N240 G00 X40 Z3;                             到简单螺纹循环起点位置
N245 G82 X23 Z-17.5 F1.5;                    加工螺纹,背吃刀量为 1mm
N250 G82 X22.5 Z-17.5 F1.5;                  加工螺纹,背吃刀量为 0.5mm
N255 G82 X22.14 Z-17.5 F1.5;                 加工螺纹,背吃刀量为 0.36mm
N260 G82 X22.14 Z-17.5 F1.5;                 光整加工螺纹
N265 G00 X80 Z100 M05 M09;
N270 M30;                                    程序结束
```

③ 子程序。

```
%0091;
```

```
N05  G91 G01 X-2 F100;
N10  G03 X-2.871 Z-7.4403 R20;
N15  G01 Z-12;
N20  G02 X6 Z-3 R3;
N25  G01 X2;
N30  G00 Z22.4403;
N35  G01 X-5.129;
N40  M99;                                   子程序结束
```

6.10　数控车高级工样题 10

6.10.1　零件图

数控车高级工样题 10 零件图如图 6-10 所示。

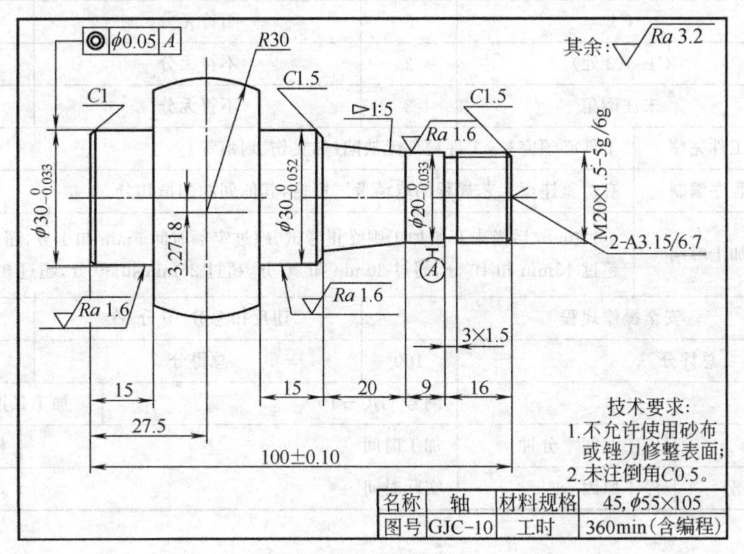

图 6-10　数控车高级工样题 10 零件图

6.10.2　评分表

数控车高级工样题 10 评分表如表 6-19 所示。

表 6-19　数控车高级工样题 10 评分表

检测项目		技术要求	配分	评分标准	检测结果	得分
外圆	1	$\phi 30_{-0.052}^{\ 0}$　$Ra1.6$	6/4	超差 0.01 扣 3 分、降级无分		
	2	$\phi 30_{-0.033}^{\ 0}$　$Ra1.6$	6/4	超差 0.01 扣 3 分、降级无分		
	3	$\phi 20_{-0.033}^{\ 0}$　$Ra3.2$	6/4	超差 0.01 扣 3 分、降级无分		
锥度	4	1∶5　$Ra3.2$	4/4	超差、降级无分		
圆弧	5	$R30$　$Ra3.2$	4/4	超差、降级无分		

续表

检测项目		技术要求	配分	评分标准	检测结果	得分
螺纹	6	M20×1.5－5g/6g 大径	4	超差无分		
	7	M20×1.5－5g/6g 中径	6	超差无分		
	8	M20×1.5－5g/6g 两侧 *Ra*3.2	6	降级无分		
	9	M20×1.5－5g/6g 牙型角	4	不符无分		
沟槽	10	3×1.5　两侧 *Ra*3.2	2/2	超差、降级无分		
长度	11	100±0.10　两侧 *Ra*3.2	2/2	超差、降级无分		
	12	27.5	4	超差无分		
	13	20	4	超差无分		
	14	16	4	超差无分		
	15	15(2处)	4	超差无分		
	16	9	4	超差无分		
倒角	17	*C*1	2	不符无分		
	18	*C*1.5(2处)	2	不符无分		
	19	未注倒角	2	不符无分		
其他	20	工件完整	工件必须完整，工件局部无缺陷(如夹伤、划痕等)			
	21	程序编制	有严重违反工艺规程的取消考试资格，其他问题酌情扣分			
	22	加工时间	120min后尚未开始加工则终止考试，超过定额时间5min扣1分，超过10min扣5分，超过15min扣10分，超过20min扣20分，超过25min扣30分，超过30min则停止考试			
	23	安全操作规程		违反扣总分10分/次		
总评分			100	总得分		

零件名称		图号 GJC－10	加工日期　年　月　日
加工开始　时　分	停工时间　分钟	加工时间	检测
加工结束　时　分	停工原因	实际时间	评分

6.10.3　考核目标与操作提示

(1) 考核目标

① 能根据零件图正确编制加工程序。

② 能保证尺寸精度、表面粗糙度和形位公差。

(2) 加工操作提示

如图6-10所示，加工该零件时一般先加工零件左端，后调头（一夹一顶）加工零件右端时，编程零点设置在零件右端面的轴心线上，程序名为GJ10Y。加工零件左端时，编程零点设置在零件左端面的轴心线上，程序名为GJ10Z。

① 零件左端加工步骤如下。

a. 夹零件毛坯，伸出卡盘长度20mm。

b. 车端面。

c. 粗、精加工零件左端轮廓至尺寸要求。

d. 回换刀点，程序结束。

e. 中心孔加工（略）。

② 零件右端加工步骤如下。

a. 右端面、中心孔加工（略）。

b. 夹 ϕ30mm 外圆（一夹一顶）。

c. 粗加工右端轮廓至 R30mm 圆弧处（注：R30mm 圆弧处加工时为一外圆）。

d. 粗加工 R30mm 圆弧处（注：子程序编程）。

(3) 注意事项

① 一夹一顶或二顶尖装夹零件时，注意换刀点位置，车刀不发生碰撞现象。

② 合理选择装夹位置，保证加工精度。

(4) 编程、操作加工时间

① 编程时间：120 min（占总分 30%）。

② 操作时间：240min（占总分 70%）。

6.10.4 工、量、刃具清单

数控车高级工样题 10 工、量、刃具清单如表 6-20 所示。

表 6-20　数控车高级工样题 10 工、量、刃具清单

序号	名　称	规　格	数　量	备　注
1	千分尺	0～25mm	1	
2	千分尺	25～50mm	1	
3	游标卡尺	0～150mm	1	
4	螺纹千分尺	0～25mm	1	
5	半径规	R30mm	1	
6	百分表及架子	0～10mm	1	
7	刀具	端面车刀	1	
8		外圆车刀	2	
9		60°螺纹车刀	1	
10		切槽、切断车刀	1	宽 3mm，长 20mm
11	其他辅具	1. 垫刀片若干、油石等		
12		2. 铜皮(厚 0.2mm，宽 25mm×长 60mm)		
13		3. 前顶尖、鸡心夹头(ϕ20～ϕ35mm)		
14		4. 其他车工常用辅具		
15	材料	45 钢 ϕ55mm×105mm 一段		
16	数控车床	CK6136i		
17	数控系统	华中数控世纪星、SINUMERIK 802S 或 FANUC-OTD		

6.10.5 参考程序（华中数控世纪星）

(1) 计算螺纹小径 d'

$d'=d$（螺纹公称直径）$-2\times0.62P$（螺纹螺距）$=20\text{mm}-1.5\times0.62\times2\text{mm}=18.14\text{mm}$

(2) 确定螺纹背吃刀量分布

分1mm、0.5mm、0.36mm、光整加工4次加工螺纹。

(3) 刀具设置

1号刀为端面车刀，2号刀为外圆粗切车刀，3号刀为外圆精切车刀，4号刀为切槽、切断车刀，5号刀为60°螺纹车刀。

(4) 加工程序

① 左端加工程序。

```
%GJ10Z;
N05  G90 G94 G00 X80 Z100 T0101 S800 M03;      换刀点、1号端面车刀
N10  G00 X45 Z0 M08;
N15  G01 X－0.5 F100;
N20  G01 Z5 M09;
N25  G00 X80 Z100 M05;
N30  M00;                                      程序暂停
N35  T0202 M03 M08;                            2号外圆粗车刀
N40  G71 U1.5 R1 P60 Q80 X0.25 Z0.1 F100;      外径粗加工循环
N45  G00 X80 Z100 M05 M09;
N50  M00;
N55  T0303 S1200 M03 M08;                      3号外圆精车刀(副偏角≥30°)
N60  G01 X28 Z0 F100;                          外径精加工开始
N65  G01 X30 Z－1;
N70  G01 Z－14.8;
N75  G01 X60;                                  外径精加工结束
N80  G00 X100;
N85  G00 Z100 M05 M09;
N90  M30;                                      程序结束
```

② 右端加工程序。

```
%GJ10Y;
N05  G90 G94 G00 X100 Z5 T0202 S800 M03 M08;   2号外圆粗车刀
N10  G71 U1.5 R1 P30 Q85 X0.25 Z0.1 F100;      外径粗加工循环
N15  G00 X150 Z5 M05 M09;
N20  M00;                                      程序暂停
N25  T0303 S1200 M03 M08;                      3号外圆精车刀(副偏角≥30°)
N30  G01 X16.85 Z0 F100;
N35  G01 X19.85 Z－1.5;
N40  G01 Z－16;
N45  G01 X20;
N50  G01 Z－25;
N55  G01 X24 Z－45;
N60  G01 X27;
N65  G01 X30 Z－46.5;
N70  G01 Z－60;
N75  G01 X54;
```

```
N80  G01 Z－86;
N85  G01 X60;
N90  G00 X53.9564 Z－60;
N95  M98 P0101 L3;
N100 G90 G00 X150 Z5;
N105 G00 X16.85 Z2;
N110 G01 Z0 P0.08;
N115 G01 X19.85 Z－1.5;
N120 G01 Z－16;
N125 G01 X20;
N130 G01 Z－25;
N135 G01 X24 Z－45;
N140 G01 X27;
N145 G01 X30 Z－46.5;
N150 G01 Z－6;
N155 G01 X47.9999;
N160 G03 X47.9999 Z－85 R30;
N165 G00 X150;
N170 G00 Z5 M05 M09;
N175 M00;                             程序暂停
N180 T0404 S500 M03 M08;              4 号切槽车刀(宽 3mm)
N185 G00 X35 Z－16;
N190 G01 X17 F50;
N195 G00 X35;
N200 G00 X80 Z100 M05 M09;
N205 M00;                             程序暂停
N210 T0505 S300 M03 M08;              5 号三角形螺纹车刀(60°)
N215 G00 X30 Z3;                      到简单螺纹循环起点位置
N220 G82 X19 Z－17.5 F1.5;            加工螺纹,背吃刀量为 1mm
N225 G82 X18.5 Z－17.5 F1.5;          加工螺纹,背吃刀量为 0.5mm
N230 G82 X18.14 Z－17.5 F1.5;         加工螺纹,背吃刀量为 0.36mm
N235 G82 X18.14 Z－17.5 F1.5;         光整加工螺纹
N240 G00 X150 Z5 M05 M09;
N245 M30;                             程序结束
```

③ 子程序。

```
%0103;
N05  G91 G01 X－1.81 F100;
N10  G03 X0 Z－25 R30;
N15  G01 X8;
N20  G00 Z25;
N25  G01 X－8;
N30  M99;                             子程序结束
```

6.11 数控车高级工样题 11

6.11.1 零件图

数控车高级工样题 11 零件图如图 6-11 所示。

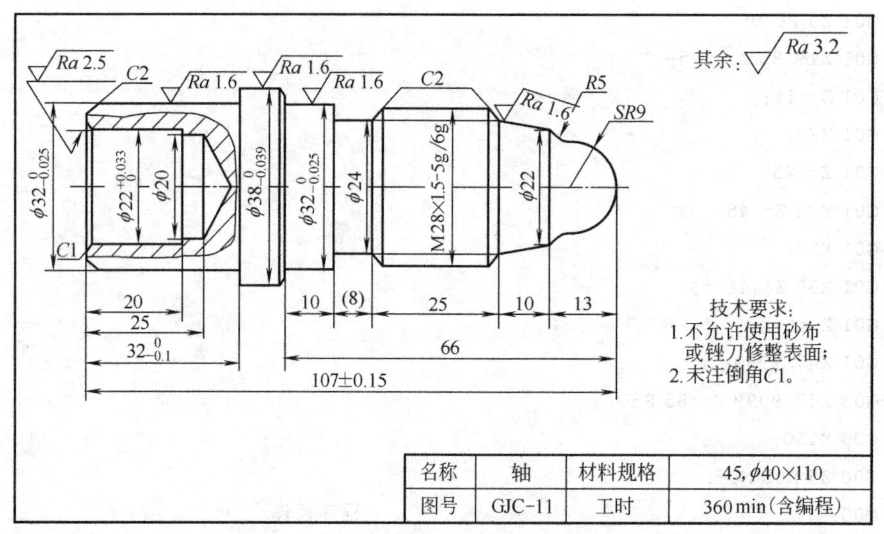

图 6-11　数控车高级工样题 11 零件图

6.11.2 评分表

数控车高级工样题 11 评分表如表 6-21 所示。

表 6-21　数控车高级工样题 11 评分表

检测项目		技术要求	配分	评分标准	检测结果	得分
外圆	1	$\phi 38_{-0.039}^{0}$　Ra1.6	12/4	超差 0.01 扣 2 分、降级无分		
	2	$\phi 32_{-0.025}^{0}$（2 处）　Ra1.6	12/4	超差 0.01 扣 2 分、降级无分		
内孔	3	$\phi 22_{0}^{+0.033}$　Ra3.2	12/4	超差 0.01 扣 2 分、降级无分		
圆弧	4	SR9　Ra3.2	5/4	超差、降级无分		
	5	R5　Ra3.2	5/4	超差、降级无分		
螺纹	6	M30×1.5－5g/6g 大径	5	超差无分		
	7	M30×1.5－5g/6g 中径	5	超差 0.01 扣 4 分		
	8	M30×1.5－5g/6g 两侧 Ra1.6	4	降级无分		
	9	M30×1.5－5g/6g 牙型角	2	不符无分		
沟槽	10	ϕ26×8　两侧 Ra3.2	2/2	超差、降级无分		
倒角	11	4 处	4	少 1 处扣 1 分		
长度	12	$32_{-0.1}^{0}$	5	超差无分		
	13	107±0.15	5	超差无分		

续表

检测项目			技术要求	配分	评分标准	检测结果	得分
其他	14	工件完整	完整无缺陷（如夹伤、划痕等）				
	15	程序编制	有严重违反工艺规程的取消考试资格，其他问题酌情扣分				
	16	加工时间	120min 后尚未开始加工则终止考试，超过定额时间 5min 扣 1 分，超过 10min 扣 5 分，超过 15min 扣 10 分，超过 20min 扣 20 分，超过 25min 扣 30 分，超过 30min 则停止考试				
	17	安全操作规程			违反扣总分 10 分/次		
总评分				100	总得分		
零件名称				图号 GJC－11		加工日期　年　月　日	
加工开始　时　分			停工时间　分钟	加工时间		检测	
加工结束　时　分			停工原因	实际时间		评分	

6.11.3　考核目标与操作提示

(1) 考核目标

① 能根据零件图正确编制加工程序。

② 能保证尺寸精度、表面粗糙度和形位公差。

(2) 加工操作提示

如图 6-11 所示，加工该零件时一般先加工零件左端，后调头加工零件右端时，编程零点设置在零件右端面的轴心线上，程序名为 GJ11Y。加工零件左端时，编程零点设置在零件左端面的轴心线上，程序名为 GJ11Z。

① 零件左端加工步骤如下。

a. 夹右端，手动车左端面，用 ϕ20mm 麻花钻钻 ϕ20mm 底孔。

b. 用 1 号外圆刀粗、精车左端 ϕ32mm 和 ϕ38mm 外圆。

c. 用 4 号内孔镗刀镗 ϕ22mm 内孔。

② 零件右端加工步骤如下。

a. 调头夹 ϕ32mm 外圆，用 1 号外圆刀车右端面，车对总长，用 G71 轮廓循环粗、精车右端外形轮廓。

b. 用 2 号切槽刀切 ϕ26mm 螺纹退刀槽，并用切槽刀右刀尖倒出 M30×1.5mm 螺纹左端 $C2$ 倒角。

c. 用 3 号螺纹刀、G82 螺纹车削循环车 M30×1.5mm 螺纹。

(3) 注意事项

① 装夹零件时，注意换刀点位置，车刀不发生碰撞现象。

② 合理选择装夹位置，保证加工精度。

(4) 编程、操作加工时间

① 编程时间：120min（占总分 30%）。

② 操作时间：240min（占总分 70%）。

6.11.4　工、量、刃具清单

数控车高级工样题 11 工、量、刃具清单如表 6-22 所示。

表 6-22 数控车高级工样题 11 工、量、刃具清单

序号	名称	规格	数量	备注
1	千分尺	0～25mm	1	
2	千分尺	25～50mm	1	
3	游标卡尺	0～150mm	1	
4	螺纹千分尺	25～50mm	1	
5	半径规	$R1$～$R6.5$mm	1	
6		$R7$～$R14.5$mm	1	
7	刀具	内孔镗刀	1	
8		外圆车刀	2	93°正偏刀
9		60°外螺纹车刀	1	
10		切槽车刀	1	宽 4mm，长 23mm
11	其他辅具	1. 垫刀片若干、油石等		
12		2. 铜皮(厚 0.2mm，宽 25mm×长 60mm)		
13		3. 其他车工常用辅具		
14	材料	45 钢 ϕ40mm×110mm 一段		
15	数控车床	CK6136i		
16	数控系统	华中数控世纪星、SINUMERIK 802S 或 FANUC-OTD		

6.11.5 参考程序（华中数控世纪星）

(1) 计算螺纹小径 d'

$d'=d$（螺纹公称直径）$-2\times0.62P$（螺纹螺距）$=30\text{mm}-1.5\times0.62\times2\text{mm}=28.14\text{mm}$

(2) 确定螺纹背吃刀量分布

分 1mm、0.5mm、0.36mm、光整加工 4 次加工螺纹。

(3) 刀具设置

1 号刀为 93°正偏刀，2 号刀为切槽刀（刀宽 4mm），3 号刀为 60°外螺纹车刀，4 号刀为内孔镗刀。

(4) 加工程序

① 左端加工程序。

```
%GJ11Z;
N05   G90 G94 G00 X80 Z100 T0101 S600 M03;     换刀点、1 号外圆车刀
N10   G00 X45 Z0;                              快速进刀
N15   G01 X18 F80;                             车端面，进给速度为 80mm/min
N20   G00 X38.5 Z2;                            快速退刀
N25   G01 Z－50 F100;                          粗车外圆至 φ38mm
N30   G00 X42 Z2;                              快速退刀
N35   G00 X35;                                 快速进刀
N40   G01 Z－31.9;                             粗车外圆至 φ35mm，长度方向留 0.1mm 余量
N45   G00 X42 Z2;                              快速退刀
N50   G00 X32.5;                               快速进刀
N55   G01 Z－31.9;                             粗车外圆至 φ32.5mm，长度方向留 0.1mm 余量
```

```
N60   G00 X42;                              快速退刀
N65   M05;                                  主轴停转
N70   M00;                                  程序暂停
N75   S1200 M03 T0101;                      主轴变速,转速为 1200r/min,调整刀补值
N80   G00 X26 Z1;
N85   G01 X31.9875 Z－2;
N90   G01 Z－31.95;                         以公差中间值精车 φ32mm 外圆,并控制长度尺寸
N95   G01 X37.9875;
N100  G01 Z－50;
N105  G00 X100 Z100 M05;
N110  M00;
N115  T0404 S600 M03;                       4 号内孔镗刀
N120  G00 X21.5 Z2;
N125  G01 Z－20 F80;
N130  G01 X18;
N135  G00 Z100;
N140  X100 M05;
N145  M00;
N150  S1200 M03 T0404;                      主轴变速,转速为 1200r/min,调整 4 号刀补值,消
                                            除磨损或对刀误差
N155  G00 X26 Z1;
N160  G01 X22.0165 Z－1;
N165  G01 Z－20 F50;
N170  G01 X18;
N175  G00 Z100;
N180  X100 M05;
N185  M30;                                  主程序结束
```

② 右端加工程序。

```
%GJ11Y;
N05   G90 G94 G00 X80 Z100 T0101 S600 M03;  换刀点、1 号外圆车刀
N10   X45 Z0;
N15   G01 X0 F100;
N20   G00 X45 Z2;
N25   G71 U1.5 R1 P45 Q85 X0.25 Z0.1 F100;  外径粗加工循环
N30   G00 X100 Z100 M05;
N35   M00;
N40   S1200 M03 T0101;                      调整 1 号刀补值,消除磨损或对刀误差
N45   G00 X0;
N50   G01 Z2;
N55   G03 X18 Z－9 R9;
N60   G02 X22 Z－13 R5;
N65   G01 X26 Z－23;
N70   G01 X29.8 Z－25;
N75   G01 Z－56;
N80   G01 X37.9805 Z－67;
N85   G01 X40;
N90   G00 X100 Z100;
```

```
N95   S420 M03 T0202;                2号切槽刀
N100  G00 Z-56;
N105  G00 X40;
N110  G01 X26 F30;
N115  G00 X40;
N120  Z-52;
N125  G01 X26 F30;
N130  G00 X32;
N135  Z-45;
N140  G01 X26 Z-48 F30;              倒M30螺纹左端C2角
N145  G0 X40;
N150  Z-23;
N155  X26;
N160  G01 X30 Z-25 F30;              倒M30螺纹右端C2角
N165  G00 X100;
N170  Z100;
N175  S600 M03 T0303;                3号螺纹车刀
N180  G00 X32 Z-18;                  到简单螺纹循环起点位置
N185  G82 X29 Z-52 F3.0;             加工螺纹，背吃刀量为1mm
N190  G82 X28.5 Z-52 F3.0;           加工螺纹，背吃刀量为0.5mm
N195  G82 X28.2 Z-52 F3.0;           加工螺纹，背吃刀量为0.3mm
N200  G82 X28.14 Z-52 F3.0;          加工螺纹，背吃刀量为0.06mm
N205  G00 X100 Z100;
M210  M05;
N215  M30;                           主程序结束
```

6.12 数控车高级工样题 12

6.12.1 零件图

数控车高级工样题 12 零件图如图 6-12 所示。

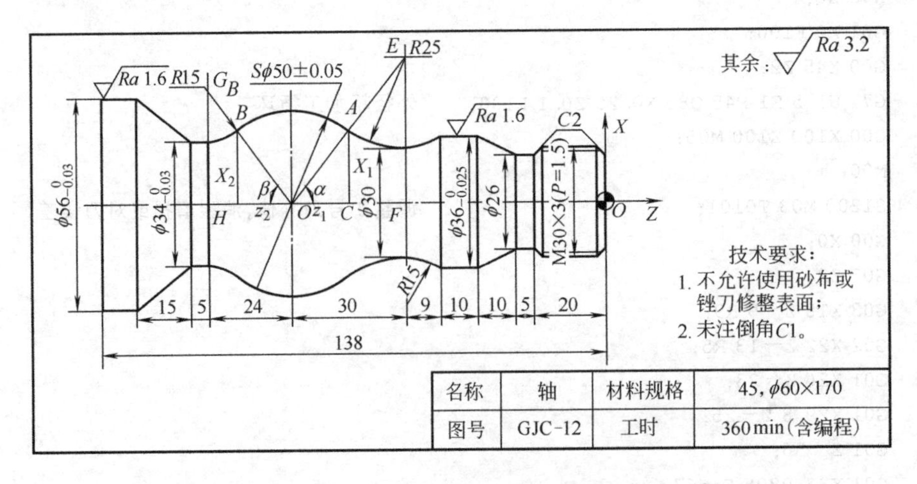

图 6-12　数控车高级工样题 12 零件图

6.12.2　评分表

数控车高级工样题 12 评分表如表 6-23 所示。

表 6-23　数控车高级工样题 12 评分表　　　　单位：mm

单位		准考证号		姓名		
检测项目		技术要求	配分	评分标准	检测结果	得分
外圆	1	$\phi 56_{-0.03}^{0}$　$Ra1.6$	6/4	超差 0.01 扣 2 分、降级无分		
	2	$\phi 36_{-0.025}^{0}$(两处)　$Ra1.6$	6/4	超差 0.01 扣 2 分、降级无分		
	3	$\phi 34_{-0.03}^{0}$　$Ra3.2$	6/4	超差 0.01 扣 2 分、降级无分		
圆锥	4	尺寸　$Ra3.2$	6/4	超差 0.01 扣 2 分、降级无分		
圆弧	5	$R15$(两处)　$Ra3.2$	6/4	超差、降级无分		
	6	$R25$　$Ra3.2$	6/4	超差、降级无分		
	7	$S\phi 50 \pm 0.05$　$Ra3.2$	6/4	超差、降级无分		
螺纹	8	M30×3($P1.5$)　$Ra3.2$	8/4	超差、降级无分		
长度尺寸	9	10 个长度尺寸	10	1 处超差扣 1 分		
倒角	10	$C2$(两处)	2	少 1 处扣 1 分		
退刀槽	11	$\phi 26 \times 5$	2	超差不得分		
圆弧连接	12		4	有明显接痕不得分		
其他	14	工件完整	完整无缺陷(如夹伤、划痕等)			
	15	程序编制	有严重违反工艺规程的取消考试资格，其他问题酌情扣分			
	16	加工时间	100min 后尚未开始加工则终止考试，超过定额时间 5min 扣 1 分，超过 10min 扣 5 分，超过 15min 扣 10 分，超过 20min 扣 20 分，超过 25min 扣 30 分，超过 30min 则停止考试			
	17	安全操作规程		违反扣总分 10 分/次		
总评分			100	总得分		
零件名称				图号 GJC-12	加工日期　年　月　日	
加工开始　时　分		停工时间　分钟		加工时间	检测	
加工结束　时　分		停工原因		实际时间	评分	

6.12.3　考核目标与操作提示

(1) 考核目标

① 能根据零件图正确编制加工程序。

② 能保证尺寸精度、表面粗糙度和形位公差。

(2) 加工操作提示

如图 6-12 所示，加工该零件程序名为 GJ12。

① 工件伸出三爪自定心卡盘外 145mm，找正后夹紧。

② 手动车工件右端面。

③ 打中心孔。

④ 用活顶尖顶住中心孔，完成一夹一顶装夹方式。

⑤ 用 90°外圆车刀粗车 $\phi 56$mm× 142mm，外径留 0.5mm 精车余量（以下各粗车直径

处均留 0.5mm 精车余量）。

⑥ 粗车 ϕ36mm×45mm 外圆。

⑦ 粗车 ϕ30mm×25mm 外圆。

⑧ 用切槽刀车 ϕ26mm×5mm 退刀槽，再用切槽刀倒左、右两端 $C2$ 角。

⑨ 用 9°外圆刀车右端圆锥。

⑩ 用硬质合金尖刀循环车削左端圆弧轮廓。

⑪ 用硬质合金尖刀精车工件所有轮廓。

⑫ 用螺纹车刀车 M30×3(P=1.5)mm 双头螺纹。

(3) 注意事项

① 装夹零件时，注意换刀点位置，车刀不发生碰撞现象。

② 合理选择装夹位置，保证加工精度。

(4) 编程、操作加工时间

① 编程时间：120min（占总分 30%）。

② 操作时间：240min（占总分 70%）。

6.12.4 工、量、刃具清单

数控车高级工样题 12 工、量、刃具清单如表 6-24 所示。

表 6-24 数控车高级工样题 12 工、量、刃具清单

序号	名 称	规 格	数 量	备 注
1	千分尺	0～25mm	1	
2	千分尺	25～50mm	1	
3	游标卡尺	0～150mm	1	
4	螺纹千分尺	25～50mm	1	
5	半径规	R1～R6.5mm	1	
6		R47mm	1	
7	刃具	端面车刀	1	
8		外圆车刀	2	
9		60°螺纹车刀	1	
10		切槽、切断车刀	1	宽 4～5mm，长 23mm
11	其他辅具	1. 垫刀片若干、油石等		
12		2. 铜皮(厚 0.2mm，宽 25mm×长 60mm)		
13		3. 其他车工常用辅具		
14	材料	45 钢 ϕ45mm×95mm 一段		
15	数控车床	CK6136I		
16	数控系统	华中数控世纪星、SINUMERIK 802S 或 FANUC-OTD		

6.12.5 参考程序（华中数控世纪星）

(1) 相关计算

① 求右端 R25 与 $S\phi$50 处切点 A 的坐标。

$$\tan\alpha=\frac{EF}{OF}=\frac{40}{30},\ \alpha=53.13^\circ$$

$AC=X_1=OA\sin\alpha=25\sin53.13^\circ=20$，$OC=Z_1=OA\cos\alpha=25\cos53.13^\circ=15$

因此，A 点坐标为（40，－69）。

② 求左端 $R15$ 与 $S\phi50$ 处切点 B 的坐标。

$$\tan\beta=\frac{GH}{OH}=\frac{32}{24},\ \beta=53.13^\circ$$

$BD=X_2=OB\sin\beta=25\sin53.13^\circ=20$，$OD=Z_2=OB\cos\beta=25\cos53.13^\circ=15$

因此，B 点坐标为（40，－99）。

③ 计算 M30×3（$P=1.5$）双头螺纹的底径 d'：

$d'=d$（螺纹公称直径）$-2\times0.62P$（螺纹螺距）$=30\text{mm}-2\times0.62\times1.5\text{mm}=28.14\text{mm}$

④ 确定螺纹背吃刀量分布：分 1mm、0.5mm、0.3mm、0.06mm 4 次加工螺纹。

(2) 刀具设置

1 号刀为 93°正偏刀，2 号刀为切槽刀（刀宽 4mm），3 号刀为 60°硬质合金三角形外螺纹车刀，4 号刀为尖刀或圆弧车刀。

(3) 加工程序

① 主程序。

```
%GJ12;
N05   G90 G94 G00 X80 Z100 T0101 S600 M03;   换刀点、1号外圆车刀
N10   G00 X56.5 Z2.0;
N15   G01 Z-143.0 F100;
N20   G00 X58.5 Z2.0;
N25   M98 P0121 L5;
N30   G00 X33.0 Z2.0;
N35   G01 Z-25.0 F100;
N40   G00 X100.0 Z100.0;
N45   T0202 S420 M03;                        2号切槽刀
N50   G00 X38.0 Z-25.0;
N55   G01 X26.0 F30;
N60   G04 X3.0;
N65   G00 X32.0;
N70   G00 Z-22.0;
N75   G01 U-6.0 W-3.0 F30;                   用切槽刀右刀尖倒左端 C2 角
N80   G00 X40.0;
N85   G00 X32.0 Z-3.0;
N90   G01 U-6.0 W3.0 F30;                    用切槽刀右刀尖倒右端 C2 角
N95   G00 X100.0 Z100.0;
N100  T0101 S800 M03;
N105  G00 X30.0 Z-23.0;
N110  G01 Z-25.0 F100;
N115  X36.5 Z-35.0;
N120  G00 Z-25.0;
N125  G01 X-26.5 F100;
N130  X36.5 Z-35.0;
```

```
N135  G00 X100.0 Z100.0;
N140  T0404 S1200 M03;                    4号尖刀
N145  G00 X54.4 Z—45.0;
N150  M98 P0122 L4;
N155  G00 X29.8 Z2.0;
N160  G01 Z—25.0 F50;
N165  X26.0;
N170  X35.9875 Z—35.0;
N175  Z—45.0;                             以公差中间值精车φ36mm外圆
N180  X36.0;
N185  G02 X30.0 Z—54.0 R15.0 F50;
N185  G02 X40.0 Z—69.0 R25.0;
N185  G03 X40.0 Z—99.0 R25.0;
N185  G02 X34.0 Z—108.0 R15.0;
N190  G01 X33.985;
N195  G01 Z—113.0;
N200  X55.985 Z—128.0;
N205  Z—143.0;
N210  G00 X100.0 Z100.0;
N215  T0303 S600 M03;                     3号螺纹刀
N220  G00 X35.0 Z5.0;                     到简单螺纹循环起点位置
N225  G82 X29 Z—22.5 F3.0;                加工螺纹,背吃刀量为1mm
N230  G82 X28.5 Z—22.5 F3.0;              加工螺纹,背吃刀量为0.5mm
N235  G82 X28.2 Z—22.5 F3.0;              加工螺纹,背吃刀量为0.3mm
N240  G82 X28.14 Z—22.5 F3.0;             加工螺纹,背吃刀量为0.06mm
N245  G00 X29.0 Z6.5;                     快速进刀,与第一条螺纹起始点错开一个螺距
N250  G82 X29 Z—22.5 F3.0;                加工螺纹,背吃刀量为1mm
N255  G82 X28.5 Z—22.5 F3.0;              加工螺纹,背吃刀量为0.5mm
N260  G82 X28.2 Z—22.5 F3.0;              加工螺纹,背吃刀量为0.3mm
N265  G82 X28.14 Z—22.5 F3.0;             加工螺纹,背吃刀量为0.06mm
N270  G00 X100.0 Z100.0;
N275  T0202 S420 M03;                     2号切槽刀
N280  G00 X58.0 Z—143.0;
N285  G01 X0 F30;
N290  G00 X100.0;
N295  Z100.0 M05;
N300  M30;                                主程序结束
```

② 循环车φ36×45外圆子程序。

```
%0121;
N5    G00 U—6.0;
N10   G01 W—65.0 F100;
N15   U14;
N20   W—55;
N25   G00 U2.0 Z2.0;
N30   U—20;
N35   M99;                                子程序结束
```

③ 循环车圆弧子程序。

```
%0122;
N5    G01 U－6.0 F100;
N10   G02 U－6.0 W9.0 R15.0;
N15   G02 U6.0 W－15.0 R25.0;
N20   G03 U0 W－30.0 R25.0;
N25   G02 U－6.0 W－9.0 R15.0;
N30   G01 W－5.0;
N35   U22.0 W－15.0;
N40   G00 U2.0 Z－45.0;
N45   G00 U－20.0;
N50   M99;                                    子程序结束
```

6.13　数控车高级工样题 13

6.13.1　零件图

数控车高级工样题 13 零件图如图 6-13 所示。

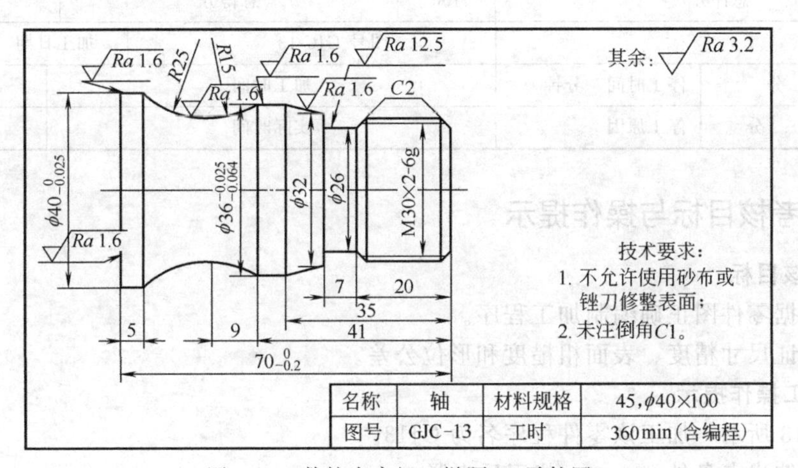

图 6-13　数控车高级工样题 13 零件图

6.13.2　评分表

数控车高级工样题 13 评分表如表 6-25 所示。

表 6-25　数控车高级工样题 13 评分表　　单位：mm

单位		准考证号		姓名			
检测项目		技术要求		配分	评分标准	检测结果	得分
外圆	1	$\phi 40_{-0.025}^{0}$	Ra1.6	8/4	超差 0.01 扣 4 分、降级无分		
	2	$\phi 36_{-0.064}^{-0.025}$	Ra3.2	8/4	超差 0.01 扣 4 分、降级无分		
圆弧	3	R15	Ra1.6	8/4	超差、降级无分		
	4	R25	Ra1.6	8/4	超差、降级无分		

续表

检测项目		技术要求	配分	评分标准	检测结果	得分
螺纹	5	$M30\times2$　　$Ra3.2$	8/4	超差不得分		
退刀槽	6	$6\times\phi16$	4	超差不得分		
长度	7	$70_{-0.2}^{0}$	4	超差不得分		
	8	35	4	超差不得分		
	9	20	4	超差不得分		
	10	41	4	超差不得分		
	11	5	4	超差不得分		
圆锥	12	$Ra1.6$	10/4	超差0.01扣2分、降级无分		
倒角	13	$C2$（两处）	2			
长度	14	工件完整	完整无缺陷（如夹伤、划痕等）			
	15	程序编制	有严重违反工艺规程的取消考试资格，其他问题酌情扣分			
	16	加工时间	100min后尚未开始加工则终止考试，超过定额时间5min扣1分，超过10min扣5分，超过15min扣10分，超过20min扣20分，超过25min扣30分，超过30min则停止考试			
	17	安全操作规程		违反扣总分10分/次		
总评分			100	总得分		

零件名称		图号 GJC-13	加工日期　年　月　日
加工开始　时　分	停工时间　分钟	加工时间	检测
加工结束　时　分	停工原因	实际时间	评分

6.13.3 考核目标与操作提示

(1) 考核目标

① 能根据零件图正确编制加工程序。

② 能保证尺寸精度、表面粗糙度和形位公差。

(2) 加工操作提示

如图6-13所示，加工该零件程序名为GJ13。

① 工件伸出卡盘外80mm，找正后夹紧。

② 用93°外圆刀车工件右端面，粗车外圆至$\phi40.5$mm×75mm。

③ 用1号外圆刀粗、精车外形轮廓。

④ 用4号尖刀或圆弧车刀粗精车$R15$mm、$R25$mm凹圆弧。

⑤ 用2号切槽刀、G82切槽循环切$\phi26$mm螺纹退刀槽，并用切槽刀右刀尖倒出M30×2mm螺纹左端$C2$倒角。

⑥ 用3号螺纹刀、G82螺纹车削循环车M30×2mm螺纹。

⑦ 切断工件。

(3) 注意事项

① 装夹零件时，注意换刀点位置，车刀不发生碰撞现象。

② 合理选择装夹位置，保证加工精度。

(4) 编程、操作加工时间

① 编程时间：120 min（占总分37.5%）。

② 操作时间：240min（占总分 62.5%）。

6.13.4 工、量、刃具清单

数控车高级工样题 13 工、量、刃具清单如表 6-26 所示。

表 6-26　数控车高级工样题 13 工、量、刃具清单

序号	名 称	规 格	数 量	备 注
1	千分尺	0～25mm	1	
2	千分尺	25～50mm	1	
3	游标卡尺	0～150mm	1	
4	螺纹千分尺	25～50mm	1	
5	半径规	$R1$～$R6.5$mm	1	
6		$R47$mm	1	
7	刀具	端面车刀	1	
8		外圆车刀	2	
9		60°螺纹车刀	1	
10		切槽、切断车刀	1	宽 4～5mm，长 23mm
11	其他辅具	1. 垫刀片若干、油石等		
12		2. 铜皮(厚 0.2mm，宽 25mm×长 60mm)		
13		3. 其他车工常用辅具		
14	材料	45 钢 ϕ45mm×95mm 一段		
15	数控车床	CK6136I		
16	数控系统	华中数控世纪星、SINUMERIK 802S 或 FANUC-OTD		

6.13.5 参考程序（华中数控世纪星）

（1）计算螺纹小径 d'

$d'=d$（螺纹公称直径）$-2\times0.62P$（螺纹螺距）$=30\text{mm}-2\times0.62\times2\text{mm}=27.52\text{mm}$

（2）确定螺纹背吃刀量分布

分 1mm、0.7mm、0.5mm、0.36mm、光整加工 5 次加工螺纹。

（3）刀具设置

1 号刀为 93°正偏刀，2 号刀为切槽刀（刀宽 4mm），3 号刀为 60°硬质合金三角形外螺纹车刀，4 号刀为尖刀或圆弧车刀。

（4）加工程序

```
%GJ13;
N05   G90 G94 G00 X80 Z100 T0101 S600 M03;    换刀点、1 号外圆车刀
N10   G00 X45 Z0;
N15   G01 X0 F100 M08;
N20   G00 X40.5 Z2;
N25   G01 Z-75;
N30   G00 X45 Z2;
N35   G71 U1.5 R1 P60 Q90 X0.25 Z0.1 F100;    外径粗加工循环
```

```
N40   G00 X100 Z100 M05 M09;
N45   M00;
N50   S1200 M03 T0101;          主轴变速,调整 1 号刀补值,消除磨损或对刀误差
N55   G00 X42 Z2;
N60   G00 X26;                  外径精加工开始
N65   G01 Z2;
N70   G01 X29.8 Z－2;
N75   G01 Z－27;
N80   G01 X32;
N85   G01 X35.964 Z－65;
N90   G01 Z－75;                外径精加工结束
N95   G00 X100 Z100 M05;
N100  S600 M03 T0404;           主轴变速,换 4 号尖刀或圆弧刀
N105  G00 Z－41;
N110  X42;
N115  G02 U－6 W－9 R15 F100;
N120  G02 U10 W－15 R25;
N125  G00 X45 Z－41;
N130  G00 X38.5;
N135  G02 U－6 W－9 R15 F100;
N140  G02 U10 W－15 R25;
N145  G00 X45 Z－41;
N150  G00 X36.5;
N155  G02 U－6 W－9 R15 F100;
N160  G02 U10 W－15 R25;
N165  G00 X45 Z－41;
N170  S1200 M03 F50;
N175  G42 G00 X36 Z－41;
N180  G02 U－6 W－9 R15;
N185  G02 U10 W－15 R25;
N190  G00 G40 X100 Z100;
N195  S420 M03 T0202;           2 号切槽刀
N200  G00 Z－27;
N205  G00 X35;
N210  G01 X26;
N215  X35;
N220  Z－24;
N225  X26;
N230  X32;
N235  Z－21;
N240  X26 Z－24;                倒 M30 螺纹左端 C2 角
N245  G00 X100;
N250  Z100;
N255  S600 M3 T0303;            3 号螺纹刀
N260  G00 X32 Z3;               到简单螺纹循环起点位置
N265  G82 X29 Z－23.5 F2;       加工螺纹,背吃刀量为 1mm
```

```
N270  G82 X28.3 Z－23.5 F2;          加工螺纹,背吃刀量为 0.7mm
N275  G82 X27.8 Z－23.5 F2;          加工螺纹,背吃刀量为 0.5mm
N280  G82 X27.52 Z－23.5 F2;         加工螺纹,背吃刀量为 0.28mm
N285  G82 X27.52 Z－23.5 F2;         光整加工螺纹
N290  G00 X100 Z100;
N295  S420 M03 T0202;                2 号切槽刀
N300  G00 Z－74;
N305  X42;
N310  G01 X0 F30;
N315  G00 X100;
N320  Z100 M05;
N325  M30;                           主程序结束
```

思考题

在数控车床上操作加工图 6-1～图 6-13 的 13 个数控车工高级工实训课题，并发现和分析存在的问题，寻找解决问题的方法。

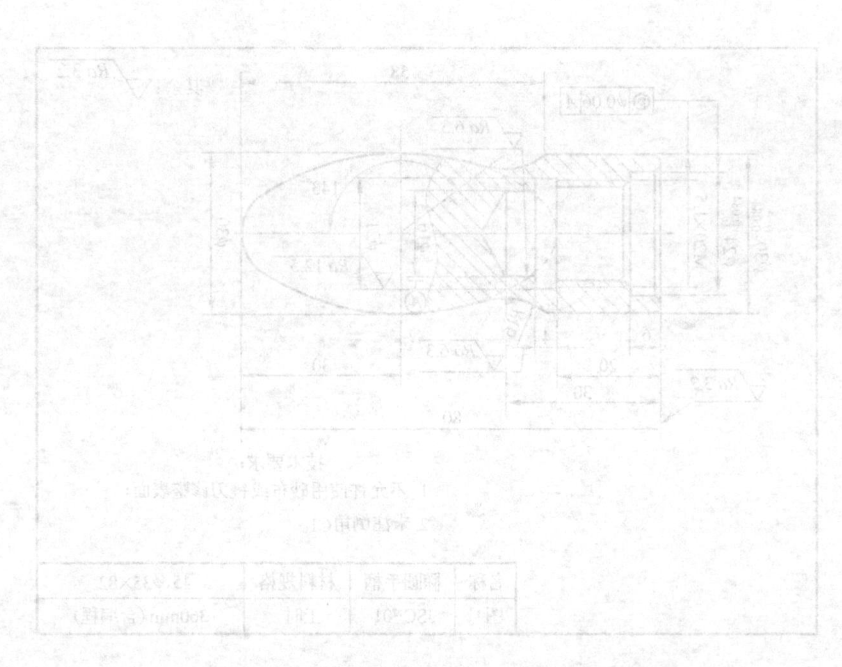

Chapter 7

第7章 数控车技师实训课题

7.1 数控车技师样题 1

7.1.1 零件图

数控车技师样题 1 零件图如图 7-1 所示。

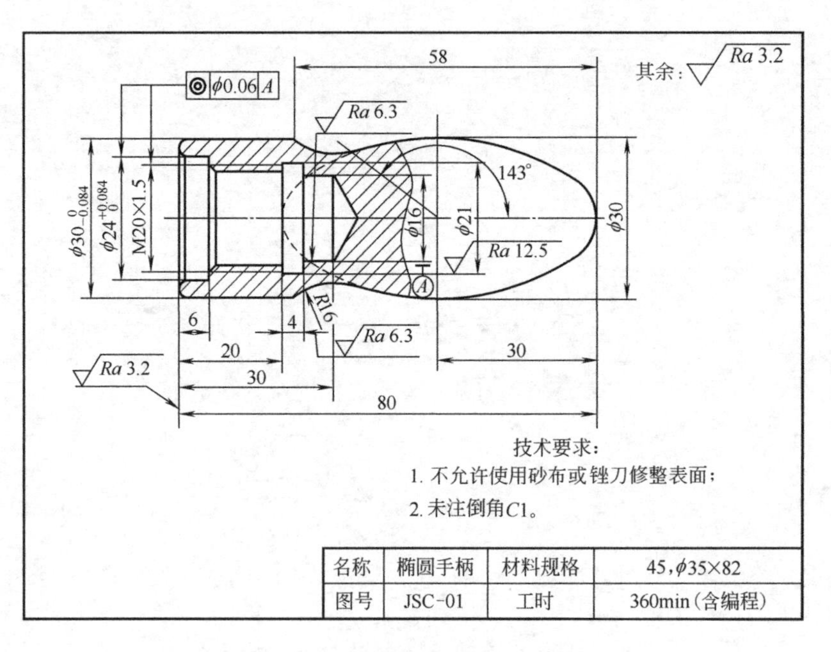

图 7-1 数控车技师样题 1 零件图

7.1.2 评分表

数控车技师样题 1 评分表如表 7-1 所示。

表 7-1　数控车技师样题 1 评分表

单位			姓名		准考证	
检测项目		技术要求	配分	评分标准	检测结果	得分
外圆	1	$\phi30_{-0.084}^{0}$　$Ra3.2$	10/5	超差 0.01 扣 2 分、降级无分		
内孔	2	$\phi24_{+0.084}^{0}$　$Ra3.2$	15/5	超差 0.01 扣 2 分、降级无分		
椭圆面	3	形状、尺寸　$Ra3.2$	20/5	形状不符不得分，超差无分		
螺纹	4	M20×1.5(止通规检查)	15	止通规检查不满足要求不得分		
退刀槽	5	$\phi21\times4$　$Ra3.2$	2/2	超差不得分、降级无分		
长度	6	80	5	超差不得分		
曲线连接	7		10	有明显接痕不得分		
倒角	8	C1(3 处)	6	少 1 处扣 2 分		
其他	9	工件完整	工件必须完整，工件局部无缺陷(如夹伤、划痕等)			
	10	程序编制	有严重违反工艺规程的取消考试资格，其他问题酌情扣分			
	11	加工时间	120min 后尚未开始加工则终止考试，超过定额时间 5min 扣 1 分，超过 10min 扣 5 分，超过 15min 扣 10 分，超过 20min 扣 20 分，超过 25min 扣 30 分，超过 30min 则停止考试			
	12	安全操作规程		违反扣总分 10 分/次		
总评分			100	总得分		
零件名称			图号 JSC-01		加工日期　年　月　日	
加工开始　时　分		停工时间　分钟	加工时间		检测	
加工结束　时　分		停工原因	实际时间		评分	

7.1.3　考核目标与操作提示

(1) 考核目标

① 熟练掌握数控车车削三角形螺纹的基本方法。

② 掌握车削螺纹时的进刀方法及切削余量的合理分配。

③ 能对三角形螺纹的加工质量进行分析。

④ 能够编制椭圆加工程序。

(2) 加工操作提示

加工图 7-1 所示零件，加工步骤如下。

① 夹右端，手动车工件左端面，用 ϕ16mm 麻花钻钻孔，孔深 30mm。

② 用 1 号车刀粗、精车 ϕ30mm 外圆。

③ 用 4 号镗孔刀粗、精车内孔。

④ 用 5 号内切槽刀加工内螺纹退刀槽。

⑤ 用 6 号内螺纹车刀加工内螺纹。

⑥ 工件调头，夹 ϕ30mm 外圆，用 1 号外圆刀车削椭圆曲面。

(3) 注意事项

① 加工螺纹时，一定要根据螺纹的牙型角、导程合理选择刀具。

② 螺纹车刀的前、后刀面必须平整、光洁。

③ 安装螺纹车刀时，必须使用对刀样板。

(4) 编程、操作加工时间

① 编程时间：120min（占总分 30%）。

② 操作时间：240min（占总分 70%）。

7.1.4 工、量、刃具清单

数控车技师样题 1 工、量、刃具清单如表 7-2 所示。

表 7-2 数控车技师样题 1 工、量、刃具清单

序号	名称	规格	数量	备注
1	千分尺	0～25mm	1	
2	千分尺	25～50mm	1	
3	游标卡尺	0～150mm	1	
4	螺纹千分尺	0～25mm	1	
5	半径规	$R1$～$R6.5$mm	1	
6	刀具	93°正偏刀	1	
7		切槽刀	1	刀宽 4mm
8		圆弧车刀	1	
9		60°内螺纹车刀	1	
10		镗孔刀	1	
11		内切槽刀	1	宽 3mm
12	其他辅具	1. 垫刀片若干、油石等		
13		2. 铜皮(厚 0.2mm,宽 25mm×长 60mm)		
14		3. 其他车工常用辅具		
15	材料	45 钢 ϕ65mm×120mm 一段		
16	数控车床	CK6136i、XK6140 等		
17	数控系统	华中数控世纪星、SINUMERIK 802S 或 FANUC-OTD		

7.1.5 参考程序（SIEMENS 802S）

(1) 计算螺纹小径 d'

$d'=d$（螺纹公称直径）$-2\times0.62P$（螺纹螺距）$=20\text{mm}-2\times0.62\times1.5\text{mm}=18.14$

(2) 确定螺纹背吃刀量分布

分 1mm、0.5mm、0.3mm、0.06mm 4 次加工螺纹。

(3) 椭圆 143°处点的坐标

通过 Auto CAD 绘图可标注出椭圆 143°处的坐标为（7.796，−47.282）。

(4) 刀具设置

1 号刀为 93°正偏刀，2 号刀为切槽刀（刀宽 4mm），3 号刀为圆弧车刀，4 号刀为镗孔刀，5 号刀为内切槽刀（刀宽 3mm），6 号刀为 60°内螺纹车刀。

(5) 加工程序

① 左端加工主程序。

```
%JS1Z;                                       主程序名
N05    G90 G94 G00 X80 Z100 T0101 S800 M03;  换刀点,选 1 号外圆车刀
N10    G00 X38 Z0;
N15    G01 X16 F100;                         车端面
```

```
N20   G00 X30.5 Z2;
N25   G01 Z－30;                    车外圆至 φ30.5mm
N30   G00 X40 Z2 M05;
N35   M00;                          程序暂停
N40   S1200 M03 T0101;              主轴变速,转速为 1200r/min
N45   G00 X26 Z1;
N50   G01 X29.958 Z－1;             倒 C1 角
N55   Z－30;                        以公差中间值精车 φ30mm 外圆
N60   G00 X100 Z100M05;
N65   M00;                          程序暂停
N70   S600 M03 T0404;               主轴变速,转速为 600r/min,选择 4 号内孔镗刀
N75   G00 X17.8 Z2;
N80   G01 Z－24 F60;                粗镗内孔至 φ17.8mm
N85   X16;
N90   G00 Z2;
N95   G00 X21;
N100  G01 Z－6;                     粗镗止口孔至 φ21mm
N105  X18;                          退刀
N110  G00 Z2;
N115  X23.5;
N120  G01 Z－6;                     粗镗止口孔至 φ23.5mm
N125  G00 Z100;
N130  X100 M05;
N135  M00;                          程序暂停
N140  S1200 M03  T0404;             主轴变速,转速为 1200r/min
N145  G00 X28 Z1;
N150  G01 X24.042 Z－1 F60;         孔口倒 C1 角
N155  Z－6;                         以公差中间值镗止口孔
N160  X20.34;                       镗止口孔端面
N165  X18.34 Z－7;                  孔口倒 C1 角
N170  Z－24;                        镗螺纹底孔 φ18.34mm,螺纹底孔镗大 0.2mm
N175  X16;
N180  G00 Z100;
N185  X100 M05;
N190  M00;                          程序暂停
N195  S420 M03 T0505;               主轴变速,转速为 420r/min,换 5 号内切槽刀
N200  G00 X16 Z2;
N205  G01 Z－23;                    工进至内退刀槽起始位
N210  G01 X21 F20;                  切槽
N215  X16;
N220  Z－1;                         向左移动 1mm
N225  X21;                          切槽
N230  X16;                          退刀
N235  G00 Z100;
N240  X100 M05;
N245  M00;                          程序暂停
```

```
N250  M03 S600 T0606;                      主轴变速,转速为 600r/min,选择 6 号内螺纹刀
N255  G00 X10 Z3;                          到简单螺纹循环起点位置
N260  G82 X19.14 Z－22 F1.5;               加工螺纹,背吃刀量为 1mm
N265  G82 X19.64 Z－22 F1.5;               加工螺纹,背吃刀量为 0.5mm
N270  G82 X19.94 Z－22 F1.5;               加工螺纹,背吃刀量为 0.3mm
N275  G82 X20 Z－22 F1.5;                  加工螺纹,背吃刀量为 0.06mm
N280  G00 Z100;
N285  X100 M05;
N290  M30;                                 主程序结束
```

② 椭圆加工程序。

a. 椭圆加工主程序。

```
%JSTY;                                     主程序名
N05   G90 G94 G00 X80 Z100 T0101 S800 M03; 换刀点,1 号外圆车刀
N10   G00 X38 Z0;
N15   G01 X0 F80 F100;                     车端面,车对总长
N20   G00 X32 Z2;
N25   G01 Z－55;                           粗车外圆至 φ32mm
N30   G00 X100 Z100 T0303;                 快速退回换刀点,换 3 号圆弧车刀
N35   G00 X32 Z2;
N40   ＃50＝30;                            设置最大切削余量
N45   WHILE ＃50 GE 1;                     判断毛坯余量是否大于等于 1mm
N50   M98 P0001;                           调用椭圆子程序粗加工椭圆
N55   ＃50＝＃50－2;                       每次切深双边 2mm
N60   ENDW;
N65   M05;
N70   M00;                                 程序暂停
N75   S1500 M03   F60;                     主轴变速,转速为 1500r/min
N80   G46 X1500 P2500;                     限定恒线速转速,低为 1500 r/min,高为 2500 r/min
N82   G96 S240;                            规定恒线速度为 240m/min
N85   M98 P0001;                           调用椭圆子程序粗加工椭圆
N90   G97 G00 X100;                        快速退刀,取消恒线速度
N95   Z100 M05;
N100  M30;                                 主程序结束
```

b. 椭圆加工子程序。

```
%0001;                                     子程序名
N5   ＃1＝30;                              椭圆长轴 30mm
N10  ＃2＝15;                              短轴 15mm
N15  ＃3＝0;                               Z 轴起始尺寸
N20  WHILE ＃3 GE [－47.282];              判断是否走到 Z 轴终点
N25  ＃4＝15* SQRT[＃1* ＃1－＃3* ＃3]/30;   X 轴变量
N30  G01 X[2* ＃4＋＃50] Z[＃3];           椭圆插补
N35  ＃3＝＃3－0.4;                        Z 轴步距
N40  ENDW;
N45  W－1;
N50  G00 U2;
```

```
N55 Z2;                                    退回起点
N60 M30;                                   子程序结束
```

7.2 数控车技师样题2

7.2.1 零件图

数控车技师样题2零件图如图7-2所示。

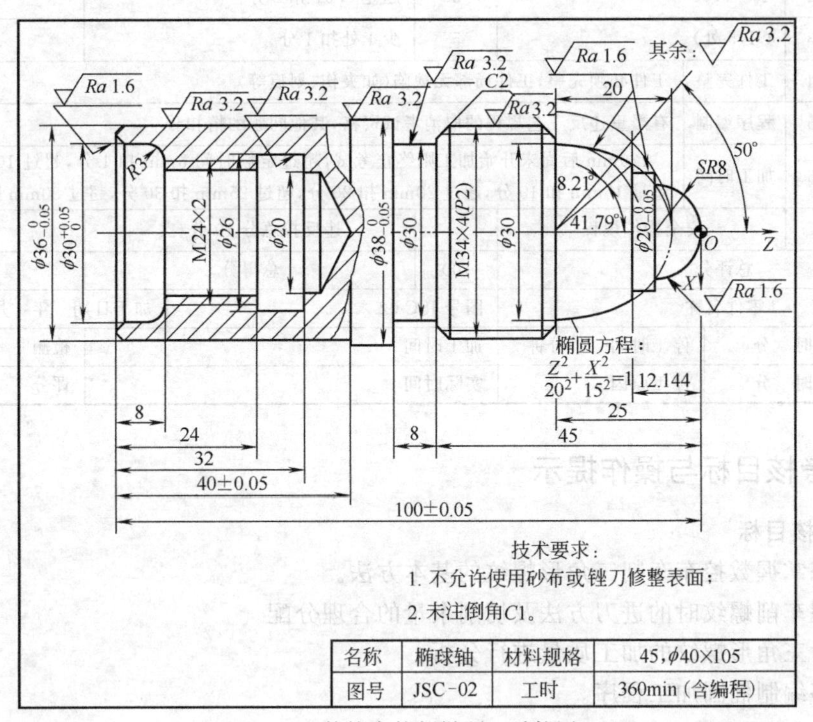

图7-2 数控车技师样题2零件图

7.2.2 评分表

数控车技师样题2评分表如表7-3所示。

表7-3 数控车技师样题2评分表

单位			姓名		准考证	
检测项目		技术要求	配分	评分标准	检测结果	得分
外圆	1	$\phi 38_{-0.05}^{\ 0}$ Ra1.6	7/2	超差0.01扣2分、降级无分		
	2	$\phi 36_{-0.05}^{\ 0}$ Ra1.6	7/2	超差0.01扣2分、降级无分		
	3	$\phi 20_{-0.05}^{\ 0}$ Ra1.6	7/2	超差0.01扣2分、降级无分		
内孔	4	$\phi 30_{\ 0}^{+0.03}$ Ra1.6	7/2	超差0.01扣2分、降级无分		
内螺纹	5	M24×2(止通规检查)	10	止通规检查不满足要求不得分		
外螺纹	6	M34×4(P2)(止通,规检查)	10	止通规检查不满足要求不得分		

续表

<table>
<tr><th>检测项目</th><th></th><th>技术要求</th><th>配分</th><th>评分标准</th><th>检测结果</th><th>得分</th></tr>
<tr><td rowspan="2">退刀槽</td><td>7</td><td>ϕ26　　Ra3.2</td><td>2/2</td><td>超差、降级无分</td><td></td><td></td></tr>
<tr><td>8</td><td>ϕ20　　Ra3.2</td><td>2/2</td><td>超差、降级无分</td><td></td><td></td></tr>
<tr><td>球面</td><td>9</td><td>SR8　　Ra1.6</td><td>3/4</td><td>超差、降级无分</td><td></td><td></td></tr>
<tr><td>椭圆面</td><td>10</td><td>形状、尺寸　　Ra1.6</td><td>8/4</td><td>形状不符不得分、降级无分</td><td></td><td></td></tr>
<tr><td rowspan="2">长度</td><td>11</td><td>100±0.05</td><td>5</td><td>超差0.01扣2分</td><td></td><td></td></tr>
<tr><td>12</td><td>40±0.05</td><td>5</td><td>超差0.01扣2分</td><td></td><td></td></tr>
<tr><td>倒角</td><td>13</td><td>C1(5处)</td><td>5</td><td>少1处扣1分</td><td></td><td></td></tr>
<tr><td rowspan="4">其他</td><td>14</td><td>工件完整</td><td colspan="4">工件必须完整，工件局部无缺陷(如夹伤、划痕等)</td></tr>
<tr><td>15</td><td>程序编制</td><td colspan="4">有严重违反工艺规程的取消考试资格，其他问题酌情扣分</td></tr>
<tr><td>16</td><td>加工时间</td><td colspan="4">120min后尚未开始加工则终止考试，超过定额时间5min扣1分，超过10min扣5分，超过15min扣10分，超过20min扣20分，超过25min扣30分，超过30min则停止考试</td></tr>
<tr><td>17</td><td colspan="2">安全操作规程</td><td>违反扣总分10分/次</td><td></td><td></td></tr>
<tr><td colspan="3">总评分</td><td>100</td><td>总得分</td><td colspan="2"></td></tr>
<tr><td colspan="3">零件名称</td><td colspan="2">图号 JSC-02</td><td colspan="2">加工日期　年　月　日</td></tr>
<tr><td colspan="2">加工开始　时　分</td><td>停工时间　分钟</td><td colspan="2">加工时间</td><td colspan="2">检测</td></tr>
<tr><td colspan="2">加工结束　时　分</td><td>停工原因</td><td colspan="2">实际时间</td><td colspan="2">评分</td></tr>
</table>

7.2.3 考核目标与操作提示

(1) 考核目标

① 熟练掌握数控车车削三角形螺纹的基本方法。

② 掌握车削螺纹时的进刀方法及切削余量的合理分配。

③ 能对三角形螺纹的加工质量进行分析。

④ 能够编制椭圆加工程序。

(2) 加工操作提示

加工图7-2所示零件，加工步骤如下。

① 夹右端，手动车工件左端面，用ϕ20mm麻花钻钻孔，孔深40mm。

② 用1号车刀粗、精车外圆轮廓。

③ 用4号镗孔刀粗、精车内孔。

④ 用5号内切槽刀加工螺纹退刀槽。

⑤ 用6号内螺纹车刀加工内螺纹。

⑥ 工件调头，夹ϕ36mm外圆，用1号车刀粗、精加工外圆轮廓。

⑦ 用2号切槽刀加工螺纹退刀槽，并倒角。

⑧ 用3号外螺纹车刀加工外螺纹。

(3) 注意事项

① 加工螺纹时，一定要根据螺纹的牙型角、导程合理选择刀具。

② 螺纹车刀的前、后刀面必须平整、光洁。

③ 安装螺纹车刀时，必须使用对刀样板。

(4) 编程、操作加工时间

① 编程时间：120min（占总分30%）。

② 操作时间：240min（占总分 70%）。

7.2.4　工、量、刃具清单

数控车技师样题 2 工、量、刃具清单如表 7-4 所示。

表 7-4　数控车技师样题 2 工、量、刃具清单

序号	名　称	规　格	数　量	备　注
1	千分尺	0～25mm	1	
2	千分尺	25～50mm	1	
3	游标卡尺	0～150mm	1	
4	螺纹千分尺	0～25mm	1	
5	螺纹千分尺	25～50mm	1	
6	半径规	$R1$～$R6.5$mm	1	
7	刀具	93°正偏刀	1	
8		切槽刀	1	刀宽 4mm
9		60°螺纹车刀	1	
10		内孔镗刀	1	
11		内切切槽刀	1	刀宽 3mm
12		60°内螺纹车刀	1	
13	其他辅具	1. 垫刀片若干、油石等		
14		2. 铜皮(厚 0.2mm，宽 25mm×长 60mm)		
15		3. 其他车工常用辅具		
16	材料	45 钢 ϕ40mm×105mm　一段		
17	数控车床	CK6136i、XK6140 等		
18	数控系统	华中数控世纪星、SINUMERIK 802S 或 FANUC-OTD		

7.2.5　参考程序（华中数控世纪星）

(1) 计算螺纹小径 d'

① 外螺纹小径 d'为

$d'=d$（螺纹公称直径）$-2\times0.62P$（螺纹螺距）$=36\text{mm}-2\times0.62\times2\text{mm}=33.52\text{mm}$

② 内螺纹小径 d'为

$d'=d$（螺纹公称直径）$-2\times0.62P$（螺纹螺距）$=24\text{mm}-2\times0.62\times2\text{mm}=21.52\text{mm}$

(2) 确定螺纹背吃刀量分布

内外螺纹均分 1mm、0.7mm、0.5mm、0.28mm、光整加工 5 次加工螺纹。

(3) 刀具设置

1 号刀为 93°正偏刀，2 号刀为切槽刀（刀宽 4mm），3 号刀为 60°外螺纹车刀，4 号刀为内孔镗刀，5 号刀为内切槽刀（刀宽 3mm），6 号刀为 60°内螺纹车刀。

(4) 加工程序

① 左端加工主程序。

```
%JS2Z;                                              主程序名
N05   G90 G94 G00 X80 Z100 T0101 S800 M03;          换刀点，1 号外圆车刀
N10   G00 X38.5 Z2;                                 快速进刀
N15   G01 Z－50 F100;                                车外圆至 φ38.5mm，进给速度为 100mm/min
N20   X40;                                          横向退刀
N25   G00 Z2;                                       纵向退刀
```

```
N30   X36;                                        横向进刀
N35   G01 Z－40;                                  车外圆至φ36.5mm,进给速度为100mm/min
N40   X40;
N45   Z200;
N50   X100M05;                                    退刀至换刀点
N55   M00;                                        程序暂停
N60   M03 S1200 T0101;                            主轴变速,调整1号刀补值,消除磨损或对刀误差
N65   G00 X34 Z2;
N70   G01 Z0;                                     进刀至零件轮廓起始点,开始轮廓精加工
N75   X35.985 Z－1;                               倒C1角
N80   Z－40;                                      车外圆至φ36mm
N85   X38;
N90   Z－50;                                      车外圆至φ38mm
N95   X40;
N100  G00 Z200;
N105  X100 M05;
N110  M00;                                        程序暂停
N115  M03 S600 T0404;                             主轴变速,转速为600r/min,选择4号内孔镗刀
N120  G00 X18 Z2;
N125  G71 U1.5 R1 P160 Q190 X－0.4 Z0.1 F100;     内径粗切循环加工
N130  G00 X18;                                    横向退刀
N135  Z200;
N140  X100 M05;
N145  M00;                                        程序暂停
N150  M03 S1200 T0404;                            主轴变速,调整4号刀补值,消除磨损或对刀误差
N155  G00 X18 Z2 F30;                             快速进刀
N160  G01 X32 Z0;                                 内孔轮廓精加工开始
N165  X30 Z－1;
N170  Z－5;
N175  G03 X24;
N180  G01 X21;
N185  Z－32;
N190  X19;                                        内孔轮廓精加工结束
N195  G01 X18;
N200  G00 Z200;
N205  X100 M05;
N210  M00;                                        程序暂停
N215  M03 S600 T0505;                             主轴变速,转速为600r/min,选择5号内切槽刀
N220  G00 X18 Z2;
N225  Z－32;
N230  G01 X26 F30;
N235  G00 X18;
N240  Z－29;
N245  G01 X26 F30;
N250  G00 X18;
N255  Z－27;
```

```
N260  G01 X26 F30;
N265  Z—32;
N270  G00 X18;
N275  Z200;
N280  X100 M05;                              快速退刀至换刀点
N285  M00;                                   程序暂停
N290  M03 S600 T0606;                        主轴变速,转速为 600r/min,选择 6 号内螺纹刀
N170  G00 X10 Z—5;                           到简单螺纹循环起点位置
N175  G82 X22.52 Z—28 F2;                    加工螺纹,背吃刀量为 1mm
N180  G82 X23.22 Z—28 F2;                    加工螺纹,背吃刀量为 0.7mm
N185  G82 X23.72 Z—28 F2;                    加工螺纹,背吃刀量为 0.5mm
N190  G82 X24 Z—28 F2;                       加工螺纹,背吃刀量为 0.28mm
N195  G82 X24 Z—28 F2;                       光整加工螺纹
N200  G00 Z200;
N205  X100;                                  快速退刀至换刀点
N210  M30;                                   主程序结束
```

② 右端加工程序。

```
%JS2Y;                                          主程序名
N05   G90 G94 G00 X80 Z100 T0101 S800 M03;   换刀点,1 号外圆车刀
N10   G00 X42 Z0;
N15   G01 X—1 F100;                          车削右端面
N20   G00 X42 Z2;
N25   G71 U1.5 R1 P60 Q105 X0.4 Z0.1 F100;   外径粗切循环加工
N30   G00 X100 M05;                          快速退刀至换刀点
N35   M00;                                   程序暂停
N40   M03 S1200 T0101;                       主轴变速,转速为 1200r/min
N45   G42 G00 X0 Z2;                         刀具半径右补偿
N50   G46 X1200 P2500 F100;                  恒线速转速限制,低为 1200r/min,高为 2500r/min
N55   G96 S240;                              规定恒线速为 240m/min
N60   G01 X0 Z0;                             右端轮廓精加工开始
N65   G03 X16 Z—8 R8;
N70   G01 X20;
N75   Z—12.144;
N80   X30;
N85   Z—25;
N90   X32;
N95   X35.8 Z—27;
N100  Z—53;
N105  X41;                                   右端轮廓精加工结束
N110  G40 G00 X100 Z200 M05;                 取消刀具半径补偿,快速退刀至换刀点
N105  G97;                                   取消恒线速度
N110  M00;                                   程序暂停
N115  M03 S600 T0202;                        主轴变速,转速为 600r/min,选 2 号切槽刀
N120  G00 X45 Z—53;
N125  G01 X30 F30;
N130  G00 X45;
```

```
N135  Z－49;
N140  G01 X30 F30;
N145  Z－53;
N150  G00 X50;
N155  Z－47;
N160  G01 X36 F100;
N165  X32 Z－49 F30;                     倒左端 C2 角
N170  G00 X40;
N175  Z－27;
N180  G01 X32 Z－25 F30;                 倒右端 C2 角
N185  G00 X100;
N190  Z200 M05;
N195  M00;                               程序暂停
N200  M03 S600 T0303;                    主轴变速,转速为 600r/min,选 3 号螺纹刀
N205  G00 X45.0 Z－20.0;                 到简单螺纹循环起点位置
N210  G82 X35 Z－49 F4;                  加工螺纹,背吃刀量为 1mm
N215  G82 X34.3 Z－49 F4;                加工螺纹,背吃刀量为 0.7mm
N220  G82 X33.8 Z－49 F4;                加工螺纹,背吃刀量为 0.5mm
N225  G82 X33.52 Z－49 F4;               加工螺纹,背吃刀量为 0.28mm
N230  G82 X33.52 Z－49 F4;               加工螺纹,光整加工
N235  G00 X45.0 Z－22.0;                 快速进刀,与第一条螺纹起始点错开一个螺距
N240  G82 X35 Z－49 F4;                  加工螺纹,背吃刀量为 1mm
N245  G82 X34.3 Z－49 F4;                加工螺纹,背吃刀量为 0.7mm
N250  G82 X33.8 Z－49 F4;                加工螺纹,背吃刀量为 0.5mm
N255  G82 X33.52 Z－49 F4;               加工螺纹,背吃刀量为 0.28mm
N260  G82 X33.52 Z－49 F4;               加工螺纹,光整加工
N265  G00 X100 Z100 M05;                 快速退刀至换刀点
N270  M00;                               程序暂停
N275  M03 S800 T0101;                    主轴变速,转速为 800r/min,选 1 号外圆车刀
N280  G00 X30;
N35   G00 X32 Z2;
N40   ＃50＝30;                          设置最大切削余量
N45   WHILE ＃50 GE 1;                   判断毛坯余量是否大于等于 1mm
N50   M98 P0002;                         调用椭圆子程序粗加工椭圆
N55   ＃50＝＃50－2;                     每次切深双边 2mm
N60   ENDW;
N65   M05;
N70   M00;                               程序暂停
N75   S1500 M03 F60;                     主轴变速,转速为 1500r/min
N80   G46 X1500 P2500;                   限定恒线速转速,低为 1500 r/min,高为 2500 r/min
N85   G96 S240;                          规定恒线速度为 240m/min
N90   M98 P0002;                         调用椭圆子程序精加工椭圆
N95   G97 G00 X100 Z200;                 快速退刀,取消恒线速度
N770  M30;                               主程序结束
```

③ 椭圆加工子程序。

```
%0002;                                   子程序名
```

```
N5   #1=20;                              椭圆长轴 20mm
N10  #2=15;                              短轴 15mm
N15  #3=-12.144;                         Z 轴起始尺寸
N20  WHILE #3 GE [-25];                  判断是否走到 Z 轴终点
N25  #4=15* SQRT[#1* #1-#3* #3]/20;      X 轴变量
N30  G01 X[2* #4+#50] Z[#3];             椭圆插补
N35  #3=#3-0.4;                          Z 轴步距
N40  ENDW;
N45  W-1;
N50  G00 U2;
N55  Z2;                                 退回起点
N60  M30;                                子程序结束
```

7.3　数控车技师样题 3

7.3.1　零件图

数控车技师样题 3 零件图如图 7-3 所示。

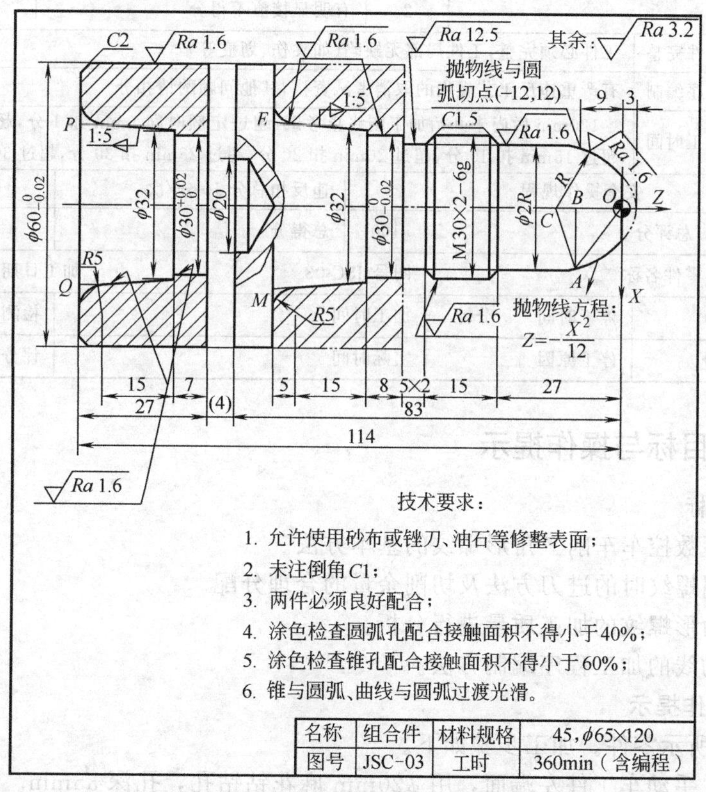

图 7-3　数控车技师样题 3 零件图

7.3.2　评分表

数控车技师样题 3 评分表如表 7-5 所示。

表 7-5　数控车技师样题 3 评分表

单位			姓名		准考证	
检测项目		技术要求	配分	评分标准	检测结果	得分
外圆	1	$\phi 60_{-0.02}^{0}$　$Ra1.6$	8/4	超差 0.01 扣 2 分、降级无分		
	2	$\phi 30_{-0.02}^{0}$　$Ra1.6$	8/4	超差 0.01 扣 2 分、降级无分		
内孔	3	$\phi 30_{0}^{+0.02}$　$Ra1.6$	8/4	超差 0.01 扣 2 分、降级无分		
圆角	4	$R5$(2 处)	4/4	配合不合要求不得分		
外螺纹	5	M30×2(止通规检查)$Ra1.6$	10/2	不满足要求不得分、降级无分		
退刀槽	6	5×2　$Ra12.5$	2/2	超差不得分、降级无分		
圆锥面	7	外圆锥/内圆锥(配合)	10/10	配合接触面积不得小于 60%		
抛物线面	8	形状、尺寸　$Ra1.6$	8/4	形状不符不得分、降级无分		
倒角	9	$C1$(3 处)	3	少 1 处扣 1 分		
圆角	10	$R5$(2 处)	4/4	配合不合要求不得分		
长度	11	114	1	超差无分		
	12	27	1	超差无分		
	13	83	1	超差无分		
曲线连接	14		2	有明显接痕不得分		
其他	15	工件完整	工件必须完整，工件局部无缺陷(如夹伤、划痕等)			
	16	程序编制	有严重违反工艺规程的取消考试资格，其他问题酌情扣分			
	17	加工时间	120min 后尚未开始加工则终止考试，超过定额时间 5min 扣 1 分，超过 10min 扣 5 分，超过 15min 扣 10 分，超过 20min 扣 20 分，超过 25min 扣 30 分，超过 30min 则停止考试			
	18	安全操作规程		违反扣总分 10 分/次		
总评分			100	总得分		
零件名称			图号 JSC-03		加工日期　年　月　日	
加工开始　时　分		停工时间　分钟	加工时间		检测	
加工结束　时　分		停工原因	实际时间		评分	

7.3.3　考核目标与操作提示

(1) 考核目标

① 熟练掌握数控车车削三角形螺纹的基本方法。

② 掌握车削螺纹时的进刀方法及切削余量的合理分配。

③ 能对三角形螺纹的加工质量进行分析。

④ 掌握抛物线的加工程序编制方法。

(2) 加工操作提示

加工图 7-3 所示零件。加工步骤如下。

① 夹右端，手动车工件左端面，用 ϕ20mm 麻花钻钻孔，孔深 35mm。

② 用 1 号车刀粗、精车外圆轮廓。

③ 用 4 号镗孔刀粗、精车内孔。

④ 工件调头，夹 ϕ60mm 外圆，用 1 号车刀粗、精加工外圆轮廓。

⑤ 用 2 号切槽刀加工螺纹退刀槽，并倒角。

⑥ 用3号外螺纹车刀加工外螺纹。

(3) 注意事项

① 加工螺纹时，一定要根据螺纹的牙型角、导程合理选择刀具。

② 螺纹车刀的前、后刀面必须平整、光洁。

③ 安装螺纹车刀时，必须使用对刀样板。

(4) 编程、操作加工时间

① 编程时间：120min（占总分30%）。

② 操作时间：240min（占总分70%）。

7.3.4 工、量、刃具清单

数控车技师样题3工、量、刃具清单如表7-6所示。

表7-6 数控车技师样题3工、量、刃具清单

序号	名 称	规 格	数 量	备 注
1	千分尺	0～25mm	1	
2	千分尺	25～50mm	1	
3	游标卡尺	0～150mm	1	
4	螺纹千分尺	25～50mm	1	
5	半径规	$R1\sim R6.5$mm	1	
6		$R7\sim R14.5$mm	1	
7	刀具	93°正偏刀	1	
8		切槽刀	1	刀宽4mm
9		60°外螺纹车刀	1	
10		内孔镗刀	1	
11	其他辅具	1. 垫刀片若干、油石等		
		2. 铜皮(厚0.2mm,宽25mm×长60mm)		
12		3. 其他车工常用辅具		
13	材料	45钢 ϕ65mm×120mm 一段		
14	数控车床	CK6136i、XK6140等		
15	数控系统	华中数控世纪星、SINUMERIK 802S或FANUC-OTD		

7.3.5 参考程序（华中数控世纪星）

(1) 数值计算

① 求解图7-3中圆弧半径R。

对抛物线方程$Z=-\dfrac{X^2}{12}$求导得

$$Z_1'=-\frac{X}{6}$$

设与抛物线相切且圆心在Z轴上的圆的方程为

$$(Z-a)^2+X^2=R^2$$

对该圆方程求导得

$$2(Z-a)Z_2'+2X=0$$

又得
$$Z'_2=\frac{X}{a-Z}$$

因为抛物线与圆相切于（－12，12），故在该点处 $Z'_1|_{\substack{Z=-12\\X=12}}=Z'_2|_{\substack{Z=-12\\X=12}}$

解之得 $a=-18$。所以得圆方程为
$$(Z+18)^2+X^2=R^2$$

将 $Z=-12$，$X=12$ 代入圆方程得 $R\approx13.416$。

② 求解 CO 长度。

图 7-3 中 O 为抛物线焦点，且为工件坐标系原点；A 点坐标为（－12，12）；$CA=13.416$mm 为圆弧半径，OA 长度为 A 点到抛物线准线的长度，即为 15mm；AB 长度为 12mm。所以，有

$$BO=\sqrt{AO^2-AB^2}=\sqrt{15^2-12^2}\text{mm}=9\text{mm}$$
$$BC=\sqrt{AC^2-AB^2}=\sqrt{14.416^2-12^2}\text{mm}=5.999\text{mm}$$
$$CO=CB+BO=9\text{mm}+5.999\text{mm}=14.999\text{mm}$$

③ 计算 MN 的长度。

首先根据 1∶5 的锥度计算出 MN 的长度。由 $\frac{MN-32}{20}\text{mm}=\frac{1}{5}\text{mm}$，计算得 $MN=36$mm。

④ 计算 PQ 的长度。

与③计算方法相同，$\frac{PQ-32}{20}\text{mm}=\frac{1}{5}\text{mm}$，计算得 $PQ=36$mm。

(2) 刀具设置

1 号刀为 93°正偏刀，2 号刀为切槽刀（刀宽 4mm），3 号刀为 60°外螺纹车刀，4 号刀为内孔镗刀。

(3) 加工程序

① 左端加工程序。

```
%JS3Z;                                              主程序名
N05   G90 G94 G00 X80 Z100 T0101 S600 M03;          换刀点、1 号外圆车刀
N10   G00 X61.5;
N15   G01 Z－42 F100;                               车外圆至 φ61.5mm
N20   X62;
N25   G00 Z200;
N30   X100 M05;
N35   M00;                                          程序暂停
N40   M03 S1200 T0101;                              主轴变速,转速为 1200r/min
N45   G00 X56;                                      快速进刀
N50   G01 Z0;                                       进刀至零件轮廓起始点,开始轮廓精加工
N55   X60 Z－2;                                     倒 C2 角
N60   Z－42;                                        车外圆至 φ60mm
N65   X62;                                          横向退刀
N70   G00 Z200;                                     纵向退刀
N75   X100 M05;                                     退刀至换刀点
N80   M00;                                          程序暂停
N85   M03 S600 T0404;                               主轴变速,选择 4 号,镗孔
N90   G00 X18;
```

```
N95   G71 U1.5 R1 P130 Q155 X-0.4 Z0.1 F100    内径粗加工循环
N100  G00 X18;                                 横向退刀
N105  Z200;
N110  X100 M05;                                快速退刀至换刀点
N115  M00;                                     程序暂停
N120  M03 S1200 T0404;                         主轴变速,转速为1200r/min
N125  G00 X40 Z2 F30;                          快速进刀
N130  G01 X62 Z0;                              内孔轮廓精加工开始
N135  X36 R5;
N140  X32 Z-20;
N145  X30;
N150  Z-30;
N155  X18;                                     内孔轮廓精加工结束
N160  G01 X28;                                 横向退刀
N165  G00 Z200;
N170  X100;                                    快速退刀至换刀点
N175  M30;                                     主程序结束
```

② 右端加工程序。

```
%JS3Y;                                          主程序名
N05   G90 G94 G00 X80 Z100 T0101 S600 M03;     换刀点、1号外圆车刀
N10   G00 X62 Z0;
N15   G01 X-1F100;                             车削右端面
N20   G00 X62 Z2;
N25   G71 U1.5 R1 P30 Q125 X0.25 Z0.1 F100;    外径粗加工循环
N30   G01 X12 Z0;                              右端轮廓加工开始
N35   X=2* SQRT(12* 4) Z-1;
N40   X=2* SQRT(12* 5) Z-2;
N45   X=2* SQRT(12* 6) Z-3;
N50   X=2* SQRT(12* 7) Z-4;
N55   X=2* SQRT(12* 8) Z-5;
N60   X=2* SQRT(12* 9) Z-6;
N65   X=2* SQRT(12* 10) Z-7;
N70   X=2* SQRT(12* 11) Z-8;
N75   N100 X=2* SQRT(12* 12) Z-9;
N80   G03 X26.833 Z-14.999 R13.416;
N85   G01 Z-27;
N90   X27;
N95   X29.8 Z-28.5
N100  Z-47;
N105  X30;
N110  Z-55;
N115  X32;
N120  X36 Z-75 R5;
N125  X62;                                     右端轮廓加工结束
N130  G00 X100 Z200 M05;                       快速退刀至换刀点
N135  M00;                                     程序暂停
```

```
N140  M03 S1200 T0101;                        主轴变速,转速为1200r/min
N145  G42 G00 X12 Z2;                         刀具半径右补偿
N150  G46 X1200 P2500;                        限定恒线速转速,低为1500 r/min,高为2500 r/min
N155  G96 S240;                               规定恒线速度为240m/min
N160  ＃1＝6;                                 精加工抛物线开始
N165  WHILE ＃1 LT [12];                      判断是否走到终点
N170  G01 X＝2* ＃1 Z＝－(＃1* ＃1/12)＋3;      抛物线插补
N175  ＃1＝＃1＋0.1;
N180  ENDW;                                   精加工抛物线结束
N185  G03 X26.833 Z－14.999 R13.416;          精加工轮廓开始
N19   G01 Z－27;
N195  X27;
N200  X29.8 Z－28.5;
N205  Z－47;
N210  X30;
N215  Z－55;
N220  X32;
N225  X36 Z－75 R5;
N230  X62;                                    精加工轮廓结束
N235  G97 G40 G00 X100 Z200 M05;              取消恒线速度,取消刀具半径补偿,快速退刀至换刀点
N240  M00;                                    程序暂停
N245  M03S600 T0202 F30;                      主轴变速,转速为600r/min,选2号切槽刀
N250  G00 X35 Z－47;
N255  G01 X26 F30;
N260  G00 X35;
N265  G00 Z－46;
N270  G01 X26 F30;
N275  Z－47;
N280  G00 X32;
N285  Z－44.5;
N290  G01 X30 F100;                           进刀
N295  X27 Z－46 F30;                          倒螺纹左端C1.5角
N300  G00 X32;
N305  Z－27;
N310  X27;
N315  G01 X30 Z－28.5F30;                     倒螺纹右端C1.5角
N320  G00 X100 Z200 M05;                      快速退刀至换刀点
N325  M00;                                    程序暂停
N330  M03 S600 T0303;                         主轴变速,转速为600r/min,选3号螺纹刀
N335  G00 X40.0 Z－22.0;                      到简单螺纹循环起点位置
N340  G82 X29 Z－44.5 F2;                     加工螺纹,背吃刀量为1mm
N345  G82 X28.3 Z－44.5 F2;                   加工螺纹,背吃刀量为0.7mm
N350  G82 X27.8 Z－44.5 F2;                   加工螺纹,背吃刀量为0.5mm
N355  G82 X27.52 Z－44.5 F2;                  加工螺纹,背吃刀量为0.28mm
N360  G82 X27.52 Z－44.5 F2;                  加工螺纹,光整加工
N365  G00 X100 Z200 M05;                      快速退刀至换刀点
```

```
N370  M00;                     程序暂停
N375  M03 S600 T0202;          主轴变速,选 2 号切槽刀
N380  G00 X62 Z－87;
N385  G01 X－1 F30;            切断工件
N390  G00 X100;
N395  Z200;
N400  M30;                     主程序结束
```

7.4　数控车技师样题 4

7.4.1　零件图

数控车技师样题 4 零件图如图 7-4 所示。

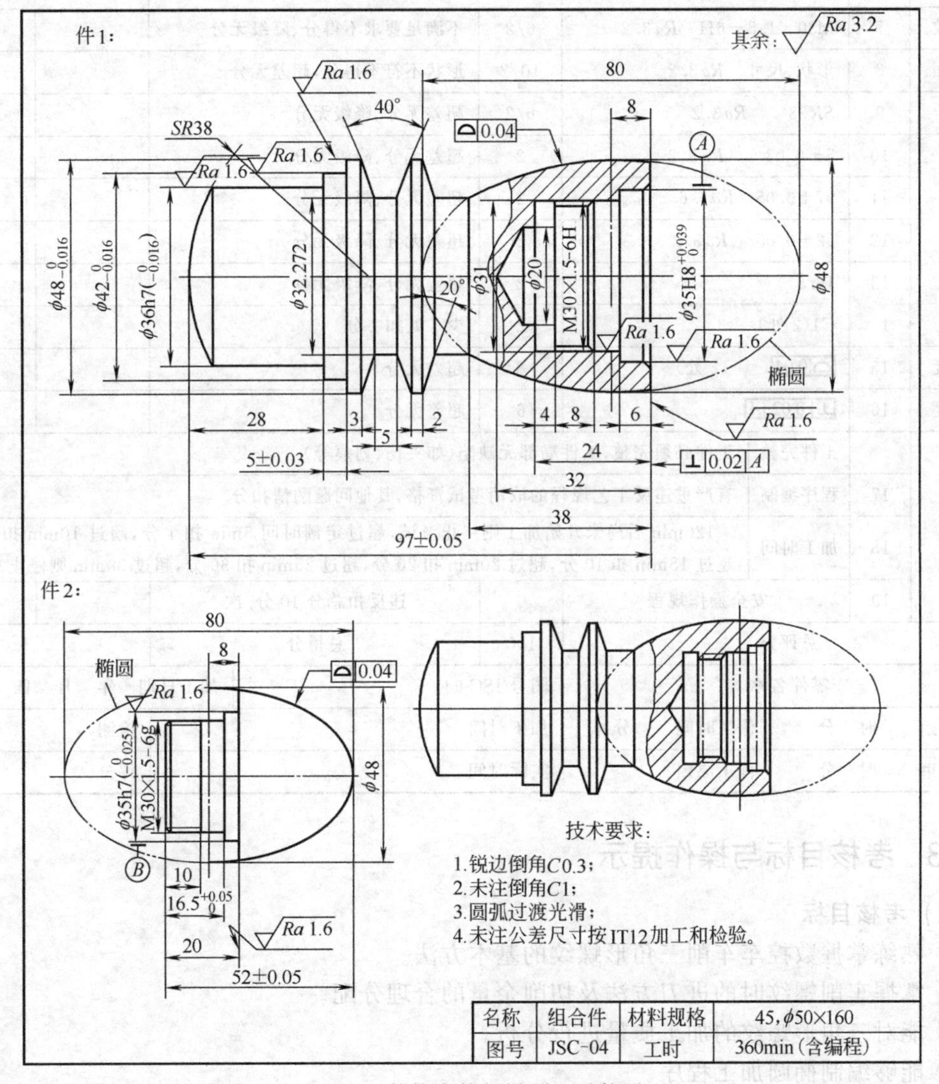

图 7-4　数控车技师样题 4 零件图

7.4.2 评分表

数控车技师样题 4 评分表如表 7-7 所示。

表 7-7 数控车技师样题 4 评分表

单位			姓名		准考证	
检测项目		技术要求	配分	评分标准	检测结果	得分
外圆	1	$\phi48_{-0.016}^{0}$ $Ra1.6$	6/2	超差 0.01 扣 2 分、降级无分		
	2	$\phi42_{-0.016}^{0}$ $Ra1.6$	6/2	超差 0.01 扣 2 分、降级无分		
	3	$\phi36_{-0.016}^{0}$ $Ra1.6$	6/2	超差 0.01 扣 2 分、降级无分		
	4	$\phi35_{-0.025}^{0}$ $Ra1.6$	6/2	超差 0.01 扣 2 分、降级无分		
内孔	5	$\phi35_{0}^{+0.039}$ $Ra1.6$	6/2	超差 0.01 扣 2 分、降级无分		
外螺纹	6	M30×1.5－6g $Ra3.2$	6/2	不满足要求不得分、降级无分		
内螺纹	7	M30×1.5－6H $Ra3.2$	6/2	不满足要求不得分、降级无分		
椭圆面	8	形状、尺寸 $Ra3.2$	10/2	形状不符不得分，超差无分		
球面	9	$SR38$ $Ra3.2$	6/2	超差无分、降级无分		
长度	10	5±0.03 $Ra3.2$	2	超差无分、降级无分		
	11	97±0.05 $Ra1.6$	2	超差无分、降级无分		
	12	52±0.05 $Ra3.2$	2	超差无分、降级无分		
	13	$16.5_{0}^{+0.05}$	2	超差无分、降级无分		
倒角	14	C1(2 处)	2	少 1 处扣 1 分		
曲面度	15	⌓ 0.04 （2 处）	8	超差无分		
垂直度	16	⊥ 0.02 A	6	超差无分		
其他		工件完整	工件必须完整，工件局部无缺陷（如夹伤、划痕等）			
	17	程序编制	有严重违反工艺规程的取消考试资格，其他问题酌情扣分			
	18	加工时间	120min 后尚未开始加工则终止考试，超过定额时间 5min 扣 1 分，超过 10min 扣 5 分，超过 15min 扣 10 分，超过 20min 扣 20 分，超过 25min 扣 30 分，超过 30min 则停止考试			
	19	安全操作规程		违反扣总分 10 分/次		
总评分			100	总得分		
零件名称			图号 JSC-04		加工日期 年 月 日	
加工开始 时 分		停工时间 分钟	加工时间		检测	
加工结束 时 分		停工原因	实际时间		评分	

7.4.3 考核目标与操作提示

(1) 考核目标

① 熟练掌握数控车车削三角形螺纹的基本方法。

② 掌握车削螺纹时的进刀方法及切削余量的合理分配。

③ 能对三角形螺纹的加工质量进行分析。

④ 能够编制椭圆加工程序。

(2) 加工操作提示

加工图 7-4 所示零件，加工步骤如下。

① 加工件2左端，留 ϕ25mm×30mm 工艺搭子。

② 调头夹住 ϕ25mm×30mm 工艺搭子，粗加工右端椭圆，留双边1mm余量。

③ 手工切断，保证长度52mm。

④ 加工件1左端，包括40°槽及椭圆左端槽。

⑤ 调头夹住 ϕ36mm×28mm，加工右端内孔部分，然后粗加工外部椭圆，留双边1mm余量。

⑥ 将件2旋入件1，精加工椭圆。

(3) 注意事项

① 加工螺纹时，一定要根据螺纹的牙型角、导程合理选择刀具。

② 螺纹车刀的前、后刀面必须平整、光洁。

③ 安装螺纹车刀时，必须使用对刀样板。

(4) 编程、操作加工时间

① 编程时间：120min（占总分30%）。

② 操作时间：240min（占总分70%）。

7.4.4 工、量、刃具清单

数控车技师样题4工、量、刃具清单如表7-8所示。

表7-8 数控车技师样题4工、量、刃具清单

序号	名 称	规 格	数 量	备 注
1	千分尺	0～25mm	1	
2	千分尺	25～50mm	1	
3	游标卡尺	0～150mm	1	
4	螺纹千分尺	25～50mm	1	
5	刀具	93°菱形外圆车刀	1	
6		切槽刀	1	刀宽4mm
7		60°外螺纹车刀	1	
8		内孔镗刀	1	
9		内切槽刀	1	刀宽3mm
10		60°内螺纹车刀	1	
11	其他辅具	1. 垫刀片若干、油石等		
12		2. 铜皮(厚0.2mm,宽25mm×长60mm)		
13		3. 其他车工常用辅具		
14	材料	45钢 ϕ50mm×160mm 一段		
15	数控车床	CK6136i、XK6140等		
16	数控系统	华中数控世纪星、SINUMERIK 802S或FANUC-OTD		

7.4.5 参考程序（华中数控世纪星）

(1) 刀具设置

1号刀为93°菱形外圆车刀，2号刀为切槽刀（刀宽4mm），3号刀为60°外螺纹车刀，4号刀为内孔镗刀，5号刀为内切槽刀（刀宽3mm），6号刀为60°内螺纹车刀。

(2) 加工程序

① 件2左端加工程序。

```
%JS2Z;                                          主程序名
N5    G90 G94;                                  绝对编程,每分进给
N10   T0101 S800 M3;                            换1号93°菱形外圆车刀
N15   G00 X51 Z3;                               快进到外径粗车循环起刀点
N20   G71 U1.5 R1 P50 Q85 X0.5 Z0.1 F150;       外径粗车循环
N25   G00 X100 Z50;                             退刀
N30   M05;                                      主轴停转
N35   M00;                                      程序暂停
N40   S1500 M03 F80 T0101;
N45   G00 X30 Z3;                               快速进刀
N50   G01 X25 Z0;                               进给到外径粗车循环起点
N55   G01 Z－30;
N60   X28;
N65   X29.8 Z－31;                              倒角
N70   Z－46.5;
N75   X34.988;
N80   Z－50;
N85   X50;                                      N50～N85外径轮廓循环程序
N90   G00 X100 Z50;                             退刀
N95   M05;                                      主轴停转
N100 M00;                                       程序暂停
N105 T0303 S1000 M3;                            换3号外螺纹刀
N110 G00 X32 Z－25;                             进到外螺纹复合循环起刀点
N115 G76 G01 R－1 E2 A60 X28.14 Z－40 I0        外螺纹复合循环
     K0.93 U0.05 V0.08 Q0.4 P0 F1.5;
N120 G00 X100 Z50;                              退刀
N125 M05;                                       主轴停转
N130 M30;                                       程序停止
```

② 件2右端加工程序。

a. 主程序。

```
%JS2Y;                                          主程序名
N5    G90 G94;                                  绝对编程,每分进给
N10   T0101 S800 M03   F150;                    换1号93°菱形外圆车刀
N15   G00 X51 Z2;                               快进
N20   #50=50;                                   设置最大切削余量
N25   WHILE #50 GE1;                            判断毛坯余量是否大于等于1mm
N30   M98 P0001;                                调用椭圆加工子程序
N35   #50=#50-2;                                每次切深双边2mm
N40   ENDW;
N45   G00 X100 Z50;                             退刀
N50   M05;                                      主轴停转
N55   M30;                                      程序停止
```

b. 椭圆加工子程序。

```
%0001;                                        子程序名
N5   #1=40;                                   长半轴
N10  #2=24;                                   短半轴
N15  #3=40;                                   Z 轴起始尺寸
N20  WHILE #3 GE 8;                           判断是否走到 Z 轴终点
N25  #4=24* SQRT[#1* #1-#3* #3]/40;           X 轴变量
N30  G01 X[2* #4+#50] Z[#3-40];               椭圆插补
N35  #3= #3-0.4;                              Z 轴步距,每次 0.4mm
N40  ENDW;
N45  W-1;
N50  G00 U2;
N55  Z2;                                      退回起点
N60  M99;                                     子程序结束
```

③ 件 1 左端加工程序。

```
%JS1Z;                                        主程序名
N5   G90 G94;                                 绝对编程,每分进给
N10  T0101 S800 M3;                           换 1 号 93°菱形外圆车刀
N15  G00 X51 Z2;                              快进到外径粗车循环起刀点
N20  G71 U1.5 R1 P50 Q80 X0.5 Z0.1 F150;      外径粗加工循环
N25  G00 X100 Z50;                            退刀
N30  M05;                                     主轴停转
N35  M00;                                     程序暂停
N40  S1500 M03 F80 T0101;                     精车转速为 1500r/min,进给速度为 80mm/min
N45  G00 X5 Z2;                               快进
N50  G01 X0 Z0;                               进到外径粗车循环起点
N55  G03 X35.992 Z-4.534 R38;                 轮廓加工
N60  G01 Z-28;                                轮廓加工
N65  X41.992;                                 轮廓加工
N70  Z-33                                     轮廓加工
N75  X47.992;                                 轮廓加工
N80  Z-60;                                    N50~N80 外径轮廓循环程序
N85  G00 X100 Z50;                            退刀
N90  M05;                                     主轴停转
N95  M00;                                     程序暂停
N100 T0202 S600 M03 F25;                      换 2 号切槽刀
N105 G00 X51 Z-38.862;                        快进到切槽起点
N110 G01 X32.5;                               切槽
N115 G00 X51;                                 退刀
N120 W-1;                                     进刀
N125 G01 X32.272;                             切槽
N130 W1;                                      精车槽底
N135 G00 X48;                                 退刀
N140 G01 Z-36;                                进到倒角起点
N145 X32.272 Z-38.862;                        倒角
N150 G00 X48;                                 退刀
N155 G01 Z-42.724;                            进到倒角起点
```

```
N160 X32.272 Z—39.862;                  倒角
N165 G00 X48;                           退刀
N170 Z—51.586;                          进刀
N175 G01 X32.5;                         切槽
N180 G00 X48;                           退刀
N185 Z—55;                              进刀
N190 G01 X32.272;                       切槽
N195 Z—51.586;                          精车槽底
N200 G00 X48;                           退刀
N205 W2.862;                            进到倒角起点
N210 G01 X32.272 W—2.862;               倒角
N215 G00 X100;
N220 Z50;                               退刀
N225 M05;                               主轴停转
N230 M30;                               程序停止
```

④ 件1右端加工程序。

a. 主程序。

```
%JS1Y;                                       主程序名
N5   G90 G94;                               绝对编程,每分进给
N10  T0404 S800 M3;                         换4号内孔镗刀
N15  G00 X19.5 Z2;                          快进到内孔循环起刀点
N20  G71 U1 R0.5 P50 Q85 X—0.5 Z0.1F120;    内径粗车循环
N25  G00 Z100;
N30  X50;                                   退刀
N35  M05;                                   主轴停转
N40  M00;                                   程序暂停
N45  S1200 M03 T0404 F80;
N50  G00 X39 Z1;                            进刀
N55  G01 X37 Z0;                            进到内径循环起点
N60  X35.02 Z—1;                            轮廓加工
N65  Z—6;                                   轮廓加工
N70  X31;                                   轮廓加工
N75  Z—12;                                  轮廓加工
N80  X28.5 Z—13;                            轮廓加工
N85  Z—24;                                  N50～N85内径轮廓循环程序
N90  X25;                                   X向退刀
N95  G00 Z100;
N100 X50;                                   退刀
N105 M05;                                   主轴停转
N110 M00;                                   程序暂停
N115 S600 M03 T0505 F25;                    换5号内切槽刀
N120 G00 X26 25;                            快进
N125 Z—23;                                  快进到切槽起点
N130 G01 X31;                               切槽
N135 X26;                                   退刀
N140 Z—24;                                  进刀
```

```
N145 X31;                                          切槽
N150 X26;                                          退刀
N155 G00 Z100;
N160 X50;                                          退刀
N165 M05;                                          主轴停转
N170 M00;                                          程序暂停
N175 S1000 M03 T0606;                              换 6 号内螺纹刀
N180 G00 X26;
N185 Z3;                                           快进到内螺纹复合循环起刀点
N190 G76 G01 R－0.5 E－1 A60 X30.05 Z－20.5        内螺纹复合循环
     I0 K0.93 U－0.05 V0.08. Q0.4 P0  F1.5
N195 G00 Z100;
N200 X50;                                          退刀
N205 M05;                                          主轴停转
N210 M00;                                          程序暂停
N215 T0101 S800 M03 F150;                          换 1 号 93°菱形外圆车刀
N220 G00 X51 Z2;                                   快进
N225 ＃50＝50;                                     设置最大切削余量
N230 WHⅡLE ＃50 GE 1;                              判断毛坯余量是否大于等于 1mm
N235 M98 P0002;                                    调用椭圆加工子程序
N240 ＃50＝＃50－2;                                每次切深双边 2mm
N245 ENDW;
N250 G00 X100 Z50;                                 退刀
N255 M05;                                          主轴停转
N260 M30;                                          程序停止
```

b. 椭圆加工子程序。

```
%0002;                                             子程序名
N5   ＃1＝40;                                      长轴
N10  ＃2＝24;                                      短轴
N15  ＃3＝8;                                       Z 轴起始尺寸
N20  WHILE ＃3 GE [－30];                          判断是否走到 Z 轴终点
N25  ＃4＝24* SQRT[＃1* ＃1－＃3* ＃3]/40;          X 轴变量
N30  G01 X[2* ＃4＋＃50] Z[＃3－8];                椭圆插补
N35  ＃3＝ ＃3－0.4;                               Z 轴步距,每次 0.4mm
N40  ENDW;
N45  W－1;
N50  G00 U2;
N55  Z2;                                           退回起点
N60  M99;                                          子程序结束
```

⑤ 合件精加工椭圆程序。

```
%JSHJ;                                             主程序名
N5   G90 G94;                                      绝对编程,每分进给
N10  T0101 S1500 M03  F60;                         转速为 1500r/min,换 1 号 93°菱形外圆车刀
N15  G00 G42 X5 Z2;                                引入半径补偿
N20  G46 X1500 P2500;                              限定恒线速转速,低为 1500r/min,高为 2500r/min
```

```
N25  G96 S240;                            规定恒线速度为 240m/min
N30  #1=40;                               长轴
N35  #2=24;                               短轴
N40  #3=40;                               Z 轴起始尺寸
N45  WHILE #3 GE [—30];                   判断是否走到 Z 轴终点
N50  #4=24* SQRT[#1* #1—#3* #3]/40;       X 轴变量
N55  G X[2* #4 Z[#3—40]J;                 椭圆插补
N60  #3=#3—0.5;                           Z 轴步距,每次 0.5mm
N65  ENDW;
N70  W—1;
N75  G40 G00 U25;                         退刀,撤消半径补偿
N80  G97 S600;                            撤销恒线速,转速为 600r/min
N85  Z2;                                  退回起点
N90  M05;                                 主轴停转
N95  M30                                  程序停止
```

7.5 数控车技师样题 5

7.5.1 零件图

数控车技师样题 5 零件图如图 7-5 所示。

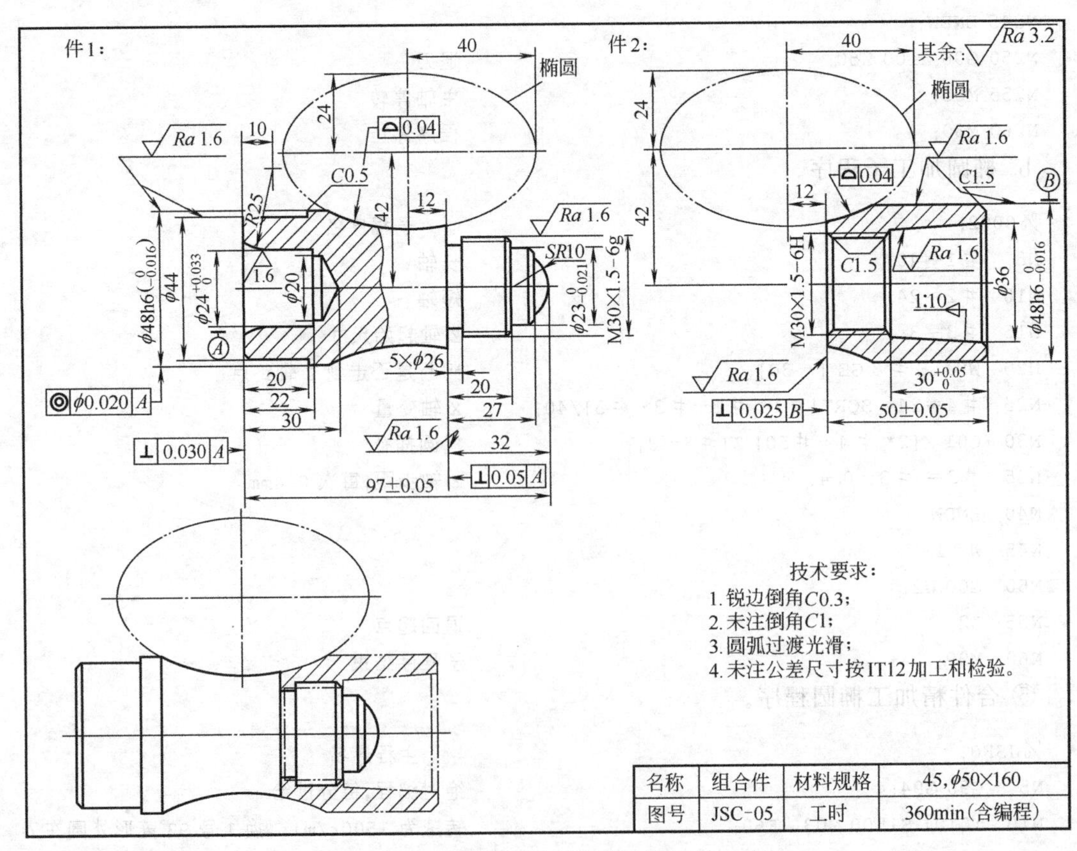

名称	组合件	材料规格	45, φ50×160
图号	JSC-05	工时	360min(含编程)

图 7-5　数控车技师样题 5 零件图

7.5.2 评分表

数控车技师样题5评分表如表7-9所示。

表7-9　数控车技师样题5评分表

单位			姓名	准考证		
检测项目		技术要求	配分	评分标准	检测结果	得分
外圆	1	$\phi48^{0}_{-0.016}$(2处)　$Ra1.6$	8/2	超差0.01扣2分、降级无分		
	2	$\phi23^{0}_{-0.021}$　$Ra1.6$	4/2	超差0.01扣2分、降级无分		
内孔	3	$\phi24^{+0.033}_{0}$　$Ra1.6$	4/2	超差0.01扣2分、降级无分		
	4	$\phi36$　$Ra1.6$	4/2	超差无分、降级无分		
外螺纹	5	M30×1.5−6g　$Ra3.2$	6/2	不满足要求不得分、降级无分		
内螺纹	6	M30×1.5−6H　$Ra3.2$	6/2	不满足要求不得分、降级无分		
椭圆面	7	形状、尺寸　$Ra3.2$	6/2	形状不符不得分，超差无分		
球面	8	$SR10$　$Ra3.2$	6/2	超差无分、降级无分		
退刀槽	9	5×$\phi26$　$Ra3.2$	2/2	超差无分、降级无分		
长度	10	97±0.05　$Ra1.6$	2	超差无分、降级无分		
	11	50±0.05　$Ra3.2$	2	超差无分、降级无分		
	12	$30^{+0.05}_{0}$	2	超差无分、降级无分		
倒角	13	$C1.5$(2处)、$C0.5$、$C1$	4	少1处扣1分		
曲面度	14	⌓ 0.04　(2处)	6	超差无分		
垂直度	15	⊥ 0.025 B	5	超差无分		
	16	⊥ 0.05 A	5	超差无分		
	17	⊥ 0.030 A	5	超差无分		
同轴度	18	◎ ϕ0.020 A	5	超差无分		
其他	19	工件完整　工件必须完整，工件局部无缺陷(如夹伤、划痕等)				
	20	程序编制　有严重违反工艺规程的取消考试资格，其他问题酌情扣分				
	21	加工时间　120min后尚未开始加工则终止考试，超过定额时间5min扣1分，超过10min扣5分，超过15min扣10分，超过20min扣20分，超过25min扣30分，超过30min则停止考试				
	22	安全操作规程		违反扣总分10分/次		
总评分			100	总得分		
零件名称			图号JSC-05		加工日期　年　月　日	
加工开始　时　分		停工时间　分钟	加工时间检测			
加工结束　时　分		停工原因	实际时间		评分	

7.5.3 考核目标与操作提示

(1) 考核目标

① 熟练掌握数控车车削三角形螺纹的基本方法。

② 掌握车削螺纹时的进刀方法及切削余量的合理分配。

③ 能对三角形螺纹的加工质量进行分析。

④ 能够编制椭圆加工程序。

(2) 加工操作提示

加工图 7-5 所示零件，加工步骤如下。

① 加工件 2 右端 ϕ48mm 外圆、锥孔及螺纹底孔至尺寸。

② 切断，保证长度 50mm。

③ 调头校正，倒角并加工 M30×1.5mm 内螺纹。

④ 加工件 1 左端 ϕ44mm、ϕ48mm 及内腔至尺寸。

⑤ 调头夹 ϕ44mm×20mm 加工右端 SR10mm 球面、ϕ23mm、ϕ29.8mm 至尺寸。

⑥ 切槽 ϕ26mm×5mm，加工外螺纹 M30×1.5mm。

⑦ 将件 2 旋入件 1，以件 1 右端面为编程零点，组合加工椭圆面。

(3) 注意事项

① 加工螺纹时，一定要根据螺纹的牙型角、导程合理选择刀具。

② 螺纹车刀的前、后刀面必须平整、光洁。

③ 安装螺纹车刀时，必须使用对刀样板。

(4) 编程、操作加工时间

① 编程时间：120min（占总分 30%）。

② 操作时间：240min（占总分 70%）。

7.5.4 工、量、刃具清单

数控车技师样题 5 工、量、刃具清单如表 7-10 所示。

表 7-10 数控车技师样题 5 工、量、刃具清单

序号	名 称	规 格	数 量	备 注
1	千分尺	0～25mm	1	
2	千分尺	25～50mm	1	
3	游标卡尺	0～150mm	1	
4	螺纹千分尺	25～50mm	1	
5	刀具	93°菱形外圆车刀	1	
6		切槽刀	1	刀宽 4mm
7		60°外螺纹车刀	1	
8		内孔镗刀	1	
9		内切槽刀	1	刀宽 3mm
10		60°内螺纹车刀	1	
11	其他辅具	1. 垫刀片若干、油石等		
12		2. 铜皮(厚 0.2mm,宽 25mm×长 60mm)		
13		3. 其他车工常用辅具		
14	材料	45 钢 ϕ50mm×160mm 一段		
15	数控车床	CK6136i、XK6140 等		
16	数控系统	华中数控世纪星、SINUMERIK 802S 或 FANUC-OTD		

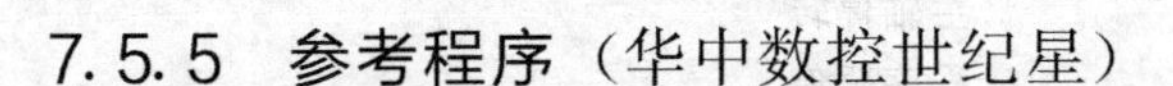

7.5.5 参考程序（华中数控世纪星）

(1) 刀具设置

1 号刀为 93°菱形外圆车刀，2 号刀为切槽刀（刀宽 4mm），3 号刀为 60°外螺纹车刀，4 号刀为内孔镗刀，5 号刀为内切槽刀（刀宽 3mm），6 号刀为 60°内螺纹车刀。

(2) 加工程序

① 件 2 右端加工程序。

```
%JS2Y;                                        主程序名
N5   G90G94;                                  绝对编程,每分进给
N10  M03 S800 T0101;                          换 1 号 93°菱形外圆车刀
N15  G00 X55 Z0;                              快速进刀
N20  G01 X30 F80;                             车端面
N25  G00 X50 Z2;                              快进到外径粗车循环起刀点
N30  G71 U1.5 R1 P60 Q80 X0.5 Z0.1 F150;      外径粗车循环
N35  G00 X100 Z100;                           退刀
N40  M05;                                     主轴停转
N45  M00;                                     程序暂停
N50  M03 S1500 T0101 F80;                     精车转速为 1500r/min,进给速度为 80mm/min
N55  G00 X50 Z2;                              快速进刀
N60  G01 X45;
N65  Z0;                                      进到倒角起点
N70  X48 Z-1.5;                               倒角
N75  Z-55;
N80  X50;                                     N60～N80 外径轮廓循环程序
N85  G00 X100 Z100;                           退刀
N90  M05;                                     主轴停转
N95  M00;                                     程序暂停
N100 M03S800 T0404;                           转速为 800r/min,换 4 号内孔镗刀
N105 G00 X20 Z5;                              快进到内径粗车循环起刀点
N115 G00 Z100;
N120 G40 X100;                                退刀,撤销半径补偿
N125 M05;                                     主轴停转
N130 M00;                                     程序暂停
N135 M03S1200 T0404 F80;                      精车转速为 1200r/min,进给速度为 80mm/min
N140 G00 X20 Z5;                              进刀
N145 G41 G01 X37.4142;                        引入半径补偿
N150 Z0;                                      进到内径循环起点
N155 X36 Z-0.7071;
N160 X33 Z-30;
N165 X31.3;
N170 X28.3 Z-31.5;
N175 Z-55;                                    N145～N175 内径循环轮廓程序
N180 X19.5                                    X 向退刀
N185 G00 Z100;
N190 G40 X100;                                退刀,撤销半径补偿
```

```
N195 M05;                                   主轴停转
N200 M00;                                   程序暂停
N205 M03S600 T0202 F25;                     换 2 号切断刀
N210 G00 X50 Z－54;                         进刀
N215 G01 X27;                               切断
N220 G00 X100;                              X 向退刀
N225 Z100;                                  Z 向退刀
N230 M05;                                   主轴停转
N235 M30;                                   程序停止
```

② 件 2 左端加工程序。

```
%JS2Z;                                      主程序名
N5   G90 G94;                               绝对编程,每分进给
N10  S1000 M03 T0404 F80;                   换 4 号内孔镗刀
N15  G00 X32 Z1;                            快进到倒角起点
N20  G01 X28 Z－1;                          倒角
N25  G00 Z100;
N30  X100;                                  退刀
N35  M05;                                   主轴停转
N40  M00;                                   程序暂停
N45  M03 S1000 T0606;                       换 6 号 60°内螺纹刀
N50  G00 X28 Z5;                            到内螺纹复合循环起刀点
N55  G76 C2 R－1 E－0.5 A60 X30.05 Z－21     内螺纹复合循环
     I0 K0.93 U－0.05 V0.08 Q0.4 P0 F1.5;
N60  G00 Z100;
N65  X100;                                  退刀
N70  M05;                                   主轴停转
N75  M30;                                   程序停止
```

③ 件 1 左端加工程序。

```
%JS1Z;                                      主程序名
N5   G90 G94;                               绝对编程,每分进给
N10  M03  S800 T0101;                       换 1 号 93°菱形外圆车刀
N15  G00 X55 Z0;                            进刀
N20  G01 X18 F80;                           车端面
N25  G00 X50 Z2;                            进到外径粗车循环起刀点
N30  G71 U1.5 R1 P60 Q90 X0.5 Z0.1 F150;    外径粗车循环
N35  G00 X100 Z100;                         退刀
N40  M05;                                   主轴停止
N45  M00;                                   程序暂停
N50  M03 S1500 T0101 F80;                   换 1 号 93°菱形外圆车刀
N55  G00 X50 Z2;                            快速进刀
N60  G01 X42;
N65  G01 Z0;
N70  X44 Z－1;                              倒角
N75  Z－20;
N80  X48;
```

```
N85  Z—35;
N90  X50;                                      N60～N90 外径轮廓循环程序
N95  G00 X100 Z100;                            退刀
N100 M05;                                      主轴停转
N105 M00;                                      程序暂停
N110 M03 S800 T0404;                           换 4 号内孔镗刀
N115 G00 X19.5 Z5;                             进到内径粗车循环起刀点
N120 G71 U1 R0.5 P155 Q170 X—0.5 Z0.1 F120;    内径粗车循环
N125 G00 Z100;
N130 G40 X100;                                 退刀,撤销半径补偿
N135 M05;                                      主轴停转
N140 M00;                                      程序暂停
N145 M03 S1200 T0404 F80;                      精车转速为 1200r/min,进给速度为 80mm/min
N150 G00 X20 Z5;                               快进到内径粗车循环起刀点
N155 G01 G41 X28.1742;                         引入半径补偿
N160 Z0;                                       进到内径循环起点
N165 G2 X24 Z—10 R25;
N170 Z—22;                                     N155～N170 内径循环轮廓程序
N175 X19.5;                                    退刀
N180 G00 Z100;
N185 G40 X100;                                 退刀,撤销半径补偿
N190 M05;                                      主轴停转
N195 M30;                                      程序停止
```

④ 件 1 右端加工程序。

```
%JS1Y;                                         主程序名
N10  G90 G94;                                  绝对编程,每分进给
N15  M03 S800 T0101;                           换 1 号 93°菱形外圆车刀
N20  G00 X55 Z0;                               快速进刀
N25  G01 X0 F80;                               车端面
N30  G00 X50 Z2;                               进到外径粗车循环起刀点
N35  G71 U1.5 R1 P70 Q130 X0.5 Z0.1 F150;      外径粗车循环
N40  G40 G00 X100 Z100;                        退刀,撤销半径补偿
N45  M05;                                      主轴停转
N50  M00;                                      程序暂停
N55  M03S1500 T0101 F80;                       精车转速为 1500r/min,进给速度为 80mm/min
N60  G00 X5 Z5;                                快速进刀
N70  G01 G42 X0 Z0;                            引入半径补偿
N75  G03 X17.32 Z—5 R10;
N80  G01 X21;
N85  X23 Z—6;
N90  Z—12;
N95  X28;
N100 X29.8 Z—13;
N105 Z—32;
N110 X39;
N115 Z—44;
```

```
N120 X48.5;
N125 Z-72;
N130 X50;                                         N70～N130外径循环轮廓程序
N135 G40 G00 X100 Z100;                           退刀,撤销半径补偿
N140 M05;                                         主轴停转
N145 M00;                                         程序暂停
N150 M03 S600 T0202 F25;                          换2号切槽刀
N155 G00 X33 Z-31;                                快速进刀
N160 G01 X26.2 F30;                               切槽
N165 X30;                                         退刀
N170 Z-32;                                        进刀
N175 X26;                                         切槽
N180 Z-31;                                        精加工槽底
N185 G00 X100;
N190 Z100;                                        退刀
N195 M05;                                         主轴停转
N200 M00;                                         程序暂停
N205 M03 S1000 T0303;                             换3号60°外螺纹刀
N210 G00 X30 Z-5;                                 快进至外螺纹复合循环起刀点
N215 G76 C2 R-0.5 E1 A60 X28.14 Z-27.5            外螺纹复合循环
     I0 K0.93 U0.05 V0.1 Q0.4 P0F1.5
N220 G00 X100 Z100;                               退刀
N225 M05;                                         主轴停转
N230 M30;                                         程序结束
```

⑤ 件1和件2组合加工程序。

```
%JS12;                                            主程序名
N10  G90 G94;                                     绝对编程,每分进给
N15  M03S800 T0101;                               换1号93°菱形外圆车刀
N20  G00 X55 Z-15;                                快进到凹槽外径粗车循环起刀点
N25  G71 U1.5 R1 Q110 E0.3 F120;                  凹槽外径粗车循环
N30  G40 G00 X100 Z100;                           退刀,撤销半径补偿
N35  M05;                                         主轴停转
N40  M00;                                         程序暂停
N45  M03 S1500 T0101 F80;                         精车转速为1500r/min,进给速度为80mm/min
N50  G00 X55 Z-15;                                快进到起刀点
N55  G01 G42 Z-17.5425;                           引入半径补偿
N60  X50;
N65  #1=40;                                       椭圆长轴
N70  #2=24;                                       椭圆短轴
N75  #3=26.4575;                                  Z轴变量起始尺寸
N80  WHILE #3 GE [-26.4575];                      判断Z轴尺寸是否到终点
N85  #4=24* SQRT[#1* #1-#3×#3]/40;                X变量
N90  G01 X[2* 42-2* #4] Z[#3-44];                 椭圆插补
N95  #1=#1-0.4;                                   Z轴每次步距0.4mm
N100 ENDW;
N105 G01 X48 Z-70.4575;
```

```
N110 X50;                  N60～N110 凹槽外径循环轮廓程序
N115 G00 X100;
N120 G40 Z100;             撤销半径补偿,退刀
N125 M05;                  主轴停转
N130 M30;                  程序结束
```

7.6　数控车技师样题 6

7.6.1　零件图

数控车技师样题 6 零件图如图 7-6 所示。

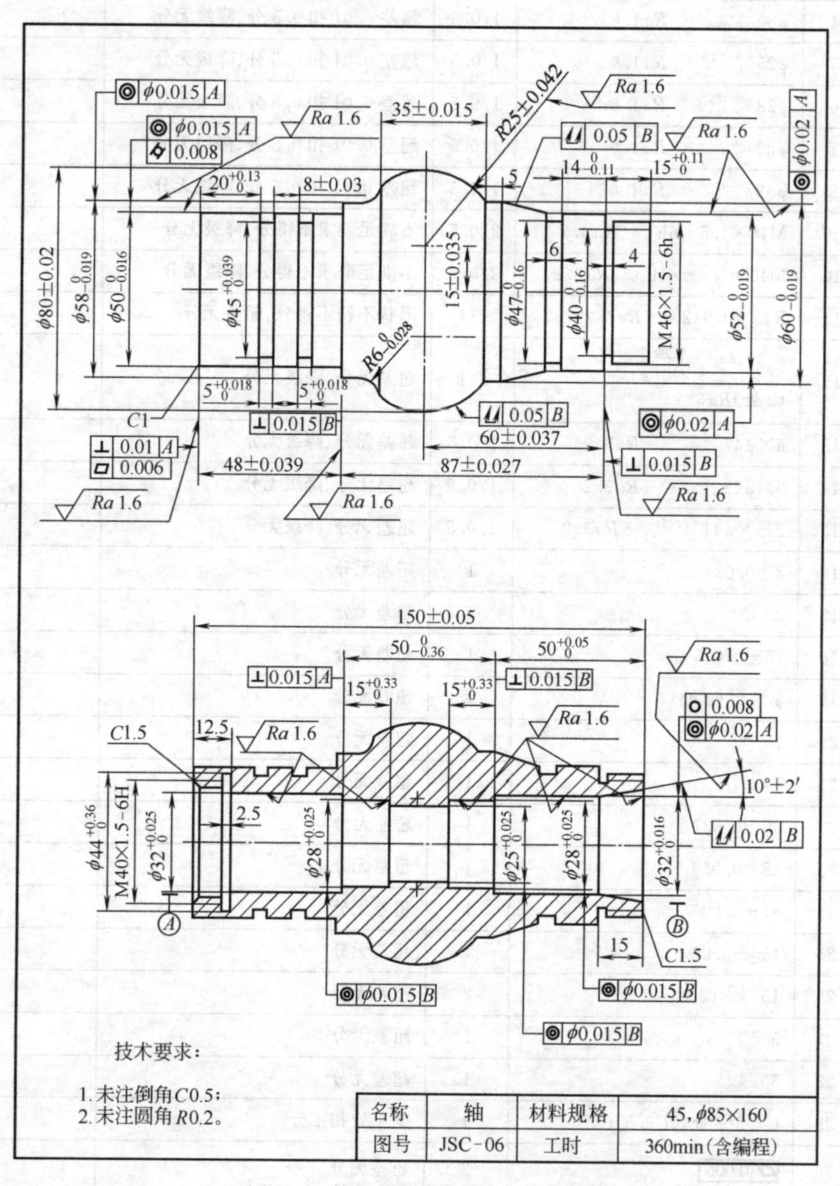

名称	轴	材料规格	45,φ85×160
图号	JSC-06	工时	360min(含编程)

图 7-6　数控车技师样题 6 零件图

7.6.2 评分表

数控车技师样题 6 评分表如表 7-11 所示。

表 7-11 数控车技师样题 6 评分表

单位			姓名		准考证号	
检测项目		技术要求	配分	评分标准	检测结果	得分
外圆	1	$\phi58_{-0.019}^{0}$ *Ra*1.6	2/1	超差 0.01 扣 0.5 分、降级无分		
	2	$\phi50_{-0.016}^{0}$ *Ra*1.6	1/0.5	超差 0.01 扣 0.5 分、降级无分		
	3	$\phi52_{-0.019}^{0}$ *Ra*1.6	1/0.5	超差 0.01 扣 0.5 分、降级无分		
	4	$\phi60_{-0.019}^{0}$ *Ra*1.6	1/0.5	超差 0.01 扣 0.5 分、降级无分		
内孔	5	$\phi25_{0}^{+0.025}$ *Ra*1.6	1/0.5	超差 0.01 扣 0.5 分、降级无分		
	6	$\phi28_{0}^{+0.025}$ *Ra*1.6	1/0.5	超差 0.01 扣 0.5 分、降级无分		
	7	$\phi32_{0}^{+0.025}$ *Ra*1.6	1/0.5	超差 0.01 扣 0.5 分、降级无分		
	8	$\phi32_{0}^{+0.016}$ *Ra*1.6	1/0.5	超差 0.01 扣 0.5 分、降级无分		
外螺纹	9	M46×1.5－6h *Ra*3.2	2/0.5	不满足要求不得分、降级无分		
内螺纹	10	M40×1.5－6H *Ra*3.2	2/0.5	不满足要求不得分、降级无分		
圆弧面	11	R25±0.042 *Ra*3.2	1/1	形状不符不得分，超差无分		
退刀槽	12	$5_{0}^{+0.018}\times\phi45_{0}^{+0.039}$ (2 处)*Ra*3.2	2/1	超差无分、降级无分		
	13	$6\times\phi47_{-0.16}^{0}$ *Ra*3.2	1/0.5	超差无分、降级无分		
	14	$3\times\phi42_{-0.16}^{0}$ *Ra*3.2	1/0.5	超差无分、降级无分		
	15	$2.5\times\phi44_{0}^{+0.46}$ *Ra*3.2	1/0.5	超差无分、降级无分		
长度	16	8±0.03	1	超差无分		
	17	$20_{0}^{+0.13}$	1	超差无分		
	18	35±0.015	1	超差无分		
	19	$5_{0}^{+0.018}$(2 处)	1	超差无分		
	20	$15_{0}^{+0.11}$	1	超差无分		
	21	$14_{-0.11}^{0}$	1	超差无分		
	22	60±0.037	1	超差无分		
	23	48±0.039	1	超差无分		
	24	87±0.027	1	超差无分		
	25	150±0.05	1	超差无分		
	26	$15_{0}^{+0.33}$(2 处)	2	超差无分		
	27	$50_{0}^{+0.05}$	1	超差无分		
	28	$50_{-0.36}^{0}$	1	超差无分		
倒角	29	*C*1.5(2 处)、*C*0.5、*C*1	4	少 1 处扣 1 分		
平面度	30	⏥ 0.006	3	超差无分		
圆度	31	○ 0.008	3	超差无分		

续表

检测项目		技术要求		配分	评分标准	检测结果	得分
垂直度	32	⊥ 0.015 B（2 处）		6	超差无分		
	33	⊥ 0.015 A		3	超差无分		
	34	⊥ 0.01 A		3	超差无分		
同轴度	35	◎ ϕ0.02 A（3 处）		9	超差无分		
	36	◎ ϕ0.015 A（2 处）		6	超差无分		
	37	◎ ϕ0.015 B（3 处）		9	超差无分		
圆柱度	38	⌭ 0.008		3	超差无分		
全跳动	39	⌰ 0.05 B（2 处）		6	超差无分		
	40	⌰ 0.02 B		3	超差无分		
其他	41	工件完整	工件必须完整，工件局部无缺陷（如夹伤、划痕等）				
	42	程序编制	有严重违反工艺规程的取消考试资格，其他问题酌情扣分				
	43	加工时间	120min 后尚未开始加工则终止考试，超过定额时间 5min 扣 1 分，超过 10min 扣 5 分，超过 15min 扣 10 分，超过 20min 扣 20 分，超过 25min 扣 30 分，超过 30min 则停止考试				
	44	安全操作规程			违反扣总分 10 分/次		
总评分				100	总得分		

零件名称		图号 JSC-06	加工日期　年　月　日
加工开始　时　分	停工时间　分钟	加工时间	检测
加工结束　时　分	停工原因	实际时间	评分

7.6.3　考核目标与操作提示

(1) 考核目标

① 熟练掌握数控车车削三角形螺纹的基本方法。

② 掌握车削螺纹时的进刀方法及切削余量的合理分配。

③ 能对三角形螺纹的加工质量进行分析。

(2) 加工操作提示

如图 7-6 所示，编程零点设置在零件右端面的轴心线上。零件加工步骤如下。

① 预钻 ϕ23mm 通孔，一端用反爪夹住，另一端用顶尖顶住。

② 用 G71 外径粗车循环粗加工左端至 *R*25mm 半球，双边留 0.5mm 余量。

③ 精加工左端外形，*R*25mm 半球不加工。

④ 切外槽。

⑤ 撤去顶尖，用 G71 内径粗车循环粗加工左端内腔，精车左端内腔。

⑥ 切内槽，加工 M40×1.5mm 内螺纹。

⑦ 调头校正，用正爪夹 ϕ50mm 外圆，另一端用顶尖顶住，用 G71 外径粗车循环车右端至 *R*25mm 半球，双边留 0.5mm 余量。

⑧ 精加工右端外形，*R*25mm 半球不加工。

⑨ 切外槽，加工 M46×1.5mm 外螺纹。

⑩ 精加工 *R*25mm 球面。

撤去顶尖，用 G71 内径粗车循环粗加工右端内腔，精车右端内腔。

(3) 注意事项

① 加工螺纹时，一定要根据螺纹的牙型角、导程合理选择刀具。

② 螺纹车刀的前、后刀面必须平整、光洁。

③ 安装螺纹车刀时，必须使用对刀样板。

(4) 编程、操作加工时间

① 编程时间：120min（占总分 30%）。

② 操作时间：240min（占总分 70%）。

7.6.4 工、量、刃具清单

数控车技师样题 6 工、量、刃具清单如表 7-12 所示。

表 7-12 数控车技师样题 6 工、量、刃具清单

序号	名 称	规 格	数 量	备 注
1	千分尺	0～25mm	1	
2	千分尺	25～50mm	1	
3	游标卡尺	0～150mm	1	
4	螺纹千分尺	25～50mm	1	
5	刀具	93°菱形外圆车刀	1	
6		切槽刀	1	刀宽 4mm
7		60°外螺纹车刀	1	
8		内孔镗刀	1	
9		内切槽刀	1	刀宽 3mm
10		60°内螺纹车刀	1	
11	其他辅具	1. 垫刀片若干、油石等		
12		2. 铜皮(厚 0.2mm,宽 25mm×长 60mm)		
13		3. 其他车工常用辅具		
14	材料	45 钢 ϕ85mm×160mm 一段		
15	数控车床	CK6136i、XK6140 等		
16	数控系统	华中数控世纪星、SINUMERIK 802S 或 FANUC-OTD		

7.6.5 参考程序（华中数控世纪星）

(1) 刀具设置

1 号刀为 93°菱形外圆车刀，2 号刀为切槽刀（刀宽 4mm），3 号刀为 60°外螺纹车刀，4 号刀为内孔镗刀，5 号刀为内切槽刀（刀宽 3mm），6 号刀为 60°内螺纹车刀。

(2) 加工程序

① 左端外形加工程序。

```
%JSZW;                                  主程序名
N5    G90 G94;                          绝对编程,每分进给
N10   M03 S650 T0101;                   换 1 号 93°菱形外圆车刀
N15   G00 Z2;                           快进到外径粗车循环起刀点
N20   X85;
```

N30　G71 U1.5 R1 P60 Q88 X0.5 Z0.1 F120;	外径粗车循环
N35　G00 X150 Z15;	退刀
N40　M05;	主轴停转
N45　M00;	程序暂停
N50　M03 S1000 T0101 F100;	
N55　G00 X55 Z2;	快速进刀
N60　G01 X48;	
N65　Z0;	进到倒角起点
N70　X49.992 Z－1;	倒角
N75　Z－48;	
N80　X57.99;	
N85　Z54;	
N86　G02 X70 Z－60 R6;	
;N87 G03 X80 Z－75 R25;	精加工时加分号,不加工此段程序
;N88 G01 Z－78;	精加工时加分号,不加工此段程序,N60～N88 外径循环轮廓程序
N89　G00 X150 Z15;	退刀
N90　M05;	主轴停转
N95　M00;	程序暂停
N100 M03 S650 T0202 F25;	换 2 号切槽刀
N105 G00 X55 Z－23;	进刀
N110 G01 X45.2;	切槽
N115 X51;	退刀
N120 Z－25;	进刀
N125 X45;	切槽
N130 Z－23;	精车槽底
N140 X51;	退刀
N145 Z－36;	进刀
N150 X45.2;	切槽
N155 X51;	退刀
N160 Z－38;	进刀
N165 X45;	切槽
N170 Z－36;	精车槽底
N175 G00 X150;	X 向退刀
N180 Z15;	Z 向退刀
N185 M05;	主轴停转
N190 M30;	程序停止

② 左端内腔加工程序。

%JSZN;	主程序名
N5　M03 S800 T0404;	换 4 号内孔镗刀
N10　G00 X22.5 Z5;	快进到内径粗车循环起刀点
N15　G71 U1 R0.5 P50 Q95 X－0.5 Z0.1 F120;	内径粗车循环
N20　G00 Z100;	
N25　X100;	退刀
N30　M05;	主轴停转
N35　M00;	程序暂停

```
N40  M03 S1200 T0404 F80;
N45  G00 X22.5 Z5;                              进刀
N50  G01 X41.5;
N55  Z0;                                        进到内径循环起点
N60  X38.5 Z－1.5;                              倒角
N65  Z－12.5;
N70  X32.005;
N75  Z－50;
N80  X28.005;
N85  Z－65;
N90  X25.005;
N95  Z－87;                                     N50～N95内径循环轮廓程序
N100 X22.5;                                     X向退刀
N105 G00 Z100;
N110 X100;                                      退刀
N115 M05;                                       主轴停转
N120 M00;                                       程序暂停
N125 S600 M03 T0505 F25;                        换5号内切槽刀
N130 G00 X28;                                   快进
N135 Z－12.5;                                   快进
N140 G01 X44;                                   切内槽
N145 X28;                                       退刀
N150 G00 Z100;
N155 X100;
N160 M05;                                       主轴停转
N165 M00;                                       程序停止
N170 M03 S1000 T0606;                           换6号60°内螺纹刀
N175 G00 X28 Z5;                                进到内螺纹复合循环起刀点
N180 G76 G2 R－1 E－0.5 A60 X40.05 Z－10.5       内螺纹复合循环
     I0 K0.93 U－0.05 V0.08 Q0.4 P0 F1.5;
N185 G00 Z100;
N190 X100;                                      退刀
N195 M05;                                       主轴停转
N200 M30;                                       程序停止
```

③ 右端外形加工程序。

```
%JSYW;                                          主程序名
N5   G90 G94;                                   绝对编程，每分进给
N10  M03 S800 T0101;                            换1号93°菱形外圆车刀
N15  G00 Z2;
N25  X85;                                       快进到外径粗车循环起刀点
N30  G71 U1.5 R1 P60 Q105 X0.5 Z0.1 F150;       外径粗车循环
N35  G00 X150 Z15;                              退刀
N40  M05;                                       主轴停转
N45  M00;                                       程序暂停
N50  M03 S1200 T0101 F80;
N55  G00 X55 Z2;                                快速进刀
```

```
N60   G01 X43;
N65   Z0;                                          进到倒角起点
N70   X45.8 Z－1.5;                                倒角
N75   Z－15;
N80   X51.99;
N85   Z－35;
N90   X60 Z－50;
N95   Z－55;
;N100G03 X80 Z－75 R25;                            精加工时加分号,不加工此段程序
;N105G01 Z－75.5;                                  精加工时加分号,不加工此段程序,N60～N105
                                                     外径循环轮廓程序
N85   G00 X100 Z100;                               退刀
N90   M05;                                         主轴停转
N95   M00;                                         程序暂停
N100 M03 S600 T0202 F25;                           换 2 号切槽刀
N105 G00 X55 Z－15;                                进刀
N110 G01 X47;                                      切槽
N115 X53;                                          退刀
N120 Z－32;                                        进刀
N125 X47.2;                                        切槽
N130 Z－35;                                        进刀
N135 X47;                                          切槽
N140 Z－32;                                        精车槽底
N145 G00 X100;                                     X 向退刀
N150 Z100;                                         Z 向退刀
N155 M03 S1000 T0303;                              换 3 号 60°外螺纹刀
N160 G00 X50 Z5;                                   到外螺纹复合循环起刀点
N165 G76 C2 R－0.5 E2 A60 X44.14 Z－12.5           外螺纹复合循环
     I0 K0.93 U0.05 V0.08 Q0.4 P0 F1.5;
N170 G00 X150;
N175 Z15;                                          退刀
N180 M05;                                          主轴停转
N185 M00;                                          程序暂停
N190 M03 S1200 T0101;                              换 1 号 93°菱形外圆车刀
N195 G00 G42 X65 Z－49;                            进刀
N200 G01 X59.99 F80;
N205 Z－55;                                        工进到圆弧起点
N210 G03 X70 Z－90 R25;                            精车球面
N215 G01 Z－92;
N220 G00 G40 X100;
N225 Z100;                                         退刀
N230 M05;                                          主轴停转
N235 M30;                                          程序停止
```

④ 右端内腔加工程序。

```
%JSYN;                                             主程序名
N5    G90 G94;                                     绝对编程,每分进给
```

```
N10  M03 S800 T0404;                         换4号内孔镗刀
N15  G00 X22.5 Z5;                           快进到内径粗车循环起刀点
N20  G71 U1 R0.5 P50 Q70 X－0.5 Z0.1 F120;   内径粗车循环
N25  G00 Z100;
N30  G40 X100;                               退刀,撤销半径补偿
N35  M03S1200 T0404 F80;
N40  G00 X22.5 Z5;                           进刀
N45  G41 G01 X37.29;                         引入半径补偿
N50  Z0;                                     进到内径循环起点
N55  X32 Z－15;
N60  Z－50;
N65  X28;
N70  Z－65;                                  N50～N70内径循环轮廓程序
N75  X22;                                    X向退刀
N80  G00 Z100;
N85  G40 X100;                               退刀,撤销半径补偿
N90  M05;                                    主轴停转
N95  M30;                                    程序停止
```

7.7 数控车技师样题7

7.7.1 零件图

数控车技师样题7零件图如图7-7所示。

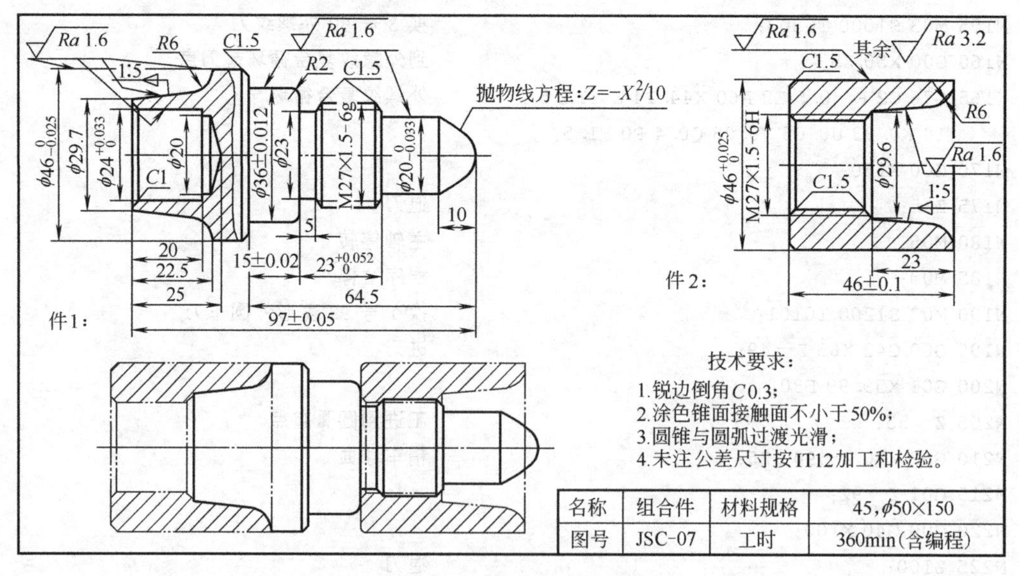

图7-7 数控车技师样题7零件图

7.7.2 评分表

数控车技师样题7评分表如表7-13所示。

表 7-13　数控车技师样题 7 评分表

单位			姓名		准考证	
检测项目		技术要求	配分	评分标准	检测结果	得分
外圆	1	$\phi46_{-0.025}^{0}$　$Ra1.6$	4/2	超差 0.01 扣 2 分、降级无分		
	2	$\phi20_{-0.033}^{0}$　$Ra1.6$	4/2	超差 0.01 扣 2 分、降级无分		
	3	$\phi29.7$　$Ra1.6$	4/2	超差 0.01 扣 2 分、降级无分		
	4	$\phi36\pm0.012$　$Ra1.6$	4/2	超差 0.01 扣 2 分、降级无分		
	5	$\phi46_{0}^{+0.025}$　$Ra1.6$	4/2	超差 0.01 扣 2 分、降级无分		
内孔	6	$\phi24_{0}^{+0.033}$　$Ra1.6$	4/2	超差 0.01 扣 2 分、降级无分		
	7	$\phi29.6$　$Ra1.6$	4/2	超差无分、降级无分		
圆弧面	8	$R6$　$Ra1.6$	4/2	超差无分、降级无分		
锥面	9	1∶5(内、外)　$Ra1.6$	8/4	不符无分、降级无分		
外螺纹	10	M27×1.5-6g　$Ra3.2$	5/1	超差、降级无分		
内螺纹	11	M27×1.5-6H　$Ra3.2$	5/1	超差、降级无分		
退刀槽	12	5×$\phi23$　两侧 $Ra3.2$	5/1	不符无分、降级无分		
抛物线	13	形状、尺寸　$Ra3.2$	6/1	不符无分、降级无分		
长度	14	15 ± 0.02	2	超差无分		
	15	97 ± 0.05	2	超差无分		
	16	46 ± 0.1	2	超差无分		
	17	$23_{0}^{+0.052}$	2	超差无分		
倒角	18	$C1.5$(5 处)、$C1$、$C0.3$	7	不符无分		
其他	19	工件完整	工件必须完整,工件局部无缺陷(如夹伤、划痕等)			
	20	程序编制	有严重违反工艺规程的取消考试资格,其他问题酌情扣分			
	21	加工时间	120min 后尚未开始加工则终止考试,超过定额时间 5min 扣 1 分,超过 10min 扣 5 分,超过 15min 扣 10 分,超过 20min 扣 20 分,超过 25min 扣 30 分,超过 30min 则停止考试			
	22	安全操作规程		违反扣总分 10 分/次		
总评分			100	总得分		
零件名称			图号 JSC-07		加工日期　年　月　日	
加工开始　时　分		停工时间　分钟	加工时间		检测	
加工结束　时　分		停工原因	实际时间		评分	

7.7.3　考核目标与操作提示

(1) 考核目标

① 熟练掌握数控车车削三角形螺纹的基本方法。

② 掌握车削螺纹时的进刀方法及切削余量的合理分配。

③ 能对三角形螺纹的加工质量进行分析。

④ 掌握非圆曲线的编程方法。

(2) 加工操作提示

如图 7-7 所示,编程零点设置在零件右端面的轴心线上。零件加工步骤如下。

① 加工件 2 右端 ϕ46mm 外圆、锥孔及螺纹底孔至尺寸。
② 切断，保证长度 46mm。
③ 调头校正，倒角并加工 M27×1.5mm 内螺纹。
④ 加工件 1 右端 ϕ46mm、ϕ36mm、ϕ20mm 及抛物面至尺寸。
⑤ 切槽 ϕ23mm×5mm，加工外螺纹 M27×1.5mm。
⑥ 调头夹 ϕ36mm×15mm 加工左端外形及内腔至尺寸。

(3) 注意事项

① 加工螺纹时，一定要根据螺纹的牙型角、导程合理选择刀具。
② 螺纹车刀的前、后刀面必须平整、光洁。
③ 安装螺纹车刀时，必须使用对刀样板。

(4) 编程、操作加工时间

① 编程时间：120min（占总分 30%）。
② 操作时间：240min（占总分 70%）。

7.7.4 工、量、刃具清单

数控车技师样题 7 工、量、刃具清单如表 7-14 所示。

表 7-14 数控车技师样题 7 工、量、刃具清单

序号	名 称	规 格	数 量	备 注
1	千分尺	0～25mm	1	
2	千分尺	25～50mm	1	
3	游标卡尺	0～150mm	1	
4	螺纹千分尺	25～50mm	1	
5	刀具	93°菱形外圆车刀	1	
6	刀具	切槽刀	1	刀宽 4mm
7	刀具	60°外螺纹车刀	1	
8	刀具	内孔镗刀	1	
9	刀具	内切槽刀	1	刀宽 3mm
10	刀具	60°内螺纹车刀	1	
11	其他辅具	1. 垫刀片若干、油石等		
12	其他辅具	2. 铜皮(厚 0.2mm，宽 25mm×长 60mm)		
13	其他辅具	3. 其他车工常用辅具		
14	材料	45 钢 ϕ85mm×160mm 一段		
15	数控车床	CK6136i、XK6140 等		
16	数控系统	华中数控世纪星、SINUMERIK 802S 或 FANUC-OTD		

7.7.5 参考程序（华中数控世纪星）

(1) 刀具设置

1号刀为 93°菱形外圆车刀，2 号刀为切槽刀（刀宽 4mm），3 号刀为 60°外螺纹车刀，4 号刀为内孔镗刀，5 号刀为内切槽刀（刀宽 3mm），6 号刀为 60°内螺纹车刀。

(2) 加工程序

① 件 2 右端加工程序。

```
%JS2Y;                                          主程序名
N10  G90 G94 G54;                               绝对编程,每分进给,建立工件坐标系
N15  M03 S650 T0101;                            换 1 号 93°菱形外圆车刀
N20  G00 X55 Z0;                                快速进刀
N25  G01 X18 F80;                               车端面
N30  G00 X50 Z2;                                快进到外径粗车循环起刀点
N35  G71 U1.5 R1 P65 Q75 X0.5 Z0.1 F150;        外径粗车循环
N40  G00 X100 Z50;                              退刀
N45  M05;                                       主轴停转
N50  M00;                                       程序暂停
N55  M03 S1200 T0101 F80;
N60  G00 X50 Z2;                                快速进刀
N65  G01 X46;
N70  Z-52;
N75  X50;                                       N65~N75 外径循环轮廓程序
N80  G00 X100 Z50;                              退刀
N85  M05;                                       主轴停转
N90  M00;                                       程序暂停
N95  M03 S650 T0404;                            主轴转速为 800r/min,换 4 号内孔镗刀
N100 G00 X20 Z5;                                快进到内径粗车循环起刀点
N105 G71 U1 R0.5 P145 Q170 X-0.5 Z0.1 F120;     内径粗车循环
N110 G40 G00 Z100;                              退刀,撤销半径补偿
N115 X100;
N120 M05;                                       主轴停转
N125 M00;                                       程序暂停
N130 M03 S1000 T0404 F80;                       精车转速为 1000r/min,进给速度为 80mm/min
N135 G00 X20 Z5;                                进刀
N140 G01 G41 X45.0598;                          引入半径补偿
N145 Z0;                                        进到内径循环起点
N150 G02 X33.1194 Z-5.4 R6;
N155 G01 X29.6 Z-23;
N160 X28.5;
N165 X25.5 Z-24.5;
N170 Z-50;
175  X19.5;
180  G00 Z100;
N185 G40 X100;                                  退刀,撤销半径补偿
N190 M05;                                       主轴停转
N195 M00;                                       程序暂停
N200 M03 S650 T0202 F25;                        换 2 号切槽刀
N205 G00 X50 Z-50;                              进刀
N210 G01 X42;                                   切槽
N215 X46;                                       退刀
N220 Z-48.5;                                    进刀倒角起点
```

```
N225 X43 Z－50;                                  倒角
N230 X25;                                        切断
N235 G00 X100;                                   退刀
N240 Z100;
N245 M05;                                        主轴停转
N250 M30;                                        程序停止
```

② 件 2 左端加工程序。

```
%JS2Z;                                           主程序名
N10  G90 G94 G54;                                绝对编程，每分进给
N15  M03 S650 T0404 F80;                         换 4 号内孔镗刀
N20  G00 X30.5 Z1;                               快进到倒角起点
N25  G01 X25.5 Z－1.5;                           倒角
N30  X24;
N35  G00 Z100;                                   退刀
N40  X100;
N45  M05;                                        主轴停转
N50  M00;                                        程序暂停
N55  M03 S800 T0606;                             换 6 号 60°内螺纹刀
N60  G00 X25 Z5;                                 到内螺纹复合循环起刀点
N65  G76 C2 R－1 E－0.5 A60 X27.05 Z－25         内螺纹复合循环
     I0 K0.93 U－0.05 V0.08 Q0.4 P0 F1.5;
N70  G00 Z100;                                   退刀
N75  X100;
N80  M05;                                        主轴停转
N85  M30;                                        程序停止
```

③ 件 1 右端加工程序。

```
%JSC1Y;                                          主程序名
N10  G90 G94 G54;                                绝对编程，每分进给
N15  M03 S650 T0101;                             换 1 号 93°菱形外圆车刀
N20  G00 X55 Z0;                                 快速进刀
N25  G01 X0 F100;                                车端面
N30  G00 X50 Z2;                                 快进到外径粗车循环起刀点
N35  G71 U1.5 R1 P70 Q155 X0.5 Z0.1 F150;        外径粗加工循环
N40  G40 G00 X100 Z100;                          退刀，撤销半径补偿
N45  M05;                                        主轴停转
N50  M00;                                        程序暂停
N55  M03 S1200 T0101 F80;
N60  G00 X10 Z5;                                 快速进刀
N65  G01 G42 X0;                                 引入半径补偿
N70  Z0;
N75  #1＝0;                                      设置 X 起始变量
N80  WHILE #1 LE 10;                             判断 X 半径是否到尺寸
N85  G01 X [2* #1] Z [－#1* #1/10];              抛物线插补
N90  #1＝#1＋0.05;                               X 变量每次步距 0.05mm
N95  ENDW;
```

```
N100 G01 X20 Z－10;                              轮廓加工开始
N105 Z－26.5;
N110 X24;
N115 X26.85  Z－28;
N120 Z－49.5;
N125 X32;
N130 G03 X36 Z－51.5 R2;
N135 G01 Z－64.5;
N140 X43;
N145 X46 Z－66;
N150 Z－75;                                      轮廓加工结束
N155 X50;                                        N70～N155外径轮廓循环程序
N160 G40 G00 X100 Z100;                          退刀,撤销半径补偿
N165 M05;                                        主轴停转
N170 M00;                                        程序暂停
N175 M03 S650 T0202 F25;                         换2号切槽刀
N180 G00 X30 Z－48.5;                            进到切槽起点
N185 G01 X23.2;                                  切槽
N190 X27;                                        退刀
N195 Z－49.5;                                    进刀
N200 X23;                                        切槽
N205 Z－48.5;                                    精车槽底
N210 X27;
N215 Z－47;                                      进到倒角起点
N220 X23 Z－48.5;                                倒角
N225 G00 X100;
N230 Z100;                                       退刀
N235 M05;                                        主轴停转
N235 M00;                                        程序暂停
N240 M03 S1200 T0303;                            换3号60°外螺纹刀
N245 G00 X27 Z－24;                              到外螺纹复合循环起刀点
N250 G76 C2 R－2 E1 A60 X25.14 Z－47             外螺纹复合循环
     I0 K0.93 U0.05 V0.08 Q0.4 P0 F1.5;
N255 G00 X100;
N260 Z100;                                       退刀
N265 M05;                                        主轴停转
N270 M30;                                        程序停止
```

④ 件1左端加工程序。

```
%JS1Z;                                           主程序名
N5   G90 G94 G54;
N10  M03 S650 T0101;                             换1号93°菱形外圆车刀
N15  G00 X55 Z0;                                 快速进刀
N20  G01 X18 F80;                                车端面
N25  G00 X50 Z2;                                 快进到外径粗车循环起刀点
N30  G71 U1.5 R1 P65 Q75 X0.5 Z0.1 F150;         外径粗车循环
N35  G40 G00 X100 Z100;                          退刀,撤销半径补偿
```

```
N40  M05;                                             主轴停转
N45  M00;                                             程序暂停
N50  M03 S1200 T0101 F80;
N55  G00 X35 Z2;                                      快速进刀
N60  G01 G42 X29.7;                                   引入半径补偿
N65  Z0;
N70  X34.2 Z－22.5 R6;                                倒圆角
N75  X48;                                             N65～N75 外径循环轮廓程序
N80  G40 G00 X100 Z100;                               退刀,撤销半径补偿
N85  M05;                                             主轴停转
N90  M00;                                             程序暂停
N95  M03 S650 T0404;                                  主轴转速为 800r/min,换 4 号内孔镗刀
N100 G00 X20 Z5;                                      快进到内径粗车循环起刀点
N105 G71 U1 R0.5 P145 Q155 X－0.5 Z0.1 F100;          内径粗车循环
N100 G00 X100;
N115 Z100;                                            退刀
N120 M05;                                             主轴停转
N125 M00;                                             程序暂停
N130 M03 S1000 T0404 F80;
N135 G00 X20 Z5;                                      快进到内径粗车循环起刀点
N140 G01 X26;
N145 Z0;                                              进到内径循环起点
N150 X24 Z－1;                                        倒角
N155 Z－20;                                           N145～N155 内径循环轮廓程序
N160 X19.5;                                           退刀
N165 G00 Z100;
N170 X100;                                            退刀
N175 M05;                                             主轴停转
N180 M30;                                             程序停止
```

思考题

在数控车床上操作加工图 7-1～图 7-7 的 7 个数控车工技师实训课题，并发现和分析存在的问题，寻找解决问题的方法。

Chapter 8

第8章 职业技能鉴定数控车考工试题

8.1 数控车床中级工理论考试样题与答案

8.1.1 数控车床中级工理论考试样题

单位：______________ 姓名：______________ 准考证号：______________

项目	一	二	三	四	五	六				合计
得分										

一、填空（每空1分，共20分）

1. 锻件常用的冷却方法有______、______和______。
2. 从床头向尾座方向车削的偏刀称为______偏刀。
3. 加工深孔的主要关键技术是______和______。
4. 平面划线要选择______个划线基准，立体划线要选择______个划线基准。
5. 手动增量方式下以毫米为单位×100代表的单位移动距离为______。
6. 麻花钻由______、______和______组成。
7. 数控机床常用的位移执行机构的电动机有______电动机、______电动机和______电动机。
8. 伺服系统是数控机床的执行机构，它包括______和______两大部分。
9. 数控装置是由______、______、______构成的。

二、单项选择题（每题2分，共30分）

1. 指令G02 X_ Y_ R_不能用于______加工。

(A) 1/4圆 (B) 1/2圆 (C) 3/4圆 (D) 整圆

2. 当磨钝标准相同，刀具寿命越高，表示刀具磨损______。

(A) 越快 (B) 越慢 (C) 不变

3. 消耗功力最多，而作用在切削速度方向上的分力是______。

(A) 切向抗力 (B) 径向抗力 (C) 轴向抗力

4. 对切削抗力影响最大的是______。

(A) 工件材料 (B) 切削深度 (C) 刀具角度

5. 平衡砂轮一般是对砂轮作______平衡。

(A) 安装 (B) 静 (C) 动

6. 数控机床在轮廓拐角处产生“欠程”现象，应用______方法控制。

(A) 提高进给速度 (B) 修改坐标点 (C) 减速或暂停

7. 前角增大，切削力______，切削温度______。

(A) 减小 (B) 增大 (C) 不变 (D) 下降 (E) 上升

8. 所谓联机诊断，是指数控计算机中的______。

(A) 远程诊断能力 (B) 自诊断能力 (C) 脱机诊断能力 (D) 通信诊断能力

9. 数控机床进给系统采用齿轮传动副时，应该有消除间隙措施，其消除的是______，

(A) 齿轮轴向间隙 (B) 齿顶间隙 (C) 齿侧间隙 (D) 齿根间隙

10. 车削圆锥面时，若刀尖安装高于或低于构件回转中心，则构件便会产生______误差。

(A) 圆度 (B) 双曲线 (C) 尺寸精度 (D) 表面粗糙度

11. 选择刀具起始点时应考虑______。

(A) 防止与工件或夹具干涉碰撞 (B) 方便刀具安装测量

(C) 每把刀具刀尖在起始点重合 (D) 必须选在工件外侧

12. 为了改善铸、锻、焊接件的切削性能和消除内应力，细化组织和改善组织的不均匀性，应进行______。

(A) 调质 (B) 退火 (C) 正火 (D) 回火

13. 为提高数控系统的可靠性，可______。

(A) 采用单片机 (B) 采用双 CPU (C) 提高时钟频率 (D) 采用光电隔离电路

14. FMS 是指______。

(A) 直接数字控制 (B) 自动化工厂 (C) 柔性制造系统 (D) 计算机集成制造系统

15. ______主要用于经济型数控机床的进给驱动。

(A) 步进电动机 (B) 直流伺服电动机

(C) 交流伺服电动机 (D) 直流进给伺服电动机

三、判断题（每题 1 分，共 16 分）

1. 数控机床既可以自动加工，也可以手动加工。
2. 在数控机床上对刀，既可以用对刀（镜）仪对刀，也可以用试切法对刀。
3. 专门为某一工件的某道工序专门设计的夹具称为通用夹具。
4. 刀具远离工件的运动方向为坐标的正方向。
5. 要求限制的自由度都有限制的定位方式称为过定位。
6. 车床夹具通常设置配重或加工减重孔来达到夹具的平衡。
7. 同一工件无论用数控机床加工还是用普通机床加工，其工序都一样。
8. 在应用刀具半径补偿过程中，如果缺少刀具补偿号，那么此程序运行时会出现报警。
9. 自动线、数控车床上宜采用机夹式车刀。
10. 在数控系统中，F 地址字只能用来表示进给速度。
11. 数控车床的回转刀架刀位的检测采用角度编码器。
12. 车削细长轴时，产生“竹节形”的原因是跟刀架的支承爪压得过紧。
13. 欠定位决不允许在加工中使用。
14. 用英制丝杠的车床车各种规格的普通米制螺纹，都会产生乱扣。
15. 加工硬化主要是由于刀具刃口太钝造成的。
16. 驱动装置是数控机床的控制核心。

四、名词解释（每题 4 分，共 12 分）

1. 步距角

2. 黏结磨损

3. 模态代码

五、简答（每题 6 分，共 12 分）

1. 滚珠丝杠螺母副有何特点？

2. 常用的数控功能字指令有哪些？并简述其功能。

六、计算题（10 分）

装夹主偏角为 75°、副偏角为 6°的车刀，车刀刀杆中心线与进给方向成 85°，求该车刀工作时的主偏角和副偏角各是多少度？

8.1.2　数控车床中级工理论考试样题答案

一、填空（每空 1 分，共 20 分）

1. 水冷、空冷、炉冷

2. 反

3. 深孔钻的几何形状、冷却排屑

4. 二、三

5. 0.1mm

6. 柄部、颈部、工作部分

7. 步进、直流伺服、交流伺服

8. 驱动、执行

9. 输入装置、输出装置、控制运算器

二、单项选择题（每题 2 分，共 30 分）

1	2	3	4	5	6	7	8
D	B	A	B	B	C	AD	B
9	10	11	12	13	14	15	
C	B	A	B	D	C	A	

三、判断题（每题 1 分，共 16 分）

1	2	3	4	5	6	7	8
√	√	×	√	×	√	×	√
9	10	11	12	13	14	15	16
√	×	√	√	√	√	√	×

四、名词解释（每题 4 分，共 12 分）

1. 每当数控装置发出一个指令脉冲信号，就使步进电动机的转子旋转一个固定角度，该角度称为步距角。

2. 黏结磨损是指工件或切屑表面与刀具表面之间在高温下发生黏结，刀具表面微粒被带走而造成的磨损。

3. 模态代码即续效代码，模态代码一经采用，将直到出现同组其他任一代码时才失效。如 G00、G01、G02、G03 为一组，设开始的某程序段采用 G00，而以下程序段并没有 G00，但 G00 依然有效，直到某个程序段出现 G01、G02、G03 之一将其取代而失效。

五、简答（每题 6 分，共 12 分）

1. 答：

(1) 传动效率高（85%～98%），运动平稳，寿命长。

(2) 可以预紧以消除间隙，提高系统的刚度。

(3) 摩擦角小，不自锁，用于升降时一定要有制动装置。

2. 答：

(1) 准备功能字：用来指令机床进行加工运动和插补方式的功能，或使机床建立起某种加工方式的指令。

(2) 尺寸功能字：用来指令机床的刀具运动到达目标点。

(3) 辅助功能字：控制机床在加工操作时完成一些辅助动作的开关功能。

(4) 进给功能字：用来指令切削的进给速度。

(5) 转速功能字：用来指令主轴的转速。

(6) 刀具功能字：用来指令加工时当前使用刀具的刀具号。

六、计算题（10 分）

解：

$k_r=75°$，$k'_r=6°$，$\phi=90°-85°=5°$

$k_{r1}=k_r-\phi=75°-5°=70°$

$k'_{r1}=k'_r+\phi=6°+5°=11°$

答：工作时的主偏角 $k_{r1}=70°$，副偏角 $k'_{r1}=11°$。

8.2 数控车床高级工理论考试样题与答案

8.2.1 数控车床高级工理论考试样题

单位：________ 姓名：________ 准考证号：________

项目	一	二	三	四	五					合计
得分										

一、填空（每空 1 分，共 20 分）

1. 数控机床的伺服机构包括______控制和______控制两部分。

2. 由于受到微机______和步进电动机______的限制，脉冲插补法只适用于速度要求不高的场合。

3. 为了防止强电系统干扰及其他信号通过通用 I/O 接口进入微机，影响其工作，通常采用______方法。

4. 砂轮的特性由______、______、______、______及组织等五个参数决定。

5. 机床的几何误差包括______、______、______引起的误差。

6. 切削余量中对刀具磨损影响最大的是______，最小的是______。

7. 研磨可以改善工件表面______误差。

8. 断屑槽的形状有______型和______型。

9. 切削液中的切削油主要起______作用。

10. 表面粗糙度是指零件加工表面所具有的较小间距和______的______几何形状不平度。

二、单项选择题（每题 2 分，共 30 分）

1. FANUC 0 系列数控系统操作面板上显示当前位置的功能键是______。

(A) DGNOS PARAM (B) POS (C) PRGRM (D) MENU OFSET

2. 数控零件加工程序的输入必须在______工作方式下进行。

(A) 手动　(B) 手动数据输入

(C) 编辑　(D) 自动

3. ______是机电一体化与传统的工业自动化最主要的区别之一。

(A) 系统控制的智能化　(B) 操作性能柔性化　(C) 整体结构最优化

4. 切削用量中，切削速度是指主运动的______。

(A) 转速　(B) 走刀量　(C) 线速度

5. 精车外圆时宜选用______刃倾角。

(A) 正　(B) 负　(C) 零

6. 金属切削时，形成切屑的区域在第______变形区。

(A) Ⅰ　(B) Ⅱ　(C) Ⅲ

7. AutoCAD、MasterCAM、UG 等属于______。

(A) 绘图软件　(B) 支撑软件

(C) 系统软件　(D) 应用软件

8. 绝对式脉冲发生器的单个码盘上有 8 条码道，则其分辨率约为______。

(A) 1.10°　(B) 1.21°　(C) 1.30°　(D) 1.41°

9. 对于配合精度要求较高的圆锥加工，在工厂一般采用______检验。

(A) 圆锥量规涂色　(B) 游标量角器　(C) 角度样板

10. 高速车削螺纹时，硬质合金车刀刀尖应______螺纹的牙型角。

(A) 大于　(B) 等于　(C) 小于

11. 在确定数控机床坐标系时，首先要指定的是______。

(A) X 轴　(B) Y 轴　(C) Z 轴　(D) 回转运动的轴

12. 欲加工第一象限的斜线（起始点在坐标原点），用逐点比较法直线插补，若偏差函数大于零，说明加工点在______。

(A) 坐标原点　(B) 斜线上方

(C) 斜线下方　(D) 斜线上

13. 光栅利用______，使得它能测得比栅距还小的位移量。

(A) 莫尔条纹的作用　(B) 数显表

(C) 细分技术　(D) 高分辨指示光栅

14. 当交流伺服电动机正在旋转时，如果控制信号消失，则电动机将会______。

(A) 以原转速继续转动　(B) 转速逐渐加大

(C) 转速逐渐减小　(D) 立即停止转动

15. 数控机床伺服系统是以______为直接控制目标的自动控制系统。

(A) 机械运动速度　(B) 机械位移

(C) 切削力　(D) 机械运动精度

三、判断题（每题 1 分，共 20 分）

1. 数控车床的运动量是由数控系统内的可编程控制器（PLC）控制的。

2. 数控车床传动系统的进给运动有纵向进给运动和横向进给运动。

3. 增大刀具前角 γ_0 能使切削力减小，产生的热量少，可延长刀具的使用寿命。

4. 数控车床的机床坐标系和工件坐标系零点重合。

5. 恒线速度控制适用于切削工件直径变化较大的零件。

6. 数控装置是数控车床执行机构的驱动部件。

7. AutoCAD 中用 ERASE（擦除）命令可以擦除边界线而只保留剖面线。
8. 焊接式车刀制造简单，成本低，刚性好，但存在焊接应力，刀片易裂。
9. 加工轴套类零件采用三爪自定心卡盘能迅速夹紧工件并自动定心。
10. 滚珠丝杠副按使用范围及要求分为六个等级精度，其中 C 级精度最高。
11. 卧式车床床身导轨在垂直面内的直线度误差对加工精度的影响很大。
12. 若 I、J、K、R 同时在一个程序段中出现，则 R 有效，I、J、K 被忽略。
13. 沿两条或两条以上在轴向等距分布的螺旋线作形成的螺纹，称为多线螺纹。
14. 选择定位基准时，为了确保外形与加工部位的相对正确，应选加工表面作为粗基准。
15. 退火一般安排在毛坯制造以后粗加工进行之前。
16. 高速钢车刀的韧性虽比硬质合金车刀好，但也不能用于高速切削。
17. 乳化液是将乳化油用 15～20 倍的水稀释而成的。
18. 车外圆时圆柱度达不到要求是由于车刀材料耐磨性差而造成的。
19. 车内锥时，刀尖高于工件轴线。车出的锥面用锥形塞规检验时，会出现两端显示剂被擦去的现象。
20. 用砂布抛光时，工件转速应选得较高，并使砂布在工件表面上快速移动。

四、名词解释（每题 5 分，共 20 分）

1. 拟合
2. 成组技术
3. 柔性制造系统（FMS）
4. 刀具总寿命

五、简答（每题 5 分，共 10 分）

1. 简述刀具材料的基本要求。
2. 混合式步进电动机与反应式步进电动机的主要区别是什么？

8.2.2 数控车床高级工理论考试样题答案

一、填空（每空 1 分，共 20 分）

1. 速度　位置
2. 运算速度　频率响应特性
3. 光电隔离
4. 磨料　粒度　结合剂　硬度
5. 机床制造误差　安装误差　磨损
6. 切削速度　切削深度
7. 形状
8. 直线　圆弧
9. 润滑
10. 微小峰谷　微观

二、单项选择题（每题 2 分，共 30 分）

1	2	3	4	5	6	7	8	9	10
B	C	A	C	A	A	D	D	A	C
11	12	13	14	15					
C	B	C	D	B					

三、判断题（每题 1 分，共 20 分）

1	2	3	4	5	6	7	8	9	10
×	√	√	×	√	×	√	√	√	√
11	12	13	14	15	16	17	18	19	20
×	√	√	×	√	√	√	√	×	×

四、名词解释（每题 5 分，共 20 分）

1. 当采用不具备非圆曲线插补功能的数控机床加工非圆曲线轮廓时，在加工程序的编制中，常常需要用多个直线段或圆弧段去近似地代替非圆曲线，这称为拟合。

2. 成组技术是利用事物的相似性，把相似问题归类成组，寻求解决这一类问题相对统一的最优方案，从而节约时间和精力以取得所期望的经济效益的技术方法。

3. 柔性制造系统是解决多品种、中小批量生产中效率低、周期长、成本高、质量差等问题而出现的高技术先进制造系统。它主要包括若干台数控机床，用一套自动物料搬运系统连接起来，由分布式计算机系统进行综合治理与控制，协调机床加工系统和物料搬运系统的功能，以实现柔性的高效率零件加工。

4. 刀具总寿命是指一把新刃磨的刀具从开始切削，经反复刃磨、使用，直至报废的实际总切削时间。

五、简答（每题 5 分，共 10 分）

1. 答：

(1) 高的硬度　刀具材料的硬度高于工件材料的硬度，在室温下硬度高于 HRC60。

(2) 高的耐磨性　耐磨性是指车刀材料抵抗磨损的能力。一般刀具的硬度要高，耐磨性要好。含耐磨性好的碳化物颗粒要多，晶粒要细，分布要均匀，耐磨性要好。

(3) 足够的强度和韧性　切削时，刀具承受很大的切削力和冲击，刀具要有较高的抗弯强度和冲击韧性，防止刀具崩刃和断裂。

(4) 高的耐热性　耐热性是指在高温下刀具材料保持常温硬度的性能，是衡量刀具材料切削性能的主要指标。

(5) 良好的工艺性　为了便于刀具制造，刀具材料应具有良好的可加工性能和热处理工艺。

2. 答：混合式步进电动机的转子带有永久磁钢，既有励磁磁场又有永久磁场。与反应式步进电动机相比，混合式步进电动机的转矩体积比大，励磁电流大大减小，步距角可以做得很小，启动频率和工作频率较高；混合式步进电动机在绕组未通电时，转子的永久磁钢能产生自动定位转矩，使断电时转子能保持在原来的位置。

8.3　全国职业技能鉴定数控车高级工理论试题

8.3.1　全国职业技能鉴定数控车高级工理论试题 1

一、判断题

1. 数控系统中，固定循环指令一般用于精加工循环。（　）

2. 目前，机床数控装置主要采用小型计算机。（　）

3. 数控系统操作面板上复位键的功能是解除报警和数控系统的复位。（　）

4. 如果实际刀具与编程刀具长度不符时，可用长度补偿来进行修正，不必改变所编程序。（　）

5. 用分布于铣刀端平面上的刀齿进行的铣削称为周铣，用分布于铣刀圆柱面上的刀齿进行的铣削称为端铣。（　　）

6. 硬质合金刀片可以用机械夹紧，也可以用钎焊方式固定在刀具的切削部位上。（　　）

7. 实际的切削速度为编程的F设定的值乘以主轴转速倍率。（　　）

8. 在同一次安装中进行多工序加工，应先完成对工件刚性破坏较大的工序。（　　）

9. 数控机床中MDI是机床诊断智能化的英文缩写。（　　）

10. 铣削加工的切削力较大，而且大多是多刀刃断续切削，切削力的大小和方向是变化的，加工时容易产生振动，所以铣床夹具必须具有良好的抗振性能，以保证工件的加工精度和表面粗糙度要求。（　　）

11. 当游标卡尺尺身的零线与游标零线对准时，游标上的其他刻线都不与尺身刻线对准。（　　）

12. 数控车床的刀具大多数采用焊接式刀片。（　　）

13. 铰孔是用铰刀从工件孔壁上切削较小的余量，以提高加工的尺寸精度和减小表面粗糙度的方法。（　　）

14. 主偏角偏小时，容易引起振动，故通常在30°～90°之间选取。（　　）

15. 车削多头螺纹或大螺距螺纹时，必须考虑螺纹升角对车刀工作角度的影响。（　　）

16. 更换刀具时，一般应取消原来的补偿量。已进入刀具半径补偿后再改变补偿量可在需要的程序段内写上新的补偿号，在该程序段内就失去了对该补偿号对应补偿量的变化。（　　）

17. 材料的屈服点越低，则允许的工作应力越高。（　　）

18. 铣床上使用的平口钳、回转工作台属于通用夹具。（　　）

19. 选择定位基准时，为了确保外形与加工部位的正确，应选加工表面作为粗基准。（　　）

20. 精加工时，使用切削液是为了降低切削温度，起冷却作用。（　　）

21. 准备功能G40、G41、G42都是模态指令。（　　）

22. 当使用半径补偿时，编程按工件实际尺寸加上刀具半径来计算。（　　）

23. 数控装置发出的脉冲指令频率越高，则工作台的位移速度越慢。（　　）

24. 三角带传递功率的能力，A型带最小，O型带最大。（　　）

25. 参考点是机床上的一个固定点，与加工程序无关。（　　）

26. 确定机床坐标系时，一般首先确定X轴，然后确定Y轴，最后根据右手定则确定Z轴。（　　）

27. 数控零件程序文件名一般是由字母“O”开头，后面跟四个数字组成的。（　　）

28. 标准规定：工作量规的形位公差值为量规尺寸公差的50%，且其形位公差应限制在尺寸公差之内。（　　）

29. 返回机床参考点操作时与机床运动部件所处的位置无关。（　　）

30. 铣削键槽时，若铣刀宽度或直径选择错误，则会使键槽宽度和对称度超差。（　　）

31. 在程序编制前，程序员应了解所用机床的规格、性能和CNC系统所具备的功能及编程指令格式等。（　　）

32. 快速进给速度一般为300mm/min。它通过参数，用G00指定快速进给速度。（　　）

33. 机床电器或线路着火，可用泡沫灭火器扑救。（　　）

34. 主视图所在的投影面称为正投影面，简称正面，用字母V表示。俯视图所在的投影面称为水平投影面，简称水平面，用字母H表示。左视图所在的投影面称为侧投影面，简称侧面，用字母W表示。（　　）

35. 表面粗糙度的基本符号上加一小圈，表示表面是以除去材料的加工方法获得的。(　　)
36. 乳化液主要用来减少切削过程中的摩擦和降低切削温度。(　　)
37. 切削铸铁、青铜等脆性材料时，一般会产生节状切削。(　　)
38. 用六个支撑点定位是完全定位。(　　)
39. 为了确保工件在加工时不发生位移，应将工件方向与数空机床 Y 轴平行。(　　)
40. 高速钢刀具的韧性虽然比硬质合金刀好，但也不能用于高速切削。(　　)
41. 补偿号的地址码为 D，D 代码是模态值，一经指定后一直有效，必须由另一个 M 代码来取代或者使用 G41 或 G42 来取消。(　　)
42. 每把刀具都有自己的长度补偿，当换刀时，利用 G43（G44）H 指令赋予了自己的刀长补偿而自动取消了前一把刀具的长度补偿。(　　)
43. 零件有长、宽、高三个方向的尺寸，主视图上只能反映零件的长和高，俯视图上只能反映零件的长和宽，左视图上只能反映零件的高和宽。(　　)
44. 刀补程序段内必须有 G00 与 G01 功能才能有效。(　　)
45. 在循环加工时，当执行有 M00 指令的程序段后，如果要继续下面的程序，必须按进给保持按钮。(　　)
46. 零件所有表面具有相同的表面粗糙度要求时，可在图样左上角统一标注代号；当零件表面的大部分粗糙度相同时可将相同的粗糙度代号标注在图样右上角，并在前面加注全部两字。(　　)
47. 刀具远离工件的方向为坐标轴的正方向。(　　)
48. 工件坐标系是编程时使用的坐标系，故又称为编程坐标系。(　　)
49. 建立工件坐标系，关键在于选择机床的坐标系原点。(　　)
50. 工具钢按用途可分为碳素工具钢、合金工具钢和高速工具钢。(　　)
51. 有些数控机床配置比较低档，为了防止失步，应将 G00 改成 G01。(　　)
52. 数控机床维修原则之一是先公用后专用。(　　)
53. 在 CRT/MDI 面板的功能中，用于程序编制的是 POS 键。(　　)
54. 在画半剖视图时，习惯上人们往往将左右对称图形的左半边画成剖视图。(　　)
55. 在同一公差等级中，由于基本尺寸段不同，其公差值大小相同，它们的精确程度和加工难易程度相同。(　　)
56. 滚动轴承内圈与轴的配合，采用间隙配合。(　　)
57. 零件的表面粗糙度值越低越耐磨。(　　)
58. 华中世纪星系统正在运行 MDI 时指令时，按 F6 键可停止 MDI 运行。(　　)
59. 特殊黄铜是不含锌的黄铜。(　　)
60. 箱体零件多采用锻造毛坯。(　　)
61. 就钻孔的表面粗糙度而言，钻削速度比进给量的影响大。(　　)
62. 为提高生产效率，采用大进给切削要比采用大背吃刀量省力。(　　)
63. 数控加工适用于形状复杂且精度要求高的零件加工。(　　)
64. 工件以圆内孔表面作为定位基面时，常用圆柱定位销、圆锥定位销、定位心轴等定位元件。(　　)
65. 多工位数控铣床夹具主要适用于中批量生产。(　　)
66. 夹紧力的方向应尽可能和切削力、工件重力平行。(　　)
67. 为保证千分尺不生锈，使用完毕后，应将其浸泡在机油或柴油里。(　　)
68. 硬质合金切断刀切断中碳钢，不许用切削液，以免刀片破裂。(　　)

69. 高速钢主要用来制造钻头、成形刀具、拉刀、齿轮刀具等。（　）
70. 车刀的后角在精加工时取小值，粗加工时取大值。（　）
71. 当刀尖位于主切削刃最低点时，车刀的刃倾角为正值。（　）
72. 顺序选刀方式具有无顺刀具识别装置、驱动控制简单的特点。（　）
73. 长度补偿仅对 Z 坐标起作用。（　）
74. 刀具长度补偿值表示目标刀具与标准零号刀具的长度差值。（　）
75. G41 为刀具右侧半径尺寸补偿，G42 为刀具左侧半径尺寸补偿。（　）
76. 若一台微机感染了病毒，只要删除所有带毒文件，就能消除所有病毒。（　）
77. 球头铣刀也可以使用刀具半径补偿。（　）
78. 孔加工循环加工通孔时一般刀具还要伸长超过工件底平面一段距离，主要是保证全部孔深都加工到尺寸，钻削时还应考虑钻头钻尖对孔深的影响。（　）
79. 数控编程中，刀具直径不能给错，不然会出现过切。（　）
80. 在数控车床中，G02 是指顺圆插补，而在数控铣床中则相反。（　）

二、单项选择题

1. 铣削方式按铣刀与工件间的相对旋转方向不同可分为顺铣和（　　）。
(A) 端铣　(B) 周铣　(C) 逆铣　(D) 反铣

2. 带传动是利用（　　）作为中间挠性件，依靠带与带之间的摩擦力或啮合来传递运动和动力。
(A) 从动轮　(B) 主动轮　(C) 带　(D) 带轮

3. 对经过高频淬火以后的齿轮齿形进行精加工时，可以安排（　　）工序进行加工。
(A) 插齿　(B) 挤齿　(C) 磨齿　(D) 仿型铣

4. 倘若工件采用一面两销定位，其中短圆柱销消除了工件的（　　）个自由度。
(A) 1　(B) 2　(C) 3　(D) 4

5. 米制梯形螺纹的牙型角为（　　）。
(A) 29°　(B) 30°　(C) 60°　(D) 55

6. 镗削不通孔时，镗刀的主偏角应取（　　）。
(A) 45°　(B) 60°　(C) 75°　(D) 90°

7. 用（　　）方法制成齿轮较为理想。
(A) 由厚钢板切出圆饼加工成齿轮　(B) 由粗钢棒切下圆饼加工成齿轮
(C) 由圆棒锻成圆饼加工成齿轮　(D) 先砂型铸出毛坯再加工成齿轮

8. 在磨损过程的三个阶段中，作为切削加工应用的是（　　）阶段。
(A) 初期磨损　(B) 正常磨损　(C) 急剧磨损

9. 孔的形状精度主要有圆度和（　　）。
(A) 垂直度　(B) 平行度　(C) 同轴度　(D) 圆柱度

10. 对于含碳量不大于0.5%的碳钢，一般采用（　　）为预备热处理。
(A) 退火　(B) 正火　(C) 调质　(D) 淬火

11. 切削铸铁、青铜等材料时，容易得到（　　）。
(A) 带状切屑　(B) 节状切屑　(C) 崩状切屑　(D) 不确定

12. 保证工件在夹具中占有正确位置的是（　　）装置。
(A) 定位　(B) 夹紧　(C) 辅助　(D) 车床

13.（　　）的工件不适用于在数控机床上加工。
(A) 普通机床　(B) 毛坯余量不稳定

(C) 精度高 (D) 形状复杂

14. 对工件进行热处理时，要求某一表面达到的硬度为 HRC60～65，其意义为（　）

(A) 布氏硬度 60～65 (B) 维氏硬度 60～65

(C) 洛氏硬度 60～65 (D) 精度

15. 游标卡尺上端有两个爪是用来测量（　）。

(A) 内孔 (B) 沟槽 (C) 齿轮公法线长度 (D) 外径

16. 加工零件时，将其尺寸控制到（　）最为合理。

(A) 基本尺寸 (B) 最大极限尺寸 (C) 最小极限尺寸 (D) 平均尺寸

17. 数控自定中心架的动力为（　）传动。

(A) 液压 (B) 机械 (C) 手动 (D) 电器

18. 对于外圆形状简单、内孔复杂的工件，应选择（　）作为刀具基准。

(A) 外圆 (B) 内孔 (C) 外圆或内孔均可 (D) 其他

19. 框式水平仪的主水准泡上表面是（　）的。

(A) 水平 (B) 凹圆弧形 (C) 凸圆弧形 (D) 直线形

20. （　）夹具主要适用于中批量生产。

(A) 多工位 (B) 液压 (C) 气动 (D) 真空

21. 插补机能是根据来自缓冲区中存储的零件程序数据段信息，以（　）进行计数，不断向系统提供坐标值的位置命令，这种计算称为插补计算。

(A) 数字方式 (B) 模拟信息 (C) 物理方式 (D) 连续信息

22. 切削时切削刃会受到很大的压力和冲击力，因此刀具必须具备足够的（　）。

(A) 硬度 (B) 强度和韧性 (C) 工艺性 (D) 耐磨性

23. 刀具长度补偿值指令（　）是将 H 代码指定的已存入偏置器中的偏置值加到运动指令终点坐标去。

(A) G48 (B) G49 (C) G44 (D) G43

24. 铣削紫铜材料工件时，选用的铣刀材料应以（　）为主。

(A) 高速钢 (B) YT 类硬质合金 (C) YG 类硬质合金 (D) 立方氮化硼

25. 程序段 G92 X52 Z－100.13.5 F3＃13.5 的含义是（　）。

(A) 进刀量 (B) 锥螺纹大、小端的直径差

(C) 锥螺纹大、小端的直径差的一半 (D) 退刀量

26. 循环 G81、G85 的区别是 G81、G85 分别以（　）-返回。

(A) F 速度、快速 (B) F 速度、F 速度 (C) 快速、F 速度 (D) 快速、快速

27. 在数控系统中，（　）字段（地址）在加工过程中是模态的。

(A) G01 (B) G27、G28 (C) G04 (D) M02

28. 选择 *ZX* 平面的指令是（　）。

(A) G17 (B) G18 (C) G19 (D) G20

29. 刀具补偿功能代码 H 后的两位数为存放刀具补偿量的寄存器（　），如 H08 表示刀具补偿量用第八号。

(A) 指令 (B) 指令字 (C) 地址 (D) 地址字

30. 步进电动机的转速是通过改变电动机（　）而实现的。

(A) 脉冲频率 (B) 脉冲速度 (C) 通电顺序

31. 轮廓数控系统确定刀具运动轨迹的过程称为（　）。

(A) 拟合 (B) 逼近 (C) 插值 (D) 插补

32. 数控机床伺服系统的分类，没有（　　）伺服系统这一类。

（A）开环　（B）半开环　（C）闭环　（D）半闭环

33. 过流报警是属于（　）类型的报警。

（A）系统报警　（B）机床侧报警　（C）伺服单元报警　（D）电机报警

34. 在 ISO 标准中，I、K 的含义是圆弧的（　）。

（A）圆心坐标　（B）起点坐标

（C）圆心对起点的增量　（D）圆心对终点的增量

35. 数控铣床的默认加工平面是（　）。

（A）*XY* 平面　（B）*XZ* 平面　（C）*YZ* 平面

36. 数控机床是以（　　）为直接控制目标的自动控制系统。

（A）机械运动速度　（B）机械位移　（C）切削力　（D）切削速度

37. 工作台导轨的间隙在调整时，一般以不大于（　　）mm 为宜。

（A）0.01　（B）0.04　（C）0.10　（D）0.30

38. 必须在主轴（　）个位置上检测铣床主轴锥孔中心线的径向圆跳动。

（A）1　（B）2　（C）3　（D）4

39. 铰孔时，如果铰刀尺寸大于要求，铰出的孔会出现（　）。

（A）尺寸误差　（B）形状误差　（C）粗糙度超差　（D）位置超差

40.（　）是靠测量压痕的深度来测量金属硬度值的。

（A）布氏硬度　（B）洛氏硬度　（C）维氏硬度　（D）莫氏硬度

41. 局部视图的断裂边界应以（　）表示。

（A）波浪线　（B）虚线　（C）点画线　（D）细实线

42. 手用铰刀的柄部为（　）。

（A）圆柱形　（B）圆锥形　（C）方 S 形　（D）三角形

43. 在表面粗糙度的评定参数中，属于轮廓算术平均偏差的是（　　）。

（A）Ra　（B）Rz　（C）Ry

44. 限位开关在电路中起的作用是（　）。

（A）短路保护　（B）过载保护　（C）欠压保护　（D）行程保护

45. 数控机床是在（　）诞生的。

（A）日本　（B）美国　（C）英国　（D）法国

46. 公差与配合标准的应用主要解决（　）。

（A）基本偏差　（B）加工顺序　（C）公差等级

（D）加工方法号　（E）基本尺寸与轴的公差代号

47. F150 表示进给速度为 150（　）。

（A）mm/s　（B）m/m　（C）mm/min　（D）in/s

48. 夹具的动力装置最常见的动力源是（　　）。

（A）气动　（B）气液联动　（C）电磁　（D）真空

49. 通常微机数控系统的系统控制软件存放在（　　）。

（A）ROM　（B）RAM　（C）动态 RAM　（D）静态 RAM

50. 对于深孔件的尺寸精度，可以用（　）进行检验。

（A）内径千分尺或内径百分表　（B）塞规或内径千分尺

（C）塞规或内卡钳　（D）以上均可

51. 数控铣床编程是，除了用主轴功能（S 功能）来指定主轴转速外，还用（　）指定主轴转向。

(A) G 功能　(B) F 功能　(C) T 功能　(D) M 功能

52. 数控铣床在加工过程中，NC 系统所控制的总是（　）。

(A) 零件轮廓的轨迹　(B) 刀具中心的轨迹

(C) 工件运动的轨迹　(D) 刀尖的轨迹

53. FANUC 系统中（　）表示任选停止，也称选择停止。

(A) M01　(B) M00　(C) M02　(D) M30

54. 主轴转速 S 指令是以（　）作为单位。

(A) mm/min　(B) r/min　(C) 包含 A 和 B　(D) m/min

55. 经济型数控机床普遍采用（　）步进电动机。

(A) 感应式　(B) 励磁式　(C) 新型　(D) 磁阻式

56. 数控机床坐标轴命名原则规律是（　）的运动方向为该坐标轴的正方向。

(A) 刀具远离工件　(B) 刀具接近工件　(C) 工件远离刀具　(D) 工件接近刀具

57. 选择刀具起始点应考虑（　）。

(A) 防止与工件或夹具干涉碰撞　(B) 方便工件安装测量

(C) 每把刀具刀尖在起始点重合　(D) 必须选在工件外侧

58. 在 CRT/MDI 面板的功能中，显示机床现在位置的键是（　）。

(A) POS　(B) PRGRM　(C) OFFSET　(D) ALARM

59. 在下列伺服电动机中，带有换向器的电动机是（　）。

(A) 永磁宽调速直流电动机　(B) 永磁同步电动机

(C) 反应式步进电动机　(D) 混合式步进电动机

60. 精度指数可衡量机床精度，机床精度指数（　），机床精度高。

(A) 大　(B) 小　(C) 无变化　(D) 为零

61. 经常闲置不用的机床，过了梅雨天后，一开机易发生故障主要由于（　）作用，导致器件损坏。

(A) 物理　(B) 光合　(C) 化学　(D) 生物

62. 加工脆性材料时，属于正常磨损中最常见的情况是（　）磨损。

(A) 前面　(B) 后面　(C) 前、后面同时　(D) 都不对

63. 加工脆性材料时，应选用（　）类硬质合金。

(A) 钨钴钛　(B) 钨钴　(C) 钨钛　(D) 钨钒

64. 对于外圆形状简单、内圆形状复杂的工件，应选择（　）作刀位基准。

(A) 外圆　(B) 内孔　(C) 外圆或内孔均可　(D) 其他

65. 在机床各坐标轴的终端设置有极限开关，由程序设置行程为（　）。

(A) 硬极限　(B) 软极限　(C) 安全行程　(D) 极限行程

66. 画半剖视图时，习惯上将上下对称图形的（　）画成剖视图。

(A) 上半部　(B) 下半部　(C) 上、下半部皆可　(D) 都不对

67. 零件图中的角度数字一律写成（　）。

(A) 垂直方向　(B) 水平方向　(C) 线切线方向　(D) 斜线方向

68. 识读装配图的要求是了解装配图的名称、用途、性能、结构和（　）。

(A) 工作原理　(B) 工作性质　(C) 配合性质　(D) 零件公差

69. 一般机械工程图采用（　）原理画出。

(A) 正投影　(B) 中心投影　(C) 平行投影　(D) 点投影

70.（　　）灭火器在使用时，使用人员要注意，避免冻伤。

(A) 化学泡沫　(B) 机械泡沫　(C) 二氧化碳　(D) 干粉式

71. 三视图中，主视图和左视图应（　　）。

(A) 上对正　(B) 高平齐　(C) 宽相等　(D) 宽不等

72. 在表面粗糙度的评定参数中，属于算术平均偏差的是（　　）。

(A) Ra　(B) Rz　(C) Ry　(D) 其他

73. 公差与配合标准的应用主要解决（　　）。

(A) 基本偏差　(B) 监工顺序　(C) 公差等级　(D) 加工方法

74. 图样中右上角标注“其余 12.5”是指图样中（　　）加工面的粗糙度要求。

(A) 未标注粗糙度　(B) 内孔及周边　(C) 螺纹孔　(D) 外圆

75. 用完全互换法装配机器，一般适用于（　　）的场合。

(A) 大批量生产　(B) 高精度多环尺寸链

(C) 高精度少环尺寸链　(D) 单件小批量生产

76. GCr15SiMn 是（　　）。

(A) 高速钢　(B) 轴承钢　(C) 轴承钢　(D) 不锈钢

77. 金属的抗拉强度用（　　）符号表示。

(A) σ_s　(B) σ_e　(C) σ_b　(D) σ_0

78. 带传动是利用带作为中间挠性件，依靠带与带之间的（　　）或啮合来传递运动和动力。

(A) 结合　(B) 摩擦力　(C) 压力　(D) 相互作用

79.（　　）是指一个工人在单位时间内生产出各种合格产品的数量。

(A) 工序时间定额　(B) 生产时间定额　(C) 劳动生产率　(D) 辅助时间定额

80. 间接成本是指（　　）。

(A) 直接计入产品成本　(B) 直接计入产品损益

(C) 间接计入产品成本　(D) 收入扣除利润后间接得到的成本

81. 采取数控车床加工的零件应该是（　　）。

(A) 单一零件　(B) 中小批量、形状复杂、型号多变

(C) 大批量

82. 手用铰刀的柄部为（　　）。

(A) 圆柱形　(B) 圆锥形　(C) 圆榫形　(D) 三角形

83. 高温下能够保存刀具材料性能称为（　　）。

(A) 硬度　(B) 红硬度　(C) 耐磨性　(D) 韧性和硬度

84. 对切削抗力影响最大的是（　　）。

(A) 工件材料　(B) 切削深度　(C) 刀具角度　(D) 切削速度

85. 若工件材料相同、车削时升温基本相等，其热变形伸长量取决于（　　）。

(A) 工件长度　(B) 材料热膨胀系数　(C) 刀具磨损程度　(D) 工件直径

86. 孔径较小的套一般采用（　　）方法。

(A) 钻、铰　(B) 钻、半精镗、精镗

(C) 钻、扩、铰　(D) 钻、精镗

87. 数控机床的切削时间利用率高于普通机床 5～10 倍。尤其是在加工形状比较复杂、精度要求较高、品种更换频繁的工件时，更具有良好的（　　）。

(A) 稳定性　(B) 经济性　(C) 连续性　(D) 可行性

88. 按照功能的不同，工艺基准可分为定位基准、测量基准和（　　）三种。

(A) 粗基准　(B) 精基准　(C) 设计基准　(D) 装配基准

89. 根据加工要求，某些工件不需要限制其六个自由度，这种定位方式称为（　）。

(A) 欠定位　(B) 不完全定位　(C) 过定位　(D) 完全定位

90. 一个物体在空间如果不加任何约束限制，应有（　）自由度。

(A) 四个　(B) 五个　(C) 六个　(D) 三个

91. 在小批量生产或新产品研制中，应优先选用（　）夹具。

(A) 专用　(B) 液压　(C) 气动　(D) 组合

92. 常用的夹紧机构中，自锁性能最可靠的是（　）。

(A) 斜楔　(B) 螺旋　(C) 偏心　(D) 铰链

93. 选择定位基准时，粗基准可以使用（　）。

(A) 一次　(B) 两次　(C) 多次

94. 划线基准一般可以用以下三种类型：以两个相互垂直的平面（或线）为基准，以一个平面和一条中心线为基准，以（　）为基准。

(A) 一条中心线　(B) 两条中心线

(C) 一条或两条中心线　(D) 三条中心线

95. 刀具直径可用（　）直接测出，刀具伸长度可用刀具直接对刀法求出。

(A) 百分表　(B) 千分表　(C) 千分尺　(D) 游标卡尺

96. 百分表的示值范围通常有0～3mm、0～5mm和（　）三种。

(A) 0～8mm　(B) 0～10mm　(C) 0～12mm　(D) 0～15mm

97. 滚珠丝杆的基本导程L_0减小，可以（　）。

(A) 提高精度　(B) 提高承载能力　(C) 提高传动能力　(D) 加大螺旋升角

98. 加工铸铁等脆性材料时，应先用（　）类硬质合金。

(A) 钨钴钛　(B) 钨钴　(C) 钨钛　(D) 钨钡

99. 下列材料中，（　）最难切削加工。

(A) 铝和铜　(B) 45钢　(C) 合金结构钢　(D) 耐热铁

100. （　）是用来测量工件内外角度的量具。

(A) 万能角度尺　(B) 内径千分尺　(C) 游标卡尺　(D) 量块

101. 调整铣床工作台镶条是为了调整（　）。

(A) 工作台与导轨　(B) 工作台丝杠螺母　(C) 工作台紧固装置

102. 对于数控铣床，最具机床工作特征的一项指标是（　）。

(A) 机床的运动精度　(B) 机床的传动精度

(C) 机床的定位精度　(D) 机床的几何精度

103. （　）与数控系统的插补功能及某些参数有关。

(A) 刀具误差　(B) 逼近误差　(C) 插补误差　(D) 机床误差

104. 机床各坐标轴终端设置有极限开关，由极限开关设置的行程为（　）

(A) 极限行程　(B) 行程保护　(C) 软极限　(D) 硬极限

105. 多线制是指系统间信号按（　）进行传输的布线制式。

(A) 二总线　(B) 四总线　(C) 各自回路　(D) 五总线

106. 清单工程量计算时，（　）包括给水三通至喷头、阀门间管路、管件、阀门、喷头。

(A) 湿式灭火系统　(B) 干式灭火　(C) 雨淋系统　(D) 温感式水幕装置

107. 对设备进行局部解体和检查，由操作者每周进行一次的保养是（　）。

（A）例行保养　（B）日常保养　（C）一级保养　（D）二级保养

108. 不符合着装整洁文明生产要求的是（　）。

（A）按规定穿戴好防护用品　（B）工作中对服装不作要求

（C）遵守安全技术规程　（D）执行规章制度

8.3.2 全国职业技能鉴定数控车高级工理论试题 2

一、判断题

1. 工件以圆内孔表面作为定位基面时，常用圆柱定位销、圆锥定位销、定位心轴等定位元件。（　）

2. 多工位数控铣床夹具主要适用于中批量生产。（　）

3. 为保证千分尺不生锈，使用完毕后，应将其浸泡在机油或柴油里。（　）

4. 滚动轴承内圈与轴的配合，采用间隙配合。（　）

5. 为提高生产效率，采用大进给切削要比采用大背吃刀量省力。（　）

6. 工具钢按用途可分为碳素工具钢、合金工具钢和高速工具钢。（　）

7. 数控加工适合用于形状复杂且精度要求高的零件加工。（　）

8. 箱体零件多采用锻造毛坯。（　）

9. 就钻孔的表面粗糙度而言，钻削速度比进给量的影响大。（　）

10. 零件的表面粗糙度值越低越耐磨。（　）

11. 特殊黄铜是不含锌的黄铜。（　）

12. 工件所有表面具有相同的表面粗糙度要求时，可在图样左上角统一标注代号；当零件表面的大部分粗糙度相同时可将相同的粗糙度代号标注在图样右上角，并在前面加注全部两字。（　）

13. 在画半剖视图时，习惯上人们往往将左右对称图形的左半边画成剖视图。（　）

14. 夹紧力的方向应尽可能和切削力、工件重力平行。（　）

15. 在同一公差等级中，由于基本尺寸段不同，其公差值大小相同，它们的精确程度和加工难易程度相同。（　）

16. 硬质合金切断刀切断中碳钢不许用切削液，以免刀片破裂。（　）

17. 高速钢主要用来制造钻头、成形刀具、拉刀、齿轮刀具等。（　）

18. 车刀的后角在精加工时取小值，粗加工时取大值。（　）

19. 当刀尖位于主切削刃最低点时，车刀的刃倾角为正值。（　）

20. YT 类硬质合金中含钴量越多，刀片硬度越高，耐热性越好，但脆性越大。（　）

21. 顺序选刀方式具有无顺刀具识别装置、驱动控制简单的特点。（　）

22. 长度补偿仅对 Z 坐标起作用。（　）

23. 刀具长度补偿值表示目标刀具与标准零号刀具的长度差值。（　）

24. G41 为刀具右侧半径尺寸补偿，G42 为刀具左侧半径尺寸补偿。（　）

25. 当用端面铣刀加工工件的端面时则需刀具长度补偿，也需刀具半径补偿。（　）

26. 若一台微机感染了病毒，只要删除所有带毒文件，就能消除所有病毒。（　）

27. 球头铣刀也可以使用刀具半径补偿。（　）

28. 数控机床既可以自动加工，也可以手动加工。（　）

29. 在循环加工时，当执行有 M00 指令的程序段后，如果要继续执行下面的程序，必须按进给保持按钮。（　）

30. 精加工时，使用切削液的目的是降低切削温度，起冷却作用。（　）

31. 一个程序中只能有一个子程序。（ ）

32. 数控编程中，刀具直径不能给错，不然会出现过切。（ ）

33. 孔加工循环加工通孔时一般刀具还要伸长超过工件底平面一段距离，主要是保证全部孔深都加工到尺寸，钻削时还应考虑钻头钻尖对孔深的影响。（ ）

34. 在数控车床中，G02 是指顺圆插补，而在数控铣床中则相反。（ ）

35. 准备功能也称为 M 功能。（ ）

36. 进入自动加工状态，屏幕上显示的是加工刀尖在编程坐标系中的绝对坐标值。（ ）

37. 数控系统中，固定循环指令一般用于精加工循环。（ ）

38. 经济型数控机床普遍采用励磁式步进电动机。（ ）

39. 数控系统操作面板上的复位键的功能是解除警报和数控系统的复位。（ ）

40. 编制数控程序时一般以工件坐标系为依据。（ ）

41. 建立工件坐标系，关键在于选择机床坐标系原点。（ ）

42. NC 程序由一系列程序组成，通常每一程序段包含了加工操作的一个单步命令。（ ）

43. 在编程时，要尽量避免法向切入和进给中途停顿，以防止在零件表面留下划痕。（ ）

44. 开环控制系统中，工作台位移量与进给指令脉冲的数量成反比。（ ）

45. 铣床主轴制动不良，是在按“停止”按钮时，主轴不能立即停止或产生反转现象，其主要原因是主轴制动系统调整得不好或失灵。（ ）

46. 快速进给速度一般为 3000mm/min。它通过参数，用 G00 指定快速进给速度 。（ ）

47. 往钢中添加适量的硫、铅等元素，可以减小切削力，延长刀具的寿命。（ ）

48. 对于一个设计合理、制造良好的带位置闭环控制系统的数控机床，可达到的精度由检测元件的精度决定。（ ）

49. 从铣床的角度来看造成铣削时振动大的主要原因，是主轴松动和工作台松动。（ ）

50. 刚开始投入使用的新机器磨损速度相对较慢。（ ）

51. 在初期故障期出现的故障主要是由于工人操作不习惯、维护不好、操作失误造成的。（ ）

52. 机床精度调整时首先要精调机床床身的水平。（ ）

53. 根据火灾的危险程度和危害后果，火灾隐患分为一般火灾隐患和重大火灾隐患。（ ）

54. 不准擅自拆机床上的安全防护装置，缺少安全防护装置的机床不准工作。（ ）

55. 几种不同类型的点型探测器在编制工程量清单时，只需设置一个项目编码即可。（ ）

56. 消防报警备用电源需要单独设置清单项目。（ ）

57. 气体灭火系统中的储存装置是指储存容器。（ ）

58. 数控机床与普通机床在加工零件时的根本区别在于数控机床是按照事先编制好的加工程序完成对零件的加工。（ ）

59. 职业道德的实质内容是建立全新的社会主义劳动关系。（ ）

60. 职业道德是社会道德在职业行为和职业关系中的具体表现。（ ）

61. 进入自动加工状态，屏幕上显示的是加工刀尖在编程坐标系中的绝对坐标值。（ ）

62. 开环控制系统中，工作台位移量与进给指令脉冲的数量成反比。（ ）

二、单项选择题

1. 在车削平面内测量的角度有（　　）。
(A) 前角　(B) 后角　(C) 楔角　(D) 刃倾角
2. 画半剖视图时，习惯上将上下对称图形的（　　）画成剖视图。
(A) 上半部　(B) 下半部　(C) 上、下半部皆可　(D) 都不对
3. 用完全互换法装配机器，一般适用于（　　）的场合。
(A) 大批量生产　(B) 高精度多环尺寸链
(C) 高精度少环尺寸链　(D) 单件小批生产
4. GCr15SiMn 是（　　）。
(A) 高速钢　(B) 轴承钢　(C) 轴承钢　(D) 不锈钢
5. 螺纹的公称直径是指（　　）。
(A) 螺纹的小径　(B) 螺纹的中径　(C) 螺纹的大径　(D) 螺纹分度圆直径
6. 三视图中，主视图和左视图应（　　）。
(A) 上对正　(B) 高平齐　(C) 宽相等　(D) 宽不等
7. 在公差带图中，一般取靠近零线的那个偏差为（　　）。
(A) 上偏差　(B) 下偏差　(C) 基本偏差　(D) 自由偏差
8. 识读装配图的要求是了解装配图的名称、用途、性能、结构和（　　）。
(A) 工作原理　(B) 工作性质　(C) 配合性质　(D) 零件公差
9. 公差与配合标准的应用主要解决（　　）。
(A) 基本偏差　(B) 监工顺序　(C) 公差等级　(D) 加工方法
10. 图样中右上角标注“其余 12.5”是指图样中（　　）加工面的粗糙度要求。
(A) 未标注粗糙度　(B) 内孔及周边　(C) 螺纹孔　(D) 外圆
11. 在表面粗糙度的评定参数中，属于算术平均偏差的是（　　）。
(A) Ra　(B) Rz　(C) Ry　(D) 其他
12. 零件图中的角度数字一律写成（　　）。
(A) 垂直方向　(B) 水平方向　(C) 弧线切线方向　(D) 斜线方向
13. 一般机械工程图采用（　　）原理画出。
(A) 正投影　(B) 中心投影　(C) 平行投影　(D) 点投影
14. 金属的抗拉强度用（　　）符号表示。
(A) σ_s　(B) σ_e　(C) σ_b　(D) σ_0
15. Q235AF 中的 A 表示（　　）。
(A) 高级优质钢　(B) 优质钢　(C) 质量等级　(D) 工具钢
16. 间接成本是指（　　）。
(A) 直接计入产品成本　(B) 直接计入产品损益
(C) 间接计入产品成本　(D) 收入扣除利润后间接得到的成本
17.（　　）是指一个工人在单位时间内生产出各种合格产品的数量。
(A) 工序时间定额　(B) 生产时间定额　(C) 劳动生产率　(D) 辅助时间定额
18. 带传动是利用带作为中间挠性件，依靠带与带之间的（　　）或啮合来传递运动和动力。
(A) 结合　(B) 摩擦力　(C) 压力　(D) 相互作用
19. 采取数控车床加工的零件应该是（　　）。
(A) 单一零件　(B) 中小批量、形状复杂、型号多变　(C) 大批量
20. 对切削抗力影响最大的是（　　）。

(A) 工件材料　(B) 切削深度　(C) 刀具角度　(D) 切削速度

21. 手用铰刀的柄部为（　）。

(A) 圆柱形　(B) 圆锥形　(C) 圆棒形　(D) 三角形

22. 孔径较小的套一般采用（ ）方法。

(A) 钻、铰　(B) 钻、半精镗、精镗

(C) 钻、扩、铰　(D) 钻、精镗

23. 米制梯形螺纹的牙型角为（　）。

(A) 29°　(B) 30°　(C) 60°　(D) 55°

24. F150 表示进给速度为 150（　）（公制）。

(A) mm/s　(B) m/m　(C) mm/min　(D) in/s

25. 若工件材料相同、车削时升温基本相等，其热变形伸长量取决于（　）。

(A) 工件长度　(B) 材料热膨胀系数

(C) 刀具磨损程度　(D) 工件直径

26. 编制数控机床加工工序时，为提高加工精度，采用（　）。

(A) 精密专用夹具　(B) 一次装夹多工序集中

(C) 流水线作业法　(D) 工序分散加工法

27. 根据加工要求，某些工件不需要限制其六个自由度，这种定位方式称为（　）。

(A) 欠定位　(B) 不完全定位　(C) 过定位　(D) 完全定位

28. 数控机床的切削时间利用率高于普通机床 5～10 倍。尤其是在加工形状比较复杂、精度要求较高、品种更换频繁的工件时，更具有良好的（　）。

(A) 稳定性　(B) 经济性　(C) 连续性　(D) 可行性

29. 按照功能的不同，工艺基准可分为定位基准、测量基准和（　）三种。

(A) 粗基准　(B) 精基准　(C) 设计基准　(D) 装配基准

30. 测量与反馈装置的作用是（　）。

(A) 提高机床的安全性　(B) 延长机床的使用寿命

(C) 提高机床的定位精度、加工精度　(D) 提高机床的灵活性

31. 一个物体在空间如果不加任何约束限制，应有（　）自由度。

(A) 四个　(B) 五个　(C) 六个　(D) 三个

32. 组合夹具是夹具（　）的较高形式。它由各种不同形状、不同规格尺寸、具有耐磨性、互换性的标准元件组成。

(A) 标准化　(B) 系列化　(C) 多样化　(D) 制度化

33. 选择定位基准时，粗基准可以使用（　）。

(A) 一次　(B) 两次　(C) 多次

34. 常用的夹紧机构中，自锁性能最可靠的是（ ）。

(A) 斜楔　(B) 螺旋　(C) 偏心　(D) 铰链

35. 用固定锥销作为定位元件与工件的圆柱孔端面圆周接触，这样的定位，可以限制工件的（　）个自由度。

(A) 1　(B) 2　(C) 3　(D) 4

36. 在小批量生产或新产品研制中，应优先选用（　）夹具。

(A) 专用　(B) 液压　(C) 气动　(D) 组合

37. 划线基准一般可以用以下三种类型：以两个相互垂直的平面（或线）为基准，以一个平面和一条中心线为基准，以（　）为基准。

（A）一条中心线　　（B）两条中心线

（C）一条或两条中心线　　（D）三条中心线

38. 刀具直径可用（　　）直接测出，刀具伸长度可用刀具直接对刀法求出。

（A）百分表　（B）千分表　（C）千分尺　（D）游标卡尺

39. 百分表的示值范围通常有0～3mm、0～5mm和（　　）三种。

（A）0～8mm　（B）0～10mm　（C）0～12mm　（D）0～15mm

40. （　　）是用来测量工件内外角度的量具。

（A）万能角度尺　（B）内径千分尺　（C）游标卡尺　（D）量块

41. 刀具磨钝通常按（　　）的磨损值来确定。

（A）月牙洼深度　（B）前面　（C）后面　（D）刀尖

42. 加工一般金属材料用的高速钢，常用牌号有W18Cr4V和（　　）。

（A）GrMn　（B）9SiCr　（C）W12Cr4VMo　（D）W6M05CrV2

43. 标准麻花钻的锋角为（　　）

（A）118°　（B）35°～40°　（C）50°～55°　（D）100°

44. 前刀面与基面间的夹角为（　　）。

（A）后角　（B）主偏角　（C）前角　（D）刃倾角

45. 圆柱铣刀刀位点是刀具中心线与刀具底面的交点，（　　）是球心的球心点。

（A）端面铣刀　（B）棒状铣刀　（C）球头铣刀　（D）倒角铣刀

46. 高温下能够保存刀具材料性能称为（　　）

（A）硬度　（B）红硬度　（C）耐磨性　（D）韧性和硬度

47. 如果把高速钢标准直齿三面刃铣刀改磨成交错齿三面刃铣刀，将会减小铣削时的（　　）

（A）铣削宽度　（B）铣削速度　（C）铣削力　（D）铣削时间

48. 对长期反复使用、加工大批量零件的情况，以配备（　　）刀柄为宜。

（A）整体式结构　（B）模块式结构　（C）增速刀柄　（D）内冷却刀柄

49. 当实际刀具与编程刀具长度不符时，用（　　）来进行修正，可不必改变所编程序。

（A）左补偿　（B）调用子程序　（C）半径补偿　（D）长度补偿

50. 刀具半径右补偿指令是（　　）。

（A）G40　（B）G41　（C）G42　（D）G39

51. 刀具长度补偿指令（　　）是将H代码指定的已存入的偏置值加到运动指令的终点坐标去。

（A）G48　（B）G49　（C）G44　（D）G43

52. 在数控铣床上，铣刀中心的轨迹与工件实际尺寸之间的距离多用（　　）方式来设定。

（A）直径补偿　（B）半径补偿　（C）相对补偿　（D）圆弧补偿

53. 在数控铣床编程中，建立刀具补偿时，设H01＝－2mm，则执行G91 G44 G01 Z－20.0H01 F100的程序段后，刀具实际移动距离为（　　）mm。

（A）30　（B）18　（C）22　（D）20

54. 插补机能是根据来自缓冲区中储存的零件程序段信息，以（　　）进行计数，不断向系统提供坐标值的位置指令，这种计算称为插补计算。

（A）数字方式　（B）模拟方式　（C）物理方式　（D）连续方式

55. 为提高 CNC 系统的可靠性可（　　）。
（A）采用单片机　（B）采用双 CPU　（C）提高时钟频率　（D）采用光电隔离电路
56. PLC 梯形图中编程元件的元件号采用（　　）。
（A）十进制　（B）二进制　（C）八进制　（D）十六进制
57. 孔加工循环使用 G99，返回到（　　）的 R 点。
（A）初始平面　（B）R 点平面　（C）孔底平面　（D）零件平面
58. 采用刀具半径补偿编程时，可按（　）编程。
（A）位移编程　（B）工件轮廓　（C）刀具中心轨迹
59. 如果孔加工固定循环中出现任何 01 组的 G 代码，则孔加工方式及孔加工数据也全部自动（　）。
（A）运行　（B）编程　（C）保存　（D）取消
60. 取消刀具半径补偿的指令是（　）。
（A）G39　（B）G40　（C）G41　（D）G42
61. 攻螺纹循环中（　　）。
（A）G74、G84 均为主轴正转攻入、正转退出
（B）G74 为主轴正转攻入、反转退出，G84 为主轴反转攻入、正转退出
（C）G74、G84 均为主轴反转攻入，正转退出
（D）G74 为主轴反转攻入、正转退出，G84 为主轴正转攻入、反转退出
62. 循环 G81、G85 的区别是，G81 和 G85 分别以（　　）返回。
（A）F 速度、快速　（B）F 速度、F 速度
（C）快速、F 速度　（D）快速、快速
63. 用户宏程序功能是数控系统具有（　　）功能的基础。
（A）人机对话编程　（B）自动编程　（C）循环编程　（D）几何图形坐标变换
64. 在程序中同样轨迹的加工部分，只需制作一段程序，把它称为（　），其余相同加工部分通过调用该程序即可。
（A）调用程序　（B）固化程序　（C）循环程序　（D）子程序
65. 圆弧指令中的 J 表示（　　）。
（A）圆心坐标在 X 轴上的分量　（B）圆心坐标在 Y 轴上的分量
（C）圆心坐标在 Z 轴上的分量
66. 选用粗基准时，应当选择（　）的面作为粗基准。
（A）任意　（B）比较粗糙
（C）加工余量小或不加工　（D）比较光洁
67. 数控铣床编程时，除了用主轴功能（S 功能）来指定主轴转速外，还要用（　　）来指定主轴转向。
（A）G 功能　（B）F 功能　（C）T 功能　（D）M 功能
68. 数控铣床在加工过程中，需要有换刀动作，精加工时需要重新进行（　　）方向的对刀。
（A）X　（B）Y　（C）Z
69. 子程序调用和子程序返回是用（　　）指令实现的。
（A）G98 和 G99　（B）M98 和 M99　（C）M98 和 M02　（D）M99 和 M98
70. 进给功能又称（　　）功能。
（A）F　（B）M　（C）S　（D）T

71. S 指令由 S 地址和 4 位数字组成，单位为（　　）。

（A）mm　（B）rpm　（C）ms　（D）inps

72. FANUC 系统中，（　　）指令是 X 轴镜像指令。

（A）M06　（B）M10　（C）M21　（D）M22

73. 数控系统功能又称为 G 功能，它是建立机床或控制系统工作方式的一种命令。它由地址符 G 及其后面的（　　）数字组成。

（A）4 位　（B）3 位　（C）2 位　（D）1 位

74. M 代码初始状态：M05 主轴转动，（　　）冷却泵停，M39 工作台移动精确转位。

（A）M06　（B）M07　（C）M08　（D）M09

75. 在同一个程序段中可以指令几个不同的 G 代码。如果在同一程序段中指令了两个以上相同 G 代码，（　　）G 代码有效。

（A）最前一个　（B）最后一个　（C）任何一个　（D）该程序段错误

76. 数控加工时，（　　）指令刀具返回到初始平面。

（A）G91　（B）G90　（C）G98　（D）G99

77. 以下（　　）不是尺寸字的地址码。

（A）I　（B）N　（C）X　（D）U

78. 机床数控系统是一种（　　）。

（A）速度控制系统　（B）电流控制系统

（C）位置控制系统　（D）压力控制系统

79. 脉冲当量是指相对于每一个（　　），机床部件的位移量。

（A）交流信号　（B）直流信号　（C）脉冲信号　（D）模拟信号

80. 数控铣床的 Z 轴方向（　　）。

（A）并行于工件装夹方向　（B）垂直于工件装夹方向

（C）与主轴回转中心平行　（D）不确定

81. 步进电动机是一种将（　　）信号转换成机械角位移的机电执行元件。

（A）NC　（B）NCI　（C）计算机　（D）电脉冲

82. 通常数控系统除了直线插补外，还有（　　）

（A）正弦插补　（B）圆弧插补　（C）抛物线插补

83. （　　）控制系统的反馈装置一般装在电动机轴上。

（A）开环　（B）半闭环　（C）闭环　（D）增环

84. 闭环进给伺服系统与半闭环进给伺服系统主要区别在于（　　）

（A）位置控制器　（B）检测单元　（C）伺服单元　（D）控制对象

85. 数控铣床在加工过程中，NC 系统控制的总是（　　）。

（A）零件轮廓的轨迹　（B）刀具中心的轨迹

（C）工件运动的轨迹　（D）刀尖的轨迹

86. 数控机床加工零件时是由（　　）来控制的。

（A）数控系统　（B）操作者　（C）伺服系统

87. 主轴箱的（　　）通过轴承在主轴箱体上实现轴向定位。

（A）转动轴　（B）固定齿轮　（C）离合器　（D）滑动齿轮

88. 在使用 G53～G59 工件坐标时，就不再用（　　）指令。

（A）G90　（B）G17　（C）G49　（D）G92

89. 机床电气控制电路中的主要元件有（　　）。

（A）电动机　（B）指示灯　（C）熔断器　（D）接线架

90. 数控机床（　　）时模式选择开关应放在 MDI。

（A）快速进给　（B）手动数据输入　（C）回零　（D）手动进给

91. G92 X20 Y50 M03 表示点（20，50，30）为（　　）。

（A）刀具的起点　（B）程序起点　（C）机床参考　（D）程序终点

92. 数控机床坐标轴命名原则规定，（　　）的运动方向为该坐标轴的正方向。

（A）刀具远离工件　（B）刀具接近工件　（C）工件远离刀具　（D）工件接近刀具

93. 机床操作面板上的启动按钮应采用（　　）按钮。

（A）常开　（B）常闭　（C）自锁　（D）旋转

94. 增量值编程是根据前一个位置起算起的坐标增量来表示目标点位置，用地址（　　）编程的一种方法。

（A）X、U　（B）Y、V　（C）X、Y　（D）U、V

95. 在连续切削方式下工作，刀具在运动到指令的终点后（　　）而继续执行下一个程序段。

（A）停一次　（B）停止　（C）减缓　（D）不减速

96. 暂停指令是（　　）。

（A）G00　（B）G01　（C）G04　（D）G02

97. 数控机床的快速进给速率选择的倍率对手动脉冲发生器的速率（　　）。

（A）25%有效　（B）50%有效　（C）无效　（D）100%有效

98. 在数控机床上加工封闭轮廓时，一般沿着（　　）进刀。

（A）法向　（B）切向　（C）轴向　（D）任意方向

99.（　　）可以设在被加工零件上，也可以设在夹具或机床上与零件定位基准有一定尺寸联系的某一位置上。

（A）编程坐标　（B）对刀点　（C）工件坐标　（D）参考点

100. 高温合金导热性差，高温强度大，切削时容易粘刀，所以铣削高温合金时，后角要稍大一些，前角应取（　　）。

（A）正值　（B）负值　（C）0　（D）不变

101. 数控机床工作时，当发生任何异常现象需要紧急处理时应启动（　　）。

（A）程序停止功能　（B）暂停功能　（C）急停功能　（D）关闭电源

102. 液压系统的动力元件是（　　）。

（A）电动机　（B）液压泵　（C）液压缸　（D）液压阀

103. 液压马达是液压系统中的（　　）。

（A）动力元件　（B）执行元件　（C）控制元件　（D）增压元件

104. 交、直流伺服电动机和普通交、直流电动机的（　　）。

（A）工作原理及结构完全相同　（B）工作原理相同，但结构不同

（C）工作原理不同，但结构相同　（D）工作原理及结构完全不同

105. 数控系统的电网电压有一允许范围，超出该范围，轻则导致数控系统（　　）。

（A）重要的电子部分损坏　（B）停止运行

（C）不能稳定工作　（D）能稳定工作

106. 热继电器在控制电路中起的作用是（　　）。

（A）短路保护　（B）过载保护　（C）失压保护　（D）过电压保护

107. 若铣床工作台纵向丝杆有间隙调整装置，则此铣床（　　）。

（A）通常采用逆铣而不采用顺铣　　（B）通常采用顺铣而不采用逆铣
（C）既能顺铣又能逆铣

108. 数控机床如长期不用时最重要的日常维护工作是（　　）。
（A）清洁　　（B）干燥　　（C）通电　　（D）润滑

109. 在机床执行自动方式下按进给暂停键时，（　　）立即停止，一般在编程出错或将碰撞时按此键。
（A）计算机　　（B）控制系统　　（C）主轴转动　　（D）进给运动

8.4 全国职业技能鉴定数控车技师理论试题 1

8.4.1 全国职业技能鉴定数控车技师理论试题 1

一、判断题

1. 在铣削过程中，所选用的切削用量称为铣削用量，铣削用量包括吃刀量、铣削速度和进给量。（　　）
2. 标准麻花钻顶角一般为 118°。（　　）
3. 根据工件的结构特点和对生产效率的要求，可按曲面加工，平面加工，或平面-曲面加工等方式设计铣床夹具。（　　）
4. 使用千分尺时，用等温方法将千分尺和被测件保持同温，这样可以减少温度对测量结果的影响。（　　）
5. 外螺纹的规定画法是：大径用细实线表示，终止线用虚线表示。（　　）
6. 孔、轴公差代号由基本偏差与标准公差组成。（　　）
7. 划线是机械加工的重要工序，广泛用于成批生产和大量生产。（　　）
8. 孔的基本偏差即下偏差，轴的基本偏差即上偏差。（　　）
9. 标注球面时应在符号前加“≠”。（　　）
10. 数控加工特别适用于产品单一且批量较大的加工。（　　）
11. 工艺基准包括定位基准、测量基准、装配基准三种。（　　）
12. 配合公差的大小，等于相配合的孔轴公差之和。（　　）
13. 粗基准即为零件粗加工中所用基准，精基准即为零件精加工中所用基准。（　　）
14. 表面的微观几何性质主要是指表面粗糙度。（　　）
15. 高速钢刀具的韧性虽比硬质合金刀具好，但也不能用于高速切削。（　　）
16. 高刚性麻花钻必须采用间歇进给方式。（　　）
17. 铣刀是一种多刃刀具，切削速度高，故铣削加工的生产效率高。（　　）
18. 钢淬火时，出现硬度偏低的原因一般是加热温度不够、冷却速度不快和表面脱碳等。（　　）
19. 在斜视图上，不需要表达的部分可以省略不画，与需要表达的部分之间用波浪线断开。（　　）
20. 退火一般安排在毛坯制造之后粗加工之前。（　　）
21. 滚动轴承内圈与基本偏差为 g 的轴形成间隙配合。（　　）
22. Ry 参数对某些表面上不允许出现较深的加工痕迹和小零件的表面质量有实用意义。（　　）
23. 工具钢按用途可分为碳素工具钢、合金工具钢和高速工具钢。（　　）
24. 碳素工具钢都属于高碳钢。（　　）

25. 不对称逆铣的铣削特点是刀齿以较大的切削厚度切入，又以较小的切削厚度切出。（　）

26. 铜和铜合金的强度和硬度较低，加紧力不宜过大，以防止工件加紧变形。（　）

27. 金属切削主运动可由工件完成，也可由刀具完成。（　）

28. 在普通铣床上加工时，可采用划线、找正和借料等方法解决毛坯加工余量问题。（　）

29. 为了保证被加工面的技术要求，必须使工件相对刀具和机床处于正确位置。在使用夹具的情况下，就要使机床、刀具、夹具和工件之间保持正确的位置。（　）

30. 安装夹具时，应使定位键（或定向键）靠向 T 形槽一侧，以免间隙对加工精度的影响。对定向精度要求较高的夹具，常在夹具的侧面加工出一窄长平面作为夹具安装时的找正基面，通过找正获得较高的定向精度。（　）

31. 乳化液主要用来减少切削过程中的摩擦和降低切削温度。（　）

32. 车刀的后角在精加工时取小值，粗加工时取大值。（　）

33. 当使用半径补偿时，编程按工件实际尺寸加上刀具半径来计算。（　）

34. 偏移量可以在偏置量存储器中设定（32 个或 64 个）地址为 M。（　）

35. CNC 装置的显示主要为操作者提供方便，通常有零件的显示、参数显示、刀具位置显示、机床状态显示、报警显示等。（　）

36. 滚珠丝杠不适用于升降类进给传动机构。（　）

37. 数控机床的加工精度比普通机床高，是因为数控机床的传动链较普通机床的传动链长。（　）

38. 实际上，步进电动机也是一种数模转换装置。（　）

39. 液压系统的输出功率就是液压缸等执行元件的工作功率。（　）

40. 机械原点是指机床上的固定位置，并非零点减速开关。（　）

41. 数控机床坐标轴的重复定位精度应为各测点重复定位误差的平均值。（　）

42. 在编程时，要尽量避免法向切入和进给中途停顿，以防止在零件表面留下划痕。（　）

43. 工作前必须戴好劳动保护品。女工戴好工作帽，不准围围巾，禁止穿高跟鞋。操作时不准戴手套，不准与他人闲谈，精神要集中。（　）

44. CNC 中，靠近工件的方向为坐标系的正方向。（　）

45. 加强设备的维护保养、修理，能够延长设备的技术寿命。（　）

46. 往钢中添加适量的硫、铅等元素，可以减小切削力，延长刀具的寿命。（　）

47. 纯铁在精加工时的切削加工性能不好。（　）

48. 有些数控机床配置比较低档，为了防止失步，应将 G00 改为 G01。（　）

49. 铣床主轴制动不良，是在按“停止”按钮时，主轴不能立即停止或产生反转现象，其主要原因是主轴制动系统调整得不好或失灵。（　）

50. 常用固体润滑剂有石墨、二硫化钼、锂基润滑脂等。（　）

51. 程序编制中首件试切的作用是检验零件图设计的正确性。（　）

52. 对于一个设计合理、制造良好的带位置闭环控制系统的数控机床，可以得到的精度由检测元件的精度决定。（　）

53. 从铣床的角度来看，造成铣削时振动大的主要原因是主轴松动和工作台松动。（　）

54. 消防报警备用电源单独设置清单项目。（　）

55. 数控机床数控部分出现故障死机后，数控人员应关掉电源再重新开机，然后执行程

序即可。（　　）

56. 在程序编制前，程序员应了解所用数控机床的规格、性能和CNC系统所具备的功能及编程指令格式等。（　　）

57. 根据火灾的危险程度和危险后果，火灾隐患分为一般火灾和重大火灾。（　　）

58. 几种不同类型的点型探测器在编制工程量清单时，只需设置一个项目编码即可。（　　）

59. 偶然发生故障是比较容易被人发现和解决的。（　　）

60. 选择阀是组合分配系统中控制灭火器在发生火灾的防护空间内释放的阀门。（　　）

61. 建立长度补偿的指令为G43。（　　）

62. 数控机床与普通机床在加工零件时的根本区别在于数控机床是按照事先编制好的加工程序自动完成对零件的加工。（　　）

63. 目前，机床数控装置主要采用小型计算机和中型计算机。（　　）

64. 职业道德的实质内容是建立全新的社会主义劳动关系。（　　）

65. 取消长度补偿的指令为G44。（　　）

66. 刀具长度补偿值表示目标刀具与标准零号刀具的长度差值。（　　）

67. 在数控铣床上，铣刀中心的轨迹与工件的实际尺寸之间的距离多用半径补偿的方式来设定，补偿量为刀具的半径值。（　　）

68. 刀具半径补偿功能主要是针对刀位点在圆心位置上的刀具而设定的，它根据实际尺寸进行自动补偿。（　　）

69. 岗位的质量要求不包括工作内容、工艺规程、参数控制等。（　　）

70. 若机床具有半径自动补偿功能，无论是按假想刀尖轨迹编程还是按刀心轨迹编程，当刀具磨损或重磨时，均不需重新计算编程参数。（　　）

71. 数控系统中，固定循环指令一般用于精加工循环。（　　）

72. 在快速或自动进给铣削时，不准把工作台走到两极端，以免挤坏丝杠。（　　）

73. 数控机床的补偿功能包含有刀具长度补偿、刀具半径补偿和刀尖圆弧补偿。（　　）

二、单项单选题

1. 数控机床（　　）时可输入单一命令使机床动作。

(A) 快速进给　(B) 手动数据输入　(C) 回零　(D) 手动进给

2. 在数控机床上加工封闭轮廓时，一般沿着（　　）进刀。

(A) 法向　(B) 切向　(C) 轴向　(D) 任意方向

3. 在机床执行自动方式下按进给暂停键，（　　）立即停止，一般在编程出错或将碰撞时按此键。

(A) 计算机　(B) 控制系统　(C) 主轴转动　(D) 进给运动

4. 画半剖视图时，习惯上将左右对称图形的（　　）画成剖视图。

(A) 左半边　(B) 右半边

(C) 左、右半边皆可　(D) 未知

5. 将图样中所表示的物体部分结构用大于原图形所采用的比例画出的图形称为（　　）。

(A) 局部剖视图　(B) 局部视图　(C) 局部放大图　(D) 移出剖视图

6. 在连续切削方式下工作，刀具在运动到指令的终点后（　　）而继续执行下一个程序段。

(A) 停一次　(B) 停止　(C) 减缓　(D) 不减缓

7. 螺纹的公称直径是指（　　）。

(A) 螺纹的小径　(B) 螺纹的中径

(C) 螺纹的大径　(D) 螺纹的分度圆直径

8. 数控铣床上进行手动换刀时最主要的注意事项是（　）

(A) 对准键槽　(B) 擦干净连接锥柄　(C) 调整好拉钉　(D) 不要拿错刀具

9. 在标注尺寸时，应在尺寸链中取一个（　）的尺寸不标注，使尺寸链成为开环。

(A) 重要　(B) 不重要　(C) 尺寸大　(D) 尺寸小

10. 识读装配图的要求是了解装配图的名称、用途、性能、结构和（　）。

(A) 工作原理　(B) 工作性质　(C) 配合性质　(D) 零件公差

11. CNC系统一般可用几种方式得到工件加工程序，其中MDI是（　）

(A) 利用磁盘机读入程序　(B) 从串行通信接口接收程序

(C) 利用键盘以手动方式输入程序　(D) 从网络通过Modem接收程序

12. MDI方式是指（　）

(A) 执行手动的功能　(B) 执行一个加工程序段

(C) 执行某一G功能　(D) 执行经操作面板输入的一段指令

13. 当NC故障排除后，按（　）键消除报警。

(A) RESET　(B) GRAPH　(C) PAPAM　(D) MACRO

14. 交、直流伺服电动机和普通交、直流电动机的（　）

(A) 工作原理及结构完全相同　(B) 工作原理相同，但结构不同

(C) 工作原理不同，但结构相同　(D) 工作原理及结构完全不同

15. 暂停指令是（　）。

(A) G00　(B) G01　(C) G04　(D) M02

16. 数控加工程序单是编程人员根据工艺分析情况，经过数值计算，按照机床特点用（　）编写的。

(A) 汇编语言　(B) BASIC语言　(C) 指令代码　(D) AutoCAD语言

17. 主轴停止是用（　）辅助功能表示的。

(A) M02　(B) M05　(C) M06　(D) M30

18. 在（　）指令中，当指定量为0时，若指定了偏置量，则机床移动。

(A) 增量值　(B) 绝对值　(C) 直径模式　(D) 半径模式

19. 经常停置不用的机床，过了梅雨天后，一开机发生故障，主要由于（　）作用，导致器件损坏。

(A) 物理　(B) 光合　(C) 化学　(D) 生物

20. 液压马达是液压系统中的（　）。

(A) 动力元件　(B) 执行元件　(C) 控制元件　(D) 增压元件

21. 热继电器在控制电路中起的作用是（　）。

(A) 短路保护　(B) 过载保护　(C) 失压保护　(D) 过电压保护

22. 按数控机床发生的故障性质分类有（　）和系统故障。

(A) 随机性故障　(B) 伺服性故障　(C) 控制器故障　(D) 部件故障

23. 液压传动是利用（　）作为工作介质来进行能量传递的一种工作方式。

(A) 油类　(B) 水液体　(C) 空气

24. 数控机床（　）时模拟选择开关应放在AUTO。

(A) 自动状态　(B) 手动数据输入　(C) 回零　(D) 手动进给

25. 产生机械加工精度误差的主要原因是（　）。

(A) 润滑不良 (B) 机床精度下降 (C) 材料不合格 (D) 空气潮湿

26. 下述主轴回转精度测量方法中，常用的是（　　）。

(A) 静态测量 (B) 动态测量 (C) 间接测量 (D) 直接测量

27. 当铣削（　　）材料工件时，铣速度可适当取得高一些。

(A) 高锰奥氏体 (B) 高温合金 (C) 紫铜 (D) 不锈钢

28. 为改善低碳钢的切削加工性能，一般采用（　　）热处理。

(A) 退火 (B) 正火 (C) 调质 (D) 回火

29. 在切削金属材料时，属于正常磨损中最常见的情况是（　　）磨损。

(A) 前面 (B) 后面 (C) 前后面同时

30. 数控机床几何精度检查时首先应该进行（　　）。

(A) 连续空运行实验 (B) 安装水平的检查与调整

(C) 数控系统功能实验

31. 数控加工夹具具有较高的（　　）精度。

(A) 粗糙度 (B) 尺寸 (C) 定位 (D) 以上都不是

32. 电路起火用（　　）灭火。

(A) 水 (B) 油 (C) 干粉灭火器 (D) 泡沫灭火器

33. 机床各坐标轴终端设有极限开关，由极限开关设置的行程称为（　　）。

(A) 极限行程 (B) 行程保护 (C) 软极限 (D) 硬极限

34. 数控机床一种行程极限是由机床行程范围决定的最大行程范围，用户（　　）改变。该范围由参数决定，也是数控机床的软件超程保护范围。

(A) 可以 (B) 能够 (C) 自行 (D) 不得

35.（　　）与数控系统的插补功能及某些参数有关。

(A) 刀具误差 (B) 逼近误差 (C) 插补误差 (D) 机床误差

36. 报警联动一体机中总线制“点”是指报警联动一体机所带的（　　）的数量。

(A) 报警器件 (B) 有地址编码的报警器件

(C) 控制模块 (D) 有地址编码的报警器件与控制模块

37. 工作前穿好劳动保护品，操作时（　　），女工戴好工作帽，不准围围巾。

(A) 穿好凉鞋 (B) 戴好眼镜 (C) 戴好手套 (D) 铁屑用手拿开

38. 具有高度责任心应做到（　　）。

(A) 忠于职守，精益求精 (B) 不徇私情，不谋私利

(C) 光明磊落，表里如一 (D) 方便群众，注重形象

39. PWM-M 系统是指（　　）。

(A) 直流发电机-电动机组 (B) 可控硅直流调压电源-直流电动机组

(C) 脉动宽度调制器-直流电动机调速系统 (D) 感应电动机变频调速系统

40. 下列材料中，（　　）最难切削加工。

(A) 铝和铜 (B) 45 钢 (C) 合金结构钢 (D) 耐热钢

41. 故障维修的一般原则是（　　）

(A) 先动后静 (B) 先内部后外部

(C) 先电气后机械 (D) 先一般后特殊

42. 高温合金导热性差，高温强度大，切削时容易粘刀，所以铣削高温合金时，后角要稍大一些，前角应取（　　）

(A) 正值 (B) 负值 (C) 0 (D) 不变

43. 数控机床进给系统中采用齿轮副时，如果不采用消隙措施，将会（ ）

（A）增大驱动功率 （B）降低传动效率 （C）增大摩擦力 （D）造成反向间隙

44. 调整铣床工作台镶条的目的是调整（ ）的间隙。

（A）工作台与导轨 （B）工作台丝杠螺母 （C）工作台紧固机构

45. 加工箱体类零件上的孔时，如果花盘角铁精度低，会影响孔的（ ）。

（A）尺寸精度 （B）形状精度 （C）孔距精度 （D）粗糙度

46. 为了避免程序错误造成刀具与机床部件或其他附件相撞，数控机床有（ ）行程极限。

（A）一种 （B）两种 （C）三种 （D）多种

47. 程序段 G71 P0035 Q0060 U4.0 W2.0 S500 中，Q0060 的含义是（ ）。

（A）精加工路径的最后一个程序段顺序号 （B）最高转速

（C）进刀量

48. 人体的触电方式分为（ ）两种。

（A）电击和电伤 （B）电吸和电摔 （C）立穿和横穿 （D）局部和全身

49. FANUC 系统中，（ ）指令是 X 镜像指令。

（A）M06 （B）M10 （C）M21 （D）M22

50. 违反安全操作规程的是（ ）

（A）自己制订生产工艺 （B）贯彻安全生产规章制度

（C）加强法制观念 （D）执行国家安全生产的法令规定

51. CNC 装置中的计算机对输入的指令和数据进行处理，对驱动轴及各接口进行控制并发出指令脉冲，（ ）电动机以一定的速度使机车工作运动到预定的位置。

（A）交流 （B）直流 （C）驱动伺服 （D）步进

52. 半闭环系统的反馈装置一般装在（ ）。

（A）导轨上 （B）伺服电机上 （C）工作台上 （D）刀架上

53. 对于位置闭环伺服系统数控机床，其位置精度主要取决于（ ）。

（A）机床机械结构的精度 （B）驱动装置的精度

（C）位置检测元件的精度 （D）计算机的计算速度

54. 下列（ ）数控铣床是数控中数量最多的一种，应用范围也最为广泛。

（A）立式 （B）卧式 （C）倾斜式 （D）立、卧两用式

55. 进给箱的功用是把交换齿轮箱传来的运动，通过改变箱内滑移齿轮的位置，变速后传给丝杠或光杠，以满足（ ）和机动进给的需要。

（A）车孔 （B）车圆锥 （C）车成形面 （D）车螺纹

56. 步进电动机的角位移与（ ）成正比。

（A）步距角 （B）通电频率 （C）脉冲当量 （D）脉冲数量

57. （ ）不是滚动导轨的缺点。

（A）动、静摩擦因数接近 （B）结构复杂

（C）对脏物较敏感 （D）成本较高

58. 目前导轨材料中应用得最普遍的是（ ）。

（A）铸铁 （B）黄铜 （C）青铜 （D）钢

59. 目前机床导轨中应用最普遍的导轨形式是（ ）。

（A）静压导轨 （B）滚动导轨 （C）滑动导轨

60. 数控机床的 Z 轴方向（ ）。

（A）平行于工件装夹方向　（B）垂直于工件装夹方向
（C）与主轴回转中心平行　（D）不确定

61. 找出下列数控机床操作名称的对应英文词汇：BUTTON（　）、SOFTKEY（　）、HARDKEY（　）、SWITCH（　）。
（A）软键　（B）硬键　（C）按钮　（D）开关

62.（　）由编程者确定。编程时，可根据编程方便原则，确定在工件的任何位置。
（A）工件零点　（B）刀具零点　（C）机床零点　（D）对刀零点

63. 数控程序编制功能中常用的删除键是（　）。
（A）INSRT　（B）ALTER　（C）DELET　（D）POS

64. 在 CRT/MDI 操作面板上页面变换键是（　）。
（A）PAGA　（B）CURSOR　（C）EOB　（D）POS

65. 在 CRT/MDI 面板的功能键中，用于报警的键是（　）。
（A）DGNOS　（B）ALARM　（C）PARAM　（D）POS

66. 绝对值编程与增量值编程混合起来进行编程的方法称为（　）编程。（　）编程必须先设定编程零点。
（A）绝对、绝对　（B）相对、相对　（C）混合、混合　（D）相对、绝对

67. 在使用 G53～G59 工件坐标系时，就不再用（　）指令。
（A）G90　（B）G17　（C）G49　（D）G92

68. 如果省略了重复调用子程序的次数，则认为重复次数为（　）。
（A）0 次　（B）1 次　（C）99 次　（D）100 次

69. 选择粗基准时，应当选择（　）的表面。
（A）任意　（B）比较粗糙
（C）加工余量小或不加工　（D）比较光洁

70. 圆弧指令的 K 表示（　）。
（A）圆心坐标在 X 轴上的分量　（B）圆心坐标在 Y 轴上的分量
（C）圆心坐标在 Z 轴上的分量

71. 具有“坐标定位、快进、工进、孔底暂停、快速返回”动作循环的钻孔指令为（　）。
（A）G73　（B）G80　（C）G81　（D）G85

72. 编程中设定定位速度 F_1=5000mm/min，切削速度 F_2=100mm/min，如果参数键中设置进给速度倍率为 80%，则实际速度是（　）。
（A）F_1=4000mm/min，F_2=80mm/min
（B）F_1=5000mm/min，F_2=100mm/min
（C）F_1=5000mm/min，F_2=80mm/min
（D）以上都不对

73. G01 为直线插补指令，程序段中 F 规定的速度为（　）。
（A）单轴的直线移动速度　（B）合成速度
（C）曲线进给切向速度

74. 数控系统准备功能又称 G 功能。它是建立机床或控制系统工作方式的一种命令，它由地址符 G 及其后面的（　）数字组成。
（A）4 位　（B）3 位　（C）2 位　（D）1 位

75. 数控铣床在加工过程中，需要有换刀动作，精加工时需要重新进行（　）方向的对刀。

(A) X　(B) Y　(C) Z

76. 程序中的主轴功能，也称为（　）。

(A) G 指令　(B) M 指令　(C) T 指令　(D) S 指令

77. 直线定位指令是（　）。

(A) G00　(B) G01　(C) G04　(D) M02

78. 在程序段 N2000 G92 X50 Y30 Z20 F500 S650 T02 M03；中 T02 是（　）组成元素。

(A) 刀具　(B) 刀具功能　(C) 刀具功能字　(D) 用第 2 号刀

79. 设 H01＝－2mm，则执行 G91 G44 G01 Z－20 H01 F100 的程序段后，刀具实际移动距离为（　）mm。

(A) 30　(B) 18　(C) 22　(D) 20

80. 在数控铣床上，铣刀中心的轨迹与工件的实际尺寸之间的距离多用（　）的方式来设定。

(A) 直径补偿　(B) 半径补偿　(C) 相对补偿　(D) 圆弧补偿

81. 程序中指定了（　）时，刀具半径补偿被撤销。

(A) G40　(B) G41　(C) G42

82. 为提高 CNC 系统的可靠性，可（　）。

(A) 采用单片机　(B) 采用双 CPU

(C) 提高时钟频率　(D) 采用光隔离电路

83. PLC 向机床传递的信号，主要是控制机床执行信号，如（　）的动作信号。

(A) 插补器　(B) 接触器　(C) 传感器　(D) 伺服器

84. 微型计算机的出现是由于（　）的出现。

(A) 中小规模集成电路　(B) 大规模集成电路

(C) 晶体管电路　(D) 集成电路

85. 刀具补偿有半径补偿和（　）。

(A) 长度补偿　(B) 形状补偿　(C) 高度补偿　(D) 直径补偿

86. 孔加工循环使用 G99，刀具将返回到（　）的 R 点。

(A) 初始平面　(B) R 点平面　(C) 孔底平面　(D) 零件表面

87. 如果孔加工固定循环中间出现了任何 01 组的 G 代码，则孔加工方式及孔加工数据也全部自动（　）。

(A) 运行　(B) 编程　(C) 保存　(D) 取消

88. 刀具半径补偿用地址（　）。

(A) H　(B) T　(C) R　(D) D

89. 采用固定循环编程，可以（　）。

(A) 加快切削速度，提高加工质量　(B) 缩短程序长度，减小程序所占内存

(C) 减少换刀的次数，提高切削速度　(D) 减小吃刀深度，保证加工质量

90. 攻螺纹循环中（　）。

(A) G74、G84 均为主轴正转攻入、反转退出

(B) G74 为主轴正转攻入、反转退出，G84 为主轴反转攻入、正转退出

(C) G74、G84 均为主轴反转攻入、正转退出

(D) G74 为主轴反转攻入、正转退出，G84 为主轴正转攻入、反转退出

91. 循环 G81、G85 的区别是 G81 和 G85 分别以（　）返回。

(A) F速度、快速　　(B) F速度、F速度
(C) 快速、F速度　　(D) 快速、快速

92. 在程序中同样轨迹的加工部分，只需制作一段程序，把它称为（　），其余相同的加工部分通过调用该程序即可。

(A) 调用程序　(B) 固化程序　(C) 循环指令　(D) 子程序

93. 刀具半径尺寸补偿指令的起点不能写在（　）程序段中。

(A) G00　(B) G02/G03　(C) G01

94. 微处理器（CPU）主要由（　）组成。

(A) 存储器和运算器　　(B) 存储器和控制器
(C) 运算器和控制器　　(D) 总线和控制器

95. 强电和微机系统隔离常采用（　）。

(A) 光电耦合器　　(B) 晶体三极管
(C) 74LS138编码器　　(D) 8255接口芯片

96. 微机存储器容量的单位是（　）。

(A) 位　(B) 字节　(C) 字

97. 应用刀具半径补偿功能时，如刀补值设置为负值，则刀具轨迹是（　）。

(A) 左补　　(B) 右补
(C) 不能补偿　　(D) 左补变右补，右补变左补

98. 背镗循环G87中，在孔底的动作为（　）。

(A) 朝着刀尖方向进给一个位移，主轴反转
(B) 朝着刀尖方向进给一个位移，主轴正转
(C) 背着刀尖方向进给一个位移，主轴反转
(D) 背着刀尖方向进给一个位移，主轴正转

99. 用户宏程序功能是数控系统具有（　）功能的基础。

(A) 人机对话编程　　(B) 自动编程
(C) 循环编程　　(D) 几何图形坐标变换

100. 对于型腔类零件的粗加工，刀具通常选用（　）。

(A) 球头铣刀　(B) 键槽铣刀　(C) 三刃立铣刀

101. 孔加工时，返回点平面指令为（　）

(A) G41、G42　(B) G3、G44　(C) G90、G91　(D) G98、G99

102. 当接通电源时，数控机床执行存储于计算机中的（　）指令，机床主轴不会自动旋转。

(A) M05　(B) M04　(C) M03　(D) M90

103. 进给功能又称（　）功能。

(A) F　(B) M　(C) S　(D) T

104. 主轴速度S指令是以（　）作为单位。

(A) mm/min　(B) r/min　(C) 包含A和B　(D) mm/r

105. 具有自保持功能的指令称为（　）指令。

(A) 模态　(B) 非模态　(C) 初始态　(D) 临时

106. 圆柱铣刀刀位点是刀具中心线与刀具底面的交点，（　）是球头的球心点。

(A) 端面铣刀　(B) 棒状铣刀　(C) 球头铣刀　(D) 倒角铣刀

107. 在精加工和半精加工时，为了防止划伤加工表面，刃倾角宜选取（　）。

（A）负值　　　　（B）零　　　　　　（C）正值　　　　（D）10

108. 刀具容易产生积削瘤的切削速度大致是在（　　）范围内。

（A）低速　　　　（B）中速　　　　　（C）减速　　　　（D）高速

109. 如果把高速钢标准直齿三面刃铣刀改磨成交错齿三面刃铣刀，将会减小铣削的（　　）。

（A）铣削宽度　　（B）铣削速度　　　（C）铣削力　　　（D）铣削时间

8.4.2　全国职业技能鉴定数控车技师理论试题 2

一、判断题

1. 数控机床按控制坐标轴数分类，可分为两坐标数控机床、三坐标数控机床、多坐标数控机床和五面加工数控机床等。（　　）

2. 常用的位移执行机构有步进电动机、直流伺服电动机和交流伺服电动机。（　　）

3. 伺服系统分为直流伺服系统和交流伺服系统。（　　）

4. 直线控制系统既控制从一点到另一点的准确定位，又要控制从一点到另一点的路径。（　　）

5. 经济型数控车床的显著缺点是没有恒线速度切削功能。（　　）

6. 数控机床适用于单品种、大批量的生产。（　　）

7. 一般简易的数控系统属于轮廓控制系统。（　　）

8. 在机床接通电源后，通常都要进行回零操作，使刀具或工作台退离到机床参考点。（　　）

9. 闭环控制系统的控制精度比半闭环控制系统要高。（　　）

10. 数控机床按伺服系统类型不同可分为点位控制、直线控制和连续控制。（　　）

11. 点位控制系统不仅要控制从一点到另一点的准确定位，还要控制从一点到另一点的路径。（　　）

12. 车床主轴编码器的作用是防止切削螺纹时乱扣。（　　）

13. 数控机床按控制系统的特点可分为开环系统、闭环系统和半闭环系统。（　　）

14. 数控技术是综合了计算机、自动控制、电机、电气传动、测量、监控和机械制造等学科的内容。（　　）

15. 点位控制数控机床只允许在各个自然坐标轴上移动，在运动过程中进行加工。（　　）

16. 轮廓控制数控机床进给运动是在各个自然坐标轴上移动，在运动过程中进行加工。（　　）

17. 曲面上的任意点之间必须通过圆弧段连接起来进行插补加工称为轮廓控制方式。（　　）

18. 数控机床性能评价指标主要是数控装置、主轴系统、进给系统、自动换刀系统。（　　）

19. 自动换刀数控机床主轴部件设有准停装置。（　　）

20. 数控机床是一种程序控制机床。（　　）

21. 采用滚珠丝杠作为 X 轴和 Z 轴传动的数控车床的机械间隙一般可忽略不计。（　　）

22. 全功能数控机床进给速度能达 3～15m/min。（　　）

23. 角位移测量元件常用于半闭环系统。（　　）

24. 数控机床适用于大批量生产。（　　）

25. 数控机床是在普通机床的基础上将普通电气装置更换成 CNC 控制装置。（ ）
26. 插补运动的实际插补轨迹始终不可能与理想轨迹完全相同。（ ）
27. 用数显技术改造后的机床就是数控机床。（ ）
28. 在开环和半闭环数控机床上，定位精度主要取决于进给丝杠的精度。（ ）
29. 数控机床的加工精度取决于数控系统的最小分辨率。（ ）
30. 对于旧机床改造的数控车床，常采用梯形螺纹丝杠作为传动副，其反向间隙需事先测量出来进行补偿。（ ）
31. 保证数控机床各运动部件间的良好润滑就能延长机床寿命。（ ）
32. 数控机床进给传动机构中采用滚珠丝杠的原因主要是提高丝杠精度。（ ）
33. 在铣削过程中，所选用的切削用量称为铣削用量。（ ）
34. 标注球面时应在符号前加“ϕ”。（ ）
35. 孔的基本偏差即下偏差，轴的基本偏差即上偏差。（ ）
36. 配合公差的大小，等于相配合的孔轴公差之和。（ ）
37. 表面的微观几何性质主要是指表面粗糙度。（ ）
38. 钢淬火时出现硬度偏低的主要原因一般是加热温度不够、冷却速度不快和表面脱碳等。（ ）
39. 退火一般安排在毛坯制造以后粗加工进行以前。（ ）
40. 划线是机械加工的重要工序，广泛用于成批生产和大量生产。（ ）
41. 标准麻花钻的顶角一般为 118°。（ ）
42. 闭环控制数控机床主要能检测伺服电动机的转角精度。（ ）
43. 数控加工特别适用于单一且批量较大的加工。（ ）
44. 工艺基准包括定位基准、测量基准、装配基准三种。（ ）
45. 根据工件的结构特点和对生产效率的要求，可按曲面加工、平面加工或平面-曲面加工等方式设计铣床夹具。（ ）
46. 数控系统中，固定循环指令一般用于精加工循环。（ ）
47. 在数控铣床上，铣刀中心的轨迹与工件的实际尺寸之间的距离多用半径补偿的方式来设定，补偿量为刀具的半径值。（ ）
48. G41 或 G42 程序段内，必须有 G01 功能及对应的坐标参数才有效，以建立刀补。（ ）
49. 若一台微机感染了病毒，只要删除所有带毒文件，就能消除所有病毒。（ ）
50. G41、G42、G40 为模态指令，均有自保持功能。机床的初始状态为 G40。（ ）
51. 粗基准即为零件粗加工中所用基准，精基准即为零件精加工中所用基准。（ ）
52. 固定循环指令以及 Z、R、Q、P 指令是模态的，直到用 G90 撤销指令为止。（ ）
53. 在循环加工时，当执行有 M00 指令的程序段后，如果要继续执行下面的程序，必须按进给保持按钮。（ ）
54. 在执行主程序的过程中，有调用子程序的指令时，在执行子程序以后，加工就结束了。（ ）
55. 精加工时，使用切削液的目的是降低切削温度，起冷却作用。（ ）
56. 粗加工时，使用切削液的目的是降低切削温度，起冷却作用。（ ）
57. 辅助功能又称 G 功能。（ ）
58. 在 G00 程序段中，不需编写 F 指令。（ ）
59. 孔加工循环加工通孔时一般刀具还要伸长超过工件底平面一段距离，主要是保证全

部孔深都加工到尺寸，钻削时还要考虑钻头钻尖对孔深的影响。（　）

60. 子程序的第一个程序段和最后一个程序段必须用 G00 指令进行定位。（　）

61. 粗加工时，加工余量和切削用量均较大，因此会使刀具磨损加快，所以应选用以润滑为主的切削液。（　）

62. 粗基准因精度要求不高，所以可以重复使用。（　）

63. F 值给定的进给速度在执行过 G00 之后就无效。（　）

64. 辅助功能 M00 指令为无条件程序暂停，执行该程序指令后，所有的运转部件停止运动，且所有的模态信息全部丢失。（　）

65. 高速钢车刀在低温时以机械磨损为主。（　）

66. 高速钢车刀的韧性虽比硬质合金韧性高，但不能用于高速切削。（　）

67. 当用杠杆规测量工件时，其指针指向“正”时，表示测量值比标准值小。（　）

68. 在工具磨床上刃磨刀尖能保证切削部分具有正确的几何角度、尺寸精度及较小的表面粗糙度。（　）

69. 切削平面、基面、正剖面是三个确定刀具表面的参考平面。（　）

70. 当使用半径补偿时，编程按工件实际尺寸加上刀具半径来计算。（　）

71. D 代码的数据有正负符号，当 D 代码的数据为正时，G41 往前进的左方偏置，G42 往前进的右方偏置；当 D 代码的数据为负时，G41 往前进的右方偏置，G42 往前进的左方偏置。（　）

二、单项选择题

1. CNC 是指（　　）。

（A）计算机数控　（B）直接数控　（C）网络数控　（D）微型机数控

2. 数控机床的运动配置有不同的形式，需要考虑工件与刀具相对运动关系及坐标方向。编写程序时，采用（　　）的原则编写程序。

（A）刀具固定不动，工件相对移动

（B）铣削加工刀具只做转动，工件移动；车削加工时刀具移动，工件转动

（C）分析机床运动关系后再根据实际情况

（D）工件固定不动，刀具相对移动

3. 加工平面任意曲线应采用（　　）。

（A）点位控制数控机床　（B）轮廓控制数控机床

（C）点位直线控制数控机床　（D）闭环控制数控机床

4. 数控机床适用于生产（　　）零件。

（A）大型　（B）大批量　（C）小批复杂　（D）高精度

5. 闭环控制系统的位置检测装置装在（　　）。

（A）传动丝杠上　（B）伺服电动机轴上

（C）机床移动部件上　（D）数控装置中

6. 数控系统的报警大体可以分为操作报警、程序错误报警、驱动报警及系统错误报警。某个程序在运行过程中出现“圆弧端点错误”，这属于（　　）。

（A）程序错误报警　（B）操作报警　（C）驱动报警　（D）系统错误报警

7. 数控机床加工的特点是加工精度高、（　　）、自动化程度高、劳动强度低、生产效率高等。

（A）加工轮廓简单、生产批量又特别大的零件

（B）对加工对象的适应性强

(C) 适用于加工余量特别大、材质及余量都不均匀的坯件

(D) 装夹困难或必须依靠人工找正、定位才能保证其加工精度的单件零件

8. 测量与反馈装置的作用是（ ）。

(A) 提高机床的安全性　　(B) 延长机床的使用寿命

(C) 提高机床的定位精度、加工精度　　(D) 提高机床的灵活性

9. 闭环进给伺服系统与半闭环进给伺服系统的主要区别在于（ ）。

(A) 位置控制器　　(B) 检测单元　　(C) 伺服驱动器　　(D) 控制对象

10. 数控机床的种类很多，如果按加工轨迹分可分为（ ）。

(A) 二轴控制、三轴控制和连续控制　　(B) 点位控制、直线控制和连续控制

(C) 二轴控制、三轴控制和多轴控制　　(D) 二轴控制、三轴控制和点位控制

11. CNC 系统主要由（ ）。

(A) 计算机和接口电路组成　　(B) 计算机和控制系统软件组成

(C) 接口电路和伺服系统组成　　(D) 控制系统硬件和软件组成

12. 数控机床用伺服电动机实现无级变速，但用齿轮传动主要目的是增大（ ）。

(A) 输出扭矩　　(B) 输出速度　　(C) 输入扭矩　　(D) 输入速度

13. 数控机床诞生于（ ）。

(A) 美国　　(B) 日本　　(C) 英国　　(D) 德国

14. 闭环系统比开环系统及半闭环系统（ ）。

(A) 稳定性好　　(B) 故障率低　　(C) 精度低　　(D) 精度高

15. 目前在机械工业中最高水平的生产形式为（ ）。

(A) CNC　　(B) CIMS　　(C) FMS　　(D) CAM

16. 半闭环系统的反馈装置一般装在（ ）。

(A) 导轨上　　(B) 伺服电动机上　　(C) 工作台上　　(D) 刀架上

17. 数控机床开机时，一般要进行返回参考点操作，其目的是（ ）。

(A) 换刀，准备开始加工　　(B) 建立机床坐标系

(C) 建立局部坐标系　　(D) A、B、C 都是

18. 数控机床的“回零”操作是指回到（ ）。

(A) 对刀点　　(B) 换刀点　　(C) 机床的零点　　(D) 编程原点

19. 闭环控制数控机床（ ）。

(A) 是伺服电动机与传动丝杠之间采用齿轮减速连接的数控机床

(B) 采用直流伺服电动机并在旋转轴上装有角位移检测装置的数控机床

(C) 采用步进电动机并有检测位置的反馈装置的数控机床

(D) 采用交、直流电动机并有检测位移的反馈装置的数控机床

20. 采用全闭环进给伺服系统的数控机床，其定位精度主要取决于（ ）。

(A) 伺服单元　　(B) 检测装置的精度

(C) 机床传动机构的精度　　(D) 控制系统

21. 数控机床中把脉冲信号转换成机床移动部件运动的组成部分称为（ ）。

(A) 控制介质　　(B) 数控装置　　(C) 伺服系统　　(D) 机床本体

22. 只要数控机床的伺服系统是开环的，一定没有（ ）装置。

(A) 检测　　(B) 反馈　　(C) 输入通道　　(D) 输出通道

23. DNC 系统是指（ ）。

(A) 自适用控制　　(B) 计算机群控　　(C) 柔性制造系统　　(D) 计算机辅助系统

24. 下列哪个不是数控机床的特点（　　）。
（A）加工精度高　　（B）加工生产效率高
（C）减轻劳动强度　　（D）调试简单方便
25. 下列关于数控机床组成的描述不正确的是（　　）。
（A）数控机床通常由控制介质、数控装置、伺服系统和机床组成
（B）数控机床通常由控制介质、数控装置、伺服系统、机床和测量装置组成
（C）数控机床通常由穿孔带、数控装置、伺服系统和机床组成
（D）数控机床通常由控制介质、测量装置、伺服系统和机床组成
26. 下列控制系统中不带反馈装置的是（　　）。
（A）开环控制系统　　（B）半闭环控制系统
（C）闭环控制系统　　（D）半开环控制系统
27. 数控系统常用的位置检测元件有（　　）。
（A）旋转变压器　　（B）直线光栅
（C）直线感应同步器　　（D）以上都是
28. 数控机床要求在（　　）进给运动下不爬行，有高的灵敏度。
（A）停止　　（B）高速　　（C）低速　　（D）匀速
29. 采用（　　）进给伺服系统的数控机床的精度最低。
（A）闭环控制　　（B）开环控制　　（C）半闭环控制　　（D）点位控制
30. 数控机床进给系统减小摩擦阻力和动静摩擦之差，是为了提高数控机床进给系统的（　　）。
（A）传动精度　　（B）运动精度和刚度
（C）快速响应性能和运动精度　　（D）传动精度和刚度
31. 数控系统所规定的最小设定单位就是（　　）。
（A）数控机床的运动精度　　（B）机床的加工精度
（C）脉冲当量　　（D）数控机床的传动精度
32. 脉冲当量是指对应于每个脉冲（　　）。
（A）滚珠丝杠转过的角度　　（B）工作台的位移量
（C）电动机转过的角度　　（D）机床的切削用量
33. 数控机床的主机（机械部件）包括床身、主轴箱、刀架、尾座和（　　）。
（A）进给机构　　（B）液压系统　　（C）冷却系统　　（D）照明系统
34. 数控机床与普通机床的主机最大不同是数控机床的主机采用（　　）。
（A）数控装置　　（B）滚动导轨　　（C）滚珠丝杠　　（D）液压系统
35. 步进电动机的转速是通过改变电动机的（　　）而实现的。
（A）脉冲频率　　（B）脉冲速度　　（C）通电顺序　　（D）电流强度
36. 插补的任务是确定刀具的（　　）。
（A）运动轨迹　　（B）运动距离　　（C）速度　　（D）加速度
37. 反向失动量越大，则表明定位精度和重复定位精度（　　）。
（A）越高　　（B）越低　　（C）无影响　　（D）相等
38. 为了保证数控机床能满足不同的工艺要求，并能够获得最佳切削速度，主传动系统的要求是（　　）。
（A）无级调速　　（B）变速范围宽
（C）分段无级变速　　（D）变速范围宽且能无级变速

39. 数控机床切削精度检验是指（　　）。

（A）动态精度　（B）静态精度　（C）几何精度　（D）粗糙度

40. 滚动导轨与滑动导轨相比，它具有（　　）的特点。

（A）磨损小、定位精度高、抗振性高、结构复杂

（B）磨损小、定位精度高、抗振性差、结构复杂

（C）磨损小、定位精度低、抗振性高、结构复杂

（D）磨损小、定位精度低、抗振性高、结构简单

41. 数控机床利用插补功能加工的零件的表面粗糙度要比普通机床加工同样零件表面粗糙度（　　）。

（A）差　（B）相同　（C）好　（D）较好

42. 数控机床几何精度检查时首先应该进行（　　）。

（A）连续空运行试验　（B）安装水平的检查与调整

（C）数控系统功能试验　（D）加工零件

43. 车床主轴轴线有轴向窜动时，对车削（　　）精度影响较大。

（A）外圆表面　（B）丝杠螺距　（C）内孔表面　（D）外圆表面

44. 孔的精度主要有（　　）和同轴度。

（A）垂直度　（B）圆度　（C）平行度　（D）圆柱度

45. 配合代号由（　　）组成。

（A）基本尺寸与公差带代号　（B）孔的公差带代号与轴的公差带代号

（C）基本尺寸与孔的公差带代号　（D）基本尺寸与轴的公差带代号

46. 下列孔、轴配合中，不应选择过渡配合的是（　　）。

（A）既要求对中，又要拆卸方便　（B）工作时有相对运动

（C）保证静止或传递载荷的可拆结合　（D）要求定心好，载荷由键传递

47. 在表面粗糙度代号标注中，用（　　）参数时不注明参数代码。

（A）*R*y　（B）*Ra*　（C）*Rz*

48. 对于含碳量不大于0.5%的碳钢，一般采用（　　）为预备热处理。

（A）退火　（B）正火　（C）调质　（D）淬火

49. 在下列三种钢中，（　　）钢的弹性最好。

（A）T10　（B）20钢　（C）65Mn

50. 数控机床的诞生是在20世纪（　　）年代。

（A）50年代　（B）60年代　（C）70年代　（D）80年代

51. 机床型号的首位是（　　）代号。

（A）类或分类　（B）通用特性　（C）结构特性　（D）组别

52. 机械效率值永远（　　）。

（A）大于1　（B）小于1　（C）等于1　（D）负数

53. 铣削方式按铣刀与工件间的相对旋转方向不同可分为顺铣和（　　）。

（A）端铣　（B）周铣　（C）逆铣　（D）反铣

54. 从奥氏体中析出的渗碳体是（　　）

（A）一次渗碳体　（B）二次渗碳体　（C）共晶渗碳体

55. （　　）距工件表面的距离主要考虑工件表面尺寸的变化，一般取2～5mm。

（A）初始平面　（B）*R*点平面　（C）孔底平面　（D）零件表面

56. 数控机床适用于生产（　　）和形状复杂的零件。

(A) 单件小批量 (B) 多品种大批量 (C) 多品种小批量

57. 对切削抗力影响最大的是（ ）。

(A) 工件材料 (B) 切削深度 (C) 刀具角度 (D) 切削速度

58. 车削时切削热大部分是由（ ）传散出去的。

(A) 刀具 (B) 工件 (C) 切屑 (D) 空气

59. 一般切削（ ）材料时，容易形成节状切屑。

(A) 塑性 (B) 中等硬度 (C) 脆性 (D) 高硬度

60. 精加工淬硬丝杠时，常采用（ ）。

(A) 精密螺纹车床车削螺纹 (B) 螺纹磨床磨削螺纹

(C) 旋风铣螺纹 (D) 普车车螺纹

61. 毛坯制造时，如果（ ），应尽量利用精密铸造、精锻、冷挤压等新工艺，使切削余量大大减小，从而可缩短加工的机动时间。

(A) 属于维修件 (B) 批量较大 (C) 在研制阶段 (D) 要加工样品

62. 在精加工和半精加工时一般要留加工余量，认为下列哪种半精加工余量相对比较合理（ ）。

(A) 5mm (B) 0.5mm (C) 0.01mm (D) 0.005mm

63. 按照功能的不同，工艺基准可分为定位基准、测量基准和（ ）三种。

(A) 粗基准 (B) 精基准 (C) 设计基准 (D) 装配基准

64. （ ）是指定位时工件的同一自由度被两个定位元件重复限制的定位状态。

(A) 过定位 (B) 欠定位 (C) 完全定位 (D) 不完全定位

65. 用固定锥销作为定位元件与工件的圆柱孔端面圆周接触，这样的定位，可以限制工件的（ ）个自由度。

(A) 1 (B) 2 (C) 3 (D) 4

66. 装夹工件时应考虑（ ）。

(A) 专用夹具 (B) 组合夹具

(C) 加紧力靠近支撑点 (D) 加紧力不变

67. 在数控机床上使用的夹具最重要的是（ ）。

(A) 夹具的刚性好 (B) 夹具的精度高

(C) 夹具上有对刀基准 (D) 夹具装夹方便

68. 生产批量很大时一般采用（ ）。

(A) 组合夹具 (B) 可调夹具 (C) 专用夹具 (D) 其他夹具

69. 三个支撑点对工件是平面定位，能限制（ ）个自由度。

(A) 2 (B) 3 (C) 4 (D) 5

70. 为以后的工序提供定位基准的阶段是（ ）。

(A) 一个平面，两个短圆柱销

(B) 一个平面，两个长圆柱销

(C) 一个平面，一个短圆柱销，一个短菱形销

(D) 一个平面，一个短圆柱销，一个长圆柱销

71. 刀具直径可用（ ）直接测出，刀具伸出长度可用刀具直接对刀法求出。

(A) 百分表 (B) 千分表 (C) 千分尺 (D) 游标卡尺

72. 钢直尺的测量精度一般能达到（ ）。

(A) 0.2～0.5mm (B) 0.5～0.8mm (C) 0.1～0.2mm (D) 1～2mm

73. 框式水平仪的主水准泡上表面是（　　）的。

(A) 水平　(B) 凹圆弧形　(C) 凸圆弧形　(D) 直线形

74. 合金工具钢刀具材料的热处理硬度是（　　）。

(A) HRC40～45　(B) HRC60～65　(C) HRC70～80　(D) HRC90～100

75. 在高温下能够保持刀具材料性能称为（　　）。

(A) 硬度　(B) 红硬度　(C) 耐磨性　(D) 韧性和硬度

76. 组合夹具元件按用途不同可分为（　　）类。

(A) 六　(B) 七　(C) 八　(D) 九

77. 基准是（　　）。

(A) 用来确定生产对象上几何要素关系的点、线、面

(B) 在工件上特意设计的测量点

(C) 工件上与机床接触的点

(D) 工件的运动中心

78. 组合夹具是夹具（　　）的较高形式。它由各种不同形状、不同规格尺寸，具有耐磨性、互换性的标准元件组成。

(A) 标准化　(B) 系列化　(C) 多样化　(D) 制度化

79. 某一表面在一工序中所切除的金属层深度为（　　）。

(A) 加工余量　(B) 切削深度　(C) 工序余量　(D) 总余量

80. 对长期反复使用、加工大批量零件的情况，以配备（　　）刀柄为宜。

(A) 整体式结构　(B) 模块式结构　(C) 增速刀柄　(D) 内冷却刀柄

81. 当实际刀具与编程刀具长度不符时，用（　　）来进行修正，可不必改变所编程序。

(A) 左补偿　(B) 调用子程序　(C) 半径补偿　(D) 长度补偿

82. 刀具号由 T 后面的（　　）数字指定。

(A) 1 位　(B) 2 位　(C) 3 位　(D) 4 位

83. 在小批量生产或新产品研制中，应优先选用（　　）夹具。

(A) 专用　(B) 液压　(C) 气动　(D) 组合

84. 划线基准一般可用以下三种类型：以两个相互垂直的平面（或线）为基准，以一个平面和一条中心线为基准，以（　　）为基准。

(A) 一条中心线　(B) 两条中心线

(C) 一条或两条中心线　(D) 三条中心线

85. 下列测量中属于相对测量的是（　　）。

(A) 用千分尺测量外径　(B) 用内径百分表测量内径

(C) 用内径千分尺测量内径　(D) 用游标卡尺测量内径

86. 对于外圆形状简单、内孔形状复杂的工件，应选择（　　）作为刀具基准。

(A) 外圆　(B) 内孔　(C) 外圆或内孔均可　(D) 其他

87. 在六个基本视图中，最长应用的是（　　）三个视图。

(A) 主、右、仰　(B) 主、俯、左　(C) 主、左、后　(D) 主、俯、后

88. 识读装配图的要求是了解装配图的名称、用途、性能、结构和（　　）。

(A) 工作原理　(B) 工作性质　(C) 配合性质　(D) 零件公差

89. 进给功能用于指定（　　）

(A) 进刀深度　(B) 进给速度　(C) 进给转速　(D) 进给方向

90. 根据剖切范围来分，（　　）不属于剖视图的范畴。

(A) 全剖视图　(B) 半剖视图　(C) 局部剖视图　(D) 部分剖视图

91. 在孔加工时，往往需要快速接近工件、工进速度进行孔加工及孔加工完后（　　）退回三个固定动作。

(A) 快速　(B) 工进速度　(C) 旋转速度　(D) 线速度

92. 一般机械工程图采用（　　）原理画出。

(A) 正投影　(B) 中心投影　(C) 平行投影　(D) 点投影

93. 在公差带图中，一般取靠近零线的那个偏差为（　　）。

(A) 上偏差　(B) 下偏差　(C) 基本偏差　(D) 自由偏差

94. 在基准制的选择中应优先选用（　　）。

(A) 基孔制　(B) 基轴制　(C) 混合制　(D) 配合制

95. 梯形螺纹的牙型角为（　　）。

(A) 30°　(B) 40°　(C) 55°　(D) 60°

96. 当零件所有表面具有相同的表面粗糙度要求时，可在图样的（　　）标注。

(A) 左上角　(B) 右上角　(C) 空白处　(D) 任何地方

97. 下列（　　）性能不属于金属材料的使用性能之一。

(A) 物理　(B) 化学　(C) 力学　(D) 机械

98. 洛氏硬度中（　　）应用最为广泛，测定对象为一般淬火钢件。

(A) HRA　(B) HRB　(C) HRC　(D) HRD

99. 砂轮粒度即是砂所含颗粒（　　）。

(A) 硬度高低　(B) 尺寸大小　(C) 强度指标　(D) 力学性能

100. 属于形状公差的是（　　）。

(A) 面轮廓度　(B) 圆跳度　(C) 同轴度　(D) 平行度

101. 带传动利用带作为中间挠性件，依靠带与带之间的（　　）或啮合来传递运动和动力。

(A) 结合　(B) 摩擦力　(C) 压力　(D) 相互作用

102. 如果选择了 *YZ* 平面，孔加工将在（　　）上定位，并在 *Z* 轴方向上进行孔加工。

(A) *XZ* 平面　(B) *YZ* 平面　(C) *XY* 平面　(D) 初始平面

103. 镗孔时，为了保证镗杆和刀体有足够的刚性，孔径在 30～120mm 范围内，镗杆一般为孔径的（　　）倍较为合适。

(A) 1　(B) 0.8　(C) 0.5　(D) 0.3

104. （　　）是用来测量工件内径的量具。

(A) 万能角度尺　(B) 内径千分尺　(C) 游标卡尺　(D) 量块

105. 允许间隙或过盈的变动量称为（　　）。

(A) 最大间隙　(B) 最大过盈　(C) 配合公差　(D) 变动误差

106. 在用立铣刀加工曲线外形时，立铣刀的半径必须（　　）工件的凹圆弧半径。

(A) 等于或小于　(B) 等于　(C) 等于或大于　(D) 大于

107. 标准麻花钻的顶角为（　　）。

(A) 118°　(B) 35°～40°　(C) 50°～55°　(D) 100°

108. 画旋转视图时，倾斜部分应有适当的轴线，先旋转后投影，旋转视图与原视图（　　）。

(A) 必须对正　(B) 可以对正　(C) 不再对正　(D) 没有硬性规定

109. 铣削紫铜材料时，选用的铣刀材料应以（　　）为主。

(A) 高速钢　　　　　　　　　　(B) YS 类硬质合金

(C) YG 类硬质合金　　　　　　(D) 立方淡化硼

8.5 全国职业技能鉴定数控车高级工实操试题

8.5.1 全国职业技能鉴定数控车高级工实操试题 1

(1) 零件图

如图 8-1 所示工件，毛坯为 ϕ50mm×105mm 的 45 钢。图中未注倒角为 1×45°，表面粗糙度要求为 Ra3.2μm，试编写其数控车加工程序并进行加工。

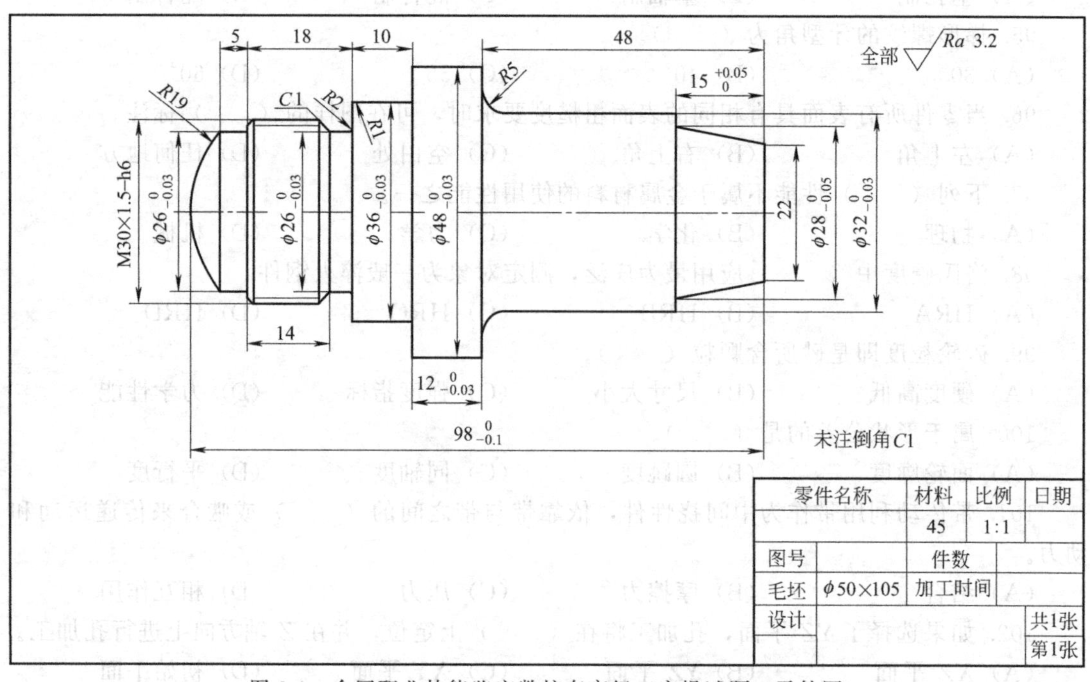

图 8-1　全国职业技能鉴定数控车高级工实操试题 1 零件图

(2) 各尺寸配分及考核要求

① 现场操作规范评分表如表 8-1 所示。

② 工序制订及编程评分表如表 8-2 所示。

③ 工件质量评分表如表 8-3 所示。

表 8-1　职业技能鉴定数控车高级工实操试题 1 现场操作规范评分表

序号	项目	考核内容	配分	考场表现	得分
1	现场操作规范	工具的正确使用	2		
2		量具的正确使用	2		
3		刀具的合理使用	2		
4		设备正确操作和维护保养	4		
合计			10		

表 8-2　职业技能鉴定数控车高级工实操试题 1 工序制订及编程评分表

序号	项目	考核内容	配分	实际情况	得分
1	工序制订	工序制订合理，选择刀具正确	10		
2	指令应用	指令应用合理、得当、正确	10		
3	程序格式	程序格式正确，符合工艺要求	10		
合计			30		

表 8-3　职业技能鉴定数控车高级工实操试题 1 工件质量评分表

序号	项目	考核内容		配分		检测结果	得分
				IT	Ra		
1	外圆	$\phi48_{-0.03}^{0}$	Ra3.2	4	1		
2		$\phi32_{-0.03}^{0}$	Ra3.2	4	1		
3		$\phi36_{-0.03}^{0}$	Ra3.2	4	1		
4		$\phi26_{-0.03}^{0}$	Ra3.2	4	1		
5	锥面	大、小端 $\phi28_{-0.03}^{0}$，$\phi22$		4			
6		长度 $15_{0}^{+0.05}$		4			
7	圆弧	R19	Ra3.2	3	1		
8		R5	Ra3.2	2	1		
9	长度	48		3			
10		$12_{-0.03}^{0}$		5			
11		5		2			
12		18		2			
13		10		2			
14		$98_{-0.01}^{0}$		4			
15	圆角	R1、R2		4			
16	螺纹	M30×1.5－h6		5			
合计				54	7		

(3) 工艺准备

本工件采用华中数控系统的 J_1CJK6136 数控车床加工，夹具采用手动三爪自定心卡盘。加工中使用的工具、刀具、量具如表 8-4 所示。

表 8-4　职业技能鉴定数控车高级工实操试题 1 工具、刀具、量具

序号	工量具名称	规格	数量	备注
1	游标卡尺	0～150mm(0.02mm)	1	
2	千分尺	25～50mm(0.01mm)	1	
3	深度千分尺	0.01mm	1	
4	万能量角器	0～320°2′	1	
5	螺纹环规	M30×1.5－h6	1	
6	螺纹塞规	M30×1.5－g6	1	
7	百分表	0～10mm(0.01mm)	1	
8	磁力表座			
9	半径规	R1～R10mm，R15～R25mm	各 1	
10	外圆偏刀	93°，45°	各 1	
11	机夹外圆刀刀片	35°，80°	各 1	
12	外切槽刀	2mm 刀片	1	
13	外螺纹刀	三角形螺纹	1	
14	其他	铜棒、铜皮、毛刷、计算器等		选用

(4) 工艺分析

假设该工件的毛坯外圆 ϕ50mm 已加工好并可作为夹持基准。

① 确定工件的装夹方式及加工工艺路线。

a. 工件分两头加工，先加工右端再加工左端（以 ϕ8mm 处的台阶为界）。加工右端时，以工件左端面及 ϕ50mm 外圆为安装基准，夹于车床卡盘上，工件坐标系建于工件右端面轴心处。加工左端时，以已经加工好的 ϕ32mm 外圆为安装基准，夹于车床卡盘上，工件坐标系建于工件左端面轴心处。加工槽时，由于切槽刀的刀片宽度较小，且加工余量较大，切槽刀进刀的方式要适当。选择直进刀的方式分三刀加工该槽，不可采用一次走刀成型的方式，以避免刀具折断。具体的走刀路径参看该工件的加工程序。

b. 为避免产生重复定位误差，工件装夹后依次进行粗、精加工。工艺路线为：

(a) 粗车右端外圆，留精加工余量。

(b) 精车右端外圆到合格尺寸。

(c) 粗车左端外圆，留精加工余量。

(d) 精车左端外圆到合格尺寸。

(e) 车退刀槽。

(f) 车 M30×1.5mm 螺纹。

② 刀具加工参数选择。

根据加工要求，选外圆偏刀、切槽刀和螺纹车刀各一把。1 号刀为外圆偏刀，2 号刀为切槽刀，3 号刀为螺纹车刀。换刀点位置的选择以刀具不碰到工件为原则。数控加工刀具卡如表 8-5 所示。

表 8-5　职业技能鉴定数控车高级工实操试题 1 数控加工刀具卡

刀具号	刀具规格名称	数量	加工内容	主轴转速 /(r/min)	进给速度 /(mm/r)	备注
T01	93°外圆偏刀	1	粗车工件外轮廓	650	0.3	
T01	93°外圆偏刀	1	精车工件外轮廓	1500	0.1	
T02	2mm 切槽刀	1	切槽	300	0.1	
T03	60°外螺纹车刀	1	车 M30×1.5mm 螺纹	500	1.5	

(5) 加工加工程序

选择端面加工完成后的左右端面回转中心为编程原点。

① 工件右端加工程序。

```
%001Y;
N10   T0101;
N20   G00 X80 Z80;
N30   S650 M03;
N40   G95 G01 X52.0 Z5.0 F0.3;
N50   G71 U1.2 R0.5 P60 Q140 X0.2 Z0.05;  粗车加工循环
N55   S1500 M03
N60   G00 X0.0;                            精加工轮廓开始行
N70   G42 G01 Z0.0 F0.1;
N80   X22.0;
N90   X28.0 Z-15.0;
N100  X32.0;
```

```
N110 Z43.0;
N120 G02 X42.0 W－5.0 R5.0;
N130 G01 X48.0;
N140 G40 X52.0;                      精加工轮廓结束行,N60～N140 精车加工
N150 G00 X100.0 Z100.0;
N160 G00 X52.0 Z5.0;
N170 G00 X100.0 Z100.0;
N180 M30;                            程序结束
```

② 工件左端加工程序。

```
%001Z;
N10  T0101;
N20  G00 X80 Z80;
N30  S650 M03;
N40  G95 G01 X52.0 Z5.0 F0.3;
N50  G71 U1.2 R0.5 P60 Q180 X0.2 Z0.05 F0.3;
N55  S1500 M03
N60  G00 X0.0:                       精车加工轮廓开始行
N70  G42 G01 Z0.0 F0.1;
N80  G03 X26.0 Z－5.0 R19.0:
N90  G01 Z－5.0:
N100 X28.0;
N110 X30.0 W－1.0:
N120 Z28.0:
N130 X34.0;
N140 G03 X36.0 W－1.0 R1.0:
N150 G01 Z－38.0:
N160 X48.0;
N170 W－13.0;
N180 G40 X52.0:                      精加工轮廓结束行,N60～N180 精车加工
N190 G00 X100.0 Z100.0:
N200 S1500 M03 T0101;
N210 G00 X52.0 Z5.0;
N220 G00 X100.0 Z100.0:
N225 T0202 S300 M03;                 切槽刀,进行切槽加工
N230 G00 X38.0 Z－26.0
N240 G01 X26.0 F0.1:
N250 G01 X38.0 F0.5:
N260 W2.0:
N270 X30.0:
N280 X26.0 W－2.0 F0.1
N290 X38.0 F0.5;
N300 W2.0;
N310 X30.0;
N320 G03 X26.0 W2.0 R2.0 F0.1;
N330 G01 X38.0 F0.5;
N340 G00 X100.0 Z100.0;
```

```
N350  T0303 S500 M03;                    螺纹车刀,加工 M30×1.5mm 的螺纹
N360  G00 X32.0 Z－8.0;
N370  G82 X29.6 Z－25.0 F1.5;
N380  G82 X29.2 Z－25.0 F1.5;
N390  G82 X28.8 Z－25.0 F1.5;
N400  G82 X28.4 Z－25.0 F1.5;
N410  G82 X28.2 Z－25.0 F1.5;
N420  G82 X28.05 Z－25.0 F1.5;
N430  G82 X28.05 Z－25.0 F1.5;
N440  G00 X100.0 Z100.0;
N450  M30;                               程序结束
```

8.5.2 全国职业技能鉴定数控车高级工实操试题 2

(1) 零件图

如图 8-2 所示工件，毛坯为 ϕ50mm×105mm 的 45 钢。图中未注倒角为 1×45°，表面粗糙度要求为 Ra3.2μm，试编写其数控车加工程序并进行加工。

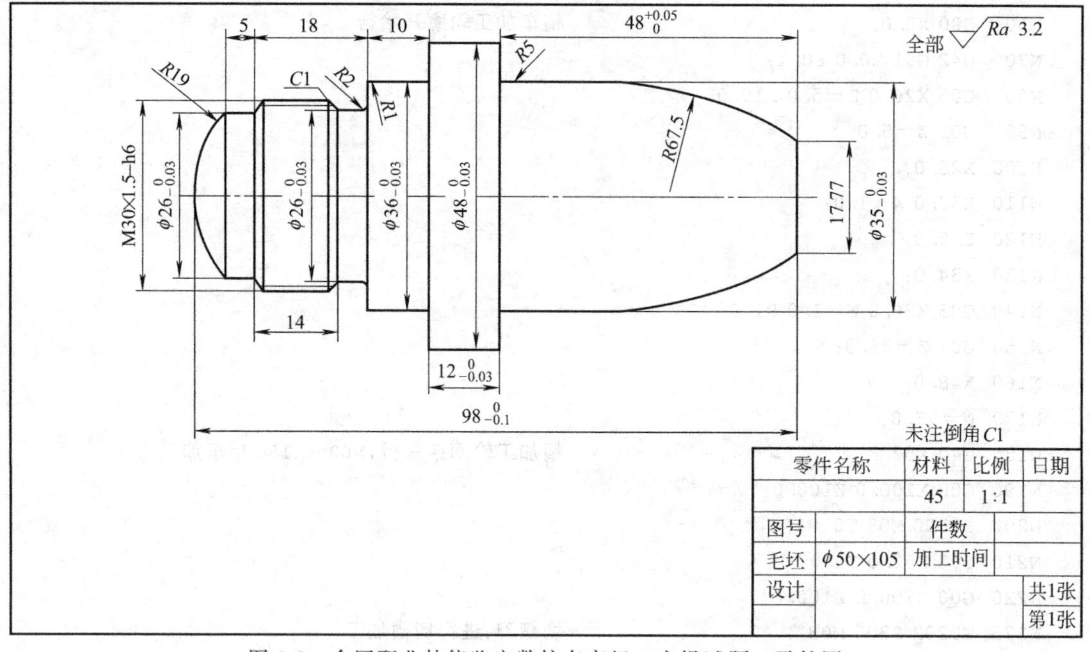

图 8-2 全国职业技能鉴定数控车高级工实操试题 2 零件图

(2) 各尺寸配分及考核要求

① 现场操作规范评分表如表 8-6 所示。

表 8-6 职业技能鉴定数控车高级工实操试题 2 现场操作规范评分表

序号	项目	考核内容	配分	考场表现	得分
1	现场操作规范	工具的正确使用	2		
2		量具的正确使用	2		
3		刀具的合理使用	2		
4		设备正确操作和维护保养	4		
合计			10		

② 工序制订及编程评分表如表8-7所示。

表8-7 职业技能鉴定数控车高级工实操试题2工序制订及编程评分表

序号	项目	考核内容	配分	实际情况	得分
1	工序制订	工序制订合理，选择刀具正确	10		
2	指令应用	指令应用合理、得当、正确	10		
3	程序格式	程序格式正确，符合工艺要求	10		
合计			30		

③ 工件质量评分表如表8-8所示。

表8-8 职业技能鉴定数控车高级工实操试题2工件质量评分表

序号	项目	考核内容		配分		检测结果	得分
				IT	Ra		
1	外圆	$\phi48_{-0.03}^{0}$	$Ra3.2$	4	1		
2		$\phi35_{-0.03}^{0}$	$Ra3.2$	4	1		
3		$\phi36_{-0.03}^{0}$	$Ra3.2$	4	1		
4		$\phi26_{-0.03}^{0}$	$Ra3.2$	4	1		
5		$\phi26_{-0.03}^{0}$（槽底）		2			
6	圆弧	$R67.5$	$Ra3.2$	4	1		
7		$R19$	$Ra3.2$	4	1		
8	长度	$48_{0}^{+0.05}$		4			
9		$12_{-0.03}^{0}$		4			
10		5		2			
11		18		2			
12		10		2			
13		$98_{-0.1}^{0}$		5			
14	圆角	$R1$、$R2$		4			
15	螺纹	M30×1.5－h6		5			
合计				54	6		

(3) 工艺准备

本工件采用华中数控系统的J_1CJK6136数控车床加工，夹具采用手动三爪自定心卡盘。加工中使用的工具、刀具、量具如表8-9所示。

表8-9 职业技能鉴定数控车高级工实操试题2工具、刀具、量具

序号	工量具名称	规格	数量	备注
1	游标卡尺	0～150mm(0.02mm)	1	
2	千分尺	25～50mm(0.01mm)	1	
3	深度千分尺	0.01mm	1	
4	螺纹环规	M30×1.5－h6	1	
5	螺纹塞规	M30×1.5－g6	1	

续表

序号	工量具名称	规格	数量	备注
6	百分表	0～10mm(0.01mm)	1	
7	磁力表座			
8	半径规	$R1$～$R10$mm,$R15$～$R25$mm	各1	
9	外圆偏刀	93°,45°	各1	
10	机夹外圆刀刀片	35°,80°	各1	
11	外切槽刀	2mm 刀片	1	
12	外螺纹刀	三角形螺纹	1	
13	其他	铜棒、铜皮、毛刷、计算器等		选用

(4) 工艺分析

该工件的整体结构与8.5.1节的试题1的内容基本相似，只是工件右端的结构不同。此工件的整体加工方案与8.5.1节的试题1中工件的加工方案相同。假设该工件的毛坯外圆ϕ50mm已加工好并可作为夹持基准。

① 确定工件的装夹方式及加工工艺路线。

a. 工件分两头加工，为便于工件掉头后的装夹，先加工工件右端再加工左端（以ϕ48mm处的台阶为界）。加工右端时，以工件左端面及ϕ50mm外圆为安装基准，夹于车床卡盘上，工件坐标系建于工件右端面轴心处。加工左端时，以已经加工好的ϕ36mm外圆为安装基准，夹于车床卡盘上，工件坐标系建于工件左端面轴心处。加工槽时，由于切槽刀的刀片宽度较小，且加工余量较大，切槽刀进刀的方式要适当。选择直进刀的方式分三刀加工该槽，不可采用一次走刀成型的方式，以避免刀具折断。具体的走刀路径参看该工件的加工程序。

b. 为避免产生重复定位误差，工件装夹后依次进行粗、精加工。工艺路线为：

(a) 粗车右端外圆，留精加工余量。

(b) 精车右端外圆到合格尺寸。

(c) 粗车左端外圆，留精加工余量。

(d) 精车左端外圆到合格尺寸。

(e) 车退刀槽。

(f) 车M30×1.5mm螺纹。

② 刀具加工参数选择。

根据加工要求，选外圆偏刀、切槽刀和螺纹车刀各一把。1号刀为外圆偏刀，2号刀为切槽刀，3号刀为螺纹车刀。换刀点位置的选择以刀具不碰到工件为原则。数控加工刀具卡如表8-10所示。

表8-10 职业技能鉴定数控车高级工实操试题2数控加工刀具卡

刀具号	刀具规格名称	数量	加工内容	主轴转速/(r/min)	进给速度/(mm/r)	备注
T01	93°外圆偏刀	1	粗车工件外轮廓	650	0.3	
T01	93°外圆偏刀	1	精车工件外轮廓	1500	0.1	
T02	2mm 切槽刀	1	切槽	300	0.1	
T03	60°外螺纹车刀	1	车M30×1.5mm螺纹	500	1.5	

(5) 加工加工程序

① 工件右端加工程序。

```
%002Y;
N10   T0101;                                   外形加工
N15   G00 X80 Z80;
N20   S650 M03;
N30   G95 G01 X52.0 Z5.0 F0.3;
N40   G71 U1.2 R0.5 P50 Q110 X0.2 Z0.05;      粗车加工循环
N45   S1500 M03
N50   G00 X0.0;                                精车加工循环开始行
N60   G42 G01 Z0.0 F0.1;
N70   X17.77;
N80   G03 X35.0 Z33.0 R67.5;
N90   G01 Z48.0;
N100  X48.0;
N110  G40 X52.0;                               精车加工循环结束行,N50～N110 精车加工
N120  G00 X100.0 Z100.0;
N130  G00 X52.0 Z5.0;
N140  G00 X100.0 Z100.0;
N150  M30;                                     程序结束
```

② 工件左端加工程序。

```
%002Z;
N10   T0101;
N15   G00 X80 Z80;
N20   S650 M03;
N30   G95 G01 X52.0 Z5.0 F0.3;
N40   G71 U1.2 R0.5 P50 Q170 X0.2 Z0.05;      粗车加工循环
N45   S1500 M03;
N50   G00 X0.0;                                精车加工循环开始行
N60   G42 G01 Z0.0 F0.1;
N70   G03 X26.0 Z－5.0 R19.0;
N80   G01 Z－5.0;
N90   X28.0;
N100  X30.0 W－1.0;
N110  Z－28.0;
N120  X34.0;
N130  G03 X36.0 W－1.0 R1.0;
N140  G01 Z－38.0;
N150  X48.0;
N160  W－13.0;
N170  G40 X52.0;                               精车加工循环结束行,N50～N170 精车加工
N180  G00 X100.0 Z100.0;
N200  G00 X52.0 Z5.0;
N220  G00 X100.0 Z100.0;
N230  T0202 S300 M03;                          切槽刀,进行切槽
N240  G00 X38.0 Z－26.0;
N250  G01 X26.0 F0.1;
N260  G04 X1.0;
```

```
N270  G01 X38.0 F0.5 ;
N280  W2.0;
N290  X30.0;
N300  X26.0 W－2.0 F0.1;
N310  X38.0 F0.5;
N320  W－2.0;
N330  X30.0;
N340  G03 X26.0 W2.0 R2.0 F0.1;
N350  G01 X38.0 F0.5;
N360  G00 X100.0 Z100.0;
N370  T0303 S500 M03;                     螺纹车刀,加工螺纹 M30×1.5mm 的螺纹
N380  G00 X32.0 Z－8.0;
N390  G82 X29.6 Z－25.0 F1.5;
N400  G82 X29.2 Z－25.0 F1.5;
N410  G82 X28.8 Z－25.0 F1.5;
N420  G82 X28.4 Z－25.0 F1.5;
N430  G82 X28.2 Z－25.0 F1.5;
N440  G82 X28.05 Z－25.0 F1.5;
N450  G82 X28.05 Z－25.0 F1.5;
N460  G00 X100.0 Z100.0;
N470  M30;                                程序结束
```

8.5.3 全国职业技能鉴定数控车高级工实操试题 3

(1) 零件图

如图 8-3 所示工件，毛坯为 ϕ60mm×105mm 的 45 钢。图中未注倒角为 2×45°，表面粗糙度要求均为 Ra3.2μm，试编写其数控车床加工程序并进行加工。

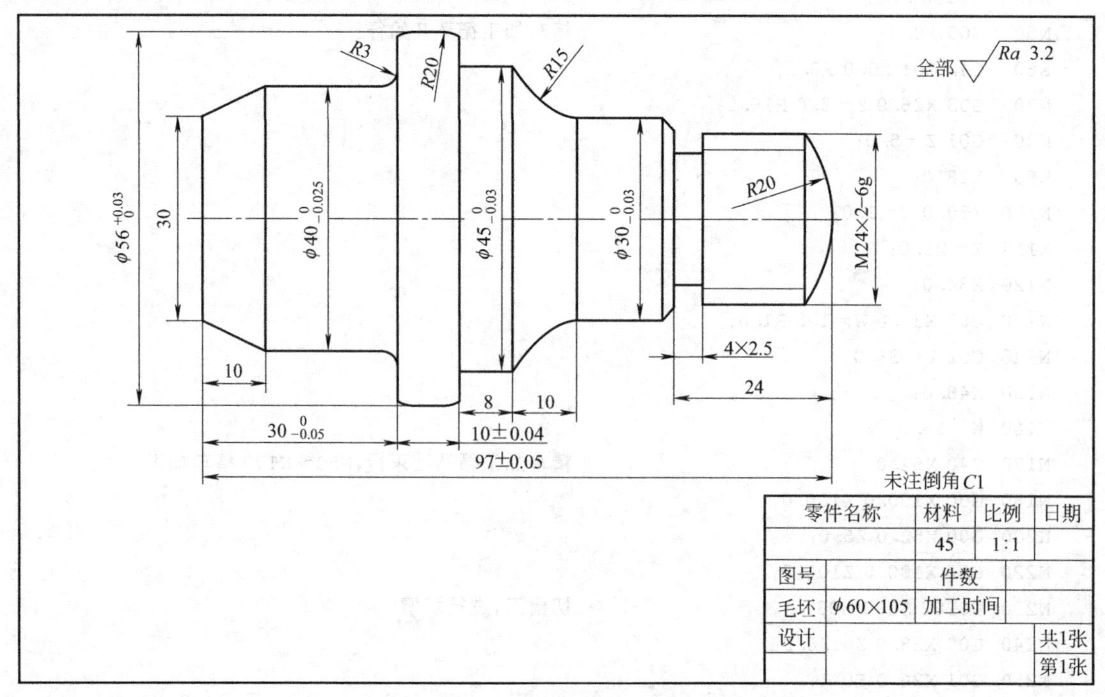

图 8-3　全国职业技能鉴定数控车高级工实操试题 3 零件图

(2) 各尺寸配分及考核要求

① 现场操作规范评分表如表 8-11 所示。

表 8-11　职业技能鉴定数控车高级工实操试题 3 现场操作规范评分表

序号	项目	考核内容	配分	考场表现	得分
1	现场操作规范	工具的正确使用	2		
2		量具的正确使用	2		
3		刀具的合理使用	2		
4		设备正确操作和维护保养	4		
合计			10		

② 工序制订及编程评分表如表 8-12 所示。

表 8-12　职业技能鉴定数控车高级工实操试题 3 工序制定及编程评分表

序号	项目	考核内容	配分	实际情况	得分
1	工序制订	工序制订合理，选择刀具正确	10		
2	指令应用	指令应用合理、得当、正确	10		
3	程序格式	程序格式正确，符合工艺要求	10		
合计			30		

③ 工件质量评分表如表 8-13 所示。

表 8-13　职业技能鉴定数控车高级工实操试题 3 工件质量评分表

序号	项目	考核内容	配分		检测结果	得分
			IT	*Ra*		
1	外圆	$\phi30_{-0.03}^{0}$　*Ra*3.2	3		1	
2		$\phi45_{-0.03}^{0}$　*Ra*3.2	3		1	
3		$\phi56_{0}^{+0.03}$　*Ra*3.2	3		1	
4		$\phi40_{-0.025}^{0}$　*Ra*3.2	3		1	
5		$\phi30$	2			
6	圆弧	*R*20(右端面)　*Ra*3.2	3		1	
7		*R*15　*Ra*3.2	3		1	
8		*R*20(左端面)　*Ra*3.2	3		1	
9		*R*3　*Ra*3.2	3		1	
10	长度	$30_{-0.05}^{0}$	3			
11		10±0.04　*Ra*3.2	3		1	
12		97±0.05	3			
13		24	2			
14		10(*R*15 圆弧)	2			
15		8	2			
16	倒角	每错一处扣 1 分	1			
17	退刀槽	4×2.5	4			
18	螺纹	M24×2　*Ra*3.2	4		1	
合计			50		10	

(3) 工艺准备

本工件采用华中数控系统的 J_1CJK6136 数控车床加工，夹具采用手动三爪自定心卡盘。加工中使用的工具、刀具、量具如表 8-14 所示。

表 8-14　职业技能鉴定数控车高级工实操试题 3 工具、刀具、量具

序号	工量具名称	规格	数量	备注
1	游标卡尺	0～150mm(0.02mm)	1	
2	千分尺	25～50mm,50～75mm(0.01mm)	各 1	
3	深度千分尺	0.01mm	1	
4	螺纹环规	M24×2－h6	1	
5	螺纹塞规	M24×2－g6	1	
6	百分表	0～10mm(0.01mm)	1	
7	磁力表座			
8	半径规	R1～R10mm,R15～R25mm	各 1	
9	外圆偏刀	93°,45°	各 1	
10	机夹外圆刀刀片	35°,80°	各 1	
11	外切槽刀	4mm 刀片	1	
12	外螺纹刀	三角形螺纹	1	
13	其他	铜棒、铜皮、毛刷、计算器等		选用

(4) 工艺分析

假设该工件的毛坯外圆 ϕ60mm 已加工好并可作为夹持基准。

① 确定工件的装夹方式及加工工艺路线。

a. 工件分两头加工，为便于工件掉头后装夹，先加工左端再加工右端（以 ϕ56mm 处的台阶为界）。加工左端时，以工件左端面及 ϕ60mm 外圆为安装基准，夹于车床卡盘上，工件坐标系建于工件左端面轴心处。加工右端时，以已经加工好的 ϕ40mm 外圆为安装基准，夹于车床卡盘上，工件坐标系建于工件右端面轴心处。加工退刀槽时，为保证槽底的表面质量，可采用 G04 指令，使刀具在槽底暂停一段时间。

b. 为避免产生重复定位误差，工件装夹后依次进行粗、精加工。工艺路线为：

(a) 粗车左端外圆，留精加工余量。

(b) 精车左端外圆到合格尺寸。

(c) 粗车右端外圆，留精加工余量。

(d) 精车右端外圆到合格尺寸。

(e) 车退刀槽。

(f) 车 M24×2mm 螺纹。

② 刀具加工参数选择。

根据加工要求，选外圆偏刀、切槽刀和螺纹车刀各一把。1 号刀为外圆偏刀，2 号刀为切槽刀，3 号刀为螺纹车刀。换刀点位置的选择以刀具不碰到工件为原则。数控加工刀具卡如表 8-15 所示。

表 8-15　职业技能鉴定高级工实操试题 3 数控加工刀具卡

刀具号	刀具规格名称	数量	加工内容	主轴转速/(r/min)	进给速度/(mm/r)	备注
T01	93°外圆偏刀	1	粗车工件外轮廓	650	0.3	
T01	93°外圆偏刀	1	精车工件外轮廓	1500	0.1	
T02	4mm 切槽刀	1	切槽	300	0.1	
T03	60°外螺纹车刀	1	车 M24×2mm 螺纹	500	2.0	

(5) 加工加工程序

① 工件左端加工程序。

```
%003Z;
N10  T0101;
N15  G00 X80 Z80;
N20  S650 M03;
N30  G95 G01 X62.0 Z5.0 F0.3;
N40  G71 U1.2 R0.5 P50 Q110 X0.2 Z0.05;      粗车加工循环
N45  S1500 M03;
N50  G00 X30.0;                               精车加工轮廓开始行
N60  G42 G01 Z0.0 F0.1;
N70  X40.0 Z－10.0;
N80  Z－27.0;
N90  G02 X46.0 Z－30.0 R3.0;
N100 G01 X60.0;
N110 G40 X62.0;                               精车加工循环结束行,N50～N110 精车加工
N120 G00 X100.0 Z100.0;
N130 G00 X62.0 Z5.0;
N140 G00 X100.0 Z100.0;
N150 M30;                                     程序结束
```

② 工件右端加工程序。

```
%003Y;
N10  T0101;
N15  G00 X80 Z80;
N20  S650 M03;
N30  G95 G01 X62.0 Z5.0 F0.3;
N40  G71 U1.2 R0.5 P50 Q160 X0.2 Z0.05 F0.3;  粗车加工循环
N45  S1500 M03;
N50  G00 X0.0;                                精车加工轮廓开始行
N60  G42 G01 Z0.0 F0.05;
N70  G03 X24.0 Z－4.0 R20.0;
N80  G01 Z－24.0;
N90  X26.0;
N100 X30.0 W－2.0;
N110 Z－39.0;
N120 G02 X45.0 W－10.0 R15.0;
N130 G01 Z－57.0;
N140 X54.73;
N150 G03 X54.73 W－10.0 R20.0;
N160 G40 G01 X62.0;                           精车加工循环结束行,N50～N160 精车加工
N170 G00 X100.0 Z100.0;
N180 G00 X62.0 Z5.0;
N190 G00 X100.0 Z100.0;
N200 S300 M03 T0202;                          换切槽刀,加工退刀槽
N210 G00 X32.0 Z－24.0;
```

```
N220 G01 X19.0 F0.1;
N230 G04 X1.0;
N240 G01 X32.0 F0.5;
N250 G00 X100.0 Z100.0;
N260 S500 M03 T0303;                      换螺纹车刀,加工 M24×2.0mm 的螺纹
N270 G00 X26.0 Z2.0;
N280 G82 X23.3 Z-20.5 F2.0;
N290 G82 X22.7 Z-20.5 F2.0;
N300 G82 X22.1 Z-20.5 F2.0;
N310 G82 X21.7 Z-20.5 F2.0;
N320 G82 X21.4 Z-20.5 F2.0;
N330 G82 X21.4 Z-20.5 F2.0;
N340 G00 X100.0;
N350 Z100.0;
N360 M30;                                 程序结束
```

8.6 全国职业技能鉴定数控车技师实操试题

8.6.1 全国职业技能鉴定数控车技师实操试题 1

(1) 零件图

职业技能鉴定数控车技师实操试题 1 零件图如图 8-4 所示。

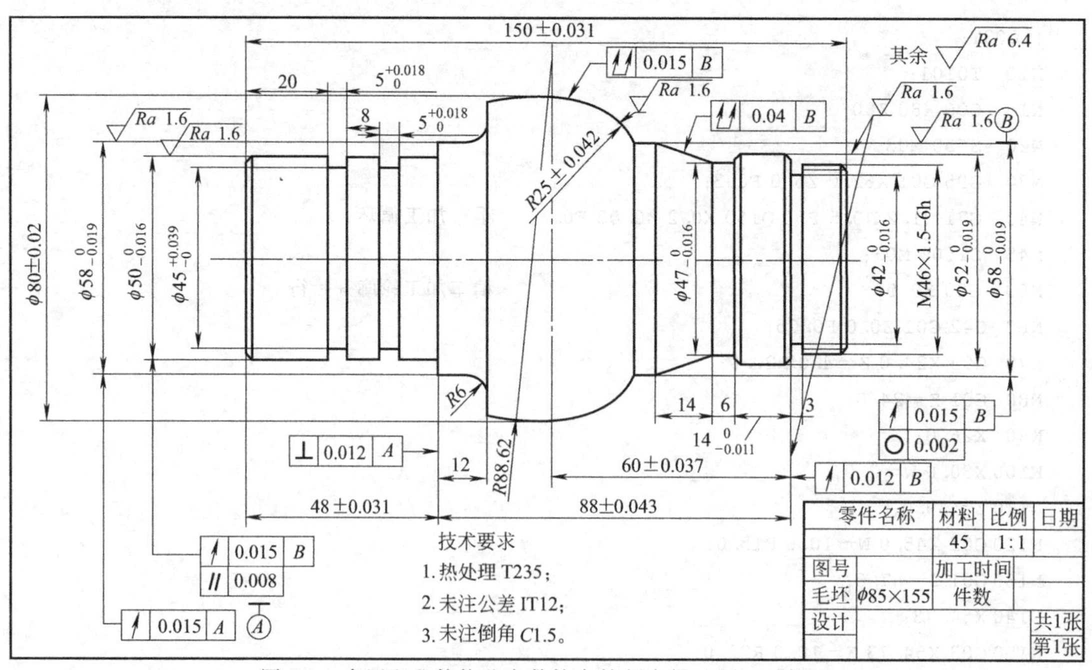

图 8-4 全国职业技能鉴定数控车技师实操试题 1 零件图

(2) 工艺准备

① 机床及夹具。

华中数控系统的 J_1CJK6136 数控车床，手动三爪自定心卡盘。

② 量具。

a. 游标卡尺 0～150mm（0.02mm）。

b. 深度尺 0～200mm（0.02mm）。

c. 千分尺 25～50mm（0.01mm）。

③ 刀具。

a. T01 机夹偏刀（93°）。

b. T02 外切槽刀（刀宽为 3mm）。

c. T03 外螺纹车刀（60°）。

d. T04 内孔镗刀（$R0.2$mm）；

e. T05 内切槽刀。

f. T06 内螺纹车刀（60°）。

(3) 工艺分析

① 粗精加工工件左端的外形。

② 车 ϕ45mm×5mm 的槽。

③ 掉头校正手动车端面，保证总长 150mm。

④ 粗精加工工件右端的外形。

⑤ 车 ϕ42mm×3mm 的槽。

⑥ 车 ϕ47mm×6mm 的槽。

⑦ 车 M46×1.5mm 的外螺纹。

(4) 加工程序

① 工件左端加工程序。

a. 外形加工程序。

```
%04ZW;
N10  G40 T0101;                                  取消刀补,1 号刀具,1 号刀具补偿
N15  G00 X80 Z80;                                快速定位
N20  S800 M03;                                   主轴正转,转速为 800r/min
N30  G95 G01 X84.0 Z2.0 F0.3;
N40  G73 U16.0 W0 R16 P50 Q170 X0.8 Z0.0;       外圆粗加工循环
N45  S1000 M03;
N50  G42 G01 X40.0 F0.1;                         精加工开始行
N60  Z1.0;
N70  X45.0 Z-1.5;                                倒角
N80  Z-48.0;
N90  X55.0;
N100 X58.0 Z-49.5;
N110 Z-54.0;
N120 G02 X70.0 Z-60.0 R6.0 F0.2;
N130 G01 X77.442;
N140 G03 X80.0 Z-75.0 R86.62;
N150 G01 Z-80.0;
N160 X82.0;
N170 G40 G00 X84.0;                              取消刀补,退刀,精加工结束行
N180 G00 X100.0;                                 退刀
N190 Z100.0;
N200 M05;                                        主轴停止
N210 M30;                                        程序结束并返回程序开始
```

b. 外槽加工程序。

```
%04ZC;
N10  G40 M03 T0202 S450;                  主轴正转,2号刀具,2号刀具补偿,转速为450r/min
N20  G00 X84.0;                           定位
N30  Z－23.0;
N40  G01 X45.0 F0.1;                      切槽
N50  X55.0 F0.3;                          退刀
N60  Z－25.0;
N70  X45.0 F0.1;
N80  X55.0 F0.3;
N90  Z－36.0;
N100X45.0 F0.1;
N110X55.0 F0.3;
N120Z－38.0;
N130X45.0 F0.1;
N140X84.0 F0.3;
N150G00 X100.0;
N160Z100.0;
N170M05;
N180M30;
```

② 工件右端的加工程序。

a. 外轮廓加工程序。

```
%04YW;
N10  G40 T0101;                           取消刀补,1号刀具,1号刀具补偿
N15  G00 X80 Z80;                         快速定位
N20  M03 S800;                            主轴正转,转速为800r/min
N30  G95 G01 X84.0 Z2.0 F0.2;
N40  G71 U1.0 R0.5 P50 Q190 X0.8 Z0.0;    粗车循环
N45  S1000 M03;
N50  G42 G01 X41.0 F0.1;                  精加工开始行
N60  Z1.0;
N70  X46.0 Z－1.5;
N80  Z－15.0;
N90  X49.0;
N100X52.0 Z－16.5;
N110Z－27.5;
N120X49.0 Z－29.0;
N130X47.0 Z－35.0;
N140X58.0 Z－49.0;
N150Z－54.288;
N160G03 X80.0 Z－75.0 R25.0 F0.1;
N170G01 Z－80.0;
N180X83.0;
N190G40 G00 X84.0;                        取消刀补,退刀,精加工结束行
N200G00 X100.0;                           退刀
```

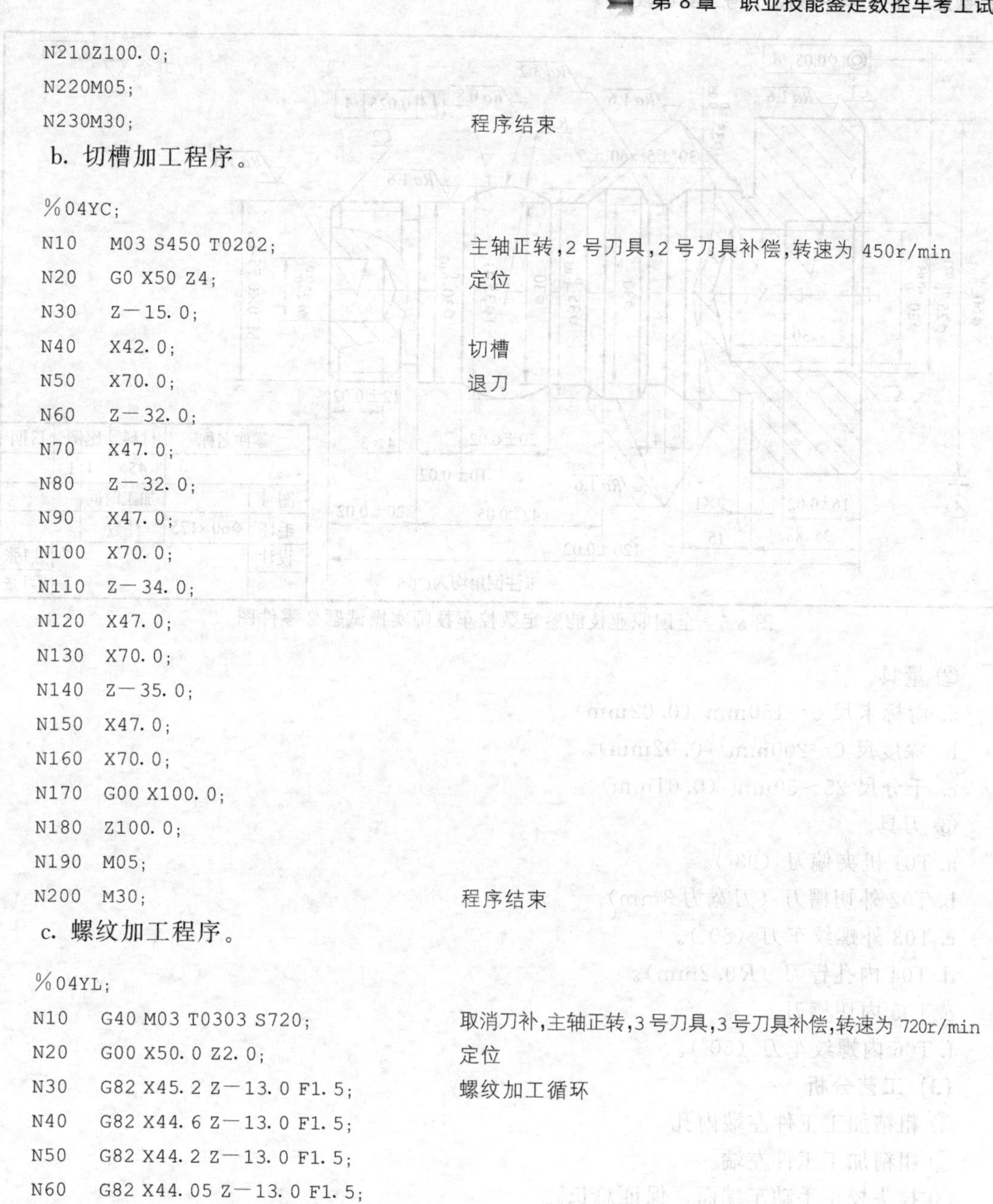

```
N210Z100.0;
N220M05;
N230M30;                              程序结束
```

b. 切槽加工程序。

```
%04YC;
N10   M03 S450 T0202;                 主轴正转,2 号刀具,2 号刀具补偿,转速为 450r/min
N20   G0 X50 Z4;                      定位
N30   Z－15.0;
N40   X42.0;                          切槽
N50   X70.0;                          退刀
N60   Z－32.0;
N70   X47.0;
N80   Z－32.0;
N90   X47.0;
N100  X70.0;
N110  Z－34.0;
N120  X47.0;
N130  X70.0;
N140  Z－35.0;
N150  X47.0;
N160  X70.0;
N170  G00 X100.0;
N180  Z100.0;
N190  M05;
N200  M30;                            程序结束
```

c. 螺纹加工程序。

```
%04YL;
N10   G40 M03 T0303 S720;             取消刀补,主轴正转,3 号刀具,3 号刀具补偿,转速为 720r/min
N20   G00 X50.0 Z2.0;                 定位
N30   G82 X45.2 Z－13.0 F1.5;         螺纹加工循环
N40   G82 X44.6 Z－13.0 F1.5;
N50   G82 X44.2 Z－13.0 F1.5;
N60   G82 X44.05 Z－13.0 F1.5;
N70   G82 X44.05 Z－13.0 F1.5;
N80   G00 X100.0;                     退刀
N90   Z100.0;
N100  M30;                            程序结束
```

8.6.2 全国职业技能鉴定数控车技师实操试题 2

(1) 零件图

职业技能鉴定数控车技师实操试题 2 零件图如图 8-5 所示。

(2) 工艺准备

① 机床及夹具。

华中数控系统的 J_1CJK6136 数控车床，手动三爪自定心卡盘。

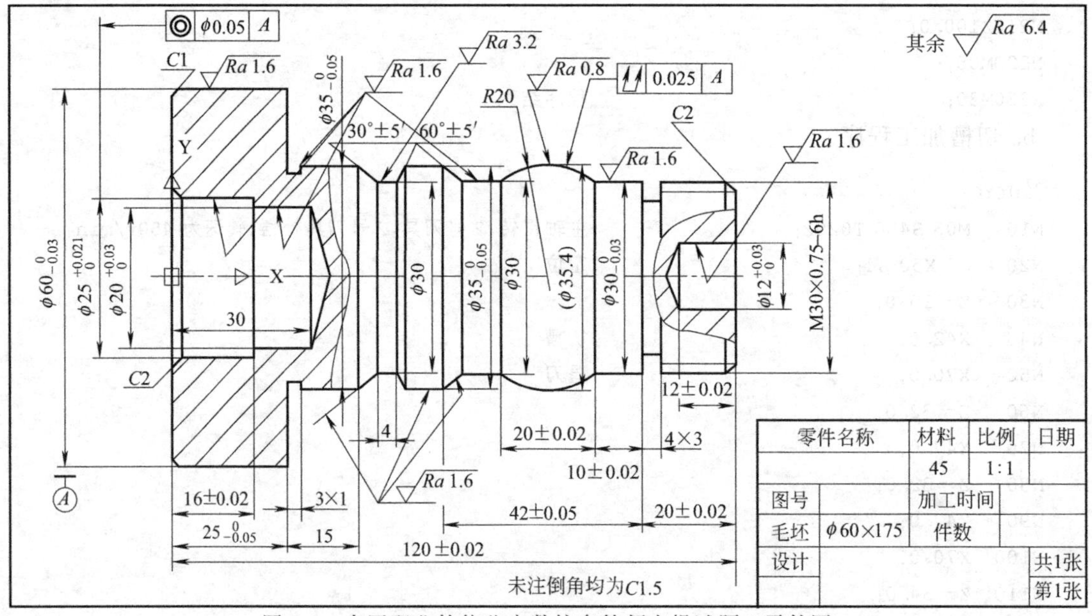

零件名称		材料	比例	日期
		45	1:1	
图号		加工时间		
毛坯	φ60×175	件数		
设计				共1张
				第1张

图 8-5　全国职业技能鉴定数控车技师实操试题 2 零件图

② 量具。

a. 游标卡尺 0～150mm（0.02mm）。

b. 深度尺 0～200mm（0.02mm）。

c. 千分尺 25～50mm（0.01mm）。

③ 刀具。

a. T01 机夹偏刀（93°）。

b. T02 外切槽刀（刀宽为 3mm）。

c. T03 外螺纹车刀（60°）。

d. T04 内孔镗刀（R0.2mm）。

e. T05 内切槽刀。

f. T06 内螺纹车刀（60°）。

(3) 工艺分析

① 粗精加工工件左端内孔。

② 粗精加工工件左端。

③ 掉头校正手动车端面，保证总长。

④ 粗精加工工件右端内孔。

⑤ 粗精加工工件右端。

⑥ 车 4mm×3mm 的槽。

⑦ 加工 M30×0.75mm 的外螺纹。

(4) 加工程序

① 加工零件左端程序。

```
%005Z;                                  程序名称
N10   G40 M03 T0101 S800;               主轴正转,建立 1 号刀具,1 号刀具补偿
N20   G00 X64.0;                        进行平端面加工
N30   Z2.0;
N40   G01 X56.0;
```

```
N50   Z1.0;
N60   X60.0 Z-1.0;
N70   Z-30.0;
N80   X64.0;
N90   G00 X100.0;
N100  Z100.0;
N110  M05;
N120  M30;                                   程序结束
```

② 加工左端内孔程序。

```
%05ZK;                                          程序名称
N10   T0404;                                 取消刀补,4号刀具,4号刀具补偿
N15   G00 X80 Z80;                           快速定位
N20   S1000 M03;                             主轴正转,转速为1000r/min
N30   G95 G01 X16.0 Z2.0 F0.2;
N40   G71 U1.0 R0.5 P50 Q120 X-0.8 Z0.0 F0.2;
N50   G41 G01 X24.0 F0.1;                    建立刀具半径补偿,精车加工轮廓开始
N60   Z0;
N70   X20.0 Z-2.0;
N80   Z-18.0;
N90   X20.0;
N100  Z-25.0;
N110  X18.0;
N120  G40 G00 X16.0;                         精车加工轮廓结束
N130  Z100.0;                                退刀
N140  G00 Z100.0;
N150  X100.0;                                退刀
N160  M05;
N170  M30;                                   程序结束
```

③ 加工零件右端程序。

```
%005Y;                                          程序名称
N10   G40 T0101;                             取消刀补,1号刀具,1号刀具补偿
N15   G00 X80 Z80;                           快速定位
N20   S800 M03;                              主轴正转,转速为1000r/min
N30   G95 G01 X64.0 Z2.0 F0.2;
N40   G73 U16.0 W0.0 R16 P50 Q170 X0.8 Z0.0 F0.2;   粗车复合固定循环
N50   G42 G01 X24.0 F0.1;                    建立刀具半径补偿,精车加工轮廓开始
N60   Z1.0;
N70   X30.0 Z-2.0;
N80   Z-30.0;
N90   G03 X30.0Z-50.0 R20.0;
N100  G01 Z-57.67;
N110  X35.0 Z-62.0;
N120  Z-70.23;
N130  X30.0 Z-78.56;
N140  X35.0 Z-80.0;
```

```
N150  Z－95.0;
N160  X63.0;
N170  G40 G00 X64.0;                    退刀,精车加工轮廓结束
N190  G00 X100.0 Z100.0;
N200  T0202 S450;                       换切槽刀
N210  G00 X50.0;                        切槽加工
N220  Z－19.0;
N230  G01 X24.0;
N240  X50.0;
N250  Z－20.0;
N260  X24.0;
N270  X50.0;
N280  G00 Z－73.23;
N290  G01 X35.0;
N300  X30.0;
N310  X50.0;
N320  G01 Z－78.56;
N330  X30.0;
N340  X50.0;
N350  Z－95.0;
N360  X33.0;
N370  X63.0;
N380  G40 G00 X64.0;
N390  G00 X100.0;                       退刀
N400  Z100.0;
N410  M05;
N420  M30;                              程序结束
```

④ 螺纹加工程序。

```
%05LW;                                  程序名称
N10   G40 M03 T0303 S1000;              主轴转速为1000r/min,螺纹刀
N20   G00 X32.0;
N30   Z2.0;
N40   G82 X29.4 Z－17.0 F0.75;          螺纹加工
N50   G82 X29.0 Z－17.0 F0.75;
N60   G82 X29.05 Z－17.0 F0.75;
N70   G82 X29.025 Z－17.0 F0.75;
N80   G82 X29.025 Z－17.0 F0.75;
N90   G00 X100.0 Z100.0;                退刀
N100  M05;
N110  M30;                              程序结束
```

⑤ 加工右端内孔程序。

```
%05YK;
N10   G40 T0404;                        取消刀补,4号刀具,4号刀具补偿,内镗孔刀
N15   G00 X80 Z80;                      快速定位
N20   M03 S650;                         主轴正转,转速为650r/min
```

```
N30    G95 G01 X8.0 Z2.0 F0.2;
N40    G71 U1.0 R0.5 P50 Q90 X—0.8 Z0.0;          粗镗内孔
N50    G41 G01 X12.0;                             建立刀具半径补偿,精镗内孔开始行
N60    Z0;
N70    Z—12.0;
N80    X10.0;
N90    G40 G00 X8.0;                              精镗内孔结束行
N100   Z100.0;                                    退刀
N110   G00 Z100.0;
N120   X100.0;                                    退刀
N130   M05;
N140   M30;                                       程序结束
```

8.6.3 全国职业技能鉴定数控车技师实操试题 3

(1) 零件图

职业技能鉴定数控车技师实操试题 3 零件图如图 8-6 所示。

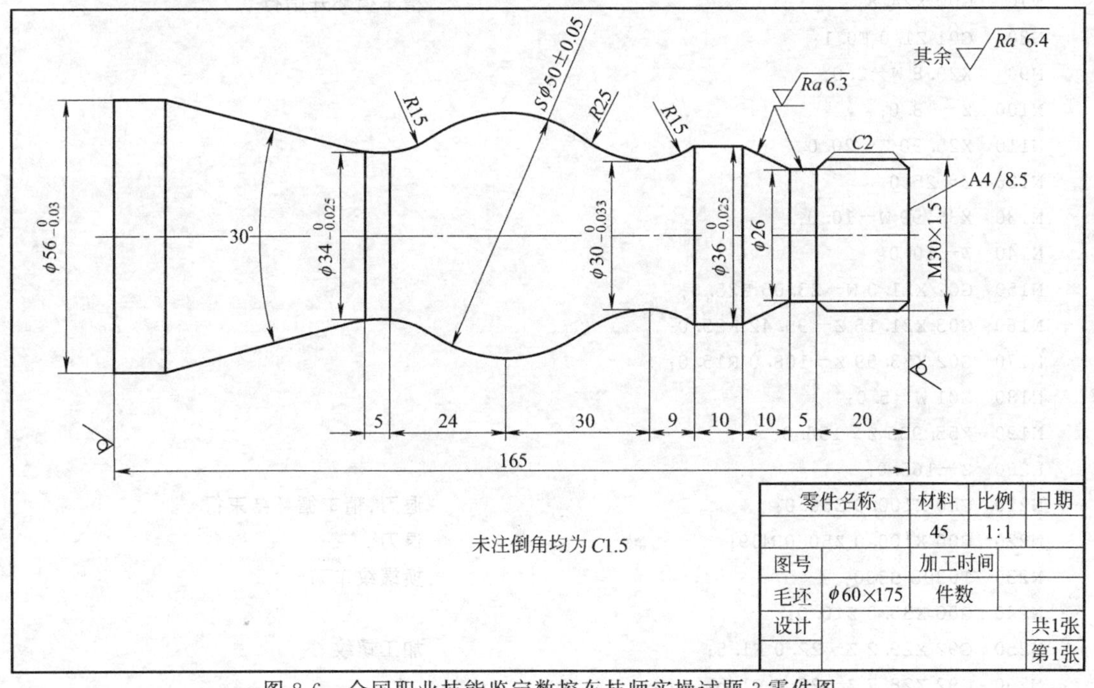

图 8-6　全国职业技能鉴定数控车技师实操试题 3 零件图

(2) 工艺准备

① 机床及夹具。

华中数控系统的 J_1CJK6136 数控车床，手动三爪自定心卡盘。

② 量具。

a. 游标卡尺 0～150mm（0.02mm）。

b. 深度尺 0～200mm（0.02mm）。

c. 千分尺 25～50mm（0.01mm）。

③ 刀具。

a. T01 机夹偏刀（93°）。

b. T02 外切槽刀（刀宽为 3mm）。

c. T03 外螺纹车刀（60°）。

（3）工艺分析

① 粗车外圆各部，留精车余量。

② 精车零件外圆。

③ 车 M30×1.5mm 螺纹。

（4）加工程序

```
%0006;
N10   M03 T0101 S300;
N20   G00 X65.0 Z0 M08;                              快速定刀
N30   G01 X0 F0.20;                                  车端面
N40   Z5.0;                                          退刀
N50   G00 X60.0 Z10.0;
N60   G73 U30.0 W9.0 R7 P70 Q210 X1.0 Z1.0 F0.15;    粗车复合固定循环
N65   T0202;                                         换精车刀
N70   G00 X24.8;                                     精车循环开始行
N80   G01 Z1.0 F0.1;
N90   X29.8 W－2.0;
N100  Z－18.0;
N110  X25.90 Z－20.0;
N120  Z－25.0;
N130  X35.99 W－10.0;
N140  W－10.0;
N150  G02 X21.0 W－23.05 R25.0;
N160  G03 X21.15 Z－99.42 R25.0;
N170  G02 X33.99 Z－108.0 R15.0;
N180  G01 W－5.0;
N190  X55.985 Z－156.0;
N200  Z－165.0;
N210  G00 X100.0 Z50.0;                              退刀,精车循环结束行
N220  G00 X100.0 Z50.0 M09;                          退刀
N230  T0303 S300;                                    换螺纹车刀
N240  G00 X35.0 Z10.0;
N250  G92 X29.2 Z－22.0 F1.5;                        加工螺纹
N260  G92 X28.7 Z－22.0 F1.5;
N270  G92 X28.3 Z－22.0 F1.5;
N280  G92 X28.05 Z－22.0 F1.5;
N290  G92 X28.05 Z－22.0 F1.5;
N300  G00 X100.0 Z100.0;                             退刀
N310  M30;                                           程序结束并返回
```

第9章 数控车床大赛实操试题

9.1 数控车床大赛实操试题 1

（1）零件图

数控车床大赛实操试题 1 零件图如图 9-1 所示。

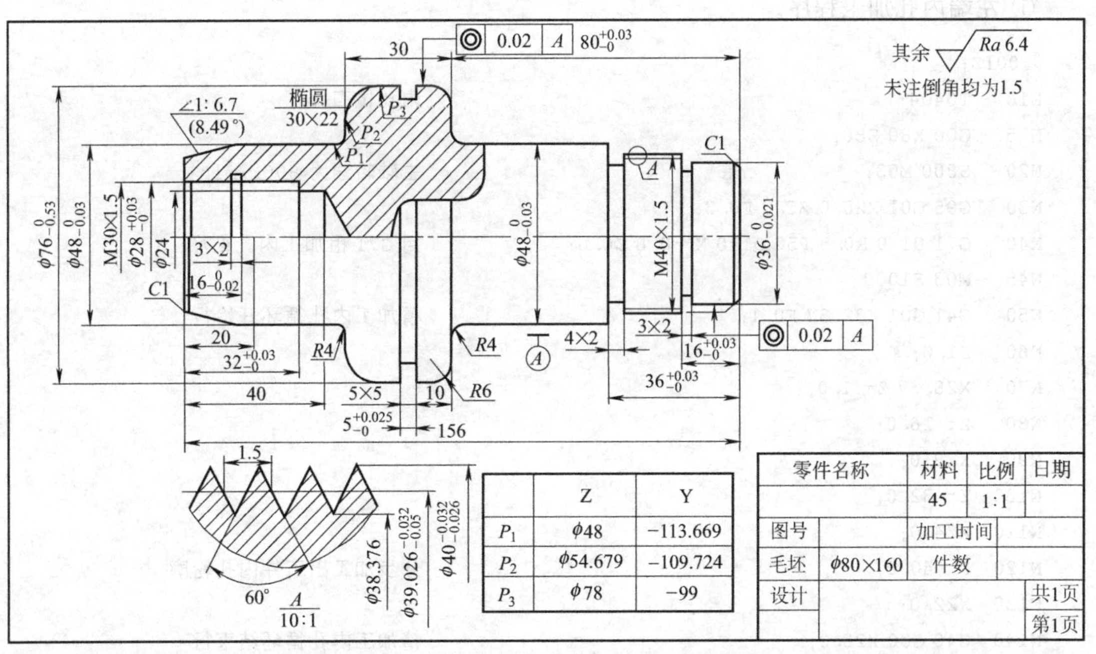

	Z	Y
P_1	ϕ48	−113.669
P_2	ϕ54.679	−109.724
P_3	ϕ78	−99

图 9-1 数控车床大赛实操试题 1 零件图

（2）工艺准备

① 机床及夹具。

华中数控系统的 J_1CJK6136 数控车床，手动三爪自定心卡盘。

② 量具。

a. 游标卡尺 0～150mm（0.02mm）。

b. 深度尺 0～200mm（0.02mm）。

c. 千分尺 25～50mm（0.01mm）。

③ 刀具。

a. T01 机夹偏刀（93°）。

b. T02 外切槽刀（刀宽为 3mm）。

c. T03 外螺纹车刀（60°）。

d. T04 内孔镗刀（R0.2mm）。

e. T05 内切槽刀。

f. T06 内螺纹车刀（60°）。

（3）工艺分析

① 先粗精加工工件左端外形，并保证尺寸。

② 用 G71 粗加工工件左端内孔，用 G70 精加工，保证尺寸合格。

③ 用内切槽刀加工 3mm×2mm 的槽。

④ 内螺纹刀加工 M30×1.5mm 的内螺纹。

⑤ 掉头装夹，用百分表找正，车端面保证长度尺寸 156mm。

⑥ 用 G71 粗精加工工件的右端。

⑦ 用外切槽刀加工 3mm×2mm、4mm×2mm、5mm×5mm 的槽。

⑧ 用 G82 加工 M40×1.5mm 的外螺纹，保证尺寸。

（4）加工程序

① 左端内孔加工程序。

```
%001Z;
N10   T0404;                                      内孔镗刀
N15   G00 X80 Z80;
N20   S800 M03;                                   主轴转速为 800r/min
N30   G95 G01 X20.0 Z2.0 F0.3;
N40   G71 U1.0 R0.5 P50 Q140 X－0.8 Z0.0;         用 G71 粗加工内孔循环
N45   M03 S1000
N50   G41 G01 X32.37 F0.1;                        精加工内孔循环开始行
N60   Z1.0;
N70   X28.37 Z－1.0;
N80   Z－16.0;
N90   X28.0;
N100  Z－32.0;
N110  X24.0;
N120  Z－40.0;                                    分步加工出工件内孔轮廓
N130  X22.0;
N140  G40 G00 X20.0;                              精加工内孔循环结束行
N160  G00 X100.0;
N170  Z100.0;
N180  M05;
N190  M0;
N200  T0505 S600 M03;                             换内切槽刀,宽为 3mm
N210  G00 X27.0 Z2.0;
N220  G01 Z－16.0 F0.1;
N230  X34.0;
N240  X27.0;
```

```
N250   G00 Z100.0;
N260   M05;
N270   M00;
N280   T0606 S200 M03;
N290   G00 X26.0 Z2.0;
N300   G82 X29.17 Z－18.0 F1.5;                螺纹循环指令
N310   G82 X29.6 Z－18.0 F1.5;
N320   G82 X29.9 Z－18.0 F1.5;
N330   G82 X30.0 Z－18.0 F1.5;
N340   G82 X30.0 Z－18.0 F1.5;
N350   G00 Z100.0;
N360   X100;
N370   M05;
N380   M30;
```

② 左端外轮廓程序。

```
%001W;
N10    T0101                                    换外圆车刀
N15    G00 X80 Z80
N20    S800 M03;                                主轴转速为 800r/min
N30    G95 G01 X82.0 Z2.0 F0.3;
N40    G71 U1.0 R0.5 P50 Q130 X0.8 Z0.0;        粗加工左端外轮廓循环
N45    M03 S1000
N50    G42 G01 X41.015 Z1.0 F0.1;               精加工左端外轮廓开始行
N60    X45.015 Z－1.0;                          倒角 1×45°
N70    X48.0 Z－20.0;
N80    Z－42.331;                               加工圆锥保证大小端的尺寸
N90    G02 X54.679 Z－46.276 R4.0;
N100   G01 X78.0;
N110   Z－65.0;
N120   X80.0;
N130   G40 G00 X82.0;                           精加工左端外轮廓结束行
N140   G00 X100.0;                              刀具快速退出
N150   Z100.0;
N160   M05;
N170   M30;                                     程序结束,并返回
```

③ 椭圆加工程序。

```
%01TY;
N10    G95 G40 T0101 M03 S800;
N20    G00 X56.0 Z－44.0;
N30    ＃1=－57;
N40    ＃2=－46.276;
N50    WHILE ＃1 LE ＃2;
N60    ＃3=SQRT(484—484* (＃1)* (＃1)/3600);
N70    G01 X[＃3]  Z[＃1] F0.1;
N80    ＃1=＃1+0.5;
```

```
N90   ENDW;
N100  G00 X100.0 Z100.0;
N110  T0101 M03 S800;
N120  G00 X56.0 Z-44.0;
N130  G42 G01 X54.679 Z-45.0;
N140  #1=-46.276;
N150  #2=-57.0;
N160  WHILE #1 GE #2;
N170  #3=SQRT(484-484*(#1)*(#1)/3600);
N180  G01 X[#3] Z[#1] F0.1;
N190  #1=#1-0.1;
N200  ENDW;
N210  X80.0;
N220  G40 G00 X100.0 Z100.0;
N230  M05;
N240  M30;
```

④ 工件右端加工程序。

```
%001Y;
N10   T0101;                                  调用外圆车刀
N15   G00 X80 Z80
N20   S800 M03;                               主轴转速为 800r/min
N30   G95 G01 X82.0 Z2.0 F0.3;
N40   G71 U1.0 R0.5 P50 Q170 X0.8 Z0.0;       粗加工右端外轮廓循环
N45   M03 S1000
N50   G41 G01 X32.0 Z1.0;                     精加工右端外轮廓开始行
N60   X36.0 Z-1.0;                            倒 1×45°角
N70   Z-16.0;
N80   X40.0;
N90   Z-36.0;
N100  X48.0;
N110  Z-76.0;
N120  G02 X56.0 Z-80.0 R6.0;
N130  G01 X66.0;
N140  G03 X78.0 Z-86.0 R6.0;
N150  G01 Z-95.0;
N160  X80.0;
N170  G40 G00 X82.0;                          退刀,精加工右端外轮廓结束行
N190  G00 X100.0 Z100.0;
N200  T0202 S400;                             换外圆切槽刀
N210  G00 X38.0 Z-16.0;
N220  G01 X32.0;                              车 3mm×2mm 的槽
N230  X42.0;
N240  Z-35.0;                                 N240～N280 车 4mm×2mm 的槽
N250  X36.0;
N260  X42.0;
N270  Z-36.0;
```

```
N280  X36.0;
N290  X80.0;
N300  Z－93.0;
N310  G81 X74 Z－95 F0.1;                N310～N350 车 5mm×5mm 的槽
N320  G81 X72 Z－95 F0.1;
N330  G81 X70 Z－95 F0.1;
N340  G81 X68 Z－95 F0.1;
N350  G81 X66 Z－95 F0.1;
N360  G00 X100.0;
N370  Z100.0;
N380  T0303 S200;
N390  G00 X42.0 Z－14.0;
N400  G82 X39.2 Z－34.0 F1.5;            螺纹加工循环
N410  G82 X38.6 Z－34.0 F1.5;
N420  G82 X38.4 Z－34.0 F1.5;
N430  G82 X38.376 Z－34.0 F1.5;
N440  G82 X38.376 Z－34.0 F1.5;
N450  G00 X100.0 Z100.0;                 退刀
N460  M05;
N470  M30;                               程序结束返回
```

9.2 数控车床大赛实操试题 2

(1) 零件图

数控车床大赛实操试题 2 零件图如图 9-2 所示。

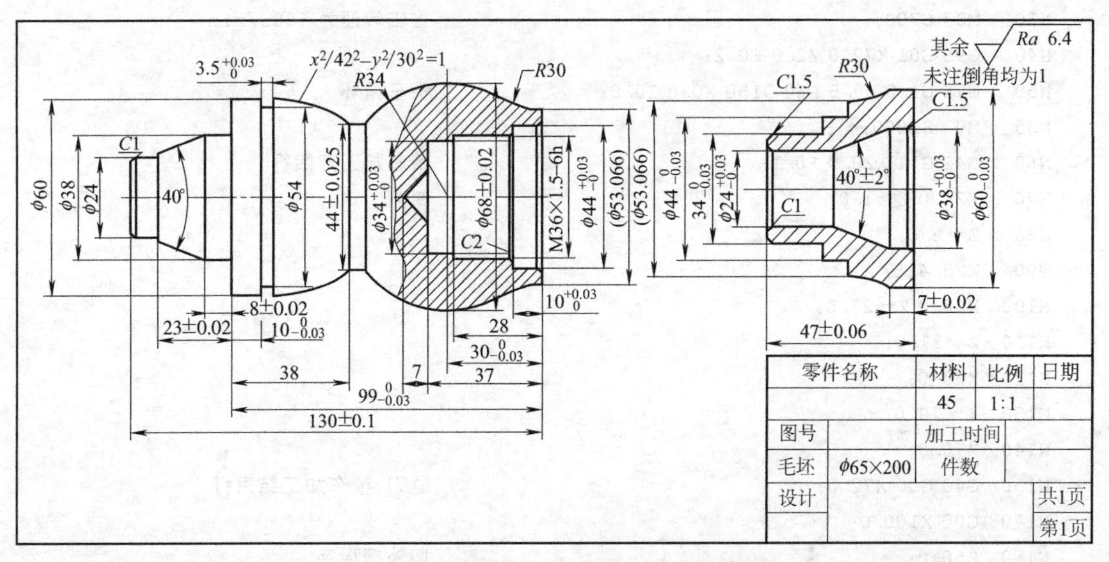

图 9-2 数控车床大赛实操试题 2 零件图

(2) 工艺准备

① 机床及夹具。

华中数控系统的 J_1CJK6136 数控车床，手动三爪自定心卡盘。

② 量具。

a. 游标卡尺 0～150mm（0.02mm）。

b. 深度尺 0～200mm（0.02mm）。

c. 千分尺 25～50mm（0.01mm）。

③ 刀具。

a. T01 机夹偏刀（93°）。

b. T02 外切槽刀（刀宽为 3mm）。

c. T03 外螺纹车刀（60°）。

d. T04 内孔镗刀（R0.2mm）。

e. T05 内切槽刀。

f. T06 内螺纹车刀（60°）。

(3) 工艺分析

① 粗精加工工件左端外形。

② 车 ϕ54mm 的槽。

③ 掉头校正手动车端面，保证总长 130mm。

④ 粗精车右端外形。

⑤ 加工内孔。

⑥ 车 M36×1.5-6h 的内螺纹。

(4) 加工程序

① 加工工件左端的程序。

```
%002Z;
N10   G97 G99 G40 T0101;                         换外圆车刀
N20   G00 X80 Z80;
N30   M03 S700;                                  主轴转速为 700r/min
N40   G95 G01 X72.0 Z2.0 F0.2;
N50   G71 U1.0 R0.5 P60 Q150 X0.8 Z0.0;          粗车循环
N55   M03 S1000;
N60   G42 G01 X20.0 F0.1;                        精车加工开始行
N70   X24.0 Z-1.0;                               倒角
N80   Z-8.0;
N90   X25.415;
N100  X38.0 Z-23.0;
N110  Z-31.0;
N120  X60.0;
N130  Z-70.0;
N140  X70.0;
N150  G40 G00 X72.0;                             退刀,精车加工结束行
N170  G00 X100.0;
N180  Z50.0;                                     切外槽程序
N190  T0202 S600;                                换 2 号刀
N200  G00 X72.0;                                 快速移动
N210  Z-44.0;
N220  G01 X54.0;                                 切槽
N230  X70.0;                                     退刀
```

```
N240  Z－44.5;
N250  X54.0;
N260  X72.0;                                     退刀
N270  G00 Z100.0;                                退刀
N280  M05;
N290  M30;                                       结束程序
```

② 加工工件右端的程序。

```
%002Y;
N10   G97 G99 G40 T0101;                         换外圆车刀,刀具号 1,补偿 1,取消刀补
N20   G00 X80 Z80;
N30   M03 S800;                                  主轴正转,主轴转速为 800r/min
N40   G95 G01 X72.0 Z2.0 F0.2;
N50   G73 U13.0 W0 R13 P60 Q120 X0.8 Z0.0;       径向粗车循环
N55   M03 S1000;
N60   G42 G01 X53.006 F0.1;                      精车开始行
N70   Z0;
N80   G02 X61.0 Z－14.062 R30.0 F0.3;
N90   G03 X44.0 Z－55.92 R34.0;
N100  G01 Z－61.0;
N110  X71.0;
N120  G40 G00 X72.0;                             退刀,精车结束行
N140  G00 X100.0;                                退刀
N150  Z100.0;
N160  M05;
N170  M30;                                       返回程序初始段号
```

③ 加工椭圆的程序。

```
%02TY;
N10   G40 T0101;                                 取消刀补,1 号刀具,1 号刀具补偿
N15   G00 X80 Z80;                               快速定位
N20   S800 M03;                                  主轴正转,转速为 800r/min
N30   G95 G01 X64.0 F0.2;
N40   Z－61.0;
N50   G73 U11.0 W0.0 R11.0 P60 Q160 X0.8 Z0.0;   粗车循环
N55   M03 S1000;
N60   G42 G01 X44.0 F0.1;                        精车加工开始行
N70   Z－61.0;
N80   ＃1＝－61.0;
N90   ＃2＝－81.0;
N100  WHILE ＃1 GT ＃2;
N110  ＃3＝5* SQRT17;
N120  G01 X[＃3] Z[＃1];
N130  ＃1＝＃1—2;
N140  ENDW;
N150  G01 X61.0;                                 退刀
N160  G40 X62.0;                                 精车加工结束行
```

```
N170  G00 X100.0;                                    退刀
N180  Z100.0;
N190  M05;
N200  M30;
```

④ 加工内孔的程序。

```
%02NK;
N10   G40 T0404;                                     取消刀补,4号刀具,4号刀具补偿
N15   G00 X80 Z80;                                   快速定位
N20   S600 M03;                                      主轴正转,转速为600r/min
N30   G95 G01 X28.0 Z2.0 F0.2;
N40   G71 U1.0 R0.5 P50 Q140 X－0.8 Z0.0;            粗加工循环
N50   G41 G01 X46.0 F0.1;                            精车加工开始行
N60   Z0;
N70   X44.0 Z－1.0;
N80   Z－10.0;
N90   X34.05;
N100  Z－28.0;
N110  X34.0;
N120  Z－37.0;
N130  X29.0;
N140  G40 G00 X28.0;                                 精车加工结束行
N150  Z100.0;                                        退刀
N160  M05;
N170  M30;                                           程序返回初始段号
```

⑤ 切内螺纹的程序。

```
%02NL;
N10   G40 M03 T0606 S500;                            取消刀补,主轴正转,刀具号6,刀补号为6
N20   G00 X33.0 Z3.0;
N30   G82 X34.05 Z－18.0 F1.5;                       切削螺纹
N40   G82 X34.85 Z－18.0 F1.5;
N50   G82 X35.45 Z－18.0 F1.5;
N60   G82 X35.85 Z－18.0 F1.5;
N70   G82 X36.0 Z－18.0 F1.5;
N80   G82 X36.0 Z－18.0 F1.5;
N90   G00 Z100.0;                                    退刀
N100  X100.0;
N110  M05;
N120  M30;                                           返回程序段号
```

9.3 数控车床大赛实操试题 3

(1) 零件图

数控车床大赛实操试题 3 零件图如图 9-3 所示。

(2) 工艺准备

① 机床及夹具。

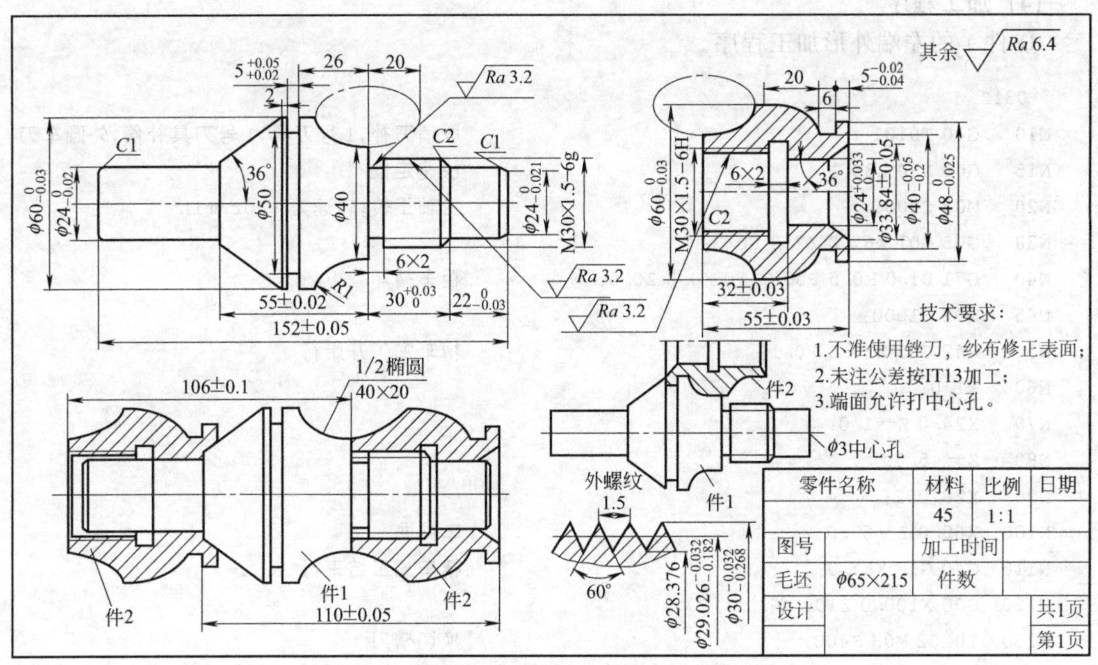

图 9-3 数控车床大赛实操试题 3 零件图

华中数控系统的 J_1CJK6136 数控车床，手动三爪自定心卡盘。

② 量具。

a. 游标卡尺 0～150mm（0.02mm）。

b. 深度尺 0～200mm（0.02mm）。

c. 千分尺 25～50mm（0.01mm）。

③ 刀具。

a. T01 机夹偏刀（93°）。

b. T02 外切槽刀（刀宽为 3mm）。

c. T03 外螺纹车刀（60°）。

d. T04 内孔镗刀（R0.2mm）。

e. T05 内切槽刀。

f. T06 内螺纹车刀（60°）。

(3) 工艺分析

① 先粗精加工工件的左端外形，并保证尺寸。

② 切 5mm×5mm 的深槽。

③ 掉头装夹，用百分表找正，手动车端面保证长度尺寸 152mm。

④ 用 G71 粗加工工件右端外形。

⑤ 车 6mm×2mm 的槽。

⑥ 用 G82 加工 M30×1.5mm 的外螺纹，保证尺寸能与件 2 相配合。

⑦ 用 G71 粗加工工件的内轮廓。

⑧ 用内切槽刀加工 6mm×2mm 的内槽。

⑨ 用内螺纹车刀加工 M30×1.5mm 的内螺纹。

⑩ 用 G71 加工件 2 的外轮廓。

(4) 加工程序

① 件 1 的左端外形加工程序。

```
%031Z;
N10   G40 T0101;                        取消刀补,1号刀具,1号刀具补偿,外圆车刀
N15   G00 X80 Z80;                      快速定位
N20   M03 S800;                         主轴正转,转速为 800r/min
N30   G95 G01 X67.0 Z2.0 F0.3;
N40   G71 U1.0 R0.5 P50 Q110 X0.8 Z0.0; 粗车循环
N45   M03 S1000;
N50   G42 G01 X20.0 F0.1;               精车加工开始行
N60   Z1.0;
N70   X24.0 Z-1.0;
N80   Z-45.0;
N90   X28.032;
N100  X60.0 Z-67.0;                     车锥面
N110  G40 G00 X67.0;                    精车加工结束行
N120  G00 X100.0 Z100.0;
N130  T0202 M03 S400;                   换切槽刀
N140  G00 X62.0 Z-74.0;
N150  G01 X50.0 F0.1;                   切 5mm×5mm 的槽
N160  X62.0;
N170  G00 X100.0 Z100.0;
N180  M05;
N190  M30;                              程序结束
```

② 件 1 的右端外形加工程序。

```
%31YW;                                  件 1 的外轮廓粗精加工
N10   G40 T0101;                        取消刀补,1号刀具,1号刀具补偿,外圆车刀
N15   G00 X80 Z80;                      快速定位
N20   M03 S800;                         主轴正转,转速为 800r/min
N30   G95 G01 X67.0 Z2.0 F0.3;
N40   G71 U1.0 R0.5 P50 Q160 X0.8 Z0.0; 粗车循环
N45   M03 S1000;
N50   G42 G01 X20.0 F0.1;               精车开始行
N60   Z1.0;
N70   X24.0 Z-1.0;
N80   Z-22.0;
N90   X26.0;
N100  X30.0 Z-23.0;
N110  Z-52.0;
N120  X40.0;
N130  X60.0 Z-72.0;
N140  Z-80.0;
N150  X65.0;
N160  G40 G00 X67.0;                    精车结束行
N180  G00 X100.0 Z100.0;
```

```
N190  T0202 S400;
N200  G00 X32.0 Z－49.0;
N210  G01 X26 F0.1;
N220  X32;
N230  Z－52.0;
N240  X26;
N250  X40;                                N210～N250 切 6mm×2mm 槽
N260  G00 X100.0 Z100.0;
N270  M05;
N280  M30;
```

③ 件 1 的椭圆加工程序。

```
%31TY;                                    件 1 的椭圆粗精加工
N10   G40 T0101;                          取消刀补,1 号刀具,1 号刀具补偿,外圆车刀
N15   G00 X80 Z80;                        快速定位
N20   M03 S700;                           主轴正转,转速为 700r/min
N30   G95 G01 X42.0 Z－50.0 F0.3;
N40   G73 U1.0 R0.5 P50 Q160 X0.8 Z0.0 ;  粗车循环
N45   M03 S1000;
N50   G42 G01 X40.0Z－52.0;               精车加工开始行
N60   ＃1＝－90°;
N70   ＃2＝－180°;
N80   WHILE ＃1 GE ＃2 ;
N90   ＃3＝60＋20* SIN(＃1);
N100  ＃4＝20* COS(＃1)－52;
N110  G01 X[＃3] Z[＃4] F0.1;
N120  ＃1＝＃1－1;
N130  ENDW;
N140  G01 Z－77.0 F0.1;
N150  X62.0;
N160  G40 G00 X65.0;                      精车加工结束行
N170  G00 X100.0;
N180  Z100.0;
N190  M05;
N200  M30;
```

④ 件 2 外形的加工程序。

```
%032W;
N10   G40 T0101                           取消刀补,1 号刀具,1 号刀具补偿
N15   G00 X80 Z80                         快速定位
N20   M03 S800;                           主轴正转,转速为 800r/min
N30   G95 G01 X67.0 Z2.0 F0.3;
N40   G71 U1.0 R0.5 P50 Q100 X0.8 Z0.0;   粗车工件 2 的外圆循环
N45   M03 S1000
N50   G42 G01 X48.F0.1;                   精车循环开始行
N60   Z－11.0;
N70   X60.0;
```

```
N80    Z－60.0;
N90    X62.0;
N100   G40 G00 X65.0;                            精车循环结束行
N120   G00 X100.0;
N130   Z100.0;
N140   T0202 M03 S400;                           换外圆切槽刀
N150   G01 X50.0 Z－8.0 F0.1;
N160   X40.0;
N170   X50.0;
N180   Z－11.0;
N190   X40.0;                                    N150～N190 切 6mm×4mm 的槽
N200   X50.0;
N210   G00 X100.0;
N220   Z100.0;
N230   M05;
N240   M30;
```

⑤ 件 2 的椭圆加工程序。

```
%032TY;
N10    G40 T0101;                                取消刀补,1 号刀具,1 号刀具补偿,外圆车刀
N15    G00 X80 Z80;                              快速定位
N20    M03 S800;                                 主轴正转,转速为 800r/min
N25    G95 G42 G01 Z2.0 F0.3;                    粗加工的循环起点
N30    ＃1=－180;
N40    ＃2=－90;
N50    WHILE ＃1 LE ＃2;
N60    ＃3=60+20* SIN(＃1);
N70    ＃4=20* COS(＃1);
N80    G90 G01 X[＃3]  Z[＃4];
N90    ＃1=＃1+1;
N100   ENDW;
N110   G00 X42.0 Z2.0;                           件 2 左端椭圆的精加工
N120   G42 G01 X40.0 F0.1;
N130   Z0;
N140   ＃1=－90;
N150   ＃2=－180;
N160   WHILE ＃1 GE ＃2;
N170   ＃3=60+20* SIN(＃1);
N180   ＃4=20* COS(＃1);
N190   G01 X[＃3]  Z[＃4] F0.1;
N200   G01 Z－25.0;
N210   X62.0;
N220   Z－22.0;
N230   G73 U20.0 R10.0 P250 Q350 X0.8 Z0.0 F0.3;  件 2 右边椭圆的粗加工循环
N240   M03 S1000;
N250   G42 G01 X60.0 F0.1;                       精加工开始行
N260   Z－24.0;
```

```
N270  #1=90;
N280  #2=0;
N290  WHILE #1 GE #2 ;
N300  #3=40+20* SIN(#1);
N310  #4=-24-20* COS(#1);
N320  G01 X[#3]  Z[#4];
N330  #1=#1-1;
N340  ENDW;
N350  G40 G00 X62.0;                 精加工结束行
N360  G00 X100.0 Z100.0;             退刀
N370  M05;
N380  M30;                           程序结束返回
```

9.4　数控车床大赛实操试题 4

(1) 零件图

数控车床大赛实操试题 4 零件图如图 9-4 所示。

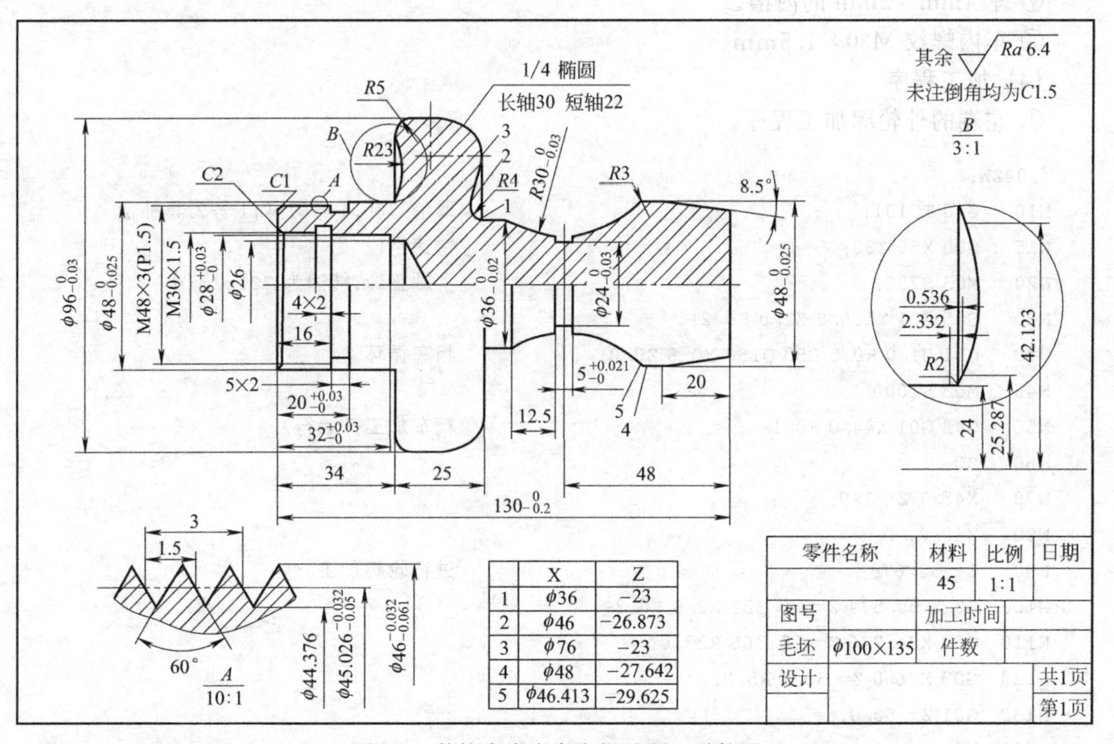

	X	Z
1	φ36	−23
2	φ46	−26.873
3	φ76	−23
4	φ48	−27.642
5	φ46.413	−29.625

图 9-4　数控车床大赛实操试题 4 零件图

(2) 工艺准备

① 机床及夹具。

华中数控系统的 J_1CJK6136 数控车床，手动三爪自定心卡盘。

② 量具。

a. 游标卡尺 0～150mm（0.02mm）。

b. 深度尺 0～200mm（0.02mm）。

c. 千分尺 25～50mm（0.01mm）。

③ 刀具。

a. T01 机夹偏刀（93°）。

b. T02 外切槽刀（刀宽为 3mm）。

c. T03 外螺纹车刀（60°）。

d. T04 内孔镗刀（R0.2mm）。

e. T05 内切槽刀。

f. T06 内螺纹车刀（60°）。

(3) 工艺分析

① 粗精加工工件右端外形。

② 加工 ϕ24mm 的槽。

③ 掉头校正，手动车端面，保证 130mm 的长度。

④ 粗精车左端外形。

⑤ 车 5mm×2mm 的外槽。

⑥ 车内孔。

⑦ 车 4mm×2mm 的内槽。

⑧ 车内螺纹 M30×1.5mm。

(4) 加工程序

① 左端的外轮廓加工程序。

```
%04ZW;
N10   G40 T0101;                          取消刀补,1号刀具,1号刀具补偿
N15   G00 X80 Z80;                        快速定位
N20   M03 S700;                           主轴正转,转速为700r/min
N30   G95 G01 X100.0 Z2.0 F0.2;
N40   G71 U1.0 R0.5 P50 Q150 X0.8 Z0.0;   粗车循环
N45   M03 S1000
N50   G42 G01 X44.0 F0.1;                 精车加工开始行
N60   Z0;
N70   X45.7 Z－1.0;
N80   X48.0;
N90   Z－32.678;                          进行轮廓加工
N100  G02 X50.574 Z－35.332 R2.0 F0.3;
N110  G02 X84.246 Z－35.366 R23.0;
N120  G03 X96.0 Z－39.0 R5.0;
N130  G01 Z－50.0;
N140  X98.0;
N150  G40 G00 X100.0;                     精车加工结束行
N170  G00 X100.0;
N180  Z100.0;
N190  T0202 M03 S400;                     93°换机夹偏刀(刀尖半径0.4mm,刀具类型3),
                                            外槽的加工
N200  G00 X100.0;
N210  Z－18.0;
N220  G01 X42.0;                          加工槽
```

```
N230  X50.0;                                      退刀
N240  Z－20.0;
N250  X42.0;                                      切槽
N260  X50.0;                                      退刀
N270  Z－20.0;
N280  X42.0;
N290  X50.0;                                      退刀
N300  Z－20.0;
N310  X42.0;
N320  X100.0;
N330  G00 Z100.0;                                 退刀
N340  M05;
N350  M30;                                        程序结束
```

② 切外螺纹的程序。

```
%04WL;
N10   M03 T0303 M03 S350;                         刀具号是 3,补偿为 3,转速为 350r/min
N20   G00 X50.0;
N30   Z2.0;
N40   G82 X45.2 Z－16.0 F1.5;                     螺纹的加工
N50   G82 X44.8 Z－16.0 F1.5;
N60   G82 X44.4 Z－16.0 F1.5;
N70   G82 X44.376 Z－16.0 F1.5;
N80   G82 X44.376 Z－16.0 F1.5;
N90   G00 X50.0;
N100  Z3.5;
N110  G82 X45.2 Z－16.0 F1.5;                     螺纹的加工
N120  G82 X44.8 Z－16.0 F1.5;
N130  G82 X44.4 Z－16.0 F1.5;
N140  G82 X44.376 Z－16.0 F1.5;
N150  G82 X44.376 Z－16.0 F1.5;
N160  G00 X100.0;                                 退刀
N170  Z100.0;
N180  M05;                                        程序结束
N190  M30;
```

③ 内孔加工程序。

```
%04NK;
N10   G40 T0404;                                  取消刀补,调用 4 号内镗孔刀及 4 号刀补
N15   G00 X80 Z80;                                快速定位
N20   M03 S500;                                   主轴正转,转速为 500r/min
N30   G95 G01 X24.0 Z2.0 F0.2;
N40   G71 U1.0 R0.5 P50 Q130 X－0.8 Z0.0;         内孔的粗加工循环
N50   G41 G01 X34.0 F0.1;                         精车加工开始行
N60   Z0;
N70   X28.05;
N80   Z－2.0;
```

```
N90   Z－16.0;
N100  X28.0;
N110  Z－32.0;
N120  X25.0;
N130  G40 G00 X24.0;                          精车加工结束行
N150  Z100.0;
N160  G00 X100.0;
N170  T0505 S400;                             换内切槽刀,内槽的加工
N180  G00 X26.0;
N190  Z2.0;
N200  G01 Z－16.0 F0.1;
N210  X30.0;
N220  X26.0;
N230  Z100.0;
N240  G00 X100.0;
N250  T0606 S500;                             换内螺纹车刀,内螺纹的加工
N260  G00 X26.0;
N270  Z2.0;
N280  G82 X29.2 Z－15.0 F1.5;                 螺纹的加工
N290  G82 X28.6 Z－15.0 F1.5;
N300  G82 X28.4 Z－15.0 F1.5;
N310  G82 X28.2 Z－15.0 F1.5;
N320  G82 X28.05 Z－15.0 F1.5;
N330  G82 X28.05 Z－15.0 F1.5;
N340  G00 Z100.0;                             退刀
N350  X100.0;
N360  M05;
N370  M30;                                    程序结束
```

④ 加工右端的程序。

```
%04Y;
N10   G40 T0101;                              取消刀补,1号刀具,1号刀具补偿
N15   G00 X80 Z80;                            快速定位
N20   S700 M03;                               主轴正转,转速为700r/min
N30   G95 G01 X100.0 Z2.0 F0.2;
N40   G73 U34.0 W0.0 R17.0 P50 Q150 X0.8 Z0.0;   粗加工循环
N50   G42 G01 X41.723 F0.1;
N60   Z1.0;
N70   X48.0 Z－20.0;
N80   Z－27.642;
N90   G03 X46.413 Z－29.675 R3.0;
N100  G02 X36.0 Z－60.5 R30.0;
N110  G01 Z－71.0;
N120  G02 X46.0 Z－74.873 R4.0;
N130  G01 X71.0 Z－81.0;
N140  X98.0;
N150  G40 G00 X100.0;                         快速退刀
```

```
N170  G00 X100.0;
N180  Z100.0;
N190  T0202 S300;                        换外切槽刀,外槽加工
N200  G00 X52.0 Z－48.5;
N210  G01 X24.0 F0.1;                    外轮廓加工
N220  G01 X52.0;
N230  Z－50.5;
N240  X24.0;
N250  X52.0;
N260  G00 X100.0;                        退刀
N270  Z100.0;
N280  M05;                               主轴停止
N290  M30;                               程序结束
```

⑤ 加工椭圆的程序。

```
%04TY;
N10   G40 T0101;                         取消刀补,1号刀具,1号刀具补偿
N15   G00 X80 Z80;                       快速定位
N20   S700 M03;                          主轴正转,转速为 700r/min
N30   G95 G01 X100.0 F0.2;
N40   Z2.0
N50   G73 U26.0 W0.0 R26.0 P60 Q170 U0.8 W0.0;   椭圆外轮廓的粗加工循环
N55   M03 S1000;
N60   G42 G01 X46.0 F0.1;                精加工开始行
N70   Z－71.0;
N80   ＃1＝0;
N90   ＃2＝90;
N100  WHILE (－＃1) LE ＃2;
N110  ＃3＝2* 11* [sin＃1]＋76;
N120  ＃4＝15* COS[＃1]－15－71;
N130  G01 X[＃3] Z[＃4];
N140  ＃1＝＃1＋1;
N150  ENDW;
N160  X80.0;
N170  G40 G00 X100.0;                    精加工结束行
N180  G00 X100.0;
N190  Z100.0;                            退刀
N200  M05;
N210  M30;                               程序结束
```

参考文献

[1] 倪春杰．数控车床技能鉴定培训教程．北京：化学工业出版社，2014.
[2] 吴明友，程国标．数控机床与编程．武汉：华中科技大学出版社，2013.
[3] 李银涛．数控车床编程与职业技能鉴定实训．北京：化学工业出版社，2009.
[4] 李银涛．数控车床高级工操作技能鉴定．北京：化学工业出版社，2009.
[5] 吴明友．数控加工技术. 北京：机械工业出版社，2008.
[6] 吴明友．数控车床（华中数控）考工实训教程. 北京：化学工业出版社，2006.